Bruno P. Kremer

# Bäume und Sträucher

Herausgegeben von Gunter Steinbach
Bearbeitet von Bärbel Oftring

775 Farbfotos
535 Zeichnungen

# Inhalt

**Einführung**
Basiswissen Bäume und Sträucher   4
Viel Grün mit vielerlei Nutzen   14
Zeitzeuge Baumstamm   16
Wichtige Fachbegriffe   18
Bäume und Sträucher im Überblick   20

Endlich Frühling: Raus mit dem Laub!   36
Nachwuchs auf der Fensterbank: die eigene Baumschule   38
Herbst genießen … und verstehen   40
Ausbreitungs-Raffinessen auf der Spur   42
Hülle mit Fülle entdecken: die Knospen-Expedition   44

**Serviceseiten**
Artenverzeichnis   368
Essbare und giftige Früchte   384

Nadelgehölze mit nadel- oder schuppenförmigen Blättern 46

 Laubgehölze mit gegenständigen und ganzrandigen Blättern 102

 Laubgehölze mit gegenständigen und gezackten Blättern 134

 Laubgehölze mit gegenständigen und gelappten oder gebuchteten Blättern 142

 Laubgehölze mit wechselständigen und ganzrandigen Blättern 152

 Laubgehölze mit wechselständigen und gezackten Blättern 218

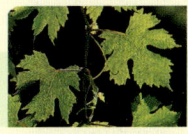 Laubgehölze mit wechselständigen und gelappten oder gebuchteten Blättern 292

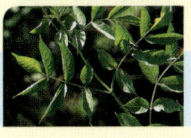 Laubgehölze mit zusammengesetzten Blättern 314

# Basiswissen Bäume und Sträucher

**Überall teilen wir uns unseren Lebensraum auch mit Pflanzen. Viele von ihnen sind so klein, dass wir sie kaum beachten – die Algen auf der Mauer, die Moospolster in den Pflasterfugen oder die Gräser und Kräuter zwischen Asphalt und Beton. Sträuchern und Bäumen schenken wir in der Regel mehr Beachtung.**

Im Vergleich zu den Algen, Moosen, Gräsern oder Kräutern verkörpern sie eine besondere pflanzliche Lebensform. Ihr typisches Kennzeichen ist, dass nahezu alle Gewebe im Wurzel- und Sprossachsensystem verholzen. Bäume und Sträucher nennt man daher Holzpflanzen oder Gehölze.

Krautige Bäume gibt es ebenso wenig wie baumförmige Kräuter. Mit der Verholzung ist jeweils ein bestimmtes Wuchs- und Erscheinungsbild verknüpft.

## Gekrönte Häupter

Ein **Baum** ist ein Gehölz mit aufrechtem, kräftigem Hauptstamm und altreicher, verzweigter Krone. Auch wenn Bäume im Freistand bis unten mit Ästen besetzt sein und buschig aussehen können, bleibt der untere Teil des Stamms astfrei.

**Sträuchern** fehlt dagegen der unverkennbare, aufragende Hauptstamm. Ihre Sprossachse verzweigt schon unmittelbar über dem Boden in mehrere ungefähr gleich starke Stämme und Äste. So bilden Sträucher schon wenige Handbreit über dem Boden dichte, buschige und oft undurchdringliche gestalten. Einen Strauch könnte man daher als Baumkrone definieren, die unmittelbar auf dem Boden aufsitzt.

Von den voll verholzten Sträuchern sind die **Halbsträucher** zu unterscheiden – Pflanzen mit fließenden Übergängen zu Kräutern oder Stauden. Nur ihre Stämmchenbasis und die Hauptäste sind bis ins Mark verholzt. Sie überdauern die Herbst- und Wintermonate, verlängern sich in der neuen Vegetationsperiode durch Spitzenwachstum und verholzen

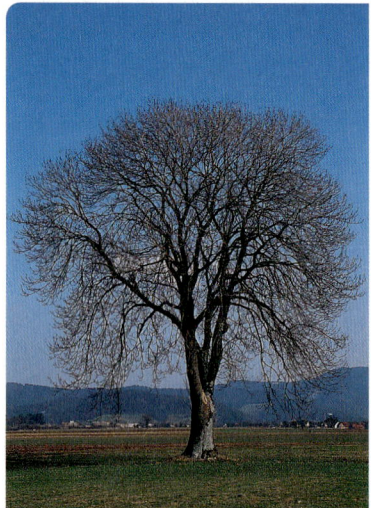

Bäume haben einen Hauptstamm, der im unteren Teil astfrei ist.

erst im zweiten oder dritten Jahr. Viele bekannte Duft- und Aromapflanzen wie Salbei oder Thymian sind daher keine Kräuter und auch keine richtigen Sträucher, sondern eben Halbsträucher.

## Baum, Strauch oder beides?

Einige Gehölzarten können sich sowohl zur Strauch- als auch zur Baumgestalt entwickeln. So tritt der Schwarze Holunder meist als Hollerbusch auf, ist aber ebenso als Holunderbaum bekannt. Ebenso verhält es sich mit der Stechpalme.

Unter besonderen Wuchsbedingungen unterliegen selbst sehr festgelegte Gehölzarten einen markanten Gestaltwandel: Die Rot-Buche, die üblicherweise imposante Baum-Gestalten aufbaut, wird nahe der klimatischen Baumgrenze im Gebirge oder Nordeuropa zu einem breitkronigen Strauch mit auf dem Boden anliegenden Ästen.

Der deutsche Name bieten nicht immer zuverlässige Hinweise: Buchs-, Essig-, Faul-, Judas-, Sade- oder Spindelbaum sind mittelgroße bis große Sträucher!

Während sich wenige Gehölzarten je nach Standortbedingungen zwischen Strauch- und Baumform entscheiden können, lässt die Natur den Gestaltwechsel zwischen Halbstrauch und Strauch oder Baum nicht zu. Ebenso wenig gibt es Halbbäume.

## Überragender Erfolg

Seit fast 350 Millionen Jahren wachsen auf unserer Erde baumförmige Pflanzen. Kaum hatten sich im Devon aus grünen Tangen und Wasser bewohnenden Farnen die ersten Landpflanzen entwickelt, erwies sich die hoch aufragende Pflanzengestalt mit reich verzweigter Krone als besonders erfolgreiche Wuchsform.

Seither beherrschen Bäume das Pflanzenkleid des Festlands. Bereits in der auf das Devon folgenden Karbonzeit gab es kontinentweite Wälder, deren üppige Wüchsigkeit heute in mächtigen Steinkohleschichten lagert.

Sträucher sind vom Boden an reich verzweigt.

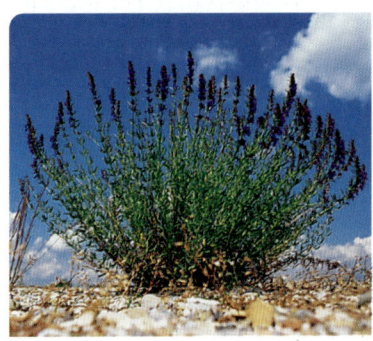

Bei Halbsträuchern wie dem Ysop ist nur die Stämmchenbasis durch und durch verholzt.

## Aller Anfang ist ... klein

Auch die größten Bäume beginnen als winzige, krautige Sämlinge mit einer zunächst nur geringen Überlebenschance. Mit zunehmender Größe sind sie jedoch allen anderen Pflanzentypen überlegen. Ihr Erfolg zeigt sich in der natürlichen Pflanzendecke: Wo die klimatischen Gegebenheiten ein Bauwachstum erlauben, endet die ungestörte Vegetation immer bei Gehölzen bzw. Wäldern.

Am Ende der wärmeren Jahreszeit geben viele Pflanzen unserer Klimazone ihre oberirdischen Teile auf oder sterben gänzlich ab. Neue krautige Biomasse bildet sich im folgenden Jahr aus Reserve-Organen im Boden oder aus Samenkörnern. Gehölze legen ihre jährliche Zuwachsleistung dagegen in bleibender Holzsubstanz fest und erneuern sich jeweils aus Ruheknospen, die an den Zweigenden liegen. Damit sind Bäume langlebiger als jedes andere höhere Lebewesen. So werden etwa die kalifornischen Mammutbäume über 4000 Jahre alt. Die ältesten ihrer heute noch lebenden Exemplare keimten zu einer Zeit, als in Mitteleuropa gerade die Bronzezeit ihrem Ende zuging. Aber auch 2000-jährige Eiben oder 1000-jährige Linden haben die abendländische Geschichte buchstäblich überstanden.

## Aufgestockter Artenreichtum

Trotz des relativ hohen Waldanteils enthält die heimische Baumflora insgesamt nicht besonders viele Arten. In Mitteleuropa sind von Natur aus nicht einmal drei Dutzend verschiedene Baumarten heimisch. Ihnen stehen etwa 100 heimische Straucharten gegenüber. Wildstrauch-Gesellschaften siedeln heute auf Standorten, die von Natur aus waldfrei sind. Dazu gehören Zwergstrauchheiden alpiner Matten und nordischer Tundren. Im mitteleuropäischen Binnenland gel-

Berühmte Riesenmammutbäume des Kings Canyon in Kalifornien.

Alpine Zwergstrauchheide aus Heidelbeeren und Alpenrosen.

ten als natürliche Strauchgesellschaften die Strauchweidengebüsche an den Ufer- und Verlandungszonen stehender Gewässer, an Mooren und Nasswiesen aber auch Gehölzgruppen felsiger Steilhänge entlang der Mittelgebirgstäler.

Insgesamt finden sich hier aber viel mehr Arten, denn für viele nordamerikanische oder ostasiatische Arten herrschen in Mitteleuropa durchaus geeignete Wuchsbedingungen. Man hat sie in den vergangenen Jahrzehnten als Forst- und Ziergehölze eingeführt. So bereichern fremdländische Baumarten in großer Zahl nicht nur Gärten und Parks, sondern auch Forstkulturen, Straßenränder und nicht zuletzt Obstbaumanlagen. Heute gehören aufgrund gärtnerischer oder forstlicher Importe wieder mehr als 500 Gehölzarten zum festen Bestand unseres Kulturlandes.

## Warum so wenige heimische Arten?

Noch in der Tertiärzeit vor rund 25 Millionen Jahren war der Artenreichtum der Gehölze in Mitteleuropa weit größer als heute, wie Fossilfunde belegen. Neben Palmen waren damals auch verschiedene Bittereschen-, Lorbeer- und Magnoliengewächse heimisch, die hier heute nicht mehr vorkommen.

Diese Verarmung an Arten ist jedoch kein modernes Umweltproblem, sondern vielmehr eine Folge der letzten Eiszeiten. Nur wenige der wärmebedürftigen Arten konnten vor den Eisfronten in südost- oder südwesteuropäische Refugien ausweichen, da die ost-westlich verlaufenden Hochgebirgsriegel (Pyrenäen, Alpen und Karpaten) unüberwindbare Barrieren bildeten. In Nordamerika dagegen verlaufen die großen Faltengebirge allgemein in Nord-Süd-Richtung. Daher konnten betroffene Wärme liebende Baumarten dort wesentlich leichter in südliche Gefilde ausweichen. Auf diese Weise erhielt sich die neuweltliche Baumflora weit artenreicher als diejenige nördlich der Alpen. Die Park- und Gartengehölze aus Nordamerika und Ostasien gleichen die Verluste wieder aus.

# Flexibel durch Anpassung

**Lebensstil und Wuchsgestalt der Gehölze bedingen sich häufig gegenseitig. Gerade Strauchgehölze haben vielerlei Anpassungen an besondere Umweltbedingungen entwickelt.**

Bei **Hartlaubsträuchern** fühlen sich die mehrjährigen, immergrünen Blätter derb und ledrig an. Ihre Wachsimprägnierung der Oberfläche dichtet das Blattgewebe zusätzlich ab und gewährt einen optimalen Verdunstungsschutz. Immergrüne Arten wie Buchsbaum oder Stechpalme schätzen zwar den trockenwarmen Süden, ertragen aber auch Frost und reichen weit in die wintermilden Gebiete des westlichen Mitteleuropas hinein. Der Lorbeer ist dagegen ein echter Südländer, der bei und nur ausnahmsweise im Freien überwintern kann.

**Rutensträucher** zeigen ebenfalls eine recht beeindruckende Anpassung an unzuverlässige oder knappe Wasserversorgung. Ihre Blätter sind kleinflächig und können frühzeitig abfallen. Die lebenserhaltende Aufgabe der Fotosynthese fällt hier den schlanken, grünen Ästen und Zweigen zu, beispielsweise bei Besenginster, Flügelginster, Binsenginster und Stechginster. Eine einzigartige Besonderheit findet sich beim Mäusedorn. Hier verbreitern sich die Zweige sogar blattartig, um Energie liefernden Sonnenstrahlen eine größere Auffangfläche zu bieten.

Oberhalb der Waldgrenze oder in der arktischen Tundra kommen winzige Weidenarten wie Netz- und Kraut-Weide vor. Von diesen Gehölzen sind oft nur die streichholzlangen Endabschnitte der Stämmchen oder Äste zu sehen, soweit sie aus dem Boden ragen. Man bezeichnet diese Arten als **Spaliersträucher**. Teppich- oder rasenartig dicht schmiegen sie sich zusammen, entgehen damit dem Angriff des Windes und nutzen in der kalten Jahreszeit den Schutz der Schneedecke.

**Zwergsträucher** wie Krähenbeere, Preiselbeere, Blaubeere, Heidekraut und Zwerg-Birke bilden eine weitere Größenklasse. Irgendwo zwischen knöchel- und kniehoch, entwickeln sie ebenfalls dichtwüchsige Kleingebüsche mit optimaler Nutzung der Bodenwärme und – bei auffällig kleinem Laub – einem wirksamen Verdunstungsschutz.

Klimabedingt: ein Rot-Buchen-Strauch!

## Zu recht wehrhaft

Wenn die Hose an der Brombeerranke hängen bleibt oder die Hand versehentlich in einem Stechginster langt, fühlt man sich recht unangenehm berührt. Viele Pflanzen wehren sich wirksam. Hö-

## Flexibel durch Anpassung

Dicht und wehrhaft: die Heckenrose.

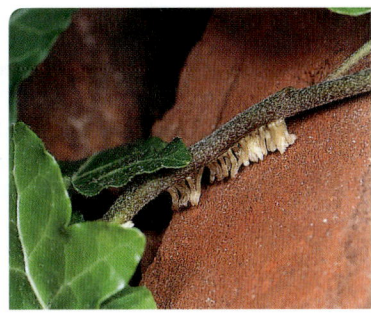

Klettert mit seinen Wurzeln: der Efeu.

here Pflanzen gäbe es nicht in ihren vertrauten Gestalten, hätten sie sich nicht seit Urgezeiten gegen Tiere zur Wehr setzen müssen. Sie entwickelten raffinierte und variantenreiche Antworten – Gift oder üblen Geschmack, Dornen und Stacheln. Rankende Rosen, Berberitze und Schlehe verkörpern solche allseitig wirksamen Festungen und wehren sich erfolgreich gegen die verletzlichen Lippen der großen Wiederkäuer. Mancher Insektenlarve aber, die aus Eiern an den Gehölztrieben schlüpft oder ihr grünes Menü im Dickicht zielstrebig ansteuert, bedeutet die vielspitzige Abwehr kein Hindernis, sondern wirksamen Schutz.

## Schlingen und Klettern

Die langen, rückwärts gebogenen Stacheln der Brombeeren und Rosen wehren nicht nur erfolgreich Tierfraß ab, sie bilden auch wirksame Klimmhilfen, die nach dem Spreizhaken- bzw. dem Klettereisen-Prinzip arbeiten.

Bemerkenswerte Holzpflanzen sind auch die nach Lianenart in lichte Höhe steigenden Schling- und Windepflanzen, die Mauerwerk, Drahtzäune oder die Kronenregion anderer Gehölze durchsetzen. Die hoch reichende Waldrebe klettert beispielsweise mit Hilfe ihrer robusten Blattstiele. An offenen Säumen von Auen und Wäldern bildet sie viele Meter hohe, dicht Vorhänge, deren Stängelgewirr an Lianen tropischer Regenwälder erinnert.

Auch unter den eingeführten Ziergehölzen gibt es raschwüchsige Emporkömmlinge: Der Blauregen ist ein linkswindender Schlingstrauch. Efeu, der Mauern überwächst, an Bäumen stammaufwärts steigt uns sich erst in deren Krone quer legt, ist dagegen ein Wurzelkletterer. Manche Jungfernreben weisen raffinierte Haftscheiben auf – sie bewältigen mit ihnen sogar völlig glatte Hausfassaden. Die Scheiben sind umgewandelte Blattteile.

# Bunter Blickfang

**Viele Ziersträucher setzen für die Bestäubung auf tierische Pollenspediteure. Um diese anzulocken, haben sie aus ihren Blüten attraktive Blumen gemacht.**

Ein einfacher Farbklecks auf irgendeinem grünen Hintergrund macht kaum neugierig und lockt erfahrungsgemäß keine größeren Mengen an Blütenbesuchern an. Es darf schon ein wenig mehr sein. Denn Insekten, die durstig oder hungrig eine Blume ansteuern, möchten nicht lange nach dem Wesentlichen suchen.

## Das Zielscheiben-Prinzip

An den Blüten vieler Ziersträucher werden Sie daher die entsprechenden Wegweiser sofort entdecken: Als Lenk- und Landehilfe dient hier eine kontrastbetonende Unterscheidung zwischen Blütenmitte und Blütenrand. Nahezu alle insektenbestäubten Blüten färben nämlich ihr für die angelockten Besucher interessantes Zentrum entweder deutlich heller oder wesentlich dunkler als die umgebenden Randbereiche aus – das gilt für Wildblumen ebenso wie für die auffällig blühenden Sträucher und Bäume.

Über ein solches Farbkontrastprogramm wird das anfliegende Insekt zielgenau in die Blütenmitte geführt, wo sich beispielsweise die lohnenden Nektarvorräte befinden. An den Blüten von Rosen, Strauch-Eibisch, Immergrün oder Schmetterlingsflieder können Sie das Zielscheibenmuster gut studieren. Und auch Kinder erfassen es intuitiv: Wenn sie eine Blume malen, stellen sie wie selbstverständlich die kontrastbetonte Unterscheidung zwischen Mitte und Randbereich dar.

## Gemeinsame Sache: Blütenstand als Superblume

Warum besteht eigentlich bei Hartriegel, Holunder oder Schneeball der Blütenstand aus vielen kleinen Einzelblüten? Und bei einer Hortensie aus zahlreichen kleinen, aber fertilen Blüten in der Mitte umgeben von üppig aufgemachten, aber sterilen Randblüten? Solchermaßen komponierte Blütenstände sehen unabhängig von ihrem jeweiligen Aufbau aus wie eine einzelne große Blume. Ähnliches können Sie auch bei Wildblumen finden, vor allem bei den Doldenblüten- und Korbblütengewächsen. In den Blütenständen lassen sich bei genauem Hinsehen jeweils viele Dutzend

Bei der Berberitze bilden die Staubblattstielchen optische Führungslinien zum Blütenzentrum.

# Bunter Blickfang 11

Auch der Sommerflieder bildet viele zusammenstehende Blüten aus und lockt damit zahlreiche Schmetterlinge an.

bis hundert Einzelblüten erkennen. Als Sammelgebilde wirken sie für die durstigen Bestäuber wie eine gewaltige und damit außerordentlich lohnende Superblume.

## Auf die Linie achten

Um die Blicke zu lenken und einen anfliegenden Blütenbesucher ins Ziel zu führen, verwenden Blumen zusätzlich ein spezielles Make-up: Bei Kugelblumen, Rosmarin, Hauhechel und Strauchmalven werden Ihnen mehr oder weniger kräftig ausgeführte Strichmuster auf den Kronblättern auffallen. Bezeichnenderweise verlaufen diese Markierungen nicht ungeordnet, sondern immer streng radial zur Blütenmitte hin, wie Radspeichen zur Nabe.

Solche meist dunklen Strichmuster auf Kronblättern sind für die blütenbesuchenden Insekten erwiesenermaßen äußerst hilfreiche Wegweiser, die als ihnen eine Art optische Leitplanken dienen. Vergleichbare Blütenmuster sind mehrfach in ganz verschiedenen Familien entwickelt und optimiert worden, beispielsweise bei den Malvengewächsen.

# Werbewirksame Leckerbissen

Viele Vögel haben Früchte buchstäblich zum Fressen gern.
Der Ausbreitungserfolg mancher Gehölze geht tatsächlich
durch den Magen ihrer Fruchtkonsumenten.

## Hilfe für die „Sitzenbleiber"

Ein kleiner Strauch ist ein denkbar ungeeigneter Startplatz für Segelflieger, Schraubenflieger oder andere Luftlandetruppen. Wenn sich also die Samen und Früchte von Sträuchern nicht wirksam in die Lüfte erheben können und auf dem Geäst verbleiben, müssen eben tierische Ausbreitungshelfer angelockt und für die eigenen Zwecke eingebunden werden.

Das Ergebnis dieser Strategie kennen Sie: Die außerordentlich farbenfrohen und saftigen Früchte vieler Gehölze. Der Besuch eines Vogels oder Kleinsäugers auf einem Strauch mit Beeren oder Steinfrüchten ist sozusagen ein Streifzug durch einen üppig bestückten Obstgarten. Die Frucht ist das eigentliche Menü, der Samen bleibt dagegen unverdaut.

## Werbung zahlt sich immer aus

Um einladend zu wirken, sind viele Früchte lebhaft ausgefärbt. Der Einsatz von Farbe kann kein Zufall sein, sondern ist ein auffordernd-plakatives Signal an die Adresse früchteverzehrender Tiere. Sehen Sie einmal genauer hin: Die Früchte prangen häufig mit knalligen Rottönen am Geäst und damit in einer völlig anderen Farbe als die Blüten der gleichen Art. Das hat seinen besonderen Grund: Die Bestäuberinsekten sind durchweg rotblind, aber Vogelaugen sehen im Rotbereich außerordentlich gut.

Drosseln und andere Singvogelarten werden daher von Kornelkirschen, Hagebutten, Vogelbeeren (!) oder Schneeballfrüchten wie magisch angezogen.

Übrigens: Die verlockende Farbe ist nicht unbedingt auch eine Einladung an uns. Viele Früchte sind zwar für Vögel äußerst nahrhaft und verträglich, für den Menschen aber ziemlich giftig.

## Unerkannte Glanzleistung

Warum wirken auch die Beeren- und Steinfrüchte in verhaltenem Blauschwarz so verführerisch? Ihre Farbe, die uns eher wie ein Tarnanstrich vorkommt, ist dennoch von besonderem Effekt. Meist weisen gerade diese Früchte einen wachsigen Belag auf, den man mitunter wie Reif abwischen kann. Diese Zusatzausstattung reflektiert besonders stark die kurzwelligen Bestandteile des Tageslichtes, und auch darauf sind die Vogelaugen bestens abgestimmt. Ähnlich wie Bienen können Vögel nämlich im UV-Bereich sehen. Wachsig bereifte Früchte erscheinen ihnen daher ziemlich grell und auffällig. Beobachten Sie Vögel bei der Ernte und sehen Sie bei Liguster, Kreuzdorn, Faulbaum, Schlehe oder Efeu nach: Auch deren Früchte finden erfahrungsgemäß reißenden Absatz.

## Wintersteher für den Garten

Reife Früchte bleiben nicht lange unentdeckt. Zum Herbst hin wird die Zahl der

Wichtig für Vögel, schön für uns: Früchte im winterlichen Garten.

Konsumenten jedoch kleiner, weil viele Vogelarten wegziehen. Ein Teil der Ernte bleibt zurück, verdirbt aber nicht, weil die winterlichen Kühlschranktemperaturen zuverlässig konservieren. Die Reste vom Herbst verbleiben als Wintersteher am Geäst. So finden auch die Teilzieher oder Standvögel während der kalten Jahreszeit immer noch ein paar verwertbare Vorräte.

Nicht nur aus dekorativen Gründen, sondern für den praktischen Vogelschutz ist es daher besonders wichtig, ein paar Fruchtsträucher im eigenen Garten stehen zu haben. Berberitze, Holunder, Hartriegel oder Schneeball sehen nicht nur zu allen Jahreszeiten gut aus, sondern sind eine wirksame Lebenshilfe für die Vogelwelt. Sie als Schmuckreisig schneiden, ist unverantwortlich.

# Viel Grün mit vielerlei Nutzen

Nur wenige Lebewesen bringen dem Menschen so unmittelbaren und vielfältigen Nutzen wie die Bäume und Sträucher. Als fester Bestandteil unseres grünen Lebensraums sind sie Objekt der täglichen Erfahrung.

## Sagen, Mythen und Gedichte

Bäume spielen im Naturerleben eine herausgehobene Rolle. Diese findet nicht nur in Brauchtum und Sage, in Märchen und Mythen, sondern auch in der Literatur und bildenden Kunst vielfältigen Ausdruck. Seit ältester Zeit waren Bäume den Menschen Orte der Begegnung, des Schutzes und der Rechtsprechung, aber auch Sinnbilder besonderer Werte wie etwa der Freiheitsbaum, Friedensbaum und Glücksbaum oder die Tanzlinde – kurz, Bäume sind Symbole und Kulturgut von weit reichender und überaus vielschichtiger Bedeutung.

„Mit Bäumen kann man wie mit Brüdern reden und tauscht bei ihnen seine Seele um", schrieb Erich Kästner. Hermann Hesse widmete gerade den alten, vom Lauf der Jahrhunderte gezeichneten Bäumen mehrere Betrachtungen, Essays und Gedichte.

## Ansprechende Kulisse

Ohne Bäume und Sträucher wirkt eine offene Kulturlandschaft ausgeräumt und eintönig. Aber auch in Siedlungen kommt Gehölzen eine tragende ästhetische Wirkung zu. Sie imponieren allein schon durch beachtliche Wuchshöhen und bilden im Freistand mit üppig entwickelten Kronen raumgliedernde Blickfänge. In der Stadt lässt sich die Aufreihung gesichtslos grauer Betonmassen und die Monotonie durchlaufender Fassaden durch Gehölze wohltuend unterbrechen. Im ländlichen Raum leisten dorfnahe Baumbestände zudem die Einbindung des gesamten Orts in die Landschaft. Auch in der Stadt können Baumgruppen den Übergang der geschlossenen Siedlung in die von anderer Flächennutzung geprägten Bereiche des stadtnahen Umfelds verschönern. Selbst Industrieanlagen zeigen sich optisch erträglich, wenn sie von hochwüchsigen Laubgehölzen ummantelt werden.

## Grün, das gut tut

In einer durch Bebauung, Industrie und Verkehr an natürlichen Bestandteilen weithin verarmten Umwelt erfüllen Bäume eine ganze Reihe ökologischer Grundfunktionen. Je nach Form und Größe ihrer Krone beschatten sie ihre Umgebung. Dadurch verringert sich die Erwärmung der Bodenoberfläche. Zugleich wird durch die Wasserabgabe über die Blätter in beträchtlichem Maß Verdunstungswärme verbraucht.

Somit gleichen Bäume die durch die Bebauung bedingte sommerliche Aufheizung der unteren Luftschichten anteilig wieder aus. Der gemeinsame Kühlungseffekt von Beschattung und Verdunstung kann mehr als 5 °C ausmachen. Bäume stellen also sehr leistungsfähige Klimaanlagen dar.

Bäume und Sträucher beleben und gliedern unsere Kulturlandschaft.

## Schutz und Atemluft

So wie man in der freien Landschaft Gehölzzeilen als Windschutzpflanzungen einsetzt, bieten Bäume oder Baumgruppen auch in geschlossenen Siedlungsbereichen bemerkenswert wirksamen Schutz gegen Wind und Wetter. Sie mindern den Winddruck auf Gebäude und verhindern gleichzeitig die nachteiligen Effekte von Schlagregen. Ein großer Baum bindet im Jahr außerdem rund 100 kg Grob- und Feinstäube, die vom Regen dann nach und nach abgewaschen und weggespült werden. Bei der Fotosynthese wandelt das grüne Blattgewebe der Luft entnommenes Kohlendioxid in baumeigene organische Substanz um. Für jedes aufgenommenes Molekül Kohlendioxid entlässt es dabei ein Sauerstoffmolekül in die Luft.

Nachweislich kann ein Baum im Siedlungsbereich seinen Kohlenstoffbedarf bis zu 30 % aus Abgasen des Autoverkehrs decken. Ein großes, in die dritte Dimension gestaffeltes Gehölz arbeitet dabei als „grüne Lunge" ungleich wirksamer als es Grünflächen vermögen, die nur aus kurz geschorenen Gräsern bestehen. Außerdem sieht es einfach viel besser aus.

# Zeitzeuge Baumstamm

**Holz ist nicht völlig homogen. Am geschnittenen Stamm und auch bei der Maserung von Möbelstücken lässt sich aus Jahrringen die Biographie der Gehölze ablesen.**

## Der Herr der Ringe

Jahrringe sind eine vertraute Erscheinung: An der Schnittfläche eines gefällten Baumstamms und meist auch am verbauten Holz, beispielsweise einer Blockhütte, ist klar zu erkennen, dass das Holz nicht völlig homogen ist. In unseren Breiten zwingt das Klima den Gehölzen ein jahresrhythmisches Wachstum auf. Deshalb sehen Sie auf dem Stammquerschnitt eine Ringfolge, die – räumlich gesehen – eigentlich eine Serie ineinander geschachtelter Zylinder darstellt.

Die Ringe sind leicht zu erklären: Der Holzkörper besteht aus einer Folge von Jahrringen, die jeweils aus dem helleren, Frühholz mit vergleichsweise dünnen Zellwänden und dem dunkleren, dickwandigen Spätholz bestehen. Zwischen dem dunklen Spätholz und dem hellen Frühholz befindet sich jeweils die Jahresgrenze, denn im Spätsommer setzt das Dickenwachstum der Bäume und Sträucher aus und beginnt erst wieder im folgenden Frühjahr.

Die Anzahl der Jahresgrenzen verrät das individuelle Alter des betreffenden Ge-

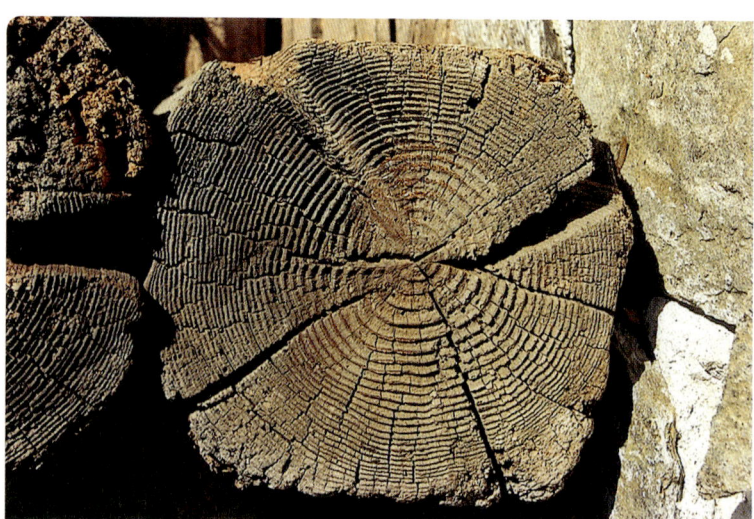

Besonders im angewitterten Bauholz sind Jahresringe klar erkennbar.

hölzes. Übrigens: Fachleute sprechen tatsächlich von „Jahrringen", obwohl der Begriff „Jahresringe" viel besser auszusprechen wäre.

## Zuverlässiger Kalender

Eine besondere wissenschaftliche Disziplin, die Dendrochronologie, befasst sich mit den charakteristischen Ringbreitenfolgen und setzt sie als hochauflösende Datierungshilfe ein. Das funktioniert folgendermaßen: Durch den Vergleich der Ringbreiten genau datierbarer Hölzer, deren Fälldatum bekannt ist (beispielsweise durch Balkeninschriften), ist die Zuwachsleistung bestimmter Baumarten wie Eiche und Tanne nicht nur für die zurückliegenden Jahrzehnte, sondern sogar für die vergangenen Jahrhunderte und Jahrtausende exakt bekannt.

Auch unter dem Mikroskop unterscheiden sich das dickwandige Spätholz und das dünnwandige Frühholz.

Für die Eichen des mittel- und westeuropäischen Wuchsgebietes hat man durch Ringbreitenvergleiche eine Standardchronologie für die letzten acht Jahrtausende ermittelt. Diese Modelleiche, die mit ihren Detailmaßen so nur im Computer existiert, hätte einen Stammdurchmesser von über 30 m. Eichenholzproben unbekannten Alters, an denen man ein paar Ringbreiten messen kann, lassen sich heute mit Rechnerhilfe in den wahrscheinlichsten Abschnitt der Standardkurve einpassen und somit erstaunlich exakt datieren. Auf diese Weise konnten bronzezeitliche Moorwege aus Eichenbohlen ebenso jahrgenau eingegrenzt werden wie römische Brückenfundamente im Rhein oder bestimmte Bauabschnitte mittelalterlicher Kathedralen.

## Durch dick und dünn

Bei genauerem Hinsehen ist es klar erkennbar: Die Jahresringe sind nicht besonders gleichmäßig, sondern weisen unterschiedliche Ringbreiten auf. An den jeweiligen Jahrringbreiten können Sie die Wachstumsbedingungen weit zurückliegender Zeiträume ablesen. Ein Baumstamm bewahrt mit seinen Jahrringen nicht nur seine eigene Biographie auf, sondern ist immer auch ein lückenlos überliefertes Klimaarchiv. Breite Ringe stehen für gute Wachstumsbedingungen, wie sie in ziemlich warmen, aber durchweg feuchten Sommern herrschen. In trockenheißen Sommern wird es auch bei den Jahrringen sichtlich eng. Vor allem bei Nadelholzstämmen werden Sie meist auch Folgendes beobachten: Die betreffenden Bäume starteten in ihrer Jugend mit kräftigen jährlichen Zuwächsen von mehreren Millimetern Ringbreite pro Jahr. In jüngerer Zeit und entsprechend ganz weit außen am Stamm werden die Jahrringe jedoch sehr undeutlich. Offenbar fand hier kein gutes Wachstum statt – ein klarer Ausdruck der Waldschädigung durch Umwelteinflüsse.

# Wichtige Fachbegriffe

**Achsel** oberer Winkel zwischen dem Blattstiel und seinem Zweig, auch Winkel zwischen zwei größeren Blattnerven

**Art** grundlegende Kategorie der biologischen Systematik; Gesamtheit der Individuen, die sich auf natürliche Weise untereinander uneingeschränkt fortpflanzen können und in den typischen Merkmalen jeweils untereinander und mit ihren Nachkommen übereinstimmen

**Bedecktsamer** hochentwickelte Verwandtschaftsgruppen der Blütenpflanzen, bei denen die Samenanlagen in einem Fruchtknoten aus verwachsenen Fruchtblättern eingeschlossen sind

**Blattbucht** Vertiefung bzw. Einschnitt zwischen zwei Spreitenlappen

**Blattöhrchen** öhrchenförmige Anhänge oder Lappen am Blattgrund, z. B. bei der Stiel-Eiche

**Blattspreite** flächiger Anteil eines Laubblattes

**Blattvene** auch als Blattader oder Blattrippe bezeichnetes Leit- und Verstärkungsgewebe in der Blattspreite

**Dolde** Blütenstandsform mit Blüten, deren Stiele alle vom gleichen Achsenpunkt ausgehen

**Doldenrispe** flach ausgebreiteter, doldenartiger Blütenstand, bei dem sich die äußeren Blüten zuerst öffnen, häufig auch als Scheindolde bezeichnet

**Dorn** spitz auslaufende Sprossachse

**eingeschlechtige Blüte** Blüte, die nur Staub oder nur Fruchtblätter enthält

**einhäusig** rein männliche und weibliche Blüten(stände) kommen getrennt auf dem gleichen Individuum vor

**Familie** Kategorie der biologischen Systematik oberhalb der Gattung

**Fieder** Teil eines zusammengesetzten = gefiederten Blattes, oft auch Blattfieder oder Blättchen genannt

**Flügelfrucht** Frucht mit anhängendem Segelorgan, beispielsweise bei den Ahorn-Arten

**Fotosynthese** Prozess, bei dem das Blattgrün aus organischen Stoffen mit Sonnenenergie organische Stoffe bildet

**Gattung** Kategorie der biologischen Systematik, die zwischen Art und Familie steht

**gegenständig** zwei Blätter stehen sich am gleichen Blattknoten gegenüber

**gekämmt** regelmäßige Ausrichtung von Nadelblättern beiderseits eines Triebs, oft auch als gescheitelt bezeichnet

**gestutzt** abruptes Vorderende einer Blattspreite, sieht aus wie abgeschnitten

**Habitus** Gesamterscheinungsbild eines Gehölzes

**Hochblatt** umgestaltetes Blattorgan im Bereich der Blüten oder Blütenstände; bei manchen Arten sind sie wesentlich auffälliger als die eigentlichen Blütenblätter

**Hybride** Kreuzungsprodukt bzw. Bastard zwischen Vertretern, die nicht der gleichen Art angehören, wird im wissenschaftlichen Namen durch ein Kreuzungszeichen (×) angegeben

**Kätzchen** dichter, meist langer und herabhängender Blütenstand mit schmucklosen, männlichen oder weiblichen Blüten

**kegelförmig** Wuchsform vieler Baum-

## Wichtige Fachbegriffe 19

arten, unten meist schmal und mit parallelen Flanken, nach oben zunehmend spitz

**Kelch** meist grünliche, becherförmige, aus den Kelchblättern zusammengesetzte äußere Schutzhülle der Blüte

**Krone** oberer Teil eines Strauches oder Baumes, umfasst das Ast- und Blattwerk; bei der Blüte bezeichnet die Krone die Gesamtheit aller Kronblätter (Blütenblätter)

**Leittrieb** Haupttrieb der Krone, die das Längenwachstum übernimmt, kann auch seitlich überhängen und damit ein wichtiges Erkennungsmerkmal bieten

**Lentizellen** korkige, warzige, meist auch farblich abgehobene Erhebungen am Zweig, sind porös und dienen der Luftversorgung der tieferen Rindengewebe

**Mark** weiches, meist unverholztes Gewebe im Inneren von Zweigen

**Mittelrippe** Hauptblattnerv, meist in der Mitte der Blattspreite

**Nacktsamer** ursprüngliche Verwandtschaftsgruppe innerhalb der Blütenpflanzen, bei denen die Samenanlagen frei auf den unverwachsenen Fruchtblättern liegen

**Rhachis** Mittelrippe eines Fiederblattes oder Hauptachse eines Blütenstands

**Rispe** komplexer Blütenstand, bei dem die zahlreichen Einzelblüten auf verzweigten Seitenästen sitzen

**Samenanlage** fertiler Teil des Fruchtblattes bzw. Fruchtknotens, bildet nach der Befruchtung den Samen

**säulenförmig** Wuchsform mancher Bäume, beispielsweise der Pyramiden-Pappel, mit dichter, schlanker Krone aus nahezu senkrecht gestellten Hauptästen

**Scheide** meist bleiche, am Grunde angebrachte Umhüllung beispielsweise der Nadelbündel von Kiefern

**Stachel** spitzer Auswuchs der Rinde

**Stängel** unverholzte Sprossachse einer krautigen Pflanze

**Stiel** achsenförmiges Tragorgan einer Blüte oder einer Frucht, im Unterschied zum Stängel = Sprossachse(nabschnitt)

**Stielchen** Befestigung eines Fiederblattes an der Hauptrippe

**Stipeln** Nebenblätter, meist an der Basis des Blattstiels

**Stoma** Spaltöffnung, nadelstichfeine und mikroskopisch kleine Öffnung meist auf der Blattunterseite, dienen dem Gasaustausch der Blätter mit dem umgebenden Luftraum

**Traube** Blütenstand mit gestielten Einzelblüten auf unverzweigten Seitenästen

**Unterart** Kategorie der biologischen Systematik unterhalb der Art; Gruppe von ähnlichen Individuen, die einerseits untereinander paarungsfähig sind (also ein wichtiges Kriterium der Abgrenzung von Arten nicht erfüllen), andererseits aber als Gruppe eindeutig gegen andere Gruppen abgrenzbar sind und oft auch ein unterschiedliches Areal besiedeln

**versenkte Blattadern** bei Betrachtung von der Oberseite erscheinen die Blattadern in die Blattspreite abgesenkt, z. B bei Hasel

**wechselständig** Blätter stehen entlang einer Zweigachse allein am Blattknoten bzw. bilden zusammen eine aufsteigende Spirale

**Wirtel** an einem Blattknoten sitzen mehr als zwei Blattorgane, auch als Blattquirle bezeichnet

**zweihäusig** ausschließlich männliche und weibliche Blüten erscheinen getrennt auf verschiedenen Individuen

**zwittrig** männliche und weibliche Organe sind in der gleichen Einzelblüte kombiniert

# Bäume und Sträucher im Überblick

## Wuchstypen

Echter Thymian S. 132
bis 40 cm, **Halbstrauch**

Kraut-Weide S. 164
2–5 cm,
**Zwergstrauch,
teppichbildendes
Spaliergehölz**

Gewöhnliche
Waldrebe S. 314
über 10 m, **Kletterstrauch, Liane**

Besenginster S. 334
1–2 m, weitgehend
ohne Laubblätter,
**Rutenstrauch**

Glocken-Heide S. 116
20–60 cm, **Zwergstrauch**

Mistel S. 110
30–100 cm, **Halbparasit**

Lorbeerbaum S. 170, 1–8 m,
**immergrüner Strauch/Kleinbaum**

Efeu S. 312
bis 20 m, **mit Wurzeln
kletternder Strauch**

Gewöhnlicher Wacholder S. 92
1–5 m, **Säulenform**

Weißdorn S. 266, 3–10 m,
**Laub abwerfender Baum**

# Bäume und Sträucher im Überblick 21

# Baumblätter

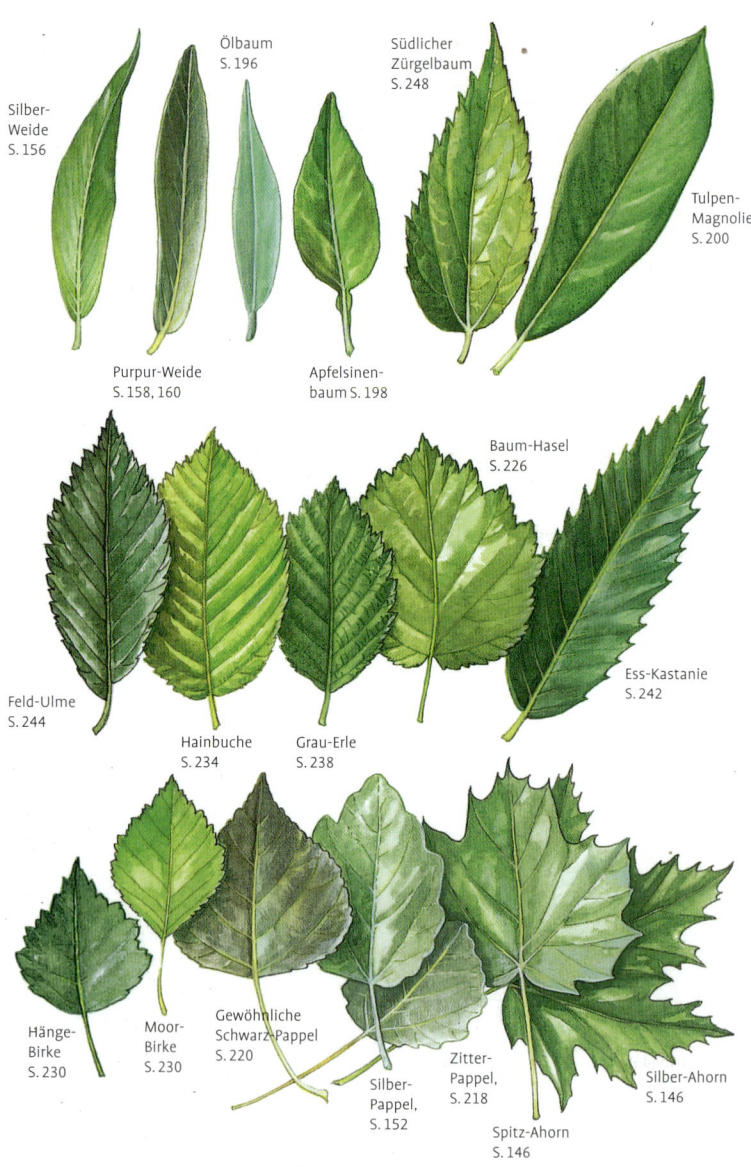

## Bäume und Sträucher im Überblick

# Strauchblätter

## Glattrandige

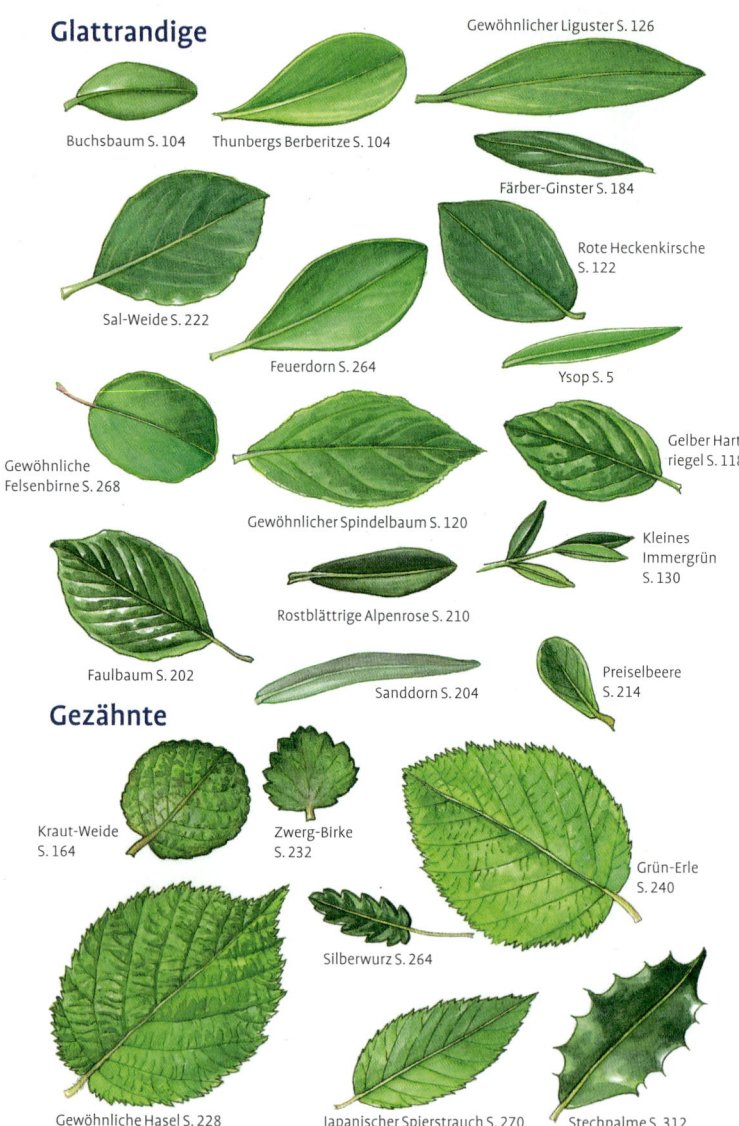

Buchsbaum S. 104
Thunbergs Berberitze S. 104
Gewöhnlicher Liguster S. 126
Färber-Ginster S. 184
Rote Heckenkirsche S. 122
Sal-Weide S. 222
Feuerdorn S. 264
Ysop S. 5
Gewöhnliche Felsenbirne S. 268
Gewöhnlicher Spindelbaum S. 120
Gelber Hartriegel S. 118
Kleines Immergrün S. 130
Rostblättrige Alpenrose S. 210
Faulbaum S. 202
Sanddorn S. 204
Preiselbeere S. 214

## Gezähnte

Kraut-Weide S. 164
Zwerg-Birke S. 232
Grün-Erle S. 240
Silberwurz S. 264
Gewöhnliche Hasel S. 228
Japanischer Spierstrauch S. 270
Stechpalme S. 312

## Bäume und Sträucher im Überblick 25

# Gebuchtete/Gelappte

Japanische Zaubernuss S. 250

Alpen-Johannisbeere S. 272

Feld-Ahorn S. 144

Eingriffeliger Weißdorn S. 266

Dreispitzige Jungfernrebe S. 308

Gewöhnlicher Schneeball S. 150

Strauch-Fingerkraut S. 348

Efeu (2 Formen) S. 312

Mahonie S. 354

Runzel-Rose S. 342

Schwarzwerdender Geißklee S. 334

## Zusammengesetzte

Alpen-Waldrebe S. 314

Gewöhnliche Jungfernrebe S. 308

Pimpernuss S. 354

Alpen-Goldregen S. 336

Schwarzer Holunder S. 362

Viermännige Tamariske S. 208

Essigbaum S. 338

Blasenstrauch S. 336

# Blüten und Kätzchen

## Gelbliche Blüten

## 28 Einleitung

# Weiße Blüten

Gewöhnlicher Schneeball S. 136
Schlehe S. 252
Gewöhnliche Traubenkirsche S. 256
Weißdorn S. 266
Feuerdorn S. 264
Schwarzer Holunder S. 362
Myrte S. 104
Silberwurz S. 264
Mispel S. 174
Gewöhnliche Felsenbirne S. 268
Robinie S. 324
Trompetenbaum S. 106
Gewöhnliche Mehlbeere S. 262
Waldrebe S. 314, 316

# Rote Blüten

Judasbaum S. 188
Zwerg-Mandel S. 258
Scheinquitte S. 180
Feld-Ulme S. 244
Blauglockenbaum S. 106
Kultur-Mandel S. 260
Rote Rosskastanie S. 356
Gewöhnlicher Seidelbast S. 192
Wild-Apfel S. 176
Rostblättrige Alpenrose S. 210
Hecht-Rose S. 344
Acker-Rose S. 344
Blut-Johannisbeere S. 276
Runzel-Rose S. 342

# Baumfrüchte

Schwarz-Erle S. 236
Feld-Ulme S. 244
Hänge-Birke S. 230
Sal-Weide S. 222
Gewöhnliche Esche S. 358
Sommer-Linde S. 278
Rot-Buche S. 168
Winter-Linde S. 280
Stiel-Eiche S. 292
Trauben-Eiche S. 294
Vogel-Kirsche S. 254
Platane S. 302
Mispel S. 174
Wild-Apfel S. 176
Wild-Birne S. 178

## Baumfrüchte 31

# Essbare Strauchfrüchte

# Ungenießbare und giftige Strauchfrüchte

## 34 Einleitung

# Nadeln und Zapfen

Gewöhnlicher Wacholder S. 92

Sadebaum S. 94

Virginischer Wacholder S. 86, 94

Serbische Fichte S. 54

Gewöhnliche Fichte S. 52

Europäische Lärche S. 60

Riesen-Lebensbaum S. 88

Atlas-Zeder S. 78

Weiß-Tanne S. 46

## Baumfrüchte 35

# Endlich Frühling: Raus mit dem Laub!

Neben der Blühorgie der Frühlingsblumen am Waldboden ist der Blattaustrieb im Frühjahr eine der auffälligsten Erscheinungen in der Pflanzenwelt und lädt zu einem ausgedehnten **Frühlingsspaziergang** ein.

## Die **Knospen schwellen**

Innerhalb weniger Tage brechen die Knospen auf und setzen das frischgrüne Laubwerk schrittweise an die Luft – sofern die Temperaturen stimmen. Eine wirksame Entwicklungshilfe beim Ausschlagen leistet nämlich nur die wärmende **Frühlingssonne**, während die sonst in die Entwicklung eingreifende Zunahme der Tageslänge eher unbedeutend ist.

Der Blattaustrieb setzt eine Reihe hochgradig koordinierter **Einzelabläufe** voraus. Weil die Blattgewebe in der Knospe den Winter im weitgehend entwässerten Zustand überdauert haben, müssen sie jetzt von innen wieder auf volle Wasserspannung gebracht werden. Mit der Außentemperatur steigen auch die Atmungsraten in den lebenden Stamm- und Zweiggeweben. Dabei entsteht gleichsam als Abfallstoff Wasser, und dieses setzt die Wasserleitungen zunehmend wieder unter Druck. Noch vor dem eigentlichen Blattaustrieb können Sie bei Verletzung einer Strauch- oder Baumrinde diese Vorbereitung als **Blutungssaft** wahrnehmen. Im Frühjahr steigen eben – wie es die Umgangssprache zutreffend ausdrückt – buchstäblich und vor allem bei den Gehölzen die Säfte. Jetzt können auch die Knospen aufbrechen …

## Die **Hüllen fallen**

… aber was heißt aufbrechen? Sehen Sie bei Ahorn, Birke, Eiche oder Hainbuche genauer nach. Auch ohne Lupe werden Sie erkennen, dass sich die Basis der zuvor sehr derbledrigen Knospenschuppen nunmehr stark **auflockert und ziemlich weich**, ja geradezu biegsam geworden ist. Die einzelnen Schuppenblätter fallen also beim Wiederergrünen unserer Gehölze nicht einfach ab wie eine zerrupfte Verpackung, sondern verlängern sich zunächst einmal durch Streckungswachstum. Dabei scheren sie zur Seite aus und geben so den Weg frei für die neuen Laubblätter, die sich nun durch **Wasseraufnahme** entfalten können.

Zellteilungen laufen beim **Vergrößern und Glätten** der Blattspreiten übrigens kaum noch ab. Der Blattaustrieb ist nämlich keine Zellvermehrung, sondern wird fast nur durch Zellvergrößerung bewirkt.

Sobald sich die neue Laubblattgeneration gestreckt und geglättet hat, sind die Knospenschuppen entbehrlich. Sie lösen sich vom jungen Blatttrieb ab und rieseln mengenweise zu Boden. Da Knospenschuppen umgewandelte

# Endlich Frühling: Raus mit dem Laub!

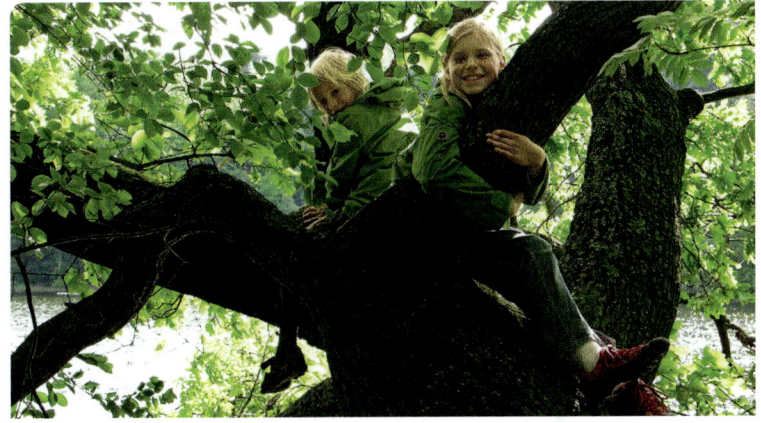

Endlich Frühling – höchste Zeit, unsere Wälder wieder in vollen Zügen zu genießen.

Blattorgane sind, können Sie also schon im Frühjahr einen heftigen **Blattfall** beobachten.

## Verpackungsprobleme

Der Begriff „Blattentfaltung" weist auf eine der vielen Möglichkeiten hin, wie Blätter in der Knospe liegen. Schauen Sie bei Hainbuche oder Hasel nach – die **Knick- und Bügelfalten** der ziehharmonikaartig zusammengelegten Faltblätter bleiben fast den ganzen Sommer über erkennbar. Bei Birke und Buche glätten sie sich dagegen ziemlich bald. Die Blätter der Ahorn-Arten sind in der Knospe nicht ziehharmonikaartig, sondern fächerförmig gefaltet.
Bei anderen Gehölzen werden Sie in der Knospenlage **aufgerollte Blätter** entdecken. Bei den meisten Arten, darunter Eichen und Weiden, sind sie quer gerollt. Längsrollung, wie man sie bei jungen Farnwedeln sieht, kommen dagegen in der heimischen Gehölzflora nicht vor. Wenn sich die neue Blattgeneration an den Start begibt, findet also zunächst einmal eine richtige „Entwicklung" statt. Blätter, die in der Knospe liegen wie ein zerknülltes Taschentuch, kommen bei Gehölzen ebenfalls kaum vor. Sie werden sie allerdings von den Blüten des Klatsch-Mohns her kennen.

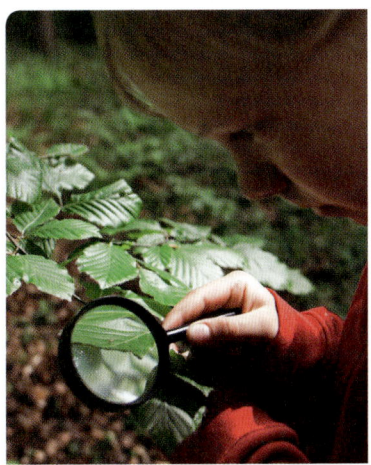

Bei genauerem Hinsehen mit der Lupe wird einiges klar.

# Nachwuchs auf der Fensterbank: die eigene Baumschule

Der Herbst ist überall die Zeit der Ernte. Spätestens jetzt sind auch die Früchte der Bäume reif – nicht nur Äpfel oder Birnen im Obstgarten, sondern auch Bucheckern, Ess- und Rosskastanien, Eicheln und Walnüsse.

Einen Teil der oft reichlich ausfallenden Ernte räumen die hungrigen Tiere ab, von den Waldmäusen bis zu den Wildschweinen. In früheren Jahrhunderten hat man auch die Haustiere in den Wald getrieben und dort nach Futter suchen lassen. Die so praktizierte Waldweide ist den Wäldern mitunter aber nicht gut bekommen, weil die allzu zahlreichen Tierherden den gesamten Jungwuchs fraßen und so das Ökosystem stark belasteten.

## Schwieriger Start
in der Natur

Obwohl die Bäume zu den größten und erfolgreichsten Lebewesen gehören, beginnen sie ihr individuelles Leben als zarte Keimpflanzen in der Moos- und Krautschicht. Aller Anfang ist bekanntlich schwer, und das gilt besonders auch für den Start von Nach- und Jungwuchs auf der untersten Ebene: Am Waldboden ist es oft so **dunkel**, dass die Keimlinge nicht genügend Licht bekommen. Außerdem gibt es im Wurzelraum die unerbittliche **Konkurrenz** der schon etablierten Gräser und Kräuter. Schließlich sind im Wald eine Menge Pflanzenfresser unterwegs, denen das zarte Grün der Keimlinge äußerst willkommen ist. Weil die Waldbäume jedoch massenweise Früchte bzw. Samen zu Boden schicken, bleiben meist genügend Kandidaten für den Aufwuchs übrig.

## Baumschule auf der Fensterbank

Die Keimung einer Pflanze ist immer ein aufregender Ablauf – gleichgültig, ob man eine Gartenbohne im Blumentopf ankultiviert oder es mit dem Nachwuchs vom Nachtisch probiert und Apfel-, Apfelsinen-, Kürbis-, Trauben- und Tomatenkerne keimen lässt. Die Keimung gelingt natürlich auch mit den Samen bzw. Früchten beliebiger Waldbäume.

So wird's gemacht:

›› Sammeln Sie beim nächsten Waldspaziergang ein, was Sie gerade finden: Samen, Früchte und am besten nehmen Sie auch gleich ein paar Hände voll Waldboden mit. Die Wurzeln der Keimlinge benötigen nämlich schon bald nach dem Keimstart ins Baumleben die Zusammenarbeit mit bestimmten Bodenpilzen, und die sind in der käuflichen Blumenerde meist nicht enthalten.

›› Legen Sie Ahornfrüchte, Bucheckern, Eicheln, Fichten- oder Kiefernsamen und sonstiges mitgebrachtes Saatgut auf die in Blumentöpfe abgefüllte Walderde

# Nachwuchs auf der Fensterbank: die eigene Baumschule

Wie winzige Palmen sehen die Sämlinge unserer Fichte aus.

und stellen Sie die Töpfe auf dem Balkon oder im Garten auf. Die meisten unserer Waldbäume sind nämlich Kaltkeimer, sie benötigen also winterliche Tieftemperaturen als Keimungssignal. Alternativ könnten Sie die Baumfrüchte oder -samen auch erst im Frühjahr sammeln und aussäen.

❱❱ Sobald sich an den Früchten etwas regt, kann man die Töpfe ins Zimmer holen, um den weiteren Gang der Dinge direkt auf der Fensterbank zu verfolgen.

## Vom **Lebenswandel** der Blätter

Bei genauerem Hinsehen werden Sie eine erstaunliche Feststellung treffen können: Die Keimblätter der meisten Baumarten sehen völlig anders aus als die typische Belaubung des großen Baumes.

Die Erstlingsblätter der Rot-Buche sind unterseits silbrig weiß und strecken sich zu hübschen Halbkreisen. Erst das nächste Blattpaar erinnert deutlich an die arttypische ovale Blattform. Beim Berg-Ahorn sind die Keimblätter schmal und lang gestreckt. Die Folgeblätter sind dagegen oval, und erst das dritte Blatt am Keimling erinnert an ein typisches Ahornblatt. Ähnliche Verhältnisse trifft man bei Linden und Ahornen an.

Wie sehen denn die Keimblätter bei Linde oder Eiche aus? Und mit wie vielen Keimblättern strecken sich Fichte und Wald-Kiefer aus der Erde? Sie können es selbst herausfinden.

# Herbst genießen ...
# und verstehen

Sie kennen das aus Wäldern und Parkanlagen: Bevor sie endgültig zu Boden gehen, langen die zunächst noch sommergrünen Blätter kräftig in die Farbtöpfe und gewanden sich in knalliges Gelb, kräftiges Orange oder sogar flammendes Karminrot.

## Schritt für Schritt zur **Farbenpracht**

Die Prozesse, die bei der Laubfärbung stattfinden, können Sie mit eigenen Augen verfolgen, denn die Logistik des Stoffrückzugs bildet sich im Blatt ab: Zunächst verfärben sich die <u>Randbereiche</u>, während die Säume entlang der Leitgewebestränge (Blattnerven) noch grün bleiben.

Finden Sie selbst heraus, welche Rolle das <u>Licht</u> bei der Umfärbung der Laubblätter spielt: Achten Sie dazu einmal auf Laubgehölze, die im direkten Lichtkegel der Straßenbeleuchtung stehen. Bei ihnen bleibt das vom Tageslicht vermittelte Schalterereignis aus, sodass die Blätter der betreffenden Zweigbereiche eventuell noch bis in den Dezember grün sind.

Die enge zeitliche Koppelung mit dem planmäßigen Blattabwurf lässt schon vermuten, dass die Umfärbung mit dem Alterungsstoffwechsel der Blattmasse zusammenhängt. Wichtiger Signalgeber für diese Prozesse ist die abnehmende <u>Tageslänge</u>.

## Interessante **Störfälle**

Achten Sie auch auf Störfälle wie etwa die „Grünen Inseln", wie man sie im Rotbuchenlaub häufig findet: Hier minieren die Raupen von Zwergmotten und hinterlassen ihre typischen Fraßgänge. Und nicht nur das: Sie verzögern mit gezielten Hormongaben aus den Speicheldrüsen den Blattgrünabbau selbst der gefallenen Blätter und stellen damit sicher, dass sie bis zur Verpuppung im Boden genügend Frischfutter haben.

## Um- und **Ausfärbung**

Aber wie genau entsteht aus dem sommerlichen Grün die herbstliche Farbenpracht? Vor der endgültigen Verabschiedung ihrer Blätter leiten die laubwerfenden Gehölze ein umfängliches Materialrecycling ein. Äußeres Zeichen ist der rasch ablaufende Abbau des Blattgrüns (Chlorophyll), während die ebenfalls in den Blättern vorhandenen Carotinoide dort verbleiben. Das Ergebnis sind warmtonig gelb verfärbte Wälder.

Der Abzug der grünen Blattfarbstoffe erklärt aber nur einen Teil des herbstlichen Erscheinungsbildes: Das prächtige **Sattgelb** von Spitz-Ahorn, Rot-Buche oder Schwarz-Pappel beruht nämlich auf einem Anstieg der Carotinoidmengen zum Saisonende. Die herbstliche Umfärbung ist also manchmal auch eine

## Herbst genießen ... und verstehen

Sattgelb leuchtet der Spitz-Ahorn im Herbst.

Ausfärbung mit ergänzender Neusynthese. Schattengehölze, die mit ihren Kohlenstoffreserven sparsam umgehen müssen, bauen hingegen die Kohlenwasserstoffskelette der Carotinoide ab. Schauen Sie sich einmal den heimischen Holunder an: Sie sehen im Herbstkleid ziemlich **blass** aus, wie Holländer Käse.
Ja nach Art verfärbt sich das Herbstlaub mitunter **intensiv rot**. Dabei beladen sich die Blattzellen mit rötlichen Anthocyanen, die auch in Blüten (Klatsch-Mohn) und Früchten (Weinbeeren) vorkommen. In Kombination mit den Carotinoiden ergeben sich besonders leuchtende Farben. Den Anthocyanen schreibt man heute noch eine andere Wirkung zu: Sie hemmen das Wachstum parasitischer Pilze, die sich eventuell vorzeitig über die Blätter hermachen könnten.

### Natur-Tipp

#### Indianersommer im Stadtpark

*Die Laubwälder in den Neuengland-Staaten der USA lösen mit ihrem herbstlichen Pigmentaufgebot („indian summer") einen beachtlichen Blattfärbungs-Tourismus aus. Neben dem Witterungsverlauf ist dort auch eine genetische Komponente an der Steuerung des Farbwechsels beteiligt. Denn Arten wie Amber- und Tulpenbaum oder Zucker- und Rot-Ahorn, in Mitteleuropa gern als Parkgehölze angepflanzt, zeigen generell eine ungleich prächtigere Gesamtfärbung als die vergleichbaren Gehölze bei uns. Einen Hauch von Indianersommer können Sie also auch beim herbstlichen Parkspaziergang erfahren.*

# Ausbreitungs-Raffinessen auf der Spur

**Luft** und manchmal auch fließendes **Wasser** sind für Pflanzen wichtige Verkehrswege, um ihren Pollen zu verbreiten. Die gleichen Transportrouten nutzen sie auch für ihre Früchte und Samen. Fallschirmspringer wie beim Löwenzahn und anderen Korbblütengewächsen mit „Pusteblumen" gibt es bei den heimischen Gehölzen zwar nicht. Dafür haben sie aber andere interessante **Fluggeräte** entwickelt.

## Die **Luftflotte** der Gehölze entdecken

Schauen Sie sich im Herbst die **Flügelfrüchte** der Ahorn-Arten an: Sie arbeiten nach dem Prinzip des Schraubenfliegers. Wenn sich eine Einzelfrucht aus dem Zweierfruchtstand gelöst hat, stürzt sie zunächst einmal ab. Aber schon nach etwa 30 cm beginnt sie zu rotieren und sinkt dann mit etwa 16 Umdrehungen in der Sekunde recht langsam weiter. Sie können das zu Hause vom Balkon aus leicht überprüfen. Das Rotorblatt an der Frucht hat also die Aufgabe, den freien Fall stark zu verzögern, und nur darauf kommt es an. Die Flügelfrucht muss nämlich für eine wirksame räumliche Ausbreitung seitlich vom Baum weggeführt werden.
Vergleichen Sie die Propellerprofile von Ahorn, Esche oder unseren Nadelhölzern – Sie werden erstaunliche technische Übereinstimmungen feststellen. Finden Sie außerdem heraus, wie flugtüchtig die Fruchtpakete von Linden, Götterbaum und Hainbuche sind.

## Winzige **Wurfscheiben**

Verglichen mit den Propellern der Ahorn- und Eschenfrüchte sind die schmal umsäumten **Nüsschen** von Birken und Ulmen wahre Leichtgewichte. Sie segeln schon bei schwachen Windstößen wie Frisbee-Scheiben davon und erzielen

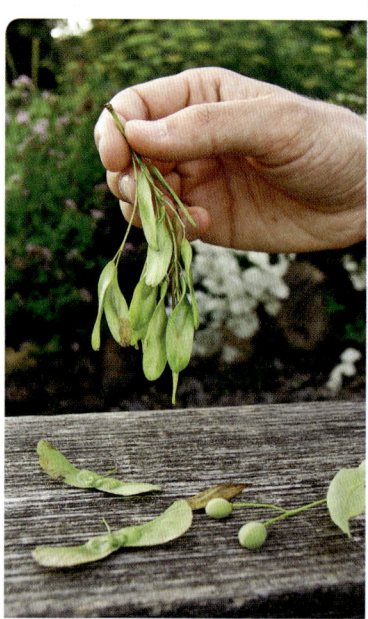

Ein Vergleich zeigt es: Die Natur hat verschiedene Propellersysteme hervorgebracht.

große Reichweiten. Daher wundert es nicht, dass gerade die Birken überall auf Waldlichtungen, in Schlagfluren oder auf aufgelassenem Brachland als Pioniergehölze auftreten und so lange die Szene beherrschen, bis auch andere Gehölze mit weniger raumgreifenden Ausbreitungsmitteln das besiedlungsfähige Terrain erreichen. Die massenhaft ausgesandten Birken-Nüsschen landen natürlich auch auf völlig ungeeigneten Stellen, zum Beispiel daheim auf Ihren Fensterbänken oder Ihrem Balkon.

## Fliegende **Teppiche**

Ungemein verbreitungsfreudig sind die Pappel- und Weiden-Arten. Schon im Frühsommer drängen aus den zahlreichen Kapselfrüchten Unmengen winziger, extrem **leichtgewichtiger Samen**, die mit haarfeinen Flugapparaten bestückt sind. Meist bleiben sie nach dem Start im Verbund und driften mit dem Wind flockig-locker in Massen umher. Die Reichweite ist beachtlich: Mehrere Kilometer sind überhaupt kein Problem. Außer den Birken finden Sie daher immer auch Sal-Weiden und Zitter-Pappeln unter den Pioniergehölzen neuer Standorte. Die Samen sind – wie Sie im Experiment bestätigen können – sogar schwimmfähig. So können sie auch über Fließgewässer oder als Windsurfer zu neuen Ufern gelangen.

## Sammeltrieb und Samenbänke

Die Schwergewichtler unter den Samen und Früchten, beispielsweise Bucheckern, Eicheln und Haselnüsse, haben es mit der Ausbreitung auf dem Luftweg naturgemäß nicht einfach. Als sogenannte Plumpsfrüchte sind sie immer auf tierische Mithilfe angewiesen. Vor allem Eichhörnchen und Eichelhäher machen sich über die energiereiche Ernte her und entwickeln einen besonderen Sammeleifer. In jedem Herbst legen sie bis zu **1000 Verstecke** mit mehreren Früchten oder Samen an. Die später meist vergessenen Depots sind eine biologische Zeitbombe: Sie keimen bei nächster Gelegenheit und sorgen überall für Nachwuchs – eventuell sogar in Ihrem Garten. Das erklärt die zumeist überraschende und unerwartete Präsenz von Buchen, Eichen, eventuell auch Walnussbäumchen oder Haselnusssträuchern mitten im Blumenbeet.

### *Natur-Tipp*
#### Verhaltene Farborgien

*Knallrote Früchte wie bei Pfaffenhütchen oder Schneeball muss man wohl als besonders wirksame Werbeadresse verstehen. Aber warum wirken auch die zunächst recht uncharmant blauschwarzen Beeren- und Steinfrüchte auf Früchte verzehrende Tiere so heftig verführerisch? Ihre Farbstellung, die uns eher wie ein gelungener Tarnanstrich vorkommt, hat dennoch einen besonderen Knalleffekt: Die damit meist verbundene wachsige Bereifung reflektiert nämlich die UV-Anteile des Tageslichtes besonders stark, und darauf sind vor allem die Vogelaugen hervorragend abgestimmt. Sie sehen die für uns relativ langweilig aussehenden Früchte als grell leuchtende Appetithappen. So finden eben auch die Früchte von Liguster, Kreuzdorn, Faulbaum, Schlehe und Efeu buchstäblich reißenden Absatz.*

# Hülle mit Fülle entdecken: die Knospen-Expedition

Ein Winterspaziergang durch die kahlen Wälder wird Sie überraschen: Die schuppigen Hüllen enthalten mancherlei Staunenswertes.

## **Frühling** schon im Herbst?

Den jahresrhythmischen Laubwechsel bei den sommergrünen Gehölzen kennen Sie – er ist ein allgemein vertrautes Phänomen. Aber wozu sind eigentlich die **Winterknospen** da?

Machen Sie die Probe aufs Exempel: Schneiden Sie im Spätherbst oder Winter die Endknospe am Zweig einer Rosskastanie mit einem scharfen Messer oder einer Rasierklinge längs und betrachten Sie die Schnittfläche mit einer guten Handlupe. Das Ergebnis ist überraschend. Tatsächlich ist in einer lagenreichen Umhüllung bereits der **vollständige Blütenstand** für die kommende Saison zu erkennen, zunächst zwar noch en miniature, aber dennoch schon mit allen entscheidenden Details.

Und nun fragen Sie bei Ihren Bekannten oder Freunden genauer nach: Wann genau sind die Knospen mit der künftigen Blattgeneration am Zweig entstanden? Die meisten werden zögern oder einen falschen Zeitpunkt nennen. Die Wahrheit ist erstaunlich: Das Blatt- und Blütenwerk, das sich im nächsten Frühjahr mit dem Aufbruch der Knospenhülle entfaltet, ist bei Betrachtung im Winter schon mindestens **ein halbes Jahr alt**. Es wurde bereits im vorangegangenen Spätsommer angelegt und ist spätestens mit dem Laubfall ausgebildet. Denn was sich in der Knospe befindet, sind keine einfachen Blatt- oder Blütenanlagen, sondern immer schon die nahezu ausentwickelten, allerdings auf Kompaktformat zusammengedrängten Pflanzenorgane.

## Wärmender **Wintermantel?**

Auch wenn Sie nach den Aufgaben der Winterknospen fragen, werden Sie allerhand seltsame Einschätzungen vernehmen. Sofern sie die Knospenschuppen überhaupt als schützende Hülle um die noch unentfalteten Blätter oder Blüten erkennen, werden viele vermuten, dass die derben, manchmal sogar ziemlich hornigen Knospenschuppen die zarten Gewebe im Inneren vor winterlichen Tieftemperaturen oder gar klirrendem Frost bewahren.

Nun sind Knospenschuppen nicht einmal einen halben Millimeter dick. Die Temperaturen außerhalb und innerhalb einer Knospe stimmen daher überein. Ein Wintermantel sind sie also gewiss nicht. Ihre eigentliche Aufgabe ist vielmehr der **Wasserschutz**: Die Knospenhülle soll das nahezu wasserfreie Gewebe der noch unentfalteten Blätter und Blüten vor einer verfrühten Wasseraufnahme von außen bewahren. Die schon im Herbst erfolgende Entwässerung

Die Knospen der Tulpen-Magnolie werden von pelzigen Knospenschuppen umhüllt.

der Überdauerungsorgane ist tatsächlich einer der Gründe für die beachtliche Frostresistenz von Knospen: Nur wenn die Zellen weitgehend frei von Speicherwasser sind, unterbleibt die zerstörerische Bildung von Eiskristallen, die letztlich fast immer den Zell- bzw. Gewebetod bedeutet.

## **Trockene** Typen

Einige Tricks zur Verhinderung von unerwünschten Wassereinbrüchen können Sie selber leicht aufspüren: Bei der Rosskastanie ist es die gegenseitige **Versiegelung** der Knospenschuppen durch Harze. Den gleichen Effekt haben dichte Haarsäume an den Schuppenrändern, wie sie Ihnen an den Mehl- oder Vogelbeeren begegnen. Fast immer sind die Knospenschuppen äußerst dicht gefugt, eindrucksvoll zu sehen beispielsweise bei Buche, Esche, Linde und Erle. Die Zweige des Schwarzen Holunders überraschen dagegen: Bei dieser Art kommen überhaupt keine Knospenschuppen vor. Die unentfalteten Blätter stehen also recht unbemantelt an der Luft.

## **Auf die Größe kommt es an**

Achten Sie bei Ihrer nächsten Knospen-Expedition unbedingt auch auf die Größenunterschiede: Bei Flieder und Ahorn sind die **Endknospen** deutlich größer als die **Seitenknospen**, weil diese Arten nur an den Zweigspitzen Blütenstände entwickeln. Beim Gelben Hartriegel kann man leicht die rundlichen Blütenstandsvon den schlanken Blattknospen unterscheiden.

## Weiß-Tanne

*Abies alba* · Familie Kieferngewächse

**Die aufrecht stehenden Zapfen, die abgeflachten, stumpfen Nadeln und der schmal kegelförmige Wuchs sind typisch für diesen immergrünen Nadelbaum.** ✿ Mai–Jun

Gerader, kräftiger Stamm, bis zu 50 m hoch; Krone in der Jugend kegelförmig, im Alter eher abgeflacht, bei frei stehenden Exemplaren bis zum Grund beastet; Äste fast waagrecht oder leicht hängend, nur in der Wipfelregion steil aufrecht. **Nadeln** bis zu 3 cm lang, abgeflacht, biegsam, stumpf, oberseits dunkelgrün, unterseits mit 2 hellen Streifen (Spaltöffnungsreihen), meist 2-zeilig gescheitelt, sitzen den Zweigen mit einem rundlichen Fuß an und haben eine Lebensdauer von ungefähr 8–10 Jahren. **Blüten** einhäusig verteilt; nur im obersten Kronenteil an 2-jährigen Zweigen; Knospen rötlich braun gefärbt, nicht harzend. **Zapfen** aufrecht, bis zu 10 cm lang, anfangs grünlich, zur Reifezeit blassbraun; Schuppen lösen sich einzeln von der Spindel ab, sodass niemals vollständige Zapfen zu finden sind; Zapfenreife Sep/Okt.

**Vorkommen** Wichtiger Waldbaum, in Höhen zwischen 400–1000 m zusammen mit Buche, Berg-Ahorn, Wald-Kiefer und Fichte, oft bestandsbildend im Tannen-Buchen-Mischwald bzw. im Tannen-Fichtenwald des Berglands, jedoch nur selten in Reinbeständen. Von den Pyrenäen über das französische Zentralmassiv, die Vogesen, den Schwarzwald und die Alpen (mit Ausnahme der Zentralalpen) bis zu den Karpaten und auf die Balkan-Halbinsel in großen, inselartigen Vorkommen, außerdem in einem kleinen Gebiet auf Korsika und im nördlichen Apennin; oft auch außerhalb des natürlichen Verbreitungsgebiets forstlich kultiviert, erwies sich dort jedoch als wenig widerstandsfähig gegen Luftschadstoffe, Schädlinge und Klimastress.

**Wissenswert!** Tannenholz harzt nicht, ist sehr hell und schwindet beim Trocknen nur wenig. Deshalb stellt es ein ideales Konstruktionsholz dar und wird auch für den Bau von Musikinstrumenten verwendet, z. B. für Orgelpfeifen oder Saiteninstrumente. An den Beständen der W., vor allem denen des Schwarzwalds, wurde man in den 1970er-Jahren erstmals auf (neuartige) Waldschäden und das Phänomen des Baumsterbens aufmerksam, da diese Art gegen Rauchgase und andere Schadstoffe aus der Luft außerordentlich empfindlich ist. W. werden am natürlichen Standort bis zu 600 Jahre alt und gehören mit knapp 70 m Höhen zu den imposantesten heimischen Baumarten. W. pflanzt man nur selten als Ziergehölze in Gärten oder Parkanlagen.

Die Umgangssprache trennt meist nicht streng zwischen Tanne und Fichte trotz erheblicher botanischer Unterschiede. Meist gilt Tanne als Typbegriff für Tannen- und Fichtenarten. So genannter Tannenhonig geht auf die zuckerreichen Ausscheidungen von Blattläusen zurück, die an diesen Bäume saugen.

*Die aufrecht am Zweig stehenden Zapfen verlieren ihre Schuppen noch am Baum, nur die Spindel bleibt übrig.*

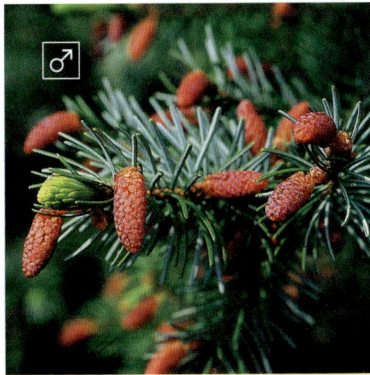

**Weiß-Tanne**   oben rechts: reife Zapfen, Mitte rechts: Zapfen-Spindeln

## Nordmann-Tanne
*Abies nordmanniana · Familie Kieferngewächse*

**Anhand der glänzend dunkelgrünen Nadeln, der dicht benadelten Zweige und der gleichmäßig kegelförmigen Krone ist diese Nadelbaumart gut kenntlich.** ✿ Mai

Immergrün, bis zu 60 m hoch; anfangs schmale, kegelförmige, später zunehmend säulige Krone, aber fast immer spitzer Wipfel; obere Äste weniger steil als bei Weiß-Tanne; Stamm bis über 1 m dick mit dunkler Plattenborke. **Nadeln** 2–3 cm lang, vorn gerundet oder leicht ausgerandet, oberseits gefurcht und glänzend dunkelgrün, unterseits mit 2 weißen Bändern; mit rundlichen Haftscheiben an den Zweigen stehend, schraubig oder undeutlich 2-zeilig angeordnet; beim Zerreiben angenehm duftend. **Blüten**knospen nicht harzend. **Zapfen** zylindrisch, bis zu 5 cm breit und 20 cm lang, harzig, lange Zeit grünlich, reif mittelbraun; dünne Deckschuppen zwischen dickeren Samenschuppen vorragend; Zapfenreife Sep–Okt.
**Vorkommen** In Bergwäldern zwischen 900–2000 m Höhe auf feuchten, aber nicht staunassen Böden in Reinbeständen oder zusammen mit anderen Nadel- sowie Laubbaumarten. Wichtiger Waldbaum in der NO-Türkei und im W-Kaukasus; in M.-EU zunehmend in Forstkulturen oder als dekorativer Parkbaum angepflanzt.
**Wissenswert!** Die auch als Kaukasus-Tanne bezeichnete Art wurde um 1840 von dem finnischen Botaniker A. Nordmann entdeckt und zunächst in England kultiviert. Die stattlichen Bäume sind als Weihnachtsbäume sehr beliebt, da sie das Trockenklima warmer Wohnstuben gut vertragen.

Aufrechter Zapfen am Zweig

## Riesen-Tanne
*Abies grandis · Familie Kieferngewächse*

**An seinen streng gescheitelten, recht weichen Nadeln, die beim Zerreiben angenehm nach Mandarinen duften, ist diese größte Tannenart gut kenntlich.** ✿ Apr–Mai

Immergrün, bis zu 50 m hoch, mit schlanker, kegelförmiger Krone und spitzem Wipfel; Äste quirlartig am Stamm angeordnet, waagrecht abstehend, im Alter leicht hängend. **Nadeln** mittel- bis dunkelgrün, 2–6 cm lang, flach, schraubig gestellt, regelmäßig 2-zeilig gescheitelt, zweigoberseits kürzer als auf der Unterseite. **Blüten**knospen schwach harzend. **Zapfen** bis zu 4 cm breit und 10 cm lang, Deckschuppen von außen nicht erkennbar; Zapfenreife Sep.
**Vorkommen** In Reinbeständen oder zusammen mit anderen Nadelbaumarten von der Küstenregion bis in Höhenlagen um 1500 m. Die Heimat der R. sind die Nadelwälder des westlichen N-Amerikas, vor allem auf Vancouver-Island und im Küstengebirge von British Columbia bis NW-Kalifornien. 1830 kam sie erstmals nach EU, wo sie seither forstlich oder als Parkgehölz verwendet wird.
**Wissenswert!** Die R. trägt ihren Namen zu Recht, denn sie ist die größte Art ihrer Gattung. In ihrer Heimat erreicht sie sogar knapp 100 m Höhe. Solche Exemplare sind heute jedoch sehr selten und fast nur noch in Nationalparkgebieten anzutreffen. Die in M.-EU kultivierten Exemplare weisen (bisher) höchstens etwa die Hälfte dieser Wuchshöhe auf. Bemerkenswert ist die dicke, dunkel braungraue, bei alten Bäumen tief gefurchte und in kleine Schuppen aufgelöste Borke. Angesichts der imposanten Größe des Baums bleiben die Zapfen relativ klein. Auch diese Tannenart ist einhäusig.

**Nordmann-Tanne**  oben rechts: schraubig angeordnete Nadeln

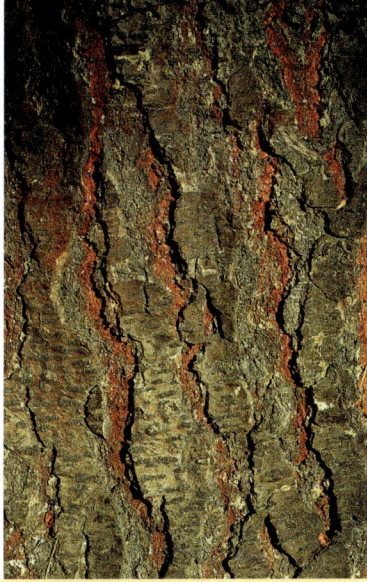

**Riesen-Tanne**

## Edel-Tanne
*Abies procera* · Familie Kieferngewächse

**Dieser Baum fällt auch ohne seine großen Zapfen, deren Schuppen in einer Spitze auslaufen, durch die fast silbrigen Nadeln auf.** ✿ Mai–Jun

Immergrün, bis zu 60 m, mit kegel- bis säulenförmiger Krone; Rinde anfangs glatt silbrig grau, später rissig und graubraun. **Nadeln** 2–3,5 cm lang, stumpf, dicht spiralig, aufwärts gekrümmt und gescheitelt; grüngrau bis dunkelgrün, beidseits mit helleren Spaltöffnungsbändern.
♂ **Blüten** anfangs karminrot gefärbt, später zunehmend gelb. **Zapfen** groß, senkrecht auf stärkeren Ästen im Innern der Krone; reif hellbraun, mit helleren, weit herausragenden, zurückgebogenen Deckschuppen; Zapfenreife Sep.

Zapfen bis zu 25 cm lang und 9 cm breit

**Vorkommen** Feuchte Bergwälder in Höhenlagen zwischen 900 und 1800 m, meist in Mischbeständen mit Douglasien, Weymouth-Kiefer oder weiteren Tannenarten. Küstengebirge des westlichen N-Amerikas von Washington bis N-Kalifornien.
**Wissenswert!** In M.-EU wird diese Art meist als dekoratives Parkgehölz verwendet. Besonders verbreitet ist die mit kräftig grünen Nadeln ausgestattete 'Glauca'-Form. Die E. entwickelt die größten Zapfen aller Tannen, die zudem durch die weit zwischen den massiven Samenschuppen herausragenden Deckschuppen auffallen. In ihrer Heimat wird diese Art über 600 Jahre alt. Entdeckt hat sie im Jahre 1825 der Forschungsreisende David Douglas, nach dem später eine nahe verwandte Gattung als Douglasie benannt wurde. Die „Edeltanne", die man auf den Weihnachtsbaummärkten findet, meint nur selten diese Art, sondern verschiedene Fichtenarten.

## Spanische Tanne
*Abies pinsapo* · Familie Kieferngewächse

**Abstehende, steife Nadeln wie Bürsten, die rings um den Zweig stehen, und das kleine Verbreitungsgebiet in Spanien kennzeichnen diesen Baum.** ✿ Apr–Mai

Immergrün, bis zu 30 m hoch, im Umriss breit pyramidenförmig, mit abstehenden, unten hängenden Ästen. **Nadeln** 1–2 cm lang; schraubig um Zweige angeordnet; steif, nicht spitz; im Querschnitt 4-kantig, an der Basis verbreitert; beidseits mit hellen Bändern. **Zapfen** bis zu 5 cm breit und 12 cm lang, unreif purpurn, später braun; Deckschuppen nicht sichtbar; Zapfenreife Okt.
**Vorkommen** Kalkböden im Gebirge oberhalb 1000 m, meist in Reinbeständen oder bei immergrünen Eichen. Nur in einem kleinen Gebiet in SO-Spanien in den Kalkgebirgsketten um die Stadt Ronda. Dort wichtiger Holzlieferant.
**Wissenswert!** Die nach ihrer Heimat auch Andalusische Tanne genannte Art ist in ihrem Ursprungsgebiet durch langfristige Übernutzung relativ selten geworden. Der größte geschützte Bestand befindet sich in einem Nationalpark in der Sierra de las Nieves.

**Ähnlich Griechische Tanne** *Abies cephalonica*, bis zu 30 m hoch, mit breiter, rundlicher Krone; Nadeln 2–3 cm lang, an den Zweigen dicht und schraubig angeordnet, steif und stechend spitz, oberseits glänzend dunkelgrün; beheimatet in Kalkgebirgen von SO-EU; selten als Ziergehölz verwendet.

**Edel-Tanne** Form 'Glauca'

Spanische Tanne

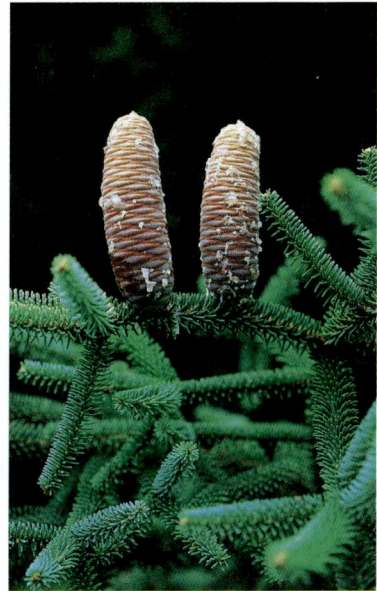

## Gewöhnliche Fichte
*Picea abies* · Familie Kieferngewächse

**Typisch für diesen Nadelbaum sind die stechend spitzen Nadeln, die herabhängenden Zapfen und der gerade, säulenförmige Stamm.** ✽ Mai–Jun

Immergrün, meist 30–50, ausnahmsweise bis zu 70 m hoch, mit regelmäßiger Krone und meist hängenden Ästen; Rinde kupferfarben bräunlich, fein geschuppt, löst sich nur wenig vom Stamm ab. **Nadeln** 1–2,5 cm lang, starr, spitz, dunkelgrün, schraubig gestellt und meist wenig gescheitelt, im Querschnitt 4-kantig, allseits mit einem feinen, hellen Spaltöffnungsband. ♂ **Blüten** über die ganze Krone verteilt, erst rot, später gelb; ♀ Blütenstände nur im oberen Kronenbereich, rötlich, stehend. **Zapfen** hellbraun, herabhängend, bis zu 15 cm lang; Zapfenreife Sep–Okt.

Blütenstands-Knospen ♀

**Vorkommen** An Stellen mit lockerem, humosem, winterkaltem Boden in feuchtem Klima, oft in Reinbeständen oder in gemischten Gesellschaften; Flachwurzler; wichtiger Rohhumusbildner. In mehreren Formen von M.-EU bis O-Asien; europäische Rasse im Alpen- und Voralpenraum, Schwarzwald, Harz, Thüringer Wald, Schweizer Jura und Bayerischen Wald sowie in den Karpaten, in Skandinavien und N-Russland beheimatet. Durch forstlichen Anbau ist diese Art weit außerhalb ihres natürlichen Areals verbreitet.

**Wissenswert!** Die wegen ihrer kupferbraunen Rinde auch Rot-Fichte oder „Rottanne" genannte Art ist heute in M.-EU der am weitesten verbreitete und mit Abstand häufigste Baum sowie einer der wichtigsten Nutzholzlieferanten. Als relativ anspruchslose Art gedeiht er auch auf verarmten Böden. Seine weite Verbreitung verdankt er den umfangreichen Aufforstungen, die man in den frühen 18. Jh. auch in den nördlichen Mittelgebirgen unternahm, um die durch Übernutzung ruinierten Wälder durch neue Bestände zu ersetzen. Das helle Fichtenholz verwendet man häufig im Haus- und Möbelbau, die Abfälle für Spanplatten sowie zur Zellstoffgewinnung für die Papierindustrie.

Die G. F. wird meist um 200, in den Alpen auch bis zu 400 Jahre alt. Mit teilweise über 50 m Wuchshöhe gehört sie zu den höchsten heimischen Baumarten. Im O ihres natürlichen Verbreitungsgebiets wird sie von der sehr ähnlichen Orient- oder **Kaukasus-Fichte**, *Picea orientalis*, abgelöst.

Nach dem Abnadeln bleiben bei den Fichten im Unterschied zu den Tannen immer winzige, vorragende Schuppen stehen, sodass sich die kahlen Zweige rau wie eine Feile anfühlen.

Der Fichtenzapfen ist ein weiblicher Blütenstand. Jede Einzelblüte besteht aus einem flachen Fruchtblatt, das später zur kompakten Samenschuppe verholzt, sowie aus ihrem häutig bleibenden Tragblatt, der Deckschuppe. Bei Fichten und Tannen sind die beiden auch im Reifezustand gut voneinander zu unterscheiden, während sie z. B. bei Kiefern zu einer einheitlichen Zapfenschuppe verwachsen. Die fettreichen Samen, die mit dem Wind weit verfrachtet werden, sind eine wichtige Nahrung für Waldtiere.

Gewöhnliche Fichte

## Serbische Fichte
*Picea omorika* · Familie Kieferngewächse

**Die sehr schmale, kegel- oder säulenförmige Krone, die bogenförmig abstehenden Äste und die harzigen Zapfen sind typisch.** ✿ Mai

Immergrün, gewöhnlich bis etwa 30 m hoch, mit auffallend schlanker, spitzer Krone; Äste kurz, dicht, waagrecht abgespreizt oder leicht hängend; Rinde braunorange gefärbt, in feine Schuppen gefeldert. **Nadeln** flach, 1–2 cm lang, biegsam, an noch jungen Bäumen spitz, schraubig um die Triebachse gestellt, auf der Unterseite leicht gescheitelt, oberseits dunkelgrün, unterseits mit 2 helleren Spaltöffnungsbändern, drehen an manchen Zweigen ihre Unterseite nach oben. ♂ **Blüten** nur gut 1 cm groß, vor dem Stäuben karminrot, ♀ Blütenstände kaum größer, zunächst hellrot. **Zapfen** nur 4–6 cm lang, harzig; im unreifen Zustand blauviolett, in der Reife braun gefärbt; Schuppen breit gerundet, zumeist dicht anliegend; Zapfenreife noch im 1. Jahr, Sep–Okt.

**Vorkommen** Sommerkühle Gebirgswälder vor allem auf Kalkböden in Höhen von 700–1400 m, oft in Mischbeständen mit Gewöhnlicher Fichte, Weiß-Tanne, verschiedenen Kiefern, Rot-Buche, Berg-Ahorn und anderen Waldbäumen. Heimisch nur in einem kleinen Gebiet zwischen Bosnien und Serbien (Tara-Gebirge) sowie in einer weiteren Verbreitungsinsel in Montenegro. Als beliebtes Gartengehölz überall angepflanzt und häufig.

**Wissenswert!** Die erst 1875 entdeckte Art ist heute in den Vor- und Hausgärten in M.-EU wesentlich häufiger als in ihrem Ursprungsgebiet. Sie erwies sich als bemerkenswert unempfindlich gegen Rauchgase, die andere Bäume stark schädigen, und eignet sich daher auch hervorragend für Bepflanzungen in Industrieregionen und Stadtzentren. In ihrem heutigen natürlichen Areal gilt sie als tertiärzeitliches Relikt, hat sie hier doch die Kaltzeiten überdauert, konnte jedoch anschließend ihr ursprüngliches Areal nicht mehr zurückgewinnen. Vor den Eiszeiten war die Art, wie Fossilfunde belegen, auch nördlich der Alpen weit verbreitet.

**Ähnlich Engelmann-Fichte** *Picea engelmannii*, bis zu 30 m, mit auffallend schlanker Krone aus kurzen, abstehenden Ästen; Nadeln bis zu 2,5 cm lang, 4-kantig, schraubig gestellt, zum Triebende gerichtet, sehr spitz; Zapfen bis zu 6 cm lang, Zapfenschuppen anders als bei der Serbischen Fichte nach vorn hin verschmälert und unregelmäßig gezähnt. In den Gebirgen des westlichen N-Amerikas weit verbreitete Art, in EU nur in größeren Sammlungen angepflanzt, oft auch in einer blaugrün benadelten 'Glauca'-Form zu sehen.

**Serbische Fichte**  unten links: unreife Zapfen, unten rechts: reife Zapfen

## Sitka-Fichte
*Picea sitchensis* · Familie Kieferngewächse

**Kennzeichnend sind die auffällig hellbraune Farbe der Zapfen, die breit kegelförmige Krone und die aufstrebenden Äste.** ✿ Mai

Immergrün, bis zu 60 m hoch, mit kegelförmiger, im Alter zunehmend breiter Krone und kräftigem Stamm; Äste beinahe waagrecht in Scheinquirlen; Zweige leicht hängend und glänzend gelb. **Nadeln** bis zu 2,5 cm lang, schlank, starr, stechend spitz, im Querschnitt 4-kantig und unterseits gekielt, auf allen Seiten mit hellen Bändern; Ansatzstelle der Nadeln (Nadelkissen) sehr rau. **Blüten** rötlich (♂) oder grünlich (♀). **Zapfen** 3 cm breit und bis zu 8 cm lang, mit gewellten, am Rand gezähnten, papierartig dünnen, unregelmäßigen Schuppen, in der Reife weißlich hellgelb; Zapfenreife Aug–Sep.

**Vorkommen** Küstennahe Wälder auf nassen, nährstoffarmen Böden in regen- oder nebelfeuchtem Klima, im Gebirge bis in 1000 m Höhe aufsteigend; häufig in Reinbeständen. Ursprünglich nur im pazifischen Küstengebirge von SW-Alaska bis NW-Kalifornien; als Forstbaum heute vor allem in Großbritannien, Dänemark und N-D weit verbreitet und häufig; auch als Ziergehölz in Parks und Gärten.

**Wissenswert!** Benannt wurde die äußerst anspruchslose und selbst auf nährstoffarmen Sandböden sehr raschwüchsige S. nach der Stadt Sitka auf der gleichnamigen Insel in SW-Alaska. Im Handel heißt sie oft fälschlich „Blautanne". In ihrer Heimat bildet sie imposante Baumgestalten, die bis zu 800 Jahre alt werden. Wegen ihrer geringen Bodenansprüche und Windfestigkeit ist sie ein wichtiges Forstgehölz.

## Stech-Fichte
*Picea pungens* · Familie Kieferngewächse

**Anhand der sichelförmig gebogenen Nadeln und den starren, in dichten Quirlen angeordneten Ästen ist dieser immergrüne Nadelbaum gut kenntlich.** ✿ Mai

Bis zu 30 m hoch, mit breit pyramidaler, sehr dichter Krone; Stämme junger Bäume unten immer schräg oder wechselnd gebogen. **Nadeln** etwa 1 cm lang, schraubig gestellt, 4-kantig, starr, stechend spitz, bei der Wildform mattgrün, bei Gartenformen meist bläulich weiß. ♂ **Blüten** gelb; ♀ in aufrechten rötlichen Zäpfchen, nur im Wipfelbereich. **Zapfen** 7–11 cm lang, hängend, harzend; Zapfenreife Sep–Okt.

**Vorkommen** Gebirge, vor allem an Fließgewässern. Ursprünglich im südwestlichen N-Amerika, heute ein sehr beliebtes Ziergehölz in zahlreichen Gartenformen.

**Wissenswert!** Die helle Färbung der Gartenform, die oft als „Blaufichte" bezeichnet wird, beruht auf einer dicken Wachsauflage der Nadeln.

**Ähnlich** Von der **Schimmel-Fichte** *Picea glauca*, die in N-Amerika bis zur polaren Baumgrenze vordringt, sieht man in EU fast nur die „Zuckerhutfichte" (Foto unten), eine dicht benadelte Zwergform. Die Nadeln der Wildform duften beim Zerreiben nach Schwarzer Johannisbeere.

stechend spitze Nadeln

**Sitka-Fichte**

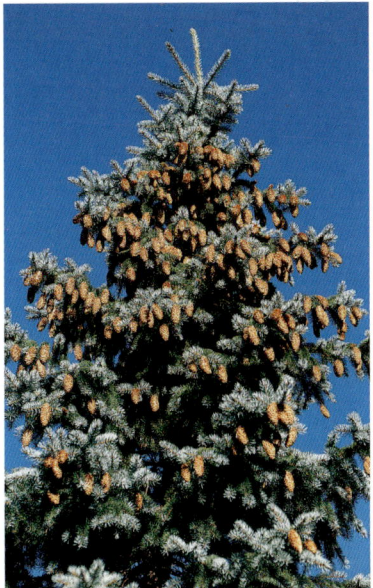

**Stech-Fichte**   links: junge Zapfen, rechts: reife Zapfen

## Kanadische Hemlock
*Tsuga canadensis* · Familie Kieferngewächse

**Auffällig sind die kleinen, hängenden Zapfen und die flachen, ungleich großen Nadeln, die in 2–3 Reihen an den Zweigseiten stehen.** ✿ Mai

Immergrün, mitunter mehrstämmig, bis zu 30 m, mit unregelmäßiger, breiter Krone; Zweige und Gipfeltrieb leicht überhängend. **Nadeln** flach, zur Spitze hin allmählich verschmälert, 1–2 cm lang, matt dunkelgrün, unterseits mit 2 hellen Bändern; an jeder Zweigseite in 2–3 Reihen, von denen die mittlere häufig mit der Unterseite nach oben weist. **Blüten** einhäusig verteilt, ♂ nur 3 mm groß, grünlich gelb; ♀ etwas größer, grünlich. **Zapfen** eiförmig, etwa 1 cm breit, bis zu 2,5 cm lang, in der Reife braun; mit wenigen, breiten Samenschuppen, Deckschuppen nicht sichtbar; reifen schon im 1. Jahr, fallen aber erst im 2. Jahr ab; Zapfenreife Sep–Okt.
**Vorkommen** Auf feuchten, nährstoffreichen Lockerböden bis in etwa 1600 m Höhe. Ursprünglich im nordöstlichen N-Amerika von Kanada bis zum nördlichen Georgia; in EU nur selten forstlich verwendet, aber oft als Parkgehölz angepflanzt.
**Wissenswert!** Die dekorative und schattenverträgliche Art wird bis zu 1000 Jahre alt.

**Ähnlich Westliche Hemlock** *Tsuga heterophylla*, Nadeln linealisch, werden auf der Zweigunterseite bis zu 2 cm lang, auf der Oberseite nur 1 cm; Zapfen bis zu 2,5 cm lang; wächst in Parks und Gärten.

## Küsten-Douglasie
*Pseudotsuga menziesii* · Familie Kieferngewächse

**Zapfen mit kurzen, runden und langen, 3-zipfeligen Schuppen besitzt nur dieser Baum, dessen Nadeln beim Zerreiben nach Orange oder Zitrone duften.** ✿ Mai–Apr

Bis zu 50 m hoch, immergrün, mit kegelförmiger, regelmäßiger Krone; Äste in gleichmäßigen, etagenartigen Scheinquirlen waagrecht abstehend; Rinde zunächst glatt, dunkel- bis grüngrau, mit waagrechten Harzblasen; später zunehmend rissig, zuletzt schwarzbraun. **Nadeln** 2–4 cm lang, flach, weich, aber zäh, schlank, kaum zugespitzt, oberseits dunkelgrün, unterseits mit 2 silbrigen Streifen. **Blüten** einhäusig verteilt; ♂ Blüten gelblich, zu mehreren an den Zweigenden; ♀ Blüten pinselartig an den Zweigspitzen. **Zapfen** hängend, 3 cm breit, bis zu 8 cm lang, reif hellbraun; Deckschuppen ragen weit heraus; Zapfenreife Aug–Okt.
**Vorkommen** Auf nährstoffreichen, feuchten, tiefgründigen Böden; oft in Reinbeständen. Küstennahe Gebirge des pazifischen N-Amerikas von British Columbia bis S-Kalifornien; in EU als Forstbaum und Ziergehölze.
**Wissenswert!** Die höchste bisher vermessene (und leider auch gefällte) Douglasie maß 133 m. Meist jedoch bleiben auch sehr alte Exemplare, mit Stammdurchmessern von 3–4 m, mit höchstens 60–70 m deutlich unter dieser Höhe. Die gärtnerisch häufig verwendete Varietät ‚Glauca' zeichnet sich durch silbergraue Nadeln aus. Das Holz wird unter der Bezeichnung „Oregon Pine" gehandelt und ist in den äußeren Stammbereichen sehr hell, im Kern rötlich. Es schwindet beim Trocknen nur wenig und eignet sich deshalb besonders als Konstruktionsholz für den Haus- und Schiffsbau.

**Kanadische Hemlock**  unten rechts: reife Zapfen

Küsten-Douglasie

♀

weit hervorragende Schuppen

## Europäische Lärche
*Larix decidua* · Familie Kieferngewächse

**Die Lärche ist der einzige heimische Nadelbaum, dessen Nadeln sich im Herbst leuchtend goldgelb färben und dann abfallen.** ✿ Mär–Mai

Bis zu 40 m hoch, sommergrün, mit schlanker, anfangs kegelförmiger, später säulenförmiger Krone und dichtem, regelmäßigem Geäst; Rinde zunächst glatt graubraun, im Alter tief rissig geschuppt; strohgelbe Triebe. **Nadeln** weich, schlank, unterseits mit vortretender Mittelrippe, 2–3 cm lang; zu 20–40 in Kurztrieben oder einzeln und dicht an den Langtrieben stehend; im Austrieb hellgrün, später dunkler grasgrün; nicht stechend, auf der Unterseite mit 2 helleren Bändern. **Blüten** einhäusig verteilt; ♂ Blüten meist an den 2-jährigen Kurztrieben; ♀ Blütenstän-

de aufrecht, kräftig karminrot, erscheinen vor den Nadeln an mindestens 3-jährigen Kurztrieben. **Zapfen** bis zu 2,5 cm breit und 5 cm lang, unreif purpurn-grün, Deckschuppen nicht sichtbar, Rand der Samenschuppen wenig oder gar nicht umgebogen; fallen nach mehreren Jahren erst mit den Zweigen ab; Zapfenreife Sep–Nov.
**Vorkommen** Auf kalkhaltigen oder mäßig sauren Böden im winterkalten Klima nahe der Waldgrenze im Hochgebirge. Bestandsbildend oder in Mischbeständen in den Zentralalpen, den Sudeten und der Tatra, in O-Polen auch im Tiefland. Durch Forstkultur weit über das natürliche Areal hinaus überall in EU verbreitet.
**Wissenswert!** Die Lärche wirft seine kräftig goldgelben Nadelblätter einzeln ab. Außer in Forstkulturen sieht man Lärchen auch als Parkgehölze. Sie vertragen jedoch das von Abgasen belastete Klima der Städte und Industrieregionen nicht.

## Japanische Lärche
*Larix kaempferi* · Familie Kieferngewächse

**Von der Europäischen Lärche unterscheidet sich dieser Baum durch die bläulich grünen Nadeln und die bräunlichen Zweige und Triebe.** ✿ Apr–Mai

Sommergrün, bis zu 40 m hoch, mit geradem Stamm und meist hängenden Ästen; Rinde schuppig, rötlich braun; dunkelbraune bis bräunlich purpurne, grau bereifte Triebe. **Nadeln** weich, 2–3 cm lang, zu 30–60 in flachen, weit ausgebreiteten Kurztriebbüscheln, oberseits blaugrün, unterseits mit 2 hellgrauen Bändern; im Herbst goldgelb. **Blüten** einhäusig verteilt; ♀ Blütenstände zahlreich an älteren Kurztrieben. **Zapfen** unreif gelblich braun, reif dunkelbraun, Samenschuppen sind deutlich nach außen umgebogen.

**Vorkommen** In Gebirgswäldern auf nährstoffreichen, tiefgründigen Böden. Ursprünglich nur in Japan, heute in großem Umfang forstlich angebaut, häufig auch als Park- und Gartengehölz.
**Wissenswert!** Die Art ist gegen städtische bzw. industrielle Rauchgase etwas widerstandsfähiger als ihre europäische Verwandte. Deshalb wird sie gern bei der Aufforstung von Deponiegelände, älteren Halden oder anderen Rekultivierungsmaßnahmen in Industrieregionen verwendet. Das äußere Splintholz ist anfangs sehr hell, dunkelt aber rasch nach. Wegen seiner Beständigkeit eignet es sich vor allem als Konstruktionsholz im Hausbau, wird aber auch als Furnier oder Massivholz in der Möbeltischlerei verwendet.
Seit dem frühen 19. Jh. ist aus EU die **Hybrid-Lärche**, ein spontaner Kreuzungsbastard aus J. L. und Europäischer Lärche, bekannt. Sie ähnelt beiden Elternarten.

**Europäische Lärche**

**Japanische Lärche**  oben rechts: unreife Zapfen, unten rechts: reife Zapfen

## Berg-Kiefer
*Pinus mugo* · Familie Kieferngewächse

**Durch den formenreichen, oft auch strauchartigen Wuchs mit niederliegenden oder aufstrebenden Stämmen und die bleibenden Nadelscheiden gut kenntlich.** ✿ Jun–Jul

Immergrün, je nach Wuchsform ein- oder mehrstämmig, aufrecht oder liegend; als Baum bis zu 25 m hoch mit breiter, kegelförmiger Krone auf dickem Stamm; Äste bei den Baumformen regelmäßig in Scheinquirlen, bei den Sträuchern eher unregelmäßig angeordnet; Rinde im Alter dickborkig, längsrissig grauschwarz. **Nadeln** 2–8 cm lang, steif, dunkelgrün, zu je 2 in einer langen, aschgrauen Nadelscheide. **Blüten** einhäusig verteilt; ♂ Blüten hellgelb, als Manschette an der Basis der Triebe sitzend; ♀ Blütenstände karminrot, zu 1–4 unterhalb der Langtriebenden. **Zapfen** geöffnet etwa 6 cm breit und fast ebenso lang; Zapfenreife im 2. Jahr, Okt–Nov.
**Vorkommen** Auf flach- oder tiefgründigen, basischen oder mäßig sauren, nährstoffarmen Böden der oberen Gebirgsstufe, meist in Reinbeständen. Gebirge in S- und M.-EU; inselartig zergliedertes Areal von Pyrenäen über Zentralmassiv, Schwarzwald, Fichtelgebirge, Bayerischen Wald und Karpaten bis zum Balkan, stellenweise auch in den Abruzzen.
**Wissenswert!** Innerhalb dieser vielgestaltigen Art lassen sich drei Unterarten unterscheiden. Die als **Latsche, Leg-Föhre, Knieholz** oder **Krummholz** bezeichnete Form (ssp. *mugo*) wächst als liegender Großstrauch mit überaus elastischem Astwerk. Sie steigt in den Alpen bis in fast 2500 m Höhe, wo sie den Krummholz- oder Latschengürtel an der Gehölzgrenze bildet.
Die mitunter auch als selbstständige Art aufgefasste **Haken-Kiefer** (ssp. *uncinata*, Foto rechts) ist ein bis zu 25 m hoher Baum. Man findet sie im westlichen Teil des Verbreitungsgebiets (Schweizer Zentralalpen). Namengebend sind die mit einem kurzen Haken versehenen, sehr dicken Schuppenschilde der Samenschuppen.
Die **Spirke** (ssp. *rotundata*, Foto unten) tritt hauptsächlich im östlichen Teil des Verbreitungsgebiets (Schwarzwald, Bayerischer Wald, Erzgebirge) auf sauren Moorböden auf. Als Baum wird sie 8–10 m hoch und ist oft mehrstämmig, als Großstrauch entwickelt sie liegende, an den Enden aufsteigende Äste wie die Latsche.

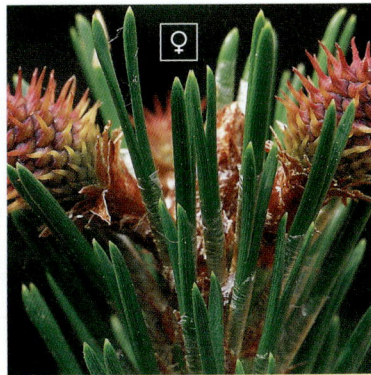

Berg-Kiefer

## Berg-Kiefer, Latschen-Kiefer
*Pinus mugo* ssp. *mugo* · Familie Kieferngewächse

**Formenreicher, immergrüner Nadelstrauch, ein- oder (weitaus häufiger) mehrstämmig; Äste typischerweise liegend oder aufsteigend, ungeordnet und ungleich lang.** ✣ Apr–Mai

Wuchshöhe 1–5 m hoch, als Baum bis zu 25 m; Rinde rötlich grau bis grauschwarz mit kleinen Schuppen. **Nadeln** steif und gerade oder leicht sichelförmig, nicht oder kaum gedreht, 2–8 cm lang und 2–3 mm breit, beiderseits leicht glänzend dunkelgrün, am Rand rau, zu je 2 in einer 1 cm langen, aschgrauen Nadelscheide; etwa 8–10 Jahre lang an den Zweigen. **Blüten** einhäusig, ♂ Blüten hellgelb als dichte, gedrängte Manschette an der Basis der neuen Jahrestriebe, mit zahlreichen, spiraligen Staubblättern; ♀ Blütenstände karminrot, um 1 cm lang, fleischig, zu 1–4 unmittelbar unterhalb der Langtriebspitzen. **Zapfen** geschlossen bis zu 3 cm, geöffnet etwa 6 cm breit und fast ebenso lang; reifen erst im 2. Jahr.

Nadeln zu je 2

**Vorkommen** Auf basischen oder mäßig sauren, nährstoffarmen und meist etwas feuchten Böden der oberen Gebirgsstufe; gewöhnlich in Reinbeständen. Gebirge von M.- und S-EU (Abruzzen, Balkan), im N bis zum Fichtel-, Erz- und Riesengebirge, im bayerischen Alpenvorland stellenweise auch unter 500 m Höhe; steigt in den Nordalpen bis auf 2200 m und im schweizerischen Graubünden bis 2450 m hoch, bildet in der alpinen Region oberhalb des Waldgürtels die so genannte Krummholzregion. Durch häufige gärtnerische Verwendung auch außerhalb des natürlichen Areals weit verbreitet.

**Wissenswert!** Die Berg-Kiefer ist eine außerordentlich vielgestaltige Art, zu der auch in Baumgestalt wachsende Formen wie die Haken-Kiefer gehören. Auch innerhalb der als Leg-Föhre, Latsche, Knieholz oder Krummholz (regional und lokal sind weitere Namen üblich) bezeichneten Strauchformen werden mehrere geografische Sippen unterschieden, von denen sich wiederum zahlreiche Gartenformen mit unklarer Merkmalsabgrenzung ableiten. Außerhalb des Hochgebirges angepflanzt, verlieren die Latschen-Kiefern ihre charakteristische Gestalt mit liegenden Ästen und entwickeln stattdessen Gestalten mit nahezu senkrechten Stämmen. Die Wildformen sind mit ihren elastischen Ästen gegen Schneebedeckung bestens gewappnet, tragen auf Steilhängen wirksam zur Bodenbefestigung bei und schützen zudem vor Steinschlag und Lawinenabgängen. Man pflanzt sie daher als Erosionsschutz auch gern in tiefer gelegenen Bereichen an. An ihren alpinen Standorten ist sie eine Kalk liebende Art, die besonders reichlich auf den harten Wetterstein- und Dachsteinkalken sowie auf Dolomit vorkommt. Andererseits ist sie jedoch nicht an die basische Reaktion gebunden. Immerhin wurde sie auf den sauren, mageren Heideböden in N-D und in den Dünengebieten Jütlands zur Aufforstung verwendet. Einige ihrer Formen besiedeln auch die sauren Moorböden des Alpenraums. Aus den aromatisch duftenden Nadeln gewinnt man das Latschenkiefernöl für verschiedene kosmetisch-medizinische Produkte.

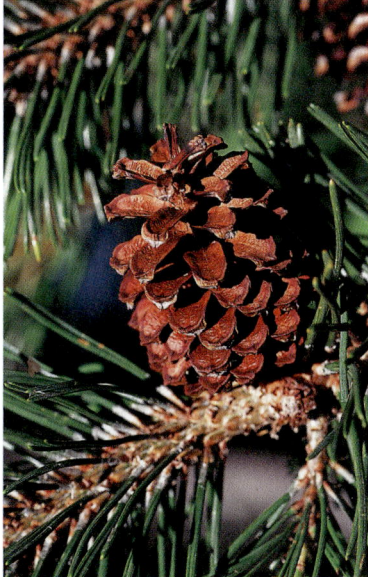

**Berg-Kiefer, Latschen-Kiefer**   unten rechts: reifer Zapfen

## Wald-Kiefer, Föhre
*Pinus sylvestris · Familie Kieferngewächse*

**Typisch: Die blaugrünen, bis zu 7 cm langen Nadeln sind oft um die eigene Achse gedreht und stehen stets zu zweit in Bündeln.** ✿ Mai–Jun

Immergrün, bis zu 30 m, selten bis zu 40 m hoch; Krone anfangs kegelförmig, später unregelmäßig abgeflacht und schirmartig ausgebreitet; Stamm unten gerade, oben oft gekrümmt; Rinde rot- bis orangebraun, unten in größere, dunkel braungraue Platten mit tiefen, schwärzlichen Rissen. **Nadeln** 3–8 cm lang, blau- oder graugrün, kurz zugespitzt, nicht besonders steif, am Rande fein gezähnt; bleiben meist 2–3 Jahre am Zweig. **Blüten** einhäusig verteilt; ♂ Blüten hellgelb, zahlreich in Büscheln; ♀ Blütenstände hellrot bis purpurrot, meist zu 2 an Langtrieben. **Zapfen** bis zu 5 cm breit und 8 cm lang, unreif grünlich, in der Reife dann dunkelbraun; geöffnet mit zurückgebogenen, weit klaffenden Schuppen; Zapfenreife erst im 2. Jahr, Sep–Okt.

junger Zapfen

**Vorkommen** Vorzugsweise auf mäßig trockenen Lockerböden, auf Lehm-, Sand- und Kalkböden oft bestandsbildend; in den Nordalpen bis in 1600 m, in den Zentralalpen bis in 2200 m Höhe. Europ. Hoch- und Mittelgebirge, schottisches Hochland, Skandinavien, N-Türkei, Zentral- und O-Asien; in D v. a. im NO, im Münsterland und Oberrheingebiet; durch forstlichen Anbau weit verbreitet.

**Wissenswert!** Die auch Gewöhnliche Kiefer oder Wald-Föhre genannte Art zeigt das größte geschlossene Verbreitungsgebiet ihrer Gattung.

## Zirbel-Kiefer, Arve
*Pinus cembra · Familie Kieferngewächse*

**Die Krone dieses frostresistenten Nadelbaums, der bis an die Baumgrenze vorkommt, wird im Alter unregelmäßig breit gerundet.** ✿ Mai–Jul

Immergrün, bis zu 25, selten auch 35 m hoch, mit breiter, säulenförmiger Krone; Äste kurz und gedrungen, Zweige an den Enden steil aufsteigend; Triebe dicht filzig behaart; Rinde anfänglich glatt grüngrau, später bräunlich. **Nadeln** 5–8 cm lang, spitz, nur etwa 1 mm dick; außen dunkelgrün, auf der Innenseite graugrün, zu jeweils 5 an Kurztrieben. **Blüten** einhäusig verteilt; ♂ Blüten beim Stäuben gelb, ♀ Blütenstände rötlich. **Zapfen** bis zu 7 cm breit und 12 cm hoch, unreif blaugrün, reif rötlich braun; aufrecht; Zapfenreife im 3. Jahr, Okt.

**Vorkommen** Auf sauer-humosen Steinböden in kalt-kontinentalem Klima, kaum unter 1700 m Höhe. Braucht zum Gedeihen viel Licht. In EU nur in den Alpen und Karpaten, eine Unterart vom Ural bis Sibirien; forstlich unbedeutend, in Parks und Gärten nur selten angepflanzt.

**Wissenswert!** Die kantigen, ungeflügelten, etwa 1 cm langen Samen (Zirbelnüsse) sind essbar. Sie enthalten etwa 40 % fettes Öl. Durch mäßiges Erhitzen im Backofen öffnen sich die Zapfen. Das technisch wertvolle, anfangs helle, später stark nachdunkelnde Arvenholz wurde im Alpenraum häufig zum Hausbau verwendet, eignet sich aber auch als Schnitz- und Drechslerholz. Durch Übernutzung wurden die Bestände dieser Art örtlich stark dezimiert. Die Z. ist die einzige mitteleuropäische 5-nadelige Kiefer. Sie wird rund 1000 Jahre alt. In den Alpen bildet sie bei etwa 3000 m die Baumgrenze.

Wald-Kiefer, Föhre

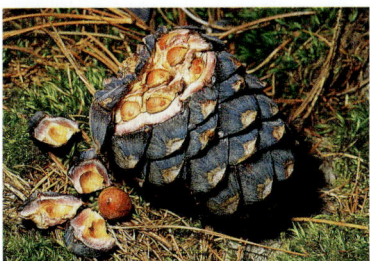

Zirbel-Kiefer, Arve   unten rechts: Zirbelnüsse

# Schwarz-Kiefer
*Pinus nigra* · Familie Kieferngewächse

**Die rußig dunkel gefärbte Rinde an Stamm, Ästen und Zweigen gab diesem stattlichen Nadelbaum seinen Namen.**
✻ Mai–Jun

Bis zu 40 m hoch, immergrün, mit regelmäßiger, später zunehmend abgeflachter, offener und weit ausladender Krone; Rinde bei alten Bäumen tief rissig und grob gefeldert, braungrau bis schwarzbraun. **Nadeln** (Foto unten) 10–15 cm lang, kräftig, starr, dunkel- bis schwarzgrün, manchmal leicht gedreht, zu jeweils 2 (selten 3) an einem Kurztrieb. **Blüten** einhäusig verteilt; ♂ Blüten hellgelb, ♀ Blütenstände zu 1–4 aufrecht an den Triebspitzen. **Zapfen** mit sehr kurzem Stiel, bis zu 6 cm breit und 9 cm lang, hellbraun; Zapfenreife im 2. Jahr, Sep–Nov.

**Vorkommen** Wichtiger Waldbaum auf flachgründigen Böden in trockenen Lagen der Kalkgebirge in S-EU. Mehrere Rassen mit inselartig zergliedertem Verbreitungsgebiet von N-Afrika, S-Spanien, Korsika, S-Frankreich, O-Österreich und dem Balkan bis zum Schwarzmeergebiet; durch forstlichen Anbau weit verbreitet, als Park- oder Gartenbaum sehr beliebt.

**Wissenswert!** Die genaue Abgrenzung der einzelnen geografischen Rassen ist schwierig. In D ist die **Österreichische S.**, *P. nigra* ssp. *austriaca*, als Ziergehölz am weitesten verbreitet. Sie entspricht in ihrem Erscheinungsbild den oben beschriebenen Merkmalen und kann in ihrem südeuropäischen Ursprungsgebiet etwa 500 Jahre alt werden. Das reichlich vorhandene Harz in Rinde und Holz wurde früher durch Anschneiden gewonnen und durch Destillation in flüchtiges Terpentinöl und festes Kolophonium (Destillationsrückstand) getrennt. Wegen seines Harzreichtums wird das gelbliche Holz nur selten in der Schreinerei verwendet. Holzabfälle nutzt man zur Zellstoffgewinnung.

**Ähnlich** Korsische oder **Kalabrische Schwarz-Kiefer** *Pinus nigra* ssp. *laricio*, graugrüne, leicht gedrehte Nadeln, 8–16 cm lang, etwas stechend, bis zu 6 cm lange Zapfen, sehr lockere, breite Krone. S-Italien, Sizilien, Korsika. In teilweise zwergwüchsigen Gartenformen verbreitet.

**Spanische** oder **Pyrenäen-Schwarz-Kiefer** *Pinus nigra* ssp. *salzmannii*, sehr dünne, biegsame Nadeln, 9–14 cm lang, nicht stechend, Zapfen bis zu 8 cm lang, schmale, kegelförmige Krone. S-Frankreich, S- und O-Spanien.

**Dalmatinische Schwarz-Kiefer** *Pinus nigra* ssp. *dalmatica*, nur 4–7 cm lange Nadeln, sehr starr, etwas gedreht, Zapfen bis zu 4,5 cm lang, breit kegelförmige Krone. Küste und Inseln von Slowenien bis NW-Dalmatien. Mehrere Gartenformen für Parks.

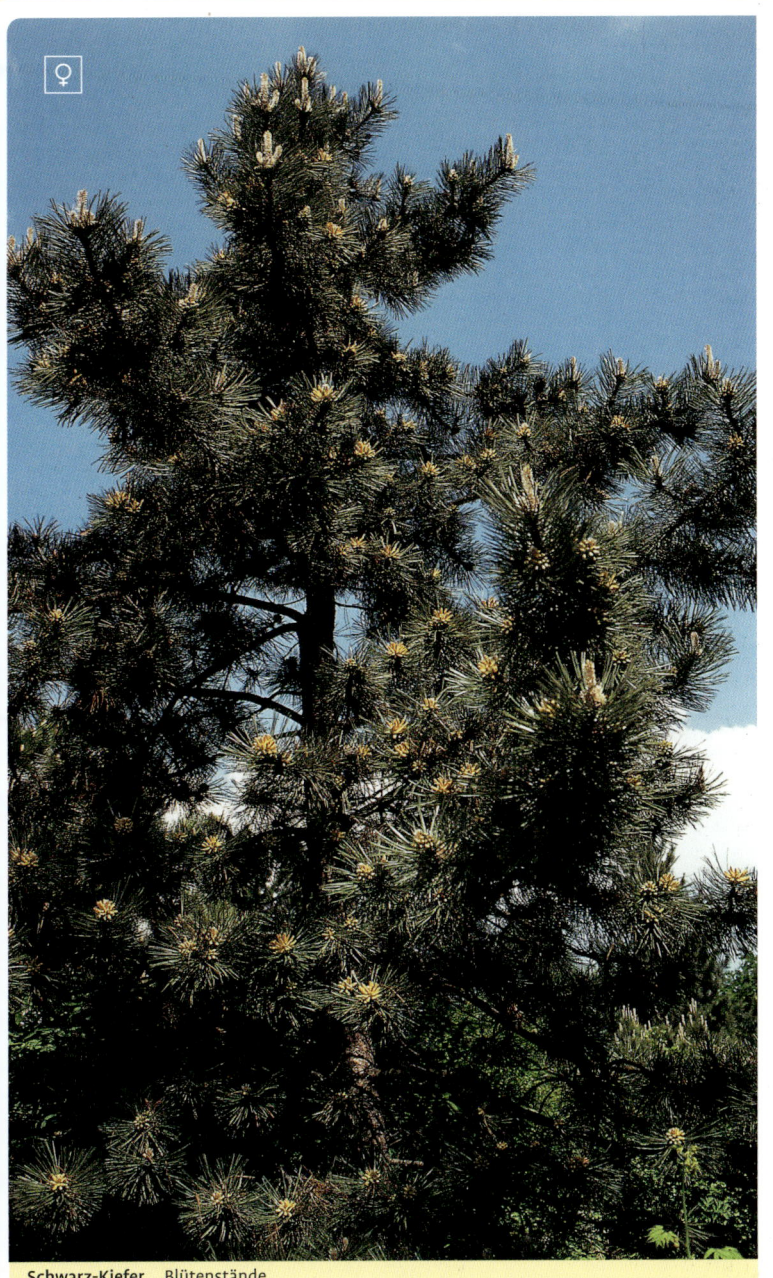

**Schwarz-Kiefer** Blütenstände

## Weymouth-Kiefer, Strobe
*Pinus strobus* · Familie Kieferngewächse

**Die bananenartig gekrümmten, hängenden Zapfen mit den biegsamen, harzigen Schuppen, die bei Reife weit aufklaffen, sind bei diesem Nadelbaum kennzeichnend.** ✿ Mai–Jun

Immergrün, überaus stattlich, bis zu 50 m hoch, mit zunächst schmal kegelförmiger, später zunehmend unregelmäßiger und offener Krone; Äste häufig gebogen; Rinde zimtfarben oder graubraun, mit tiefen, dunkelgrauen Rissen grob gefeldert. **Nadeln** 5–15 cm lang, dünn und biegsam, bläulich grün, fein gezähnt, zu je 5 büschelig auf Kurztrieben. **Blüten** einhäusig verteilt; ♂ Blüten gelblich, in Büscheln; ♀ Blüten rötlich grün. **Zapfen** 20 cm lang, geöffnet bis zu 5 cm breit; Zapfenreife erst im 2. Jahr, Aug–Sep.

**Vorkommen** Humusarme, tiefgründige, feuchte Böden in niederschlagsreichem Berglandklima, bis in 1200 m Höhe oft in Reinbeständen. Ursprünglich in den Bergwäldern der Appalachen im nordöstlichen N-Amerika von Quebec bis South Carolina; in EU vielfach forstlich kultiviert sowie als dekoratives Parkgehölz angepflanzt. Es gibt von der Art eine ganze Reihe gärtnerischer Zuchtformen, darunter auch eine nur 1,5 m hohe Zwergform.

**Wissenswert!** In ihrer Heimat wird die White Pine genannte Art bis zu 80 m hoch und 500 Jahre alt. Sie ist die größte Vertreterin ihrer Gattung im atlantischen N-Amerika. Die weißen Siedler haben die ehemals großen Bestände arg dezimiert, weil sich das feste Holz hervorragend zum Haus- und Möbelbau verwenden lässt. Benannt ist sie nach dem britischen Lord Weymouth, auf dessen Ländereien die schon im 16. Jh. nach EU eingeführte Art großflächig angepflanzt und auch erstmals genauer untersucht wurde.

**Ähnlich** **Gelb-Kiefer** *Pinus ponderosa*, bis zu 25 cm lange Nadeln in langer, graubrauner Scheide, meist zu 3 an einem Kurztrieb; Zapfen bis zu 8 cm breit und 15 cm lang, mit kräftigem, aufgebogenem Dorn auf den Schuppenschilden. Wichtigste Kiefer im pazifischen N-Amerika von Kanada bis Zentralmexiko, von der Ebene bis ins Hochgebirge (2700 m); in EU vor allem in Parks gepflanzt. Holz sehr fest und dicht.

**Jeffreys Kiefer** *Pinus jeffreyi*, mit schmaler, lockerer Krone und bis zu 25 cm langen, starren und spitzen Nadeln, graugrün, am Rand fein gezähnt, zu je 3 büschelig am Kurztrieb; Zapfen bis zu 10 cm breit und bis zu 20 cm lang, auf den Schuppenschilden mit aufwärts gebogenem Dorn. Wichtige, bestandsbildende Art im Bergland (1500–2800 m) des pazifischen N-Amerika; in EU winterhart und daher für den Forstanbau geeignet, aber meist nur als Parkbaum angepflanzt.

**Dreh-Kiefer** *Pinus contorta*, vielgestaltiger Baum, meist bis zu 30 m hoch mit breiter, rundlicher Krone und geradem Stamm; Nadeln nur 4–7 cm lang, zu je 2 am Kurztrieb, steif, charakteristisch gedreht (namengebendes Merkmal), gelb- bis dunkelgrün; Zapfen 2 cm breit und 5 cm lang, leicht schief, mit langem, aufwärts gebogenem Dorn auf den Zapfenschilden; beheimatet im westlichen N-Amerika, von der Ebene bis ins Gebirge; in EU zunehmend forstlich oder als Parkbaum verwendet.

**Weymouth-Kiefer, Strobe** unten: junge Triebe

## Tränen-Kiefer
*Pinus wallichiana* · Familie Kieferngewächse

**Dieser Nadelbaum fällt durch die schlaff an den Zweigen hängenden Nadeln auf.** ✿ Mai–Jun

Immergrün, bis zu 50 m hoch, mit breiter, offener Krone. **Nadeln** bis zu 20 cm lang, weich, hängend, graugrün, zu jeweils 5 auf Kurztrieben. **Zapfen** 25 cm lang, geöffnet bis zu 8 cm breit, hängend, hellbraun, harzig; leere Zapfen oft mehrere Jahre am Baum verbleibend; Zapfenreife Aug–Okt.

**Vorkommen** Tiefgründige, mäßig saure bis basische Böden im Bergland. Ursprünglich nur im Himalaja, in EU vielfach als Park- und Gartengehölz angepflanzt.
**Wissenswert!** Namengebend sind die zahlreichen glänzenden Harztropfen auf den noch unreifen, blaugrünen Zapfen.

## Mädchen-Kiefer
*Pinus parviflora* · Familie Kieferngewächse

**Die Benadelung mit den deutlich gedrehten, krummen Nadeln sieht wie Flaschenbürsten aus.** ✿ Mai–Jun

Bis zu 30 m hoch, immergrün, mit offener Krone und schwarzgrauer Rinde. **Nadeln** 3–6 cm lang, kantig, deutlich gedreht, bläulich grün bis tiefgrün, zu je 5 büschelig auf Kurztrieben stehend. **Zapfen** 3 cm breit und bis zu 7 cm lang, harzig, mit wenigen, ledrigen, stark klaffenden Schuppen.

**Vorkommen** Auf Feuchtböden im Gebirge. Ursprünglich in Japan; in EU nur in mehreren, meist blaunadeligen Gartenformen kultiviert; wird auch als Bonsai gezogen.
**Wissenswert!** Wie bei der Tränen-Kiefer bleiben auch bei dieser Art die leeren Zapfen meist mehrere Jahre lang am Geäst.

## Schlangenhaut-Kiefer
*Pinus leucodermis* · Familie Kieferngewächse

**Dieser Nadelbaum fällt durch die schlangenhautartig gefelderte Rinde an Stamm und Ästen auf.** ✿ Apr–Mai

Bis zu 20 m hoch, immergrün, mit grauer, schuppiger Rinde. **Nadeln** 7–10 cm lang, dunkelgrün, dicht, zu je 2 an Kurztrieben; diese an den Zweigenden gehäuft. **Zapfen** 5–8 cm lang, zunächst blaupurpurn, in der Reife purpurbraun, Schuppen mit dornartigem Fortsatz.

**Vorkommen** Meist auf Kalkverwitterungsböden im Bergland von 800–1800 m Höhe; Lichtholz. Balkan (Montenegro, Albanien und N-Griechenland) sowie S-Italien.
**Wissenswert!** Die der Schwarz-Kiefer ähnliche Art wächst in M.-EU sehr langsam und ist ein beliebtes Ziergehölz.

## Rumelische Kiefer
*Pinus peuce* · Familie Kieferngewächse

**An den ledrigen, meist mit Harzflecken versehenen Zapfen erkennt man diesen Nadelbaum.** ✿ Jun

Immergrün, bis zu 20 m hoch, mit schmaler Krone; Rinde kleinschuppig und schwarzbraun; Äste aufsteigend. **Nadeln** 7–10 cm lang, biegsam, dunkelgrün, zu je 5 büschelig am Kurztrieb stehend. **Zapfen** kurz gestielt, bis zu 12 cm lang und 5 cm breit, Schuppen ohne Dornen, öffnen sich noch am Baum.

**Vorkommen** Mäßig nährstoffreiche Verwitterungsböden im Bergland bis in 2000 m Höhe. W-Balkan bis N-Griechenland.
**Wissenswert!** Die auch Mazedonische Kiefer genannte Art gilt wie die Serbische Fichte als Relikt aus der Tertiärzeit.

Tränen-Kiefer

Mädchen-Kiefer

Schlangenhaut-Kiefer

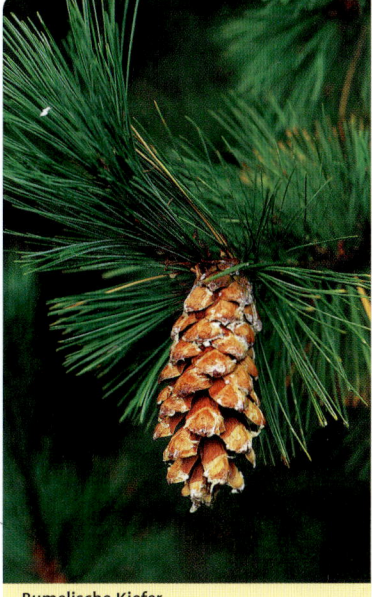
Rumelische Kiefer

# Strand-Kiefer
*Pinus pinaster* · Familie Kieferngewächse

**Kennzeichnend für diesen stattlichen Nadelbaum sind die in rotbraune, annähernd rechteckige Platten zergliederte Rinde sowie die am Grund schiefen, sehr großen Zapfen.** ✿ Mai

Immergrün, bis zu 35 m hoch, mit anfangs pyramidenförmiger, später breiter und offener Krone sowie meist gekrümmtem Stamm; Rinde bei jungen Bäumen noch hellgrau, später schwärzlich rotbraun. **Nadeln** bis zu 25 cm lang und 2,5 mm dick, steif, spitz, grüngrau, zu je 2 auf Kurztrieben büschelig beieinander stehend; Kurztriebe bei jungen Exemplaren zuweilen auch 3-nadelig. ♂ **Blüten** goldgelb, über die jüngeren Triebe verteilt; ♀ Blütenstände grünlich. **Zapfen** geschlossen bis zu 8 cm breit und 20 cm lang, unreif grün, reif glänzend mittelbraun, sehr kräftig und schwer, mit kurzem, grauem Fortsatz auf den Schuppenschilden; Zapfenreife im 2. Jahr, fallen erst nach mehreren Jahren als Ganzes ab; Nov–Dez.

**Vorkommen** Nährstoffarme, mäßig saure Sandböden in Küstennähe (Braundünen), auf Korsika und in N-Sardinien auch auf flachgründigem Silikatgestein, von der Ebene bis in etwa 1000 m Höhe, häufig bestandsbildend. Westliches Mittelmeergebiet, portugiesische und französische Atlantikküste, stellenweise in N-Afrika (Marokko); häufiger Forstbaum in S-Afrika und Großbritannien, Versuchsanbau in den Niederlanden; in M.-EU sonst nur selten in Parks zu sehen (wenig winterfest).

**Wissenswertes** Die auch oft als Meerstrand-K. bezeichnete Art bestimmt entlang der Meeresküste in vielen Gebieten das Bild der Landschaft. Sie eignet sich hervorragend zur Dünenbefestigung. Wegen des beträchtlichen Harzgehalts wird ihr gelbliches Holz in der Tischlerei nur wenig verwendet, häufiger dagegen als außerordentlich beständiges Konstruktionsholz, z. B. für Sportboote. Eine große Bedeutung hat die Harzgewinnung durch Anschneiden oder Abheben der Rinde. Aus dem ausfließenden Material gewann man nach Destillation zum einen Terpentinöl, zum anderen festes Kolophonium (Geigenharz), mit dem sich die Streichbögen von Saiteninstrumenten glätten lassen. Die Zapfen, die denen der Pinie (⇨ S. 76) sehr ähnlich sehen, sind als Dekorationsmaterial für Kränze und Gestecke beliebt.

---

**Ähnlich Aleppo-Kiefer** *Pinus halepensis*, ein immergrüner, meist nur bis zu 15 m hoher Nadelbaum mit gekrümmtem Stamm und offener, breiter, von wenigen kräftigen Ästen getragener Krone; in dichten Beständen oft auch nur strauchförmiger Wuchs; Rinde anfangs silbergrau, später rötlich braun und rissig gefeldert. **Nadeln** 5–9 cm lang, gerade, weich, gedreht, frisch grün, zu je 2 an einem Kurztrieb sitzend, meist nur im vorderen Bereich der Zweige. **Zapfen** einzeln oder zu 2–3 an kurzen Stielen, 4 cm breit und bis zu 12 cm lang, bleiben mehrere Jahre an den Zweigen. Im gesamten Mittelmeergebiet verbreitet, ausgenommen auf Sardinien, Kreta, Zypern und an der nördlichen Adria. In Griechenland wird das Harz dieser Kiefer bei der Weinbereitung (Retsina) verwendet.

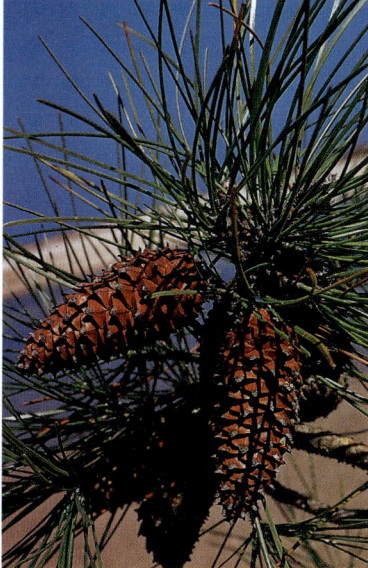

**Strand-Kiefer** unten links: blühend, unten rechts: reife Zapfen

## Pinie
*Pinus pinea* · Familie Kieferngewächse

**Auffällig ist die schirmförmige, flach gewölbte Krone, anhand derer ältere, stattliche Bäume schon von Weitem zu erkennen sind.** ✤ Apr–Mai

Immergrün, bis zu 30 m hoch, mit breiter, schirmförmiger Krone auf langem, meist geradem Stamm; Äste steil aufgerichtet; Rinde bei alten Exemplaren graubraun, längsrissig, löst sich typischerweise in länglichen Platten ab. **Nadeln** 12–20 cm lang und fast 2 mm breit, stechend spitz, graugrün bis dunkelgrün, in etwa 1 cm langen, braungrauen Nadelscheiden; zu jeweils 2 (selten 3) büschelig am Kurztrieb. ♂ **Blüten** gelbe, kleine, ovale Zäpfchen zahlreich als Manschette um die Triebbasis; ♀ Blütenstände meist einzeln, blass gelbgrün. **Zapfen** bis zu 15 cm lang, geöffnet bis zu 10 cm breit, ziemlich schwer; zur Reifezeit glänzend hellbraun oder rötlich braun; Zapfenreife erst im 3. oder 4. Jahr nach der Blüte, Sep–Okt; Samen bis zu 2 cm groß, dunkelbraun bis schwarz. Beim Abfallen der Zapfen bleiben deren unterste Schuppen am Zweig zurück.

**Vorkommen** Bevorzugt lockere, sandig-kiesige, mäßig saure oder leicht basische Böden in Küstennähe; charakteristische Art der immergrünen Hartlaubvegetation, bildet für gewöhnlich nur lichte Bestände. Im Mittelmeergebiet von SO-Spanien bis zum mittleren Italien sowie von Albanien bis zur Türkei und zum Libanon; fehlt an der nördlichen Adria, auf Korsika und auf vielen griechischen Inseln; durch Anpflanzung auch außerhalb des natürlichen Areals weit verbreitet.

**Wissenswert!** Pinien sind neben Ölbäumen, Stein-Eichen und Zypressen die Charakterbäume des mediterranen Südens. Ihre großen Zapfen wurden in vielen antiken Bildwerken symbolhaft verarbeitet und zieren noch heute in stilisierter Form viele Haus- und Gartenpforten.
Die länglichen, stark ölhaltigen und nussähnlich schmeckenden Pinienkerne sind ähnlich wie die Arven-Samen essbar. Sie werden also so genannte Piniennüsse gehandelt und geben eine sehr nahr- und schmackhafte Zutat zu vielen Gerichten der mediterranen Küche (französisch „pignons", italienisch „pinoli"). Sie liegen auf den massiven Samenschuppen in grubigen Vertiefungen und tragen bei der Reife einen schmalen, funktionslosen Flügelsaum. Bei anderen Arten dieser Gattung dient ein solcher Flügel als wirksame Verbreitungshilfe. So werden z. B. bei der heimischen Wald-Kiefer (⇨ S. 66) die reifen Samen als Schraubenflieger am eigenen Propeller entlassen und vom Wind verdriftet. Die flugtüchtigen Piniensamen sind dagegen auf eine Verbreitung durch Tiere angewiesen.
In M.-EU lässt sich die formschöne Pinie wegen ihrer mangelnden Frosthärte gärtnerisch nicht einsetzen. Freilandexemplare sieht man nur südlich der Alpen, die nördlichsten im Gebiet der oberitalienischen Seen. Das helle, überaus feste, nahezu harzfreie und mit seiner Maserung sehr ausdrucksstarke Pinienholz wird gern in der Möbeltischlerei verwendet sowie als Bauholz für Türen, Fensterrahmen und Treppenstufen.

♂ Bütenstand

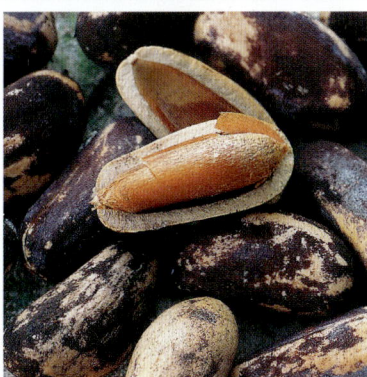

**Pinie**  unten rechts: Pinienkerne

# Atlas-Zeder
*Cedrus atlantica* · Familie Kieferngewächse

**Durch die oft schon bereits an unteren Zweigen gebildeten Zapfen und den häufig zur Seite gebogenen Gipfeltrieb unterscheidet sich dieser imposante Nadelbaum von anderen Arten.** ✿ Sep–Okt

Immergrün, bis etwa 40 m hoch, mit lockerer, anfangs sehr gleichmäßiger, später zunehmend breit ausladender Krone; Äste schräg aufrecht; Rinde dunkel graubraun, plattenartig gefurcht. **Nadeln** 1–3 cm lang, spitz, steif, an den Langtrieben einzeln, an Kurztrieben zu 30–40 büschelig stehend; allseits mit helleren Spaltöffnungsstreifen, die auf der Unterseite besonders auffallen; dunkelgrün bis bläulich grün gefärbt. **Blüten** einhäusig verteilt; ♂ Blüten sehr zahlreich an älteren Kurztrieben, zylindrisch, bis zu 5 cm lang, leicht gekrümmt, hell bräunlich gelb, mitunter leicht rötlich; ♀ Blütenstände zunächst sehr klein, grünlich gefärbt. **Zapfen** 5 cm breit und 7 cm lang, eiförmig, vorn eingedellt, aufrecht auf den Zweigen stehend; Zapfenreife im 3. Jahr, Sep–Okt; die Schuppen lösen sich einzeln ab, während die Zapfenspindeln noch jahrelang an den Zweigen verbleiben.

**Vorkommen** Bevorzugt auf kalkreichen, wasserdurchlässigen Böden im Gebirge, vor allem zwischen 1600–2500 m Höhe. Ursprünglich im westlichen N-Afrika (Atlasgebirge zwischen Algerien und Marokko); als Parkgehölz und dekorativer Hausbaum sehr beliebt und daher vielfach auch in M.-EU, insbesondere im Rheinland, angepflanzt.

**Wissenswert!** Atlas-Zedern werden in ihrer Heimat bis zu 900 Jahre alt. Früher gewann man in Marokko aus dem Holz durch trockene Destillation das aromatisch duftende Zedernholzöl für die Kosmetik und für besondere technische Anwendungen (z. B. Immersionsöl für die Mikroskopie). Die natürlichen Bestände der Art wurden dadurch stark übernutzt und dezimiert.

Gärtnerisch werden vor allem die so genannten Blauzedern (Sorten 'Glauca') verwendet, deren Nadeln durch eine besonders starke wachsige Bereifung entlang der Spaltöffnungsreihen blaugrün oder fast weiß erscheinen und dem Baum einen hohen dekorativen Wert verleihen.

Im Unterschied zu den sommergrünen Lärchen (⇨ S. 60), deren Nadelblätter ebenfalls büschelig an Kurztrieben stehen, sind Zedern immergrün. Ihre Nadelblätter bleiben etwa 4–6 Jahre an den Zweigen, bevor sie abfallen. Die einzelnen Nadelbüschel bestehen immer aus Nadeln verschiedener Jahrgänge.

**Ähnlich Libanon-Zeder** *Cedrus libani*, immergrüner, bis zu 35 m hoch, mit breiter Krone, etagenförmig ausgebreiteten Hauptästen auf einem mächtigen, bis über 2 m dicken Stamm. Nadeln bis zu 3,5 cm lang, spitz, dunkel bläulich grün, zu 10–20 in Rosettenbüscheln an den Kurztrieben; Blütezeit Sep–Okt. Im Gebirge W-Asiens vom Taurus bis nach Syrien vorkommend, meist oberhalb von 900 m bis zur klimatischen Waldgrenze; natürliche Bestände seit der Antike stark dezimiert; in M.-EU in wintermilden Gebieten (z. B. im Rheinland) häufig in Parks angepflanzt.

**Himalaja-Zeder** (Foto) *Cedrus deodara*, an ihrem überhängenden Gipfeltrieb und dem breit pyramidalen Wuchs leicht zu erkennen; Nadeln bis zu 6 cm lang, zu 20–30 rosettig in Kurztrieben beieinander stehend. Stammt aus dem westlichen Himalaja, wo sie in Höhen von 1000–4000 m vorkommt; in EU häufig als Ziergehölz in Parks und Gärten angepflanzt.

Atlas-Zeder

## Riesenmammutbaum
*Sequoiadendron giganteum · Familie Sumpfzypressengewächse*

**Der größte und älteste Baum der Erde mit schwammartig weicher, fuchsroter Borke und vorne spitzen Nadeln, die schuppenartig den Zweigen anliegen.**
✿ Mär–Apr

Imposant, über 80 m hoch, mit dichter, säulenförmiger, im Alter eher offener Krone auf langem, geradem Stamm; dicke, schwammige Borke, fuchsrot bis graubraun, in langen Streifen tiefrissig. **Blätter** schuppenförmig, zugespitzt, 5–10 mm lang, den Trieben anliegend oder abstehend; dunkelgrün bis bläulich grün; beim Zerreiben nach Anis duftend. **Blüten** einhäusig verteilt; ♂ Blüten stets einzeln an Triebenden, ♀ einzeln oder zu 2. **Zapfen** bis zu 4 cm breit und 6 cm lang, starr, reif dunkelbraun; Schuppen mit deutlichem Dornfortsatz; Zapfenreife Jul–Aug.

**Vorkommen** Feuchte, nährstoffreiche Verwitterungsböden im Bergland von 1500–2500 m Höhe. Westhänge der Sierra Nevada in Kalifornien (USA); in EU vielerorts als Parkbaum angepflanzt.

**Wissenswert!** Die auch Bergmammutbäume genannten Baumriesen überspannen mit ihrem Lebensalter von annähernd 3000 Jahren nahezu die gesamte abendländische Geschichte. Das Holzvolumen eines der größten bekannten Exemplare im Sequoia National Park entspricht allein dem Holzertrag von einem halben Hektar Fichtenforst. Die bis zu 50 cm dicke, schwammige Borke ist ein sehr wirksamer Schutz gegen die immer wieder auftretenden, meist von Blitzschlag verursachten Waldbrände. Im botanischen Gattungsnamen wird der Indianer Se-quo-Yah (1770–1843), Sohn einer Irokesin und eines Deutschen, geehrt, der das erste indianische Alphabet entwickelt hat.

## Küsten-Mammutbaum
*Sequoia sempervirens · Familie Sumpfzypressengewächse*

**Ungleich lange Nadeln, die an kurzen Zweigen streng gescheitelt stehen, und in unregelmäßigen Quirlen angeordnete Äste sind typisch.** ✿ Feb–Mär

Immergrün, über 100 m hoch, mit kegelförmiger, im Alter rundlicher Krone auf langem Stamm; Rinde mit dicker, schwammig faseriger Borke, dunkelbraun bis braunrot, tief gefurcht. **Nadeln** bis zu 2 cm lang, an Langtrieben schraubig gestellt, an Kurztrieben 2-zeilig gescheitelt, spitz, oberseits dunkelgrün, unterseits graugrün mit 2 deutlichen hellen Längsbändern. **Blüten** einhäusig verteilt; ♂ gelb, zu mehreren an jungen Triebenden; ♀ Blüten überwiegend an älteren Zweigen. **Zapfen** eiförmig, 2–3 cm lang, reif braun; Zapfenreife Sep–Nov.

**Vorkommen** Nährstoffreiche, feuchte Böden in der Ebene, im Bergland höchstens bis in 900 m Höhe. In einem nur etwa 800 × 60 km großen, inselartig zergliederten Areal im pazifischen N-Amerika von S-Oregon bis M.-Kalifornien; in wintermilden Gegenden von EU häufig angepflanzt.

**Wissenswert!** Wegen des ausdrucksvoll dunkel rotbraunen Holzes, das als Bauholz oder zur Möbelfertigung verwendet wurde, nennt man den K. in Amerika auch Redwood, d. h. Rotholz. Die natürlichen Bestände dieser Art wurden durch Holzeinschlag stark dezimiert. Die immer noch eindrucksvollen Restvorkommen stehen heute in Naturschutzreservaten.

Zapfen unterschiedlicher Reife

ausgereift, Schuppen klaffen auseinander — jung

**Riesenmammutbaum**   oben rechts: unreifer (links) und reifer Zapfen

**Küsten-Mammutbaum**

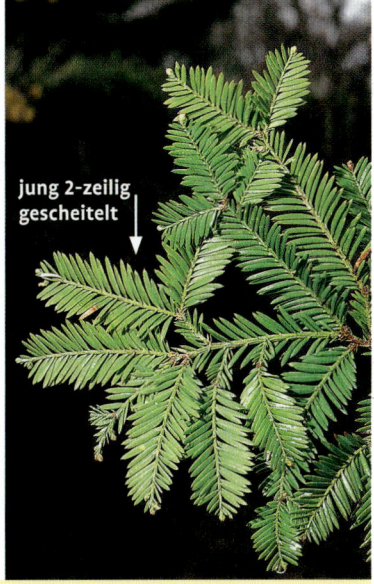

jung 2-zeilig gescheitelt

## Urweltmammutbaum
*Metasequoia glyptostroboides* · Familie Sumpfzypressengewächse

**Dieser sommergrüne Nadelbaum mit der locker kegelförmigen Krone fällt durch die auffällig orange bis kupferrote Herbstfärbung auf.** ✿ Mai

Über 30 m hoch, mit regelmäßig kegelförmiger Krone; Stamm dick, unterhalb der Astansätze auffällig eingedellt. **Nadeln** flach, spitz und weich, etwa 1–3 cm lang, streng 2-zeilig angeordnet an gegenständigen Kurztrieben; frischgrün, im Herbst kupferrot. **Blüten** einhäusig verteilt. **Zapfen** kugelig, bis zu 2,5 cm lang; aus nur wenigen, sehr breiten Schuppen; reif dunkelbraun; Zapfenreife Nov–Dez.
**Vorkommen** Auf nährstoffreichen, tiefgründigen Böden in schattigen Gebirgswäldern. Natürliches Vorkommen nur in einem kleinen Gebiet in SW-China (ungefähr 1500 Exemplare); neuerdings aber überall in EU als dekoratives Park- oder Gartengehölz und sogar als Straßenbaum verwendet.

**Wissenswert!** Ein erst 1940 in O-Asien gefundenes Blattfossil aus der Tertiärzeit wurde wegen seiner großen Ähnlichkeit mit dem Blattwerk lebender Mammutbäume als neue Gattung *Metasequoia* beschrieben. Ein Jahr später entdeckte man im Grenzgebiet der Provinz Szechuan ein bis dahin unbekanntes Nadelgehölz, das der in China beheimateten Wasserfichte (*Glyptostrobus*) sehr ähnlich sieht. Bei näherer Prüfung erwies es sich jedoch als ein lebender Vertreter der fossilen Gattung *Metasequoia* und erhielt danach seinen wissenschaftlichen Namen, der wörtlich übersetzt „wasserfichtenähnlicher Urweltmammutbaum" bedeutet.
Ungewöhnlich ist, dass dieser Baum im Herbst nach Umfärbung seine Nadelblätter zusammen mit den Kurztrieben abwirft.

## Sumpfzypresse
*Taxodium distichum* · Familie Sumpfzypressengewächse

**Die an nassen Standorten aus dem Boden ragenden Wurzeln, die großen, kugeligen Zapfen und der Nadelfall im Herbst sind kennzeichnend für diesen Nadelbaum.** ✿ Mär–Apr

Sommergrün, bis zu 40 m hoch, mit anfangs kegelförmiger, später zunehmend breiter und offener Krone; Stamm unten breit, verschmälert sich rasch und läuft gleichmäßig aus. **Nadeln** flach, weich, bis zu 2 cm lang, hellgrün; an den Kurztrieben 2-zeilig gescheitelt, an Langtrieben einzeln; im Herbst fuchsbraun; fallen mitsamt den Kurztrieben ab. **Blüten** einhäusig verteilt; ♂ Blüten zahlreich hängend an den Zweigenden, gelblich oder purpurfarben; ♀ Blüten winzig, grün. **Zapfen** kugelig, um 2 cm lang; grün, später braun; Zapfenreife Okt–Dez.
**Vorkommen** Flussnahe, sumpfige Ufer- und Überschwemmungsbereiche mit staunassem Boden. Südöstliches N-Amerika von Florida bis Delaware, westlich bis zum Mississippi-Gebiet und O-Texas; in EU häufig als Ziergehölz in Parkanlagen an Teichufern gepflanzt.

**Wissenswert!** Die S. ist gut auf Staunässe eingerichtet: Die oberen Wurzeln bilden bis zu 30 cm dicke „Atemknie", die der zusätzlichen Sauerstoffversorgung dienen. Die Vorfahren, wichtige Braunkohlebildner, lebten vor ca. 15 Mio. Jahren auch in EU.

weiche Nadeln

Urweltmammutbaum

Sumpfzypresse   am Heimatstandort, mit Louisiana-Moos

# Lawsons Scheinzypresse
*Chamaecyparis lawsoniana* · Familie Zypressengewächse

Dieser Nadelbaum fällt im Frühjahr durch zahlreiche, auffallend rote männliche Blüten auf, das ganze Jahr über durch die waagrechten, vorne meist hängenden Äste. ✿ Apr

Die kugeligen Zapfen sitzen einzeln an den Triebenden. Sie bestehen aus nur jeweils 4 Paar Schuppen.

Immergrün, bis zu 60 m hoch, mit dichter, schmaler, kegelförmiger Krone; Leittrieb gewöhnlich überhängend; frei stehende Exemplare bis zum Boden beastet; Zweige abgeflacht, fächerförmig ausgebreitet. **Blätter** schuppenförmig, den Trieben dicht anliegend, gegenständig in 4 Längszeilen, die flächenständigen Blätter kürzer als die randständigen; stumpf oder spitz, oberseits dunkelgrün, unterseits graugrün mit weißen Strichen und Linien. **Blüten** einhäusig verteilt; ♂ Blüten an den Zweigenden, karminrot; ♀ Blütenstände grünlich. **Zapfen** kugelig, knapp 1 cm groß, zunächst blaugrün, reif hell rötlich braun und verholzt; Zapfenreife Sep–Okt.
**Vorkommen** Feuchte Lehmböden von der Ebene bis ins Gebirge (1700 m), oft in Reinbeständen. Pazifisches N-Amerika von S-Orgeon bis N-Kalifornien; in EU vielfach in Parks, auf Friedhöfen und in großen Gärten angepflanzt.

**Wissenswert!** Die auch als Oregonzeder bekannte Art ist die am häufigsten als immergrünes Ziergehölz angepflanzte Zypressenart, da sie sich als sehr anspruchslos erweist. Es sind zahlreiche Gartenformen bekannt, die sich vor allem in der Blattfärbung und in der Kronengestalt unterscheiden. Beliebt sind die kräftig blaugrünen 'Glauca'-Formen.
Die Zweige enthalten ein ätherisches Öl mit giftigen Bestandteilen (Thujon, Sabinen) und duften beim Zerreiben leicht nach Petersilie. Darin unterscheiden sie sich von den eher fruchtig duftenden Lebensbäumen (⇨ S. 88).

**Ähnlich Nootka-Scheinzypresse** *Chamaecyparis nootkatensis*, im Wuchs sehr regelmäßig kegelförmig; Zweige unterseits einheitlich grün ohne weißes Muster, duften beim Zerreiben äußerst unangenehm; die schuppenförmigen Blätter sehr spitz, die kantenständigen stehen im oberen Teil der Zweige ab; natürliche Vorkommen im pazifischen N-Amerika von Alaska bis Oregon; vielfach als Ziergehölz angepflanzt.
**Sawara-Scheinzypresse** *Chamaecyparis pisifera*, wegen ihrer kleinen Kugelzapfen auch Erbsenfrüchtige S. genannt; Zweige unterseits mit großen weißen Flecken, riechen beim Zerreiben scharf nach Harz; Schuppenblätter mit abstehenden Spitzen; Heimat Japan; in vielen silber- und goldfarbenen oder büschelig verzweigten Gartenvarietäten, häufig auch als Zwergformen, angepflanzt.
**Hinoki-Scheinzypresse** *Chamaecyparis obtusa*, auch Feuer-S. genannt, mit dicht stehenden Schuppenblättern, deren Spitzen einwärts gekrümmt sind, oberseits dunkelgrün, unterseits graugrün mit weißen Streifen, duften beim Zerreiben leicht nach Eukalyptus; Heimat Japan; als Wildform in EU selten zu sehen, aber in vielen, auch buschigen und zwergwüchsigen Gartenformen als Ziergehölz angepflanzt.

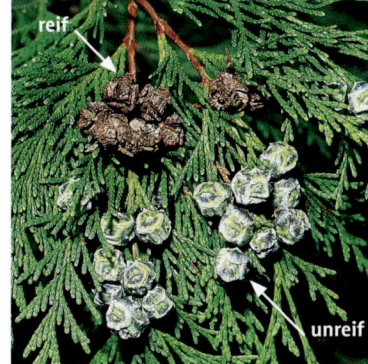

**Lawsons Scheinzypresse** unten rechts: Zapfen

## Mittelmeer-Zypresse
*Cupressus sempervirens* · Familie Zypressengewächse

**Wegen der Anordnung der das ganze Jahr über dunkelgrünen Schuppenblätter, die dicht dachziegelartig übereinander liegen, wirken die dünnen Zweige vierkantig.** ✿ Mär–Mai

Immergrün, über 20 m hoch, mit schlanker, dichtkroniger Säulengestalt (ähnlich einem geschlossenen Regenschirm) oder mit breiter, offener Krone; Stamm zumeist schon in geringer Höhe in mehrere starke Äste aufgelöst; Rinde längsrissig, graubraun, auch an älteren Bäumen recht dünn, löst sich in Längsstreifen ab. **Blätter** schuppenförmig, stumpf gerundet. **Blüten** einhäusig verteilt; ♂ Blüten hellgelb, sehr zahlreich an den Zweigenden; ♀ Blütenstände unscheinbar grünlich. **Zapfen** kugelig, bis zu 4 cm lang, mit breitem Höcker auf den Schuppen; zunächst grün, in der Reife rötlich braun, Schuppen weit auseinander klaffend (in der Zeichnung rechts).
**Vorkommen** Kalkhaltige oder mäßig saure, wasserdurchlässige Böden von der Ebene bis in etwa 1300 m Höhe. Natürliche Vorkommen nur im östlichen Mittelmeergebiet von Griechenland bis Kleinasien und Syrien; heute im gesamten Mittelmeerraum häufig angepflanzt.
**Wissenswert!** Die zu Alleen, als Hausbaum, auf Friedhöfen oder in kleinen Hainen angepflanzte Z. wird auch oft Italienische Z. genannt, angesichts ihrer Herkunft eine unkorrekte Bezeichnung. Allerdings wurde die Art schon in der Antike auch nach Italien gebracht. In vielen Gegenden pflanzt man sie als Windschutz für Obstkulturen, so etwa in der Provence, wo Vincent van Gogh sie auf vielen seiner Zeichnungen und Gemälden festgehalten hat. Die schlanke Säulenform ist eine bereits vor langer Zeit entstandene erbfeste Varietät, die wegen ihrer ornamentalen Wirkung seit Jahrhunderten der breitkronigen Wildform vorgezogen wird. Letztere findet aber in Wiederaufforstungen bevorzugte Verwendung, weil sie auch auf stärker erodierten Böden gedeiht.
Zypressenholz war wegen seiner beachtlichen Beständigkeit schon im Altertum als Werkstoff sehr beliebt. Man zimmerte daraus Schiffe und Häuser, verwendete es aber auch häufig für die Herstellung von Möbeln und den verschiedensten Gebrauchsgegenständen.

**Ähnlich** **Arizona-Zypresse** *Cupressus arizonica*, bis zu 20 m hoch, schlank säulenförmig, mit kurzen, dicken, horizontal abgespreizten Ästen; Zweige von ihren Achsen nahezu rechtwinklig abstehend; Schuppenblätter graugrün, liegen den kantigen Zweigen nicht eng an; duften beim Zerreiben leicht nach Grapefruit; südwestliches N-Amerika; in M.-EU in verschiedenen Formen als Park- oder Gartengehölz angepflanzt.

**Virginischer Wacholder** *Juniperus virginiana*, auch Rotzeder oder Bleistiftzeder genannt, bis zu 30 m hoher Baum mit schlanker, säulenförmiger Krone; Blätter als graugrüne Schuppen sowie an vielen Zweigen auch als Nadeln in 3-zähligen Wirteln, duften beim Zerreiben charakteristisch nach Seife; atlantisches N-Amerika, in M.-EU vor allem als sehr schlankwüchsige Gartenform 'Skyrocket' verbreitet.

Mittelmeer-Zypresse

## Monterey-Zypresse
*Cupressus macrocarpa* · Familie Zypressengewächse

**Die dichten Kronen junger Bäume zeichnen sich durch eine regelmäßige Säulengestalt aus, die im Alter weit ausladend, offener und unregelmäßiger wird.** ✯ Mär

Immergrün, über 20 m hoch; Zweige kantig, etwa 1–1,5 mm dick. **Blätter** schuppenförmig, gut 1,5 mm lang, stumpf, den Zweigachsen nicht allzu dicht anliegend, dunkel- bis kräftig grün; beim Zerreiben angenehm nach Zitrone duftend. **Blüten** einhäusig verteilt; unscheinbar. **Zapfen** 2,5–4 cm lang, reif glänzend rötlich braun, mit 8–12 harten, stumpfen Schuppen, die in der Mitte einen flachen, dornigen Höcker tragen.
**Vorkommen** Trockene, steinige, flachgründige Böden im Küstenbereich. Ursprünglich nur mit ca. 1500 Exemplaren auf wenigen Hektar Fläche an der kalifornischen Küste (Monterey-Halbinsel und Point Lobos bei Carmel); heute als dekoratives Ziergehölz nahezu weltweit verbreitet; in M.-EU nicht winterhart, im nordwestlichen EU und in den Mittelmeerländern dagegen häufig zu sehen.
**Wissenswert!** In vielen europäischen Küstenregionen wird die M. als Windschutz rund um Häuser, an Kliffkanten oder zur Bodenbefestigung in Dünen gepflanzt. In manchen Regionen, etwa in der Bretagne, bestimmt er so das Bild der Landschaft.

Zapfenschuppen mit dornartigem Höcker

## Riesen-Lebensbaum
*Thuja plicata* · Familie Zypressengewächse

**Die Oberseite der beim Zerreiben aromatisch nach Ananas duftenden Zweige ist glänzend grün, die Unterseite hingegen graugrün.** ✯ Mär–Apr

Immergrün, bis zu 50 m hoch, anfangs schmal kegelförmige, später unregelmäßige, unten recht breite Krone; Stamm über 2 m dick; Borke rötlich bis dunkelbraun, löst sich in Längsstreifen oder kleineren Platten ab. **Blätter** um 3 mm lang, schuppenförmig, dicht am Zweig anliegend, stumpf oder mit kurzer Spitze. ♂ **Blüten** klein, gelblich, sehr zahlreich an den Zweigenden; ♀ Blütenstände grünlich oder zart rötlich. **Zapfen** gestielt, aufrecht, 1–2 cm lang, mit 5–6 Paar elastischer Schuppen; reif braun; Zapfenreife Aug–Sep.
**Vorkommen** Feuchte, nährstoffreiche Böden an Flussufern und Schattenhängen, von der Ebene bis im Gebirge in 2100 m Höhe; selten in großen Reinbeständen. Beheimatet im pazifischen N-Amerika von S-Alaska bis N-Kalifornien; in M.-EU als Park- und Ziergehölz.
**Wissenswert!** In seinem Ursprungsgebiet wird der R. über 500 Jahre alt, seine Stämme wurden u. a. für Totempfähle verwendet. Der weitere Artname Westliche Rotzeder bezieht sich auf das im Kern rötliche Holz, das sehr beständig und gut zu bearbeiten ist. Man fertigt daraus bis heute z. B. Schindeln, Stützbalken und Segelmasten.

**Monterey-Zypresse**   links: auf der Monterey-Halbinsel

reif

unreif

**Riesen-Lebensbaum**   Zapfen

## Abendländischer Lebensbaum
*Thuja occidentalis* · Familie Zypressengewächse

**Kennzeichnend** sind die schmal kegelförmige Krone, die auffallenden Harzdrüsen der schuppigen Blätter und die eiförmigen Zapfen auf der Zweigoberseite. ✿ Apr–Mai

Immergrün, bis zu 20 m hoch, mit kurzen, abgespreizten Ästen; oft mehrstämmig; Rinde dünn, hell rötlich braun, faserig, mit schmalen Längsrissen; Zweige auffallend abgeflacht und horizontal gestellt. **Blätter** schuppenartig, 3–6 mm lang, stumpf oder leicht zugespitzt, an den Zweigflanken gekielt; oberseits matt dunkelgrün, unterseits gelblich grün; duften beim Zerreiben angenehm nach Äpfeln mit Gewürznelken. ♂ **Blüten** zahlreich an den Zweigenden, gelblich; ♀ Blütenstände rötlich. **Zapfen** länglich, aufrecht, ledrig, bis zu 1,2 cm lang mit 4–5 Paar sehr ungleich großer Schuppen; reif braun; Zapfenreife Sep–Okt.
**Vorkommen** Tiefgründige Feuchtböden in Gebirgslagen bis etwa 900 m, vielfach in Reinbeständen. Östliches N-Amerika vom Gebiet der großen Seen ostwärts bis Maine und New York; in EU sehr häufig als Friedhofsgehölz oder Gartenhecke.

**Wissenswert!** Die in Amerika auch Weißzeder (Northern White Cedar) genannte Art ist vermutlich die erste nordamerikanische Baumart, die man nach EU eingeführt hat. Bereits 1536 wurden Exemplare aus Paris bekannt.
Die langsamwüchsigen Lebensbäume erreichen ein Alter von bis zu 400 Jahren. Sie besitzen ein recht festes, aber relativ leichtes Holz und wurden daher von den Indianern bevorzugt für Einbäume verwendet. Die weißen Siedler nutzten das Holz für den Hausbau. Alle Teile der Pflanze sind wegen ihres Gehalts an Thujon überaus giftig. Aus den Zweigen gewann man früher das ätherische Öl für medizinische Zwecke.
In EU sind eine Reihe von Gartenformen mit teilweise von der Wildform abweichender Blattfärbung verbreitet. In Heckenpflanzungen vertragen sie einen regelmäßigen Schnitt. *Thuja*-Hecken bieten der heimischen Tierwelt allerdings nur wenig Nist- und Nahrungsmöglichkeiten. Daher sind sie ökologisch längst nicht so wertvoll wie Hecken aus heimischen Laubhölzern, stellen aber das ganze Jahr über einen sehr wirksamen Sichtschutz dar.

**Ähnlich** **Morgenländischer Lebensbaum** *Thuja orientalis*, immergrün, bis zu 30 m hoch, meist jedoch niedriger; schmale, kegelförmige Krone mit steil aufwärts gerichteten Ästen, oft mehrstämmig; Zweige abgeflacht, frisch- bis gelbgrün; Schuppenblätter den Zweigen eng anliegend, sich deutlich überlappend, bis zu 7 mm lang, beim Zerreiben schwach obstartig duftend; Pflanze einhäusig, ♂ Blüten hellgelb, zahlreich an den Zweigenden, ♀ Blütenstände unscheinbar grünlich; Blütezeit März–Apr; Zapfen bis zu 1,5 cm lang, anfangs bläulich grün, in der Reife dunkelbraun, die 6 Zapfenschuppen mit einem hornartigen, nach hinten gekrümmten Fortsatz; Heimat China; bei uns in mehreren (auch zwergwüchsigen) Varietäten angepflanzt.

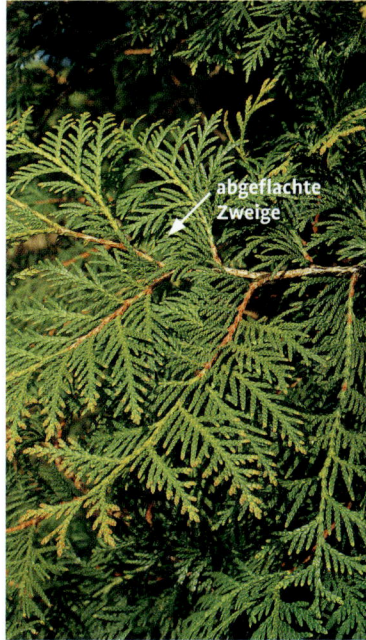

abgeflachte Zweige

Abendländischer Lebensbaum    unten: junge Zapfen

## Gewöhnlicher Wacholder
*Juniperus communis* · Familie Zypressengewächse

**Immergrüner, aufrecht kompakt säulenförmig oder breitbuschig wachsender, meist mehrstämmiger Nadelstrauch, selten auch mehrstämmiger, recht hoher Baum.** ✹ Apr–Jun

Als Strauch 1–5 m hoch, als Baum bis zu 15 m; Rinde dünn, längsstreifig, bräunlich. **Blätter** einheitlich nadelförmig in abstehenden 3-zähligen Wirteln, 1–2 cm lang und 1–2 mm breit, steif, stechend spitz; oberseits rinnenförmig, graugrün mit breitem, hellerem Mittelband; unterseits leicht gekielt und glänzend grün. **Blüten** zweihäusig, nur ausnahmsweise auch einhäusig verteilt, in den Nadelachseln vorjähriger Zweige; ♂ Blüten gelblich, mit zahlreichen Staubbeuteln; ♀ Blüten mit mehreren Wirteln von Schuppenblättern, von denen die 3 obersten bei der Reife fleischig werden und einen saftigen Beerenzapfen bilden. **Beerenzapfen** kurz gestielt, 5–6 mm dick, reifen erst im 2. oder 3. Jahr nach der Blüte, rotschwarz und fast immer stark bläulich bereift, beim Zerreiben aromatisch duftend; Zapfenreife ab Aug.
**Vorkommen** Licht liebendes Gehölz auf nährstoffarmen, flachgründigen, mäßig sauren oder kalkhaltigen Böden in Heiden, Magerweiden, Halbtrockenrasen und im Saum lichter Wälder. Der G.W. gilt als ausgesprochen genügsame Art, die tiefe Kälte und anhaltende Sommerhitze gleichermaßen gut erträgt und außerdem eine denkbar große Bandbreite von Bodeneigenschaften von sandig bis flachgründig-steinig akzeptiert. In EU von der Ebene bis ins Gebirge weit verbreitet, von der Iberischen Halbinsel bis nach Skandinavien, ostwärts bis zur Türkei, im Mittelmeerraum auch auf dem Peloponnes und auf Sizilien; häufig und in vielen Sorten als Ziergehölz in Parks und Gärten verwendet.

**Wissenswert!** Die einstige Weidewirtschaft vor allem mit Schafen hat die Verbreitung dieser Art stark gefördert, denn die stachelspitzigen Zweige werden von den Weidetieren kaum verbissen. An offenen Standorten ist Wacholder daher gegenüber anderen Holzpflanzen im Vorteil, kümmert aber, sobald er bei nachlassender oder fehlender Beweidung von raschwüchsigen Gehölzen beschattet wird. In Gebieten mit historisch verbreiteter Weidewirtschaft, in denen eine sonstige landwirtschaftliche Nutzung nicht möglich war, wurde er zur Leitart der traditionellen Schafhutungen. Damit stellt er ein eindrucksvolles wirtschaftsgeschichtliches Dokument dar, das ganze Kulturlandschaften geprägt hat, etwa Münsterland, Lüneburger Heide oder auch Regionen der Mittelgebirge (Eifel, Bergisches Land, Schwäbische Alb, Westerwald). Als Kennart solcher Heidegebiete nannte man die Art einfach Heide-Wacholder. Heidegebiete weisen oftmals seltene Pflanzen- und Kleintierarten auf. Dieses Artengefüge bleibt jedoch nur erhalten, wenn der ursprüngliche Beweidungsrhythmus beibehalten wird.
Die reifen Beerenzapfen sind nur in sehr kleinen Mengen genießbar, in größeren dagegen gesundheitsschädlich. Sie werden medizinisch sowie als Aromatisierungsmittel verwendet, z. B. in Spirituosen. Die Produktbezeichnungen Gin (engl.) und Genever (niederl.) leiten sich vom Gattungsnamen *Juniperus* ab.

Blüten ♂

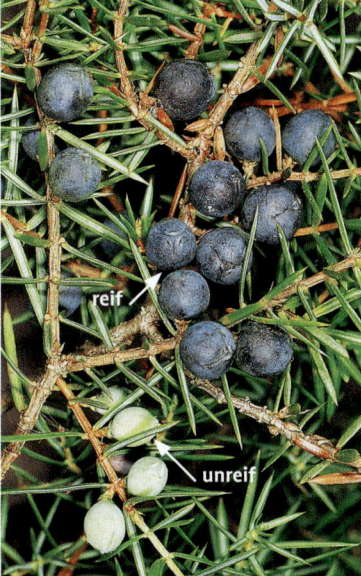

**Gewöhnlicher Wacholder**  unten rechts: Beerenzapfen

## Zwerg-Wacholder
*Juniperus sibirica* · Fam. Zypressengewächse

**Immergrüner, kleiner Strauch mit meist liegenden Ästen und kurzen, dicken und dicht benadelten Zweigen.** ✿ Mai–Jun

Lediglich 30–50 cm hoch. **Nadeln** 4–8 mm lang, 1–2 mm breit, deutlich aufwärts gekrümmt, oberseits tief rinnig, kaum oder wenig stechend. **Beerenzapfen** 7–8 mm dick.
**Vorkommen** Silikatische Stein-, trockene Lehm- und Tonböden in Hochgebirgen. Himalaja, Vorderasien, Südgrönland, Rocky Mountains, Kaukasus, N-Korea; in EU in den Alpen bis in 3500 m Höhe; gelegentlich als Bodendecker auch gärtnerisch verwendet.
**Wissenswert!** Die Art wird auch als Alpen-Wacholder bezeichnet und trägt auch den Namen *Juniperus nana*.

## Sadebaum
*Juniperus sabina* · Fam. Zypressengewächse

**Immergrüner Strauch mit liegenden, besenartigen Ästen; Zweige duften beim Zerreiben sehr unangenehm.** ✿ Mär–Apr

Wuchshöhe 1–2 m. **Blätter** nur in der Jugend nadelförmig in 3-zähligen Wirteln, 5 mm lang und bis zu 1 mm breit; die späteren Folgeblätter dagegen schuppenförmig, 2–4 mm lang. **Blüten** unauffällig, eingeschlechtig, ein- oder zweihäusig verteilt. **Beerenzapfen** erbsengroß, anfangs grünlich, reif blauschwarz, heller bereift. In allen grünen Teilen sehr giftig!
**Vorkommen** Kalkhaltige Böden offener Felshänge, Trockenfluren, lichte Kiefern- und Lärchenwälder. Hochgebirge in EU, Kaukasus, Sibirien; in D nur in den Ammergauer und Berchtesgadener Alpen; in Sorten auch als Parkgehölz angepflanzt.

## Chinesischer Wacholder
*Juniperus chinensis* · Fam. Zypressengew.

**Immergrüner, zumeist reichästiger und dichter Strauch mit aufrecht stehenden oder ausgebreiteten Ästen.** ✿ Apr–Mai

Wuchshöhe 2–3 m hoch; gelegentlich auch dickstämmiger Baum mit kegelförmiger Krone. **Blätter** jung nadelförmig in 3-zähligen Wirteln, spitzwinkelig abstehend, stechend spitz, Folgeblätter schuppenförmig in 4 eng anliegenden Längszeilen, stumpf, nur 2 mm lang. Nadel- und Schuppenblätter duften beim Zerreiben angenehm aromatisch. **Blüten** eingeschlechtig, ♂ Blüten zahlreich, gelb, endständig an kurzen Zweigen; ♀ Blütenstände unscheinbar. **Beerenzapfen** bis zu 8 mm dick, anfangs blaugrün, reif braun, mehlig bereift. In allen grünen Teilen giftig!
**Vorkommen** Heimisch in den bewaldeten Gebirgsregionen Japans, Chinas, der Mongolei und Koreas. In zahlreichen Sorten von kegelig-säuligem bis niedrig-strauchigem Wuchs in Gärten und Parks.

## Virginischer Wacholder
*Juniperus virginiana* · Fam. Zypressengew.

**Immergrüner, meist schlank und säulig wachsender Strauch oder schmal- und dichtkroniger Baum.** ✿ Mär–Mai

Als Strauch bis zu 5 m hoch, als Baum bis zu 30 m; Rinde rötlich braun, löst sich in schmalen Streifen ab. **Blätter** meist schuppenförmig, spitz, bläulich grün, an der Triebspitze etwas abstehend, duften beim Zerreiben aromatisch.  **Blüten** winzig und unauffällig, eingeschlechtig, ein- oder zweihäusig. **Beerenzapfen** bis zu 7 mm dick. Giftig!
**Vorkommen** Gebüsche auf flachgründigen, teilweise nassen Böden. Ursprünglich im atlantischen und zentralen N-Amerika, heute auch in EU in vielen, meist schmalkronigen Sorten angepflanzt.
**Wissenswert!** Die auch als Rotzeder bezeichnete Art ist die größte der Gattung.

# Chilenische Araukarie
*Araucaria araucana · Familie Araukariengewächse*

**Durch die breiten, spiralig um den Zweig laufenden Nadeln ist dieser immergrüne Nadelbaum unverwechselbar. Es gibt männliche und weibliche Bäume.** ✿ Jun–Jul

Bis zu 50 m hoch, mit rundlich ovaler, breit kegeliger und fast immer auffallend ebenmäßiger Krone; Äste dick, zu jeweils 4–5 quirlständig, waagrecht ausgebreitet, wenig verzweigt, an den Enden leicht bogig aufsteigend, nur im oberen Kronenteil aufgerichtet; Stamm gerade, mit auffallend gefelderter graubrauner Schuppenborke. **Blätter** breit lanzettlich bis oval, mit ihrem Grund an der Zweigachse herablaufend, bis zu 4 cm lang und an der Basis fast ebenso breit, abstehend, lang zugespitzt, dick, ledrig derb, dunkelgrün. **Blüten** zweihäusig verteilt; ♂ Blüten rötlich gelb, in etwa 10 cm langen Büscheln an den Zweigenden, bleiben auch nach dem Abblühen noch lange an den Zweigen; ♀ Blütenstände anfangs kugelig und etwa nussgroß. **Zapfen** bis zu 17 cm dick, aufrecht, bis ins 2. Jahr nach der Bestäubung grünlich, erst im 3. Jahr bräunlich und reif, lösen sich auf dem Zweig in einzelne Schuppen auf; Samen nussgroß, braun, essbar, reich an Stärke und fettem Öl, im Geschmack an Pinienkerne und Zirbelnüsse erinnernd.
**Vorkommen** Feuchte, wasserdurchlässige Lehmböden in niederschlagsreichen Lagen, meist in Höhen von 800–1800 m. Auf den Westhängen der argentinischen und chilenischen Anden (zwischen 37. und 40. Breitengrad) beheimatet; im Mittelmeergebiet, in W-EU und in besonders wintermilden Gegenden von M.-EU, z. B. im deutschen Rheinland, dekoratives Parkgehölz.
**Wissenswert!** Die ersten Exemplare der auch Chile- oder Andentanne genannten Art soll der britische Schiffsarzt und Forschungsreisende A. Menzies von einer Expedition an die Pazifikküsten N-Amerikas mitgebracht haben. Bei einem Festessen wurden ihm dort die nussähnlichen, ihm noch unbekannten Araukariensamen serviert, von denen er kurzerhand einige in die Tasche steckte. Araukariensamen sind bei den Indianern S-Amerikas unter dem Namen „pinones" beliebter Bestandteil des Speisezettels. Neuerdings sind sie auch in M-EU in Delikatessengeschäften zu bekommen.
Die C. A. bildete einst an den westlichen Andenabhängen zusammen mit den dort ebenfalls heimischen Südbuchen sehr urtümlich anmutende Wälder. Während sie den Ureinwohnern stets als heiliger Baum galt, wurde sie von den Weißen durch übermäßigen Holzeinschlag stark dezimiert. Heute ist sie durch das Washingtoner Artenschutzabkommen geschützt.
Die entwicklungsgeschichtlich sehr alte Familie der Araukariengewächse umfasst heute nur noch zwei Gattungen mit 18 Araukarienarten, die auf die Südhalbkugel beschränkt sind. Die meisten davon (13 Arten) kommen endemisch auf der Pazifik-Insel Neukaledonien vor, eine auf der Norfolk-Insel (bei uns als topfkultivierte „Zimmertanne" bekannt), die restlichen Arten verteilen sich auf Neu-Guinea, NO-Australien und S-Amerika. Noch in der Kreidezeit waren Araukarien auch auf der Nordhemisphäre verbreitet, wie Fossilfunde belegen.

♀ endständiger Zapfen

Chilenische Araukarie

## Gewöhnliche Eibe
*Taxus baccata · Familie Eibengewächse*

**Dieser Nadelbaum mit den biegsamen Nadeln fällt insbesondere durch die Früchte auf, bei denen der Samen von einem roten, fleischigen Samenmantel umgeben ist.** ✿ Mär–Apr

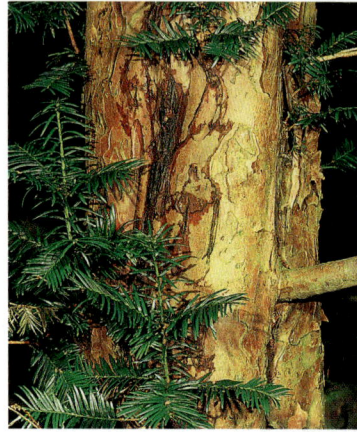

Immergrün, bis zu 15 m hoch, mit anfangs breit kegelförmiger, später zunehmend offener und unregelmäßiger Krone, frei stehende Bäume häufig schon vom Boden weg mehrstämmig; Rinde tief gefurcht oder fetzenartig zerrissen, mit graubrauner Schuppenborke. **Nadeln** 2–4 cm lang und bis zu 3 mm breit, abgeflacht, ledrig, spitz, an aufrechten Zweigen schraubig angeordnet, sonst 2-zeilig gescheitelt, oberseits glänzend dunkelgrün, unterseits einheitlich hellgrün, vortretende Mittelrippe immer deutlich erkennbar. **Blüten** zweihäusig verteilt; ♂ Blüten kugelig bis oval, zahlreich an der Unterseite vorjähriger Zweige, beim Stäuben hellgelb; ♀ Blüten einzeln, unauffällig bräunlich gelb. **Samen** einzeln, zugespitzt, bläulich schwarz, mit Samenmantel; Samenreife Sep–Nov.

**Vorkommen** Tiefgründige, lockere, nährstoffreiche Böden; nie im Reinbestand, sondern immer einzeln oder gruppenweise im Unterwuchs von Buchen- und Mischwäldern, von der Ebene bis in etwa 1500 m Höhe. Portugal, W-Frankreich, Britische Inseln, S-Skandinavien, Baltikum, mitteleurop. Mittelgebirge, Alpen, Karpaten, Korsika, Sardinien und nördl. Balkan, ferner in Verbreitungsinseln im nördl. Kleinasien und im Kaukasus.

**Wissenswert!** Alle Teile der Pflanze mit Ausnahme des Samenmantels sind stark giftig: Sie enthalten verschiedene nervenwirksame Alkaloide. Insbesondere für Pferde sind Eibenzweige überaus schädlich, während Rinder und andere Pflanzen fressende Haustiere weniger empfindlich auf das Gift reagieren. Der fleischig schleimige Samenmantel schmeckt süßlich, allerdings mit stark kratzendem Beigeschmack. Von Drosseln und verschiedenen Kleinsäugern wird er dennoch mit Vorliebe verzehrt. Die Nadeln der Eiben führen keine Harzkanäle und verströmen daher beim Zerreiben keinen aromatischen Duft. Die ♀ Blüten enthalten nur eine einzige Samenanlage. Streng genommen zählen die Eiben demnach zwar zu den Nadelhölzern, aber nicht zu den Koniferen (Zapfenträgern).

Eiben können über 1000 Jahre alt werden. In den heutigen Wirtschaftswäldern sind sie jedoch überaus selten. Die ältesten Eiben in D finden sich im Allgäu. Auffallend dickstämmige, meist als Naturdenkmäler geschützte Exemplare sind zumeist aus der Verwachsung mehrerer Einzelstämme hervorgegangen. Häufiger als in freier Natur sieht man Eiben in Parks und Gärten. **RL**

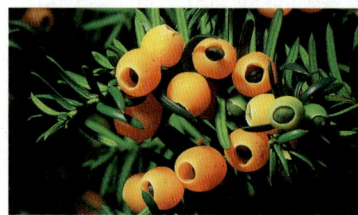

*Gelbmantelige Gartenform der Eibe, Sorte 'Lutea'*

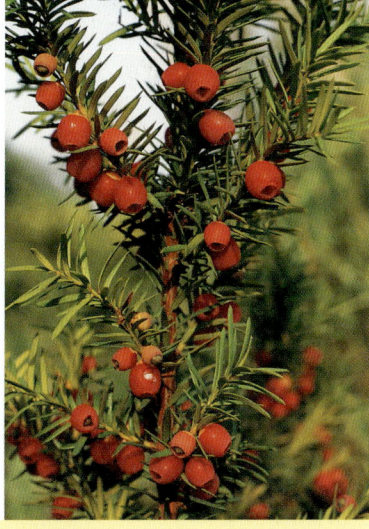

**Gewöhnliche Eibe**  unten rechts: reife Samen

## Japanische Nusseibe
*Torreya nucifera · Familie Eibengewächse*

**Typisch sind die stechend spitzen Nadeln, die parallel in 2 Zeilen an den Zweigen stehen und beim Zerreiben unangenehm harzig riechen.** ✿ Mai–Jul

Immergrün, bis zu 25 m hoch, mit kegelförmiger, breiter Krone und waagrecht abstehenden Ästen. **Nadeln** abgeflacht, stechend spitz, bis zu 3 cm lang, 2-zeilig gescheitelt, oberseits dunkel-, unterseits heller grün. **Blüten** zweihäusig, unauffällig grünlich. **Samen** hellbraun, in einem fleischigen, grünlichen Samenmantel, essbar.

♂ Blütenstand
Frucht

**Vorkommen** Auf feuchten, nährstoffreichen Böden in der unteren Gebirgsstufe. Japan; im Mittelmeergebiet häufiges Parkgehölz, in D meist nur in großen Sammlungen zu sehen.

## Kalifornische Nusseibe
*Torreya californica · Familie Eibengewächse*

**Mit sehr langen Nadeln, die in einer scharfen Spitze enden, und pflaumenähnlichen, grünen Früchten.** ✿ Mai–Jun

Immergrün, bis etwa 20 m hoch, Äste quirlartig abstehend. **Nadeln** abgeflacht, bis zu 7 cm lang, spitz, oberseits glänzend dunkelgrün, unterseits heller mit 2 grauen Bändern, 2-zeilig gescheitelt, beim Zerreiben sehr unangenehm riechend. **Blüten** zweihäusig, unauffällig. **Samen** 3–4 cm lang, braun, in einem grünlichen, dunkel gefleckten Samenmantel, essbar.

Frucht
♂ Blütenstand

**Vorkommen** Schattige Hänge und Schluchtwälder auf feuchten, nährstoffreichen Lockerböden. Küstennahe Gebirge und westliche Abhänge der Sierra Nevada in Kalifornien; in EU auch als Parkgehölz.

## Steineibe
*Podocarpus nivalis · Fam. Steineibengew.*

**Die abstehenden, steifen Nadeln und die unreifen Pflaumen ähnlich sehenden Früchte sind typisch.** ✿ Mai–Jun

Immergrün, bis zu 15 m hoch, mit kegelförmiger, schlanker Krone, oft vom Boden weg mehrstämmig. **Nadeln** steif, 2–4 cm lang, spitz, abstehend, dunkelgrün, unterseits heller mit 2 graublauen Spaltöffnungsbändern, undeutlich 2-zeilig gescheitelt. **Blüten** zweihäusig verteilt; unscheinbar gelblich. **Samen** in einer gestielten, fleischigen, grünlichen Hülle sitzend, sehen unreifen Pflaumen sehr ähnlich.

**Vorkommen** Lockere, nährstoffreiche Böden in niederschlagsreichen Bergwäldern. Beheimatet in Chile und Argentinien, auch in N-China und S-Japan; in Großbritannien und den Mittelmeerländern gelegentlich in größeren Parks angepflanzt.

## Harringtons Kopfeibe
*Cephalotaxus harringtonia · Fam. Kopfeiben*

**Dieser immergrüne Nadelbaum ähnelt von Weitem einer Gewöhnlichen Eibe mit besonders großen Nadeln.** ✿ Mai

Immergrün, bis zu 10 m hoch, mit offener, rundlicher Krone auf schlankem Stamm. **Nadeln** flach, 3–5 cm lang, steif, zugespitzt, oberseits glänzend dunkelgrün, unterseits heller mit silbergrauen Spaltöffnungsbändern, v-förmig gescheitelt und fast gegenständig. Zweihäusig; ♂ **Blüten** zahlreich auf der Unterseite vorjähriger Zweige, ♀ Blütenstände sehr klein. **Zapfen** mit nur jeweils 1 Samen, der aus den wenigen Schuppen hervorragt.

**Vorkommen** Feuchte, lockere, nährstoffreiche Böden in der unteren Gebirgsstufe. Japan, China und Korea.

**Wissenswertes** In Parks in M.-EU wächst diese Art meist nur als großer Strauch.

Japanische Nusseibe

Kalifornische Nusseibe

Steineibe

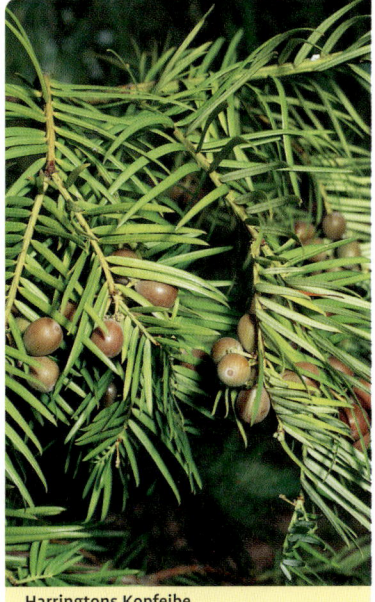
Harringtons Kopfeibe

## Ginkgobaum
*Ginkgo biloba* · Familie Ginkgogewächse

**Durch die fächerförmigen, lang gestielten Blätter und steinfruchtähnlichen, goldgelben Samen ist dieser Baum unverwechselbar.** ✿ Apr

Sommergrün, bis zu 30 m hoch, mit anfangs schlanker, später zunehmend rundlicher, aber immer sehr offener Krone auf kräftigem, mitunter schon nahe der Basis in mehrere steile Hauptäste geteiltem Stamm; Zweige spitzwinklig abstehend, mit Lang- und nur etwa 2 cm langen Kurztrieben; Rinde braungrau, tiefrissig gefurcht oder mit netzartiger Struktur. **Blätter** an den Langtrieben einzeln stehend, an den Kurztrieben in Büscheln, lang gestielt, Spreite bis zu 10 cm lang, flach, weich, fächerförmig, 2-lappig oder 2-spaltig, an den Langtrieben meist tiefer geteilt, mit gabelteiligen Blattnerven, frischgrün, im Herbst vor dem Laubfall goldgelb. **Blüten** zweihäusig verteilt; ♂ Blüten in hängenden Kätzchen, ♀ Blüten unscheinbar, zu mehreren in den Blattachseln. **Samen** steinfruchtähnlich (innere Lage der Samenschale verholzt, äußere fleischig), zur Reife goldgelb; Samenmantel riecht beim Zerquetschen unangenehm nach Buttersäure; Samenreife Okt–Nov.
**Vorkommen** Lockere, tiefgründige, nährstoffreiche Böden; gewöhnlich in Mischbeständen mit anderen Laubhölzern. Natürliche Vorkommen in China; weltweit häufig als dekoratives Parkgehölz gepflanzt, in Großstädten zunehmend auch als Straßenbaum.

**Wissenswert!** Der deutsche Arzt und Botaniker Engelbert Kämpfer, der im 17. Jh. in Ostasien ausgedehnte Forschungsreisen unternahm, sah alte Exemplare des G. erstmals in Japan an Tempelanlagen. Von diesen stammen fast alle heute in EU angepflanzten Ginkgobäume ab. Die Art ist allerdings in Japan nicht heimisch. Die heute als natürliche Bestände aufgefassten Vorkommen in China wurden jedoch erst viel später entdeckt.
Der G. ist der einzige heute noch lebende Vertreter der Ginkgoopsida, einer Pflanzenklasse innerhalb der Nacktsamer. Noch im Erdmittelalter waren seine Vorfahren weltweit, d. h. auch in EU und N-Amerika verbreitet. Die schon immer flächig entwickelten und nicht nadelförmigen Blätter waren bei den fossilen Formen jedoch häufig stärker geschlitzt. Ein besonders ursprüngliches Merkmal ist ihre ausgeprägte Gabelnervatur, die man sonst bei keinem Vertreter der Laubgehölze, sondern nur bei Farnpflanzen findet. Aufgrund dieses und weiterer urtümlicher Kennzeichen wertet man den G. als so genanntes „lebendes Fossil".
Ähnlich wie die Farnpflanzen und die ebenfalls zu den Nacktsamern gestellten Palmfarne (Cycadeen) kommen beim G. frei bewegliche, begeißelte männliche Spermazellen vor. Die Bestäubung erfolgt im Frühjahr zur Blütezeit. Die Befruchtung der großen Eizellen in den ♀ Blüten findet jedoch erst im September statt. Eigenartigerweise entwickelt sich der Embryo erst nach dem Abfallen der goldgelb ummantelten Samen. In China und Japan bereitet man aus den frischen oder gerösteten Samen verschiedene Gerichte zu.
Berühmt wurde der G. in EU nicht zuletzt durch ein Gedicht Goethes, das dieser 1815 unter dem Eindruck eines Heidelberger Exemplars schrieb und später in dem Gedichtzyklus „West-östlicher Diwan" veröffentlichte. Neuerdings werden G. auch in D (Oberrheingebiet) in Plantagen kultiviert, da man in ihren Blättern einen Inhaltsstoff entdeckt hat, der die Gehirndurchblutung fördert.

Blüten:
links ♂ (Kätzchen),
rechts ♀

Ginkgobaum

Samen

## Buchsbaum
*Buxus sempervirens* · Familie Buchsbaumgewächse

**Immergrüner Strauch, gelegentlich auch kleiner Baum, dicht verzweigt, mit aufrechten, im Alter überhängenden Ästen und Zweigen; die Triebe sind kantig und grün.** ✤ Mär–Apr

Wuchshöhe bis zu 7 m. **Blätter** gegenständig, glattrandig, kurz gestielt, oval bis rundlich, stumpf oder leicht ausgerandet, 1–2 cm lang, oberseits glänzend dunkelgrün, unterseits sehr hellgrün, ledrig und fest. **Blüten** klein, unauffällig, gelblich. **Kapselfrüchte** bräunlich, unauffällig; ab Aug. Alle Teile der Pflanze sind leicht giftig! **Vorkommen** Sonnige Abhänge, Felsgebüsche und lichte Wälder auf steinigem, zumindest zeitweise trockenem Boden. SW- und westliches M.-EU, ferner N-Afrika und W-Asien; nördlichstes Wildvorkommen in D an der unteren Mosel; häufig und in Sorten als Gartengehölz. **RL**
**Wissenswert!** Der dekorative Buchsbaum ist eine alte Kloster- und Bauerngartenpflanze, die oft als niedrige Schnitthecken Beete umfasst. In der franz. Gartenkunst wurde sie durch Schnitt in allerhand Fantasieformen gebracht. Die Blüten bieten reiche Nektartracht, der B. stellt ein wertvolles Nistgehölz dar. Schon seit dem Altertum schätzt man das feste, gelbliche Holz. Man fertigte daraus Weberschiffchen, Pfeifenköpfe, Messlatten, Kämme, Spielfiguren und Schmuckkästchen, aber auch Musikinstrumente wie z. B. Klarinetten und Flöten. Die Verwendung für Schäfte von Gewehren (Büchsen) hat der Art vermutlich ihren Namen eingetragen.

Blüten ♂ ♀

unreife Früchte

## Myrte
*Myrtus communis* · Familie Myrtengewächse

**Immergrüner, verzweigter Strauch mit drüsig behaarten Trieben und großen Blüten.** ✤ Jun–Aug

Bis zu 5 m hoch. **Blätter** gegenständig oder manchmal in 3-zähligen Wirteln, kurz gestielt, 1–5 cm lang, derb, glattrandig, spitz oval, durchscheinend punktiert, dunkelgrün, duften beim Zerreiben aromatisch. **Blüten** meist einzeln gestielt in den Blatt- achseln, reinweiß, bis zu 2 cm breit, Kronblätter ausgebreitet, Staubblätter sehr zahlreich. **Früchte** (Beeren) bis zu 12 mm dick, blauschwarz, mit Kelchzipfeln, Fruchtreife ab Sep.
**Vorkommen** In Felsgebüsche, Macchien und Auengehölze. Im gesamten Mittelmeerraum meist küstennah; häufig in Gärten gepflanzt.

Beeren

## Thunbergs Berberitze
*Berberis thunbergii* · Fam. Berberitzengew.

**Sommergrüner Strauch, Zweige kantig, braunrot berindet, Blüten in hängenden Trauben.** ✤ Mai–Jun

Wuchshöhe 1–1,5 m. **Blätter** büschelig in den Achseln langer, einfacher Blattdornen, oval bis spatelförmig, bis zu 3 cm lang, wenig gezähnt, bei der Wildform frischgrün mit bläulicher Unterseite, bei der häufigsten Gartenvarietät purpurrot, im Herbst prächtig scharlachrot. **Blüten** halbkugelig, Kelchblätter außenseits oft rötlich. **Früchte** (Beeren) länglich oval, bis zu 1 cm groß, scharlachrot, ungenießbar; ab Jul.
**Vorkommen** Lichte Wälder und Gebüsche. Heimisch in O-Asien (Japan); bei uns häufig als Ziergehölz in Parks und Gärten.
**Wissenswert!** Die T. B. erträgt Industrie- und Verkehrsabgase weitgehend schadlos.

Buchsbaum

Kapsel-
frucht

Myrte

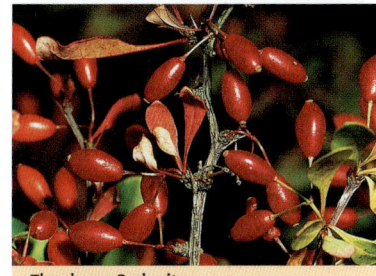

Thunbergs Berberitze

## Trompetenbaum
*Catalpa bignonioides · Familie Trompetenbaumgewächse*

**Auffällig sind die bis zu 20 cm langen Blütenstände aus weißen, glockigen Blüten, die über dem Laub stehen.**
✿ Jun–Jul

Sommergrün, bis zu 20 m hoch. **Blätter** gegenständig oder zu dritt wirtelig, lang gestielt, 10–20 cm lang, herzförmig bis breit oval oder schwach gelappt mit 2 seitlichen Zipfeln, unterseits weichhaarig, beim Zerreiben unangenehm riechend. **Blüten** 3–5 cm breit, in aufrechten Rispen. Kapsel**früchte** schmal, bis zu 30 cm lang, hängend.
**Vorkommen** Auf lockeren, sommerwarmen Böden. Stammt ursprünglich aus dem südöstlichen N-Amerika; in M.-EU als Ziergehölz in Parks und Gärten angepflanzt.
**Wissenswert!** Die Blüten zeigen ein gelbes Farbmal, das beim Einstellen der Nektarproduktion von Gelb nach Rot umschlägt. Dann werden die Blüten von den rotblinden Hautflügler nicht mehr angeflogen. In Gärten sieht man weitere ähnliche T.-Arten.

## Blauglockenbaum
*Paulownia tomentosa · Familie Blauglockenbaumgewächse*

**Im Frühjahr fallen die ungewöhnlich hellvioletten, bis zu 30 cm langen, aufrechten Blütenrispen auf.** ✿ Apr–Mai

Sommergrün, bis zu 20 m hoch, mit breiter, offener Krone; Blütenknospen zimtbraun. **Blätter** gegenständig, lang gestielt, 15–30 cm lang, breit herzförmig oder schwach gelappt, beidseits behaart. **Blüten** trichterförmig, violett, 4–6 cm lang. Kapsel**früchte** grünlich, spitz.

**Vorkommen** Auf sommerwarmen, lockeren Böden. Stammt aus M.- und N-China; in wintermilden Gebieten auch in EU als Parkbaum gepflanzt, im östlichen N-Amerika eingebürgert.
**Wissenswert!** Der B. ist eine der wenigen Gehölze unter den Braunwurzgewächsen (= Rachenblütlern). Seine stark duftenden, trichterfrömigen Blüten, die noch vor dem Laubaustrieb erscheinen, sind recht kurzlebig. Im Ursprungsgebiet des Baums fertigt man aus seinem Holz Schuhsohlen und Sandalen.

## Immergrünes Johanniskraut
*Hypericum calycinum · Familie Johanniskrautgewächse*

**Immergrüner, dicht verzweigter kleiner, buschiger Strauch mit zahlreichen Ausläufern; Triebe scharf 4-kantig.** ✿ Jul–Sep

Etwa 20–60 cm hoch. **Blätter** gegenständig, kurz gestielt bis sitzend, 4–9 cm lang und bis zu 4 cm breit, stumpf elliptisch, glattrandig, derb, ledrig, oberseits dunkelgrün, kahl, unterseits leicht bläulich, durch zahlreiche Öldrüsen durchscheinend punktiert. **Blüten** 5–7 cm breit, lang gestielt, einzeln an den Zweigenden, Kelchblätter ungleich groß, Kronblätter leuchtend gelb, Staubblätter sehr zahlreich, mit rötlichen Staubbeuteln. Kapsel**früchte** braunrot, hängend, ab Aug.
**Vorkommen** Lichte Wälder, steinige Böschungen. SO-EU (Bulgarien, Türkei), in S- und W-EU stellenweise eingebürgert; häufig als Bodendecker in Parks und Gärten angepflanzt.
**Wissenswert!** Die Art stellt eine äußerst ergiebige Pollenquelle für Bienen dar.

Frucht, unreif

Trompetenbaum   rechts: Kapselfrüchte

Blauglockenbaum

Immergrünes Johanniskraut

## Granatapfelbaum
*Punica granatum* · Familie Granatapfelgewächse

**Sommergrüner, stark ästiger, mitunter bedornter Strauch oder krummstämmiger, kleiner Baum mit kantigen, graubraunen Zweige, roten Blüten und charakteristischen Früchten.** ✱ Mai–Sep

Etwa 2–6 m hoch. **Blätter** gegenständig, an Langtrieben auch wechselständig, manchmal büschelig gehäuft, kurz gestielt, 2–8 cm lang, breit oval, derb, glänzend grün, glattrandig.

Frucht, geöffnet

**Blüten** bis zu 4 cm breit, zu 1–3 auf kurzen Stielen in den oberen Blattachseln; fleischiger Kelch und Achsenbecher leuchtend rot; 5–8 Kronblätter, kräftig orangerot; Staubblätter zahlreich. **Früchte** apfelähnlich, mit ledriger, braunroter Schale, bis zu 9 cm groß; Fruchtreife ab Aug.
**Vorkommen** Trockene, felsige Hänge, Mauern, Ruinen, Gärten. Ursprünglich nur im östlichen Mittelmeer- und im Schwarzmeergebiet, heute im gesamten Mittelmeerraum, nordwärts bis zur S-Schweiz und N-Tirol; häufig als Zier- oder Fruchtgehölz angepflanzt.
**Wissenswert!** Der geleeartige Samenmantel, in den die steinharten Samen eingebettet sind, schmeckt angenehm säuerlich und liefert einen erfrischenden Getränkezusatz (Grenadine). Die Fruchtschale verwendete man früher zum Färben von Leder. Das harte, beständige Holz wurde für Werkzeuge oder Schnitzarbeiten genutzt.

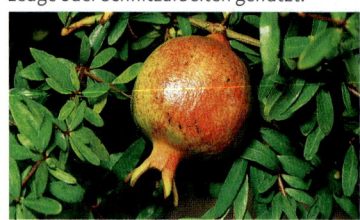

## Purgier-Kreuzdorn
*Rhamnus cathartica* · Familie Kreuzdorngewächse

**Sommergrüner, mittelgroßer, sparriger Wildstrauch oder kleiner Baum; die Zweige stehen nahezu rechtwinklig ab und enden gewöhnlich in langen Sprossdornen.** ✱ Apr–Jun

Bis zu 3 m hoch, als Baum bis zu 8 m; Zweige graubraun. **Blätter** gegenständig (beim ähnlichen Faulbaum wechselständig!), lang gestielt, elliptisch mit kurzer Spitze, an der Basis abgerundet, 2–7 cm lang, bis zu 5 cm breit, etwas gewellt, fein gesägt (beim Faulbaum immer glattrandig!), mit 3–4 Paaren stark gebogener, leicht behaarter Seitennerven. **Blüten** 4-zählig, nur um 5 mm breit, unscheinbar grünlich bis gelblich, zu 2–7 büschelig in den Blattachseln, angenehm duftend. **Früchte** etwa erbsengroße Steinfrüchte, schwarz, schwach glänzend, giftig; Fruchtreife ab Sep.
**Vorkommen** Säume, Auengehölze, Gebüsche, Laubwälder, Flurhecken, meist an sonnigen, offenen Stellen, gern auf Kalkböden, im Gebirge bis in etwa 1300 m Höhe. In EU weit verbreitet, von der Iberischen Halbinsel bis Norwegen, ferner Balkan und Eurasien bis W-Sibirien; gelegentlich als Ziergehölz.
**Wissenswert!** Eignet sich ausgesprochen gut für Wildhecken und Vogelschutzpflanzungen. Er ist Nahrungspflanze vieler Insekten, aber auch obligater Zwischenwirt des Kronenrosts, einer Pilzkrankung des Hafers. Die für den Menschen ungenießbaren Früchte haben stark abführende Wirkung und werden ausschließlich medizinisch genutzt. Für Vogelarten stellen sie eine ungefährliche Nahrung dar.

Dornen

Granatapfelbaum

5–8 Kronblätter

Purgier-Kreuzdorn   unten rechts: reife Früchte

## Laubholz-Mistel
*Viscum album* · Familie Leinblattgewächse

**Immergrüner, meist reich und regelmäßig gabelig verzweigter, kugeliger Strauch, parasitiert auf Laubbäumen; Zweige gelblich grün, biegsam, kahl, rundlich.** ✿ Mär–Mai

Bis 1 m Durchmesser. **Blätter** gegenständig, sitzend, um 5 cm lang und bis zu 1 cm breit, ledrig derb, länglich-zungenförmig, vorn gerundet, beidseits gleichfarben gelblich grün, fallen nach etwa 15 Monaten ohne Umfärben ab. **Blüten** zweihäusig, unscheinbar, gelblich, einzeln oder zu 3–5 in den Achseln kleiner Hochblätter an den Sprossenden. **Früchte** weißliche, kugelige Scheinbeeren, bestehen aus stark klebrigem Fruchtfleisch und mehreren eingebetteten Samen mit der eigentlichen Fruchthülle; Fruchtreife ab Nov. Giftig!
**Vorkommen** Geäst von Pappeln, Weiden, Birken, Hainbuchen, Robinien, Kastanien und Obstgehölzen (besonders Apfelbäume), nicht dagegen auf Buchen oder Eichen. M.- und S-EU, nördlich bis Skandinavien, ferner bis Vorderasien; vom Tiefland bis ins Bergland, dort bis in etwa 1300 m Höhe.
**Wissenswert!** Die Laubholzmistel ist ein typischer Halbparasit, der seiner Wuchsunterlage durch besondere Senker lediglich Wasser und die darin gelösten Mineralsalze entnimmt, nicht dagegen die organische Baustoffe aus der Eigenproduktion der Wirtspflanze. Die Schädigung des Trägerbaums hält sich daher sehr in Grenzen. Nur massiver Befall kann problematisch werden. Die Verbreitung der Samen erfolgt meist durch Vögel (Misteldrossel!).

## Nadelholz-Mistel
*Viscum laxum* · Familie Leinblattgewächse

**Immergrüner, meist reich und regelmäßig gabelig verzweigter, kugeliger Strauch bis zu 1 m Durchmesser.**
✿ Mär–Mai

Diese Art in allen wichtigen Merkmalen der Laubholz-Mistel äußerst ähnlich. Alle Teile sind giftig!
**Vorkommen** Im Geäst heimischer Nadelbaum-Arten, vor allem Tanne und Wald-Kiefer. In mittleren und höheren Gebirgslagen in EU weit verbreitet.
**Wissenswert!** Im Unterschied zur Laubholz-Mistel lassen sich die auf Nadelholz parasitierenden Misteln in 2 verschiedene Unterarten von ausgeprägter Wirtsspezifität trennen: Tannen-Misteln besetzen fast ausschließlich die Weiß-Tanne. Ihre weißen Früchte sind länglich-eiförmig. Die Kiefern-Mistel hingegen trägt kleinere, gelbliche Früchte und kommt meist auf der Wald-Kiefer, seltener auch auf der Schwarz-Kiefer vor.

## Riemenblume, Eichenmistel
*Loranthus europaeus* · Fam. Mistelgewächse

**Sommergrüner, seltsamer Strauch auf Laubbäumen mit braunen, gabelig verzweigten, leicht brüchigen Ästen.**
✿ Mai–Jun

Etwa 20–50 cm hoch.

Blattlänge 2–4 cm

**Blätter** gegenständig, kurz gestielt, verkehrt eiförmig, an der Basis schmal keilförmig, glattrandig, dünn, dunkelgrün. **Blüten** zwittrig oder eingeschlechtig, in endständigen Trauben. Beerenartige Schein**früchte** kugelig, gelb, 1 cm dick; Fruchtreife ab Sep.
**Vorkommen** Fast ausschließlich auf verschiedenen Eichenarten, vor allem auf Flaum- und Zerr-Eiche, weniger auf Stiel- und Trauben-Eiche, seltener auch auf Edel-Kastanie und Ölbaum. SO-EU, westlich bis Italien, im N bis ins östliche D (Sachsen).
**Wissenswert!** Entzieht als Halbparasit ihrem Wirtsbaum Wasser- und Nährsalze.

Blüte

Laubholz-Mistel   unten rechts: Früchte

Nadelholz-Mistel

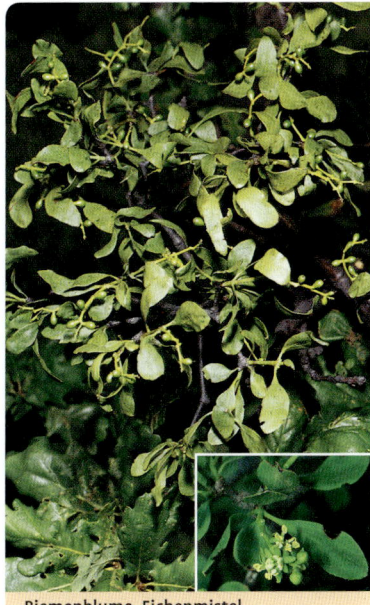

Riemenblume, Eichenmistel

## Alpen-Bärentraube
*Arctostaphylos alpina* · Familie Heidekrautgewächse

Sommergrüner, kriechender und ausgedehnte Teppiche bildender Zwerg- und Spalierstrauch mit aufgebogenen Zweigen. ✿ Mai–Jun

Bis zu 25 cm hoch. **Blätter** nahezu gegenständig, 2–5 cm lang, oval, am Grund keilförmig, scharf gezähnt, nicht ledrig, beidseits netznervig, oberseits hellgrün, unterseits grasgrün.  **Blüten** grünlich weiß oder rötlich, zu 2–5 in endständigen Trauben. **Früchte** (Beeren) zunächst rötlich, reif blauschwarz, ungenießbar; Reife ab Sep.
**Vorkommen** Lichte Zwergstrauchbestände, Latschengebüsche, Lärchenwälder. Arktische Tundra, Pyrenäen, Alpen, Schottland, Teile des Balkans.
**Wissenswert!** Im Gegensatz zur Immergrünen Bärentraube färben sich die Blätter der Alpen-Bärentraube im Herbst intensiv karminrot um.

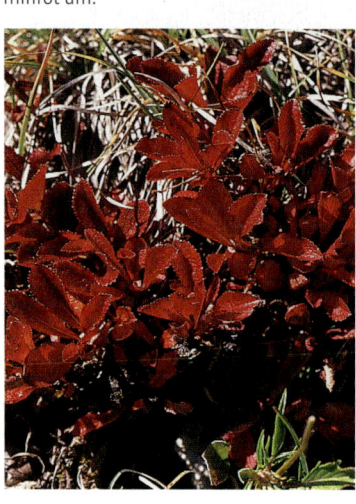

## Zwergalpenrose
*Rhodothamnus chamaecistus* · F. Heidekr.g.

Immergrüner, reich verzweigter, locker buschiger, langsam wachsender Zwergstrauch mit relativ großen Blüten. ✿ Mai–Jul

Bis zu 40 cm hoch. **Blätter** kurz gestielt oder sitzend, etwa 10 mm lang und bis zu 3 mm breit, an den Zweigenden gehäuft, ledrig, spitz-oval, beidseits glänzend dunkelgrün, am Rand abstehend borstig bewimpert.  Frucht **Blüten** lang gestielt, bis zu 3 cm breit, meist zu 1–3 auf vorjährigen Trieben, Kronen auffallend hellrosa mit dunkleren Strichen und Flecken, Kronzipfel radförmig ausgebreitet. Kapsel**früchte** kugelig und hart, ab Aug.
**Vorkommen** Steinige Hänge, Schutthalden und Felsspalten in Kalkgestein.

## Alpenazalee, Gamsheide
*Loiseleuria procumbens* · F. Heidekrautg.

Immergrüner, reich verzweigter Spalierstrauch mit knorrigen Zweigen in niedrigen und dichten Teppichen. ✿ Jun–Jul

Bis zu 20 cm hoch. **Blätter** überwiegend gegenständig, kurz gestielt, nur 4–7 mm lang und bis zu 2 mm breit, kahl, glänzend dunkelgrün, ganzrandig. **Blüten** knapp 1 cm breit, Kronen rosarot,  mit 5 breit dreieckigen Zipfeln, zu 2–5 in endständigen Trauben. Kapsel**früchte** kugelig, ab Aug.
**Vorkommen** Überwiegend auf Urgestein oder oberflächlich versauerten Rohböden; schneearme Windkanten, Grate, blanker Fels. Arktisch-alpine Art: Pyrenäen, Alpen, Karpaten, N-EU, ferner N-Amerika, N-Asien, Island, Grönland und Spitzbergen.
**Wissenswert!** Gilt an ihren isolierten Hochgebirgsstandorten als Eiszeitrelikt.

Alpen-Bärentraube   rechts: Blüten

Zwergalpenrose

Alpenazalee, Gamsheide

## Besenheide, Heidekraut
*Calluna vulgaris* · Familie Heidekrautgewächse

**Immergrüner, dichtästiger, etwas wirr verzweigter Zwergstrauch mit dünnen, liegenden, aufsteigenden oder aufrechten Zweigen; junge Zweige deutlich 4-kantig.** ✿ Jul–Sep

Um 20–50 cm hoch. **Blätter** vor allem an den kurzen Seitenzweigen in 4 geraden Längszeilen, 1–3 mm lang und um 1 mm breit, dachziegelartig, umfassen Stängelbasis mit 2 zipfeligen Öhrchen, Blattränder weit nach unten umgerollt; im Sommer dunkelgrün, im Winter bronzefarben bräunlich. **Blüten** 4-zählig, nickend, etwa 4 mm lang, mit rosafarbenen oder hellvioletten (selten auch weißen) Kron- und längeren, etwas strohigen Kelchblättern, in endständigen, leicht einseitswendigen, 5–15 cm langen Trauben.
**Vorkommen** Lichte Kiefern- und Eichenwälder, Heiden, Heidemoore, Magerwiesen, Braundünen, gern auf nährstoffarmen, sauren, meist etwas sandigen Böden; Magerkeits- und Säurezeiger. In EU von N-Norwegen bis nach Kleinasien, fehlt in größeren Gebieten der Mittelmeerregion, in den Alpen bis in 2600 m Höhe.
**Wissenswert!** Die Blätter sind Nahrungsgrundlage für viele Schmetterlingsarten, die Blüten bilden eine ergiebige Tracht für Bienen (Honigertrag bis zu 30 kg/ha). Frühere Schafbeweidung hat auf ertragsarmen Böden großflächige Heidelandschaften entstehen lassen (Lüneburger Heide).

 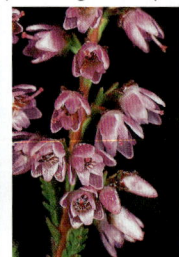

## Schnee-Heide
*Erica carnea* · Familie Heidekrautgewächse

**Immergrüner, reichästiger, kriechender Zwergstrauch; Blätter nadelförmig, im Sommer dunkelgrün, im Winter eher schmutzig grün bis braunrot.** ✿ Mär–Mai (evtl. schon Dez)

Etwa 25 cm hoch; junge Zweige dünn und biegsam, kahl, 4-kantig, längsfurchig. **Blätter** zu 3–4 in Wirteln, linealisch, bis zu 1 cm lang und 1 mm breit, spitz, nicht stechend, weit umgerollt, unterseits mit filzig weißem Mittelstreif. **Blüten** fleischfarben rosa, seltener reinweiß, abwärts geneigt, in endständigen, einseitswendigen Trauben, Kelch kurz und röhrenförmig, Krone nach vorn verengt mit kurzen Zipfeln; 8 Staubblätter, dunkelpurpurn, hängen aus der Kronröhre fast vollständig heraus und öffnen sich zur Pollenabgabe jeweils mit einem seitlichen Spalt in der Spitzenregion; Blütezeit in günstigen Lagen und im S schon ab Dez.
**Vorkommen** Latschengebüsche, Säume lichter Nadelwälder, Felshänge, Flussauen; meist auf kalkreichen Böden. Südliches M.-EU, S-EU von Mazedonien bis Spanien, ferner Alpenvorland, selten auch im Fichtelgebirge und in Böhmen, in den Alpen bis in 2400 m Höhe; vielfach auch in Sorten als Zierpflanze in Heidegärten und Parks.
**Wissenswert!** Die Vorfahren der S. wanderten bereits im Tertiär in die europäischen Gebirge ein. Daher gelten die *Erica*-Arten in der heimischen Flora als Relikte. Als besonders früh blühendes Gehölz eine wichtige Nahrungspflanze von Bienen und anderen Blüten besuchenden Insekten.

Besenheide, Heidekraut

Schnee-Heide

## Glocken-Heide
*Erica tetralix* · Familie Heidekrautgewächse

Immergrüner, zierlicher, liegender oder aufrechter Zwergstrauch; Zweige dünn und anfangs dicht graufilzig behaart.
✿ Jul–Aug

Etwa 20–60 cm hoch. **Blätter** zu 4 in Wirteln, kurz gestielt, bis zu 6 mm lang, nadelförmig linealisch, meist grau und dicht behaart, Ränder nach unten umgerollt. **Blüten** 4-zählig, hellrosa, mit bauchiger Krone und kurzen, zurückgeschlagenen Zipfeln, zu mehreren in kopfig gedrängten, endständigen Trauben oder Dolden, verfärben sich beim Abblühen auffällig rostbraun, verbleiben längere Zeit am Zweig.
**Vorkommen** Feuchtheiden, Hochmoore und saure, feuchte Kiefernwälder. Auf den Nordseeinseln Kennart der feuchteren Dünentälchen, bestandsbildend. Atlantisches EU von Portugal bis zum Baltikum.

## Graue Heide
*Erica cinerea* · Familie Heidekrautgewächse

Immergrüner, reichästiger und sehr dichtbuschiger Zwergstrauch, Blüten in gedrängten Trauben oder Dolden.
✿ Jun–Sep

Etwa 30–70 cm hoch; junge Zweige kantig, graufilzig. **Blätter** kurz gestielt, 4–7 mm lang, nadelförmig, zu 3 in Wirteln, oberseits glänzend dunkelgrün, spitz, aber nicht stechend, Ränder nach unten umgebogen. **Blüten** 4-zählig, Kronen bauchig, bis zu 7 mm lang, intensiv purpurviolett bis fleischrot.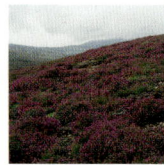
**Vorkommen** Kalkarme, trockene, sandige oder felsige Böden, lichte Gehölze. Atlantische Küstenheiden (Foto: Schottische Highlands), von Portugal (auch Madeira) bis S-Norwegen; in D sehr vereinzelt im äußersten NW; in Gärten häufig in vielen Sorten gepflanzt.

## Wimper-Heide
*Erica ciliaris* · Familie Heidekrautgewächse

Immergrüner, locker verzweigter Zwergstrauch mit liegenden und aufsteigenden Ästen, in der Blüte sehr dekorativ. ✿ Jul–Sep

Um 30–60 cm hoch; Triebe dicht drüsig behaart. **Blätter** zu 3 in Wirteln, 3–4 mm lang, länglich oval, spitz, oberseits dunkel graugrün, am Rand herabgebogen, unterseits lang drüsig bewimpert. **Blüten** 8–10 mm lang, in endständigen, bis zu 12 cm langen, aufrechten Trauben, Kelch und Teile der Krone lang bewimpert, Kronen kräftig rosarot.
**Vorkommen** Mäßig trockene, oft sandig-steinige oder felsige Böden, lichte Gebüschsäume, Heiden, Küstenfelsen. W-EU, eine der Leitarten atlantischer Küstenheiden von Portugal bis zu den Britischen Inseln; fehlt in D.

## Cornwall-Heide
*Erica vagans* · Familie Heidekrautgewächse

Immergrüner, dichtbuschiger Zwergstrauch mit liegenden, aufsteigenden und aufrechten Zweigen. ✿ Jul–Sep

Etwa 30–80 cm hoch; Triebe kahl, gelblich braun. **Blätter** zu 4–5 in Wirteln, nadelförmig linealisch, 5–10 mm lang, dunkelgrün, spitz, nicht stechend, kahl, am Rand umgerollt. **Blüten** etwa 8 mm lang gestielt, zu je 2 in den oberen Blattachseln, bilden eine etwa 8–12 cm lange, schlanke Traube, Krone breit glockig-urnenförmig, weißlich rosa oder blasslila, Staubbeutel dunkelpurpurn, den Kronenrand überragend.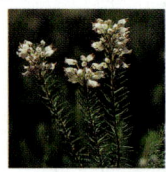
**Vorkommen** Küstennahe Felsheiden, Gebüschsäume, auf sandig-steinigen, meist kalkarmen Böden. Atlantische Küstenheiden der Britischen Inseln, vereinzelt bis Portugal; in Sorten auch angepflanzt.

Glocken-Heide

Graue Heide

Wimper-Heide

Cornwall-Heide

## Torfgränke
*Chamaedaphne calyculata* · Familie Heidekrautgewächse

**Immer- oder wintergrüner, zierlicher, dicht verzweigter Kleinstrauch; Äste und Zweige abstehend oder bogig überhängend; Triebe dicht mit rostbraunen Schuppen.** ✿ Mär–Jun

Bis zu 50 cm hoch. **Blätter** wechselständig, kurz gestielt, 4–5 cm lang und um 1 cm breit, länglich elliptisch, an der Basis rundlich, vorn stumpf, ledrig, derb, glattrandig oder undeutlich gekerbt, meist leicht nach unten eingerollt, oberseits mattgrün, unterseits gelblich grün und dicht mit rostbraunen Schildhaaren besetzt. **Blüten** 5-zählig, 6–8 mm lang und ebenso breit, nickend, zu mehreren in 4–10 cm langen, belaubten, einseitswendigen Trauben an den Zweigenden, Krone weiß, maiglöckchenartig mit kurzen Zipfeln, von den 10 Staubblättern nicht überragt, Kelchblätter bis zu 3 mm lang, bräunlich beschuppt; evtl. Zweitblüte Sep–Okt. **Früchte** (Kapseln) hängend, abgeflacht kugelig; Fruchtreife ab Aug.

Früchte

**Vorkommen** Feuchte, torfige, mineralarme Böden in Moorrandwäldern und Hochmooren. NO-EU, Polen, Baltische Staaten, Skandinavien, Finnland, N-Russland; fehlt in D; gärtnerisch in einer zwergwüchsigen Form gelegentlich zur Grabbepflanzung und in Heidegärten verwendet.

**Wissenswert!** Die in der Natur recht seltene T. ist monotypisch, d. h. sie stellt eine Gattung dar, aus der nur eine einzige Art bekannt ist. Carl von Linné, der die Art bei seinen ausgedehnten Reisen durch Lappland entdeckte und als Erster beschrieb, stellte sie in die Gattung *Andromeda* (⇨ S. 216 Rosmarinheide). Von dieser unterscheidet sie sich jedoch vor allem durch die schuppig behaarten Laubblätter und den Aufbau der Blütenstände.

## Gelber Hartriegel, Kornelkirsche
*Cornus mas* · Familie Hartriegelgewächse

**Sommergrüner, sparrig verzweigter, breitkroniger Strauch von oder kleiner Baum; Triebe grün, anliegend behaart, später kahl; blüht lange vor dem Laubaustrieb.** ✿ Feb–Apr

Strauch 3–6 m, Baum bis zu 8 m hoch; Borke schuppig abblätternd. **Blätter** gegenständig, bis zu 1 cm lang gestielt, 8–10 cm lang und bis zu 5 cm breit, oval bis elliptisch, an der Basis breit keilförmig bis rundlich, schlank zugespitzt, glattrandig, kahl, beidseits gleichfarben, oberseits glänzend, unterseits nur in den Nervenwinkeln behaart, mit zumeist 3–4 Bogennerven beidseits der Mittelrippe. **Blüten** schon im Spätwinter, klein, etwa 5 mm lang gestielt, zahlreich in gedrängten Dolden mit 4 gelblich grünen Hüllblättern, Kelchblätter kurz, spitz, Kronblätter 2–3 mm lang, lanzettlich, hellgelb bis goldgelb. Stein**früchte** Kirschen ähnlich, herabhängend, in der Reife glänzend scharlachrot, essbar; Fruchtreife ab Jul.

**Vorkommen** Lichte, trockene Laubwälder, Waldränder, Säume, Flurhecken, Gebüsche. M.- und S-EU, in D nördlich bis zum Rheinland, ferner Kleinasien bis Kaukasus; häufig als Straßen- und Fruchtgehölz angepflanzt.

**Wissenswert!** Die bis 1 cm langen, gelben Knospenschuppen verleihen den unscheinbaren Blütenständen ihre Attraktivität. Regional nennt man den G. H. auch Herlitze oder Dürlitze. Das außerordentlich feste Holz (Name Hartriegel!) verwendete man früher für Schäfte, Speere und Werkzeugstiele. Die Früchte sind reif essbar.

krugförmige Blüten

Torfgränke

lange Knospenschuppen

Gelber Hartriegel, Kornelkirsche   unten rechts: Früchte

## Roter Hartriegel
*Cornus sanguinea* · Fam. Hartriegelgewächse

**Sommergrüner, reichästiger, mittelgroßer Strauch oder auch kleiner Baum mit prächtigem Herbstlaub.** ☆ Mai–Jun

Bis zu 5 m hoch; Triebe dicht behaart. **Blätter** kurz gestielt, 4–8 cm lang, elliptisch, spitz, mit meist 3 Bogennervenpaaren, glattrandig. **Blüten** erscheinen nach dem Blattaustrieb, duften etwas fischig; Kronen reinweiß, in dichten Schirmrispen. Stein**früchte** kugelig, matt schwarzblau, weißlich punktiert, ungenießbar; Fruchtreife ab Sep.
**Vorkommen** Flurhecken, Auengebüsche, Laubwälder, Straßenbegleitgrün, Steinböden. Von N- bis S-EU weit verbreitet; häufig als Ziergehölz in Gärten und Parkanlagen angepflanzt.
**Wissenswert!** Die Lichtseite der Zweigrinde ist vor allem im Winter stark gerötet.

## Tatarischer Hartriegel
*Cornus alba* · Familie Hartriegelgewächse

**Sommergrüner, dichtlaubiger Strauch; Zweige straff aufrecht, mit blutroter, glatter Rinde.** ☆ Mai–Jun

Bis zu 3 m hoch; Äste sehr zäh. **Blätter** gegenständig, mit 5–6 Paar Bogennerven, elliptisch-oval, glattrandig, oberseits grün, unterseits etwas bläulich. **Blüten** klein, gelblich weiß, zahlreich in 3–5 cm breiten Schirmrispen. Stein**früchte** hellblau oder weißlich, ungenießbar; Fruchtreife ab Jul.
**Vorkommen** Artenreiche Mischwälder. Stammt aus O-Asien (Sibirien bis N-Korea), in N-EU eingebürgert; vielfach in Sorten mit panaschierten (= hell gezeichneten) Blättern oder abweichend gefärbter Rinde gepflanzt.
**Wissenswert!** Seine Früchte werden gern von Singvögeln verzehrt.

Fruchtstand

## Gewöhnlicher Spindelbaum, Pfaffenhütchen
*Euonymus europaea* · Familie Spindelbaumgewächse

**Sommergrüner Strauch oder kleiner Baum, etwas sparrig verzweigt; Triebe und junge Zweige grün, rundlich oder etwas kantig, erst später mit schmalen Korkleisten.** ☆ Mai–Jun

Etwa 2–6 m hoch. **Blätter** gegenständig, gestielt, 5–8 cm lang, oval-lanzettlich, zugespitzt, kahl, glattrandig oder schwach gekerbt, im Herbstaspekt auffallend kupferrot. **Blüten** unauffällig, 4-zählig, grünlich, um 1 cm breit, lang gestielt, zu 3–9 traubig in den Blattachseln, schwach duftend. **Früchte** (Kapseln) 4-klappig, reif karminrot, Samen groß, weißlich, in der Kapsel von einem kontrastreich orangeroten Samenmantel umgeben; Fruchtreife ab Sep. Alle Pflanzenteile sind stark giftig!

**Vorkommen** Feldgehölze, Wald- und Wegränder. In EU weit verbreitet, in D häufig. Auch als Zierstrauch angepflanzt.
**Wissenswert!** Das gelbliche Holz wurde früher zu hochwertiger Zeichenkohle und verschiedenen Drechslerprodukten verarbeitet, u. a. Spindeln (Name!) und diverse Instrumentenbauteile (Klaviermechanik). Die Früchte werden von Staren (Foto unten) und anderen Singvögeln gern verzehrt – die darin enthaltenen herzwirksamen Alkaloide sind nur für Säugetiere giftig.

Roter Hartriegel

Tatarischer Hartriegel

Gewöhnlicher Spindelbaum, Pfaffenhütchen

## Blaue Heckenkirsche
*Lonicera caerulea · Fam. Geißblattgewächse*

Sommergrüner, stark sparrig verzweigter Strauch; Triebe charakteristisch rotbraun und bläulich bereift. ✿ Apr–Jun

Etwa 1–2 m hoch. **Blätter** gegenständig, kurz gestielt, 2–8 cm lang, rundlich oval, spitz oder abgestumpft, anfangs behaart, später kahl. **Blüten** paarweise kurz gestielt in den Blattachseln, Krone bis zu 2 cm lang, gelblich weiß, trichterförmig, fast radiär. **Früchte** elliptische Doppelbeeren, schwarz, bläulich bereift, giftig; Fruchtreife ab Jul.
**Vorkommen** Bergwälder, Grünerlen- und Legföhrengebüsche; kalkmeidend auf sauren Rohhumus- und Sandböden. Gebirge von NO-EU bis Kaukasus und Pyrenäen, fehlt in den Vogesen, in D nur im Bayerischen Wald, im Voralpenland und in den Alpen; gelegentlich angepflanzt.

## Schwarze Heckenkirsche
*Lonicera nigra · Familie Geißblattgewächse*

Sommergrüner, aufrechter, kleiner Strauch mit dünnen, gebogenen, immer von Mark erfüllten Zweigen. ✿ Apr–Mai

Etwa 1–2 m hoch. **Blätter** gegenständig, 2–5 mm lang gestielt, 4–6 cm lang, schmal oval bis elliptisch, spitz, glattrandig, oberseits glänzend, unterseits bläulich, auf den Hauptnerven flaumig behaart. **Blüten** immer paarweise auf etwa 4 cm langem Stiel in den oberen Blattachseln, Krone hellrosa, 5-zählig, deutlich 2-lippig, mit enger, etwa 1 cm langer Kronröhre. **Früchte** kugelige Doppelbeeren, oft ungleich groß, schwarz, bläulich bereift, giftig; Fruchtreife ab Jul.
**Vorkommen** Schattige Waldränder, krautreiche Bergmischwälder, Halden, Wegsäume und Gebüsche. Gebirge in M.-, S- und O-EU; selten als Ziergehölz angepflanzt.
**Wissenswert!** Wegen ihrer schwarzen Beeren nennt man sie auch Tintenbeere, wegen der giftigen Beeren auch Teufelsbeere.

## Rote Heckenkirsche
*Lonicera xylosteum · Fam. Geißblattgew.*

Sommergrüner, reich verzweigter Strauch; Triebe behaart; Zweige eigenartigerweise hohl und ohne Mark. ✿ Mai–Jun

Etwa 1–3 m hoch. **Blätter** gegenständig, kurz gestielt, 3–6 cm lang, oval, schwach anliegend weichhaarig. **Blüten** paarweise in den Blattachseln, Krone 2-lippig, weißlich, außen rötlich. **Früchte** (Doppelbeeren) erbsengroß, dunkelrot, glänzend, saftig, schwach giftig; Fruchtreife ab Jul.
**Vorkommen** Laub- und Nadelmischwälder mit krautigem Unterwuchs, Schlagfluren, Gebüsche. M.-EU bis M.-Asien, fehlt im nördlichen D; häufig als Ziergehölz oder zur Befestigung von Böschungen verwendet.
**Wissenswert!** Das feste Holz verwendete man früher für Drechslerarbeiten.

Einzelblüten

## Alpen-Heckenkirsche
*Lonicera alpigena · Fam. Geißblattgewächse*

Sommergrüner, nur wenig verzweigter, aufrechter Strauch; gestielte Blüten immer paarweise in Blattachseln. ✿ Mai–Jul

Etwa 1–3 m hoch; Triebe 2-kantig, wenig behaart; Zweige hohl, kantig. **Blätter** gegenständig, gestielt, bis zu 10 cm lang und 5 cm breit, spitz, länglich elliptisch, glattrandig. **Blüten** auf 2–5 cm langem Stiel blattachselständig, Krone 2-lippig, trichterförmig, rötlich. **Früchte** (Doppelbeeren) glänzend hochrot, giftig; Fruchtreife ab Aug.
**Vorkommen** Hochstaudenfluren, krautreiche Bergmisch- und Schluchtwälder, Säume und Wege, meist auf kalkreichem Boden. Gebirge von M.- und S-EU, in den Alpen bis in etwa 2300 m Höhe; in D nordwärts nur bis zur Donau.

Blüten

Blüten paarweise

**Blaue Heckenkirsche**

**Schwarze Heckenkirsche**

**Rote Heckenkirsche**

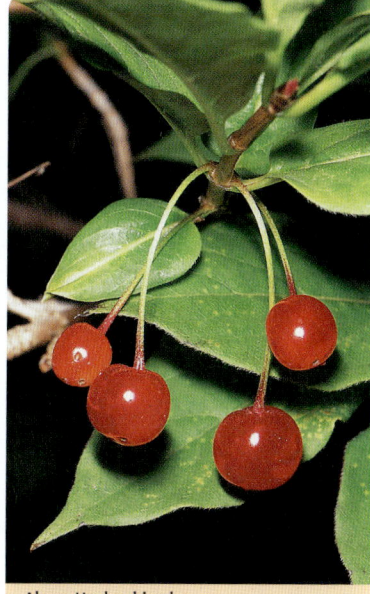

**Alpen-Heckenkirsche**

## Wald-Geißblatt
*Lonicera periclymenum* · Familie Geißblattgewächse

**Sommergrüner, rechtswindender Schlingstrauch, reich verzweigt und ziemlich dichtlaubig, ohne Blattverwachsung.** ✿ Mai–Aug

Etwa 4–5 m hoch. **Blätter** 4–6 cm lang, spitz oder leicht gerundet, länglich oval, ohne gegenseitige Verwachsungen, oberseits dunkelgrün, unterseits bläulich. **Blüten** zu mehreren in endständiger Dolde, Krone 2-lippig, bis zu 6 cm lang, vor der Öffnung rötlich, nach dem Aufblühen gelb, wird nach Bestäubung merklich dunkler, Staubblätter und Griffel so lang wie der Kronsaum. Beeren**früchte** dicht stehend, kugelig, oft ungleich groß, hochrot, glänzend, schwach giftig; ab Aug.
**Vorkommen** Hecken, Gebüschsäume, Waldränder, Schlagfluren, Heiden. In EU von S-Skandinavien bis in den Mittelmeerraum (N-Afrika) weit verbreitet; häufig auch als Ziergehölz angepflanzt.
**Wissenswert!** Die Blüten werden von langrüsseligen Nachtfaltern bestäubt.

Blätter gegenständig

**Verwandt** Tataren-Heckenkirsche *Lonicera tataricum*, sommergrün, stark verzweigt, 2–4 m hoch; Blätter stumpf oval, am Grund herzförmig; Blüten paarig, Kronen hellrot oder weiß, oft gestreift, 2-lippig Blütezeit Mai–Jun; Doppelbeeren blutrot glänzend, giftig; stammt aus O-EU und W-Asien, wird häufig an Straßen gepflanzt.

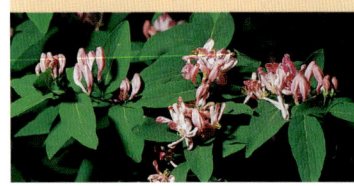

## Garten-Geißblatt
*Lonicera caprifolium* · Familie Geißblattgewächse

**Sommergrüner, ausnahmsweise rechtswindender Schlingstrauch, Blätter an den Zweigenden paarweise verwachsen.** ✿ Mai–Jul

Oft mehr als 5 m hoch. **Blätter** kurz gestielt bis sitzend, breit oval, bis zu 10 cm lang, stumpf, oberseits matt dunkelgrün, unterseits heller und bläulich, obere Blätter bilden durch Verwachsung regelrechte elliptische Teller. **Blüten** mit 3 cm langer, trichteriger Kronröhre, Kronzipfel 2-lippig umgebogen, cremeweiß, mitunter auch rötlich. Beeren**früchte** (kleines Bild unten) rundlich, hochrot, giftig; Fruchtreife Aug–Sep.
**Vorkommen** Lichte Wälder, sonnige Gebüsche. Ursprünglich in SO-EU vom Balkan bis zum Schwarzmeergebiet heimisch; in M- und W-EU an vielen Stellen verwildert und eingebürgert.
**Wissenswert!** Die Blüten des Geißblattes, das auch Jelängerjelieber genannt wird, beginnen erst abends stark zu duften und bieten langrüsseligen Nachtfaltern (insbesondere den zahlreichen Schwärmerarten) Nahrung.
Bemerkenswert ist der Farbwechsel der äußerst dekorativen Blüten bei dieser Art: Sie starten kupferrot bis hellrosa, sind dann in der Vollblüte fast reinweiß und verfärben sich im Abblühen gelblich. Besucherinsekten fliegen nur die reinweißen Blüten an, die bei Dunkelheit genügend Kontrast zum Umfeld bieten und außerdem allein duftaktiv sind.

Wald-Geißblatt

Garten-Geißblatt

## Gewöhnlicher Liguster
*Ligustrum vulgare* · Familie Ölbaumgewächse

**Sommer- und teils wintergrüner Strauch; Triebe spärlich behaart, später kahl; Zweige rutenförmig, dünn, biegsam; Blüten creme- oder reinweiß in schlanken Rispen.** ✿ Jun–Jul

Bis zu 3 m hoch, auch 5–7 m. **Blätter** gegenständig, kurz gestielt, etwas ledrig, glattrandig, oberseits dunkelgrün, unterseits heller, mit kräftiger Mittelrippe. **Blüten** 4-zählig, zahlreich in bis zu 8 cm langer, aufrechter Rispe an den Zweigenden, angenehm duftend. Stein**früchte** beerenartig, glänzend schwarz, ungenießbar, giftverdächtig; Fruchtreife ab Aug.
**Vorkommen** Flurhecken, Feldgehölze, Waldsäume, Ufer, Auengebüsche, Mauern. In EU weit verbreitet, ferner N-Afrika und W-Asien; in D vor allem im mittleren und südlichen Teil, angepflanzt, verwildert.

**Wissenswert!** Verbreitet auch Rainweide genannt, ist ein ökologisch sehr wertvolles Nist-, Deckungs- und Nahrungsgehölz für Singvögel.

**Ähnlich** Wintergrüner Liguster *Ligustrum ovalifolium*, wintergrüne, durch Schnitt stark verdichtet, häufig in Hecken verwendet, 1–3 m; Blätter eiförmig-elliptisch, 3–8 cm lang, oberseits glänzend dunkelgrün, kahl; Blüten cremeweiß, in dichten, bis zu 10 cm langen Rispen, Jun–Jul; Heimat O-Asien (Japan, Korea).

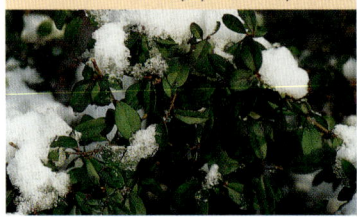

## Flieder
*Syringa vulgaris* · Familie Ölbaumgewächse

**Sommergrüner Großstrauch oder kleiner Baum mit charakteristischen vielblütigen Rispen in vielen Farben.** ✿ Apr–Mai

Etwa 2–6 m hoch; Zweige rundlich, Rinde grau oder braungrün, glatt, an Ästen und am Stamm längsrissig. **Blätter** gegenständig, 1–3 cm lang gestielt, 5–12 cm lang, herzförmig, lang zugespitzt, glattrandig. **Blüten** 4-zählig, in dichten, endständigen Rispen, Krone trichterförmig, blau, violett, rötlich oder weiß gefärbt, stark duftend. Kapsel**früchte** 2-klappig, bräunlich, holzig; Fruchtreife ab Sep.
**Vorkommen** Lichte Wälder und Gebüsche.

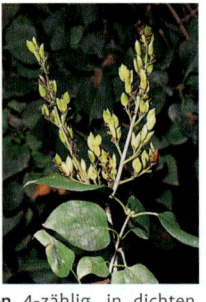

Beheimatet in SO-EU und Vorderasien; häufig in zahlreichen Gartensorten angepflanzt, vielfach an Felshängen oder Bahndämmen verwildert, stellenweise eingebürgert.
**Wissenswert!** Schon seit 1560 ist der Flieder in M.-EU bekannt, nachdem erste Exemplare in Wien aufgetaucht sind. Von dort trat dieses beliebte Gartengehölz seinen Siegeszug nach Westen an. Meist werden die zahlreichen Gartensorten mit ihren verschiedenfarbigen, einfachen oder gefüllten Blüten kultiviert. Seine stark duftenden Blüten können nur von langrüsseligen Insekten ausgebeutet werden.
Bei den spätestens im Spätsommer fertigen Winterknospen lohnt sich das genauere Nachsehen: Ein sauberer Längsschnitt durch eine besonders dicke Endknospe zeigt unter der Lupe einen fertigen, allerdings äußerst kompakt zusammengedrängten Blütenstand.

Kegelförmige Rispe

Gewöhnlicher Liguster

Flieder

## Gewöhnliche Schneebeere
*Symphoricarpos albus* · Fam. Geißblattgew.

**Sommergrüner kleiner Strauch mit Ausläufern; rötliche Blüten in achsel- oder endständigen Ähren, Beeren weiß.**
✤ Jun–Jul

Etwa 1–2 m hoch; Triebe anfangs fein behaart Zweige dünn, schwach kantig, markig oder hohl, bogig überhängend. **Blätter** gegenständig, kurz gestielt, 4–6 cm lang, bis zu 4 cm breit, rundlich elliptisch, oberseits dunkelgrün, unterseits bläulich grün. Blüten unauffällig. Stein**früchte** beerenartig, mit schwammigem Fruchtfleisch, 1–1,5 cm dick, weiß, ungenießbar, giftverdächtig; Fruchtreife ab Sep.
**Vorkommen** Saum von Nadelwäldern, Auengehölze. Heimisch in N-Amerika; häufig als Parkgehölz und auf Friedhöfen, stellenweise eingebürgert.
**Wissenswert!** Zu Beginn des 20. Jh. nach EU eingeführt. Die Gartenvarietät mit großen Früchten („Knallerbsen" genannt) wird oft als eigene Art *S. rivularis* aufgefasst.

## Schmalblättrige Steinlinde
*Phillyrea angustifolia* · Familie Ölbaumgew.

**Immergrüner, kleiner, sparrig verzweigter und dicht belaubter Strauch; Zweige und Äste rutenförmig, glatt.**
✤ Mai–Jun

Etwa 1–3 m hoch; Triebe hellgrau, kahl. **Blätter** gegenständig, kurz gestielt, einfach, 2–6 cm lang, um 1 cm breit, lanzettlich-linealisch, an beiden Enden spitz, ledrig, mit undeutlichen Seitennerven, kahl, beiderseits glänzend grün. **Blüten** unauffällig, 4-zählig, in kurzen, wenigblütigen Trauben in den Blattachseln, Kronen grünlich weiß bis gelblich, Kronzipfel ausgebreitet, angenehm duftend. Stein**früchte** etwa erbsengroß, matt blauschwarz, ungenießbar; Fruchtreife ab Aug.

**Vorkommen** Trockengebüsche, Macchien, lichte Wälder, Kalkböden. Mittelmeergebiet; selten als Ziergehölz angepflanzt.

## Sommerflieder, Schmetterlingsstrauch
*Buddleja davidii* · Familie Rachenblütengewächse

**Sommergrüner, breiter, dicht wachsender Strauch mit aufrechten Ästen und Zweigen; im Hochsommer außerordentlich reichblütig.** ✤ Jul–Sep

Bis zu 4 m hoch; junge Triebe behaart, rutenförmig, später leicht bogig überhängend. **Blätter** gegenständig, gestielt, 6–25 cm lang und 2–7 cm breit, fiedernervig, elliptisch bis lanzettlich, spitz, schwach gezähnt, oberseits matt dunkelgrün, unterseits grau- oder weißfilzig. **Blüten** 4-zählig, Kronröhre 1 cm lang, eng, Kronzipfel ausgebreitet, am Röhreneingang kräftig gelb, sonst bei der Wildform blaulila, bei Gartenformen blauviolett oder rötlich getönt, selten reinweiß; zahlreich in endständigen, aufrechten, 10–30 cm langen Rispen. **Früchte** bräunliche Kapseln; Fruchtreife ab Sep.

Fruchtstand

**Vorkommen** Lockere Auengehölze und lichte, offene Felsgebüsche auf trockenem Boden. Ursprünglich nur in O-Asien (China und Japan), überall in EU fast nur in zahlreichen Gartensorten häufig angepflanzt, auf Schuttgelände, Trümmergelände, Brachen und entlang von Bahnanlagen sowie Flussufern verwildert; auch in Teilen der USA eingebürgert.
**Wissenswert!** Die duftenden, nektarreichen Blüten werden von Tagfaltern besucht. Der S. kann in strengeren Winter stärker zurückfrieren, treibt aber nach Rückschnitt immer wieder neu aus.
Früher zur überwiegend tropisch verbreiteten Familie Buddlejagewächse gestellt, erst neuerdings umgeordnet.

glockige Krone

Gewöhnliche Schneebeere

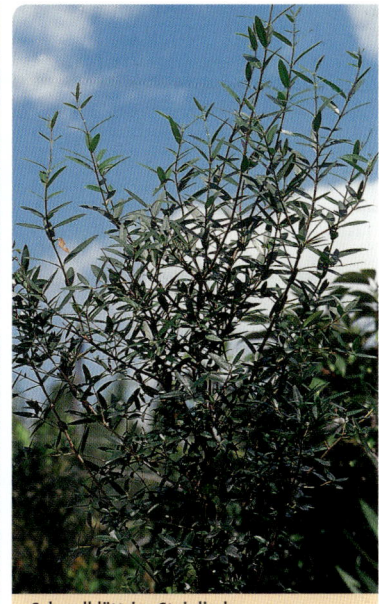

Schmalblättrige Steinlinde

Sommerflieder, Schmetterlingsstrauch

## Großes Immergrün
*Vinca major* · Familie Immergrüngewächse

**Immergrüner Halbstrauch mit kriechenden Sprossen und aufsteigenden Zweigen.** ✯ Mär–Mai

Zweige bis zu 1 m lang; nur Blüten tragende Teile aufrecht und bis zu 30 cm hoch. **Blätter** gegenständig, ledrig, lanzettlich, bis zu 9 cm lang, zum Zweigende hin größer, an der Basis schwach herzförmig, am Rand bewimpert. **Blüten** bis zu 5 cm breit, hellblau bis blauviolett, mit kurzer Röhre und breiten, mühlradartigen Zipfeln; mitunter zweite Blühphase Sep–Nov.
**Vorkommen** Schattige Wälder und Auengehölze. Westliches Mittelmeergebiet.

**Ähnlich** Kleines Immergrün *V. minor*, bis zu 20 cm hoch, Blätter kahl, Blüten blau; Wälder, Hecken; W- und südl. M.-EU.

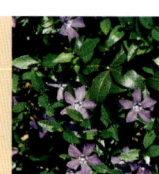

## Oleander
*Nerium oleander* · Fam. Immergrüngewächse

**Immergrüner Strauch mit wenigen, geraden Ästen und Zweigen mit ledrigen, schmalen Blättern.** ✯ Jun–Sep

Etwa 2–4 m hoch. **Blätter** kurz gestielt bis sitzend, zu 2–4 in Quirlen, 5–15 cm lang und bis zu 3 cm breit, lanzettlich, derb ledrig, mit kräftigem Mittelnerv, am Rand etwas umgerollt. **Blüten** auffallend, etwa 3 cm breit, ohne besonderen Duft, 5 Kronzipfel, weiß, rosa oder rot. Sehr giftig!
**Vorkommen** Felsige Abhänge, Schotterbetten. Stammt aus den S-Alpen; heute im Mittelmeergebiet weit verbreitet, in warmen Regionen weltweit häufig und angepflanzt, in M.-EU nicht winterfest.
**Wissenswert!** Die Blüten werden gern von Nachtfaltern besucht. Futterpflanze der Raupe des Oleanderschwärmers (kleines Foto rechts).

## Herzblättrige Kugelblume
*Globularia cordifolia* · Fam. Wegerichgew.

**Immergrüner, dichte, flache Rasen bildender Spalierstrauch mit kriechenden Zweigen.** ✯ Jun–Jul

Bis zu 10 cm hoch, nur Blüten tragende Zweige aufrecht, nur unten verholzt. **Blätter** wechselständig-rosettig, schopfig gedrängt, 4–7 mm lang, lanzettlich, vorn leicht herzförmig eingebuchtet. **Blüten** in halbkugeligem, 1–1,5 cm breiten Köpfchen, Einzelblüten 5-zipfelig, Krone 2-lippig, um 7 mm lang, blaulila.
**Vorkommen** Felsdurchsetzte Rasen, Felsspalten, Humusdecken über Felsen auf Kalkböden. Hochgebirge in M.- und S-EU, von den Pyrenäen bis zum Balkan, im Schweizer Jura und den Kalkalpen zerstreut, bis in etwa 2000 m.
**Wissenswert!** Blütenköpfchen von einer vielteiligen grünen Hülle umgeben.

## Echter Lavendel
*Lavandula officinalis* · Fam. Lippenblüteng.

**Immergrüner, stark ästiger Strauch mit aufsteigenden, steifen Ästen, die kantige Kurztriebe tragen.** ✯ Jun–Aug

Bis etwa 1 m hoch; alle Teile der Pflanze duften beim Abstreifen stark aromatisch; Zweige nur an der Basis verholzt. **Blätter** gegenständig, schmal lanzettlich bis linealisch, bis zu 5 cm lang. **Blüten** lippenförmig, kurz gestielt, Kelch graufilzig bis bläulich, Krone lavendelblau, Kronröhre den Kelch nur wenig überragend; zahlreich in aufrechten, lang gestielten, Ähren mit mehreren Scheinquirlen.
**Vorkommen** Sonnige Trockenhänge auf steinigem, flachgründigem Boden, gern auf Kalk. Westliches Mittelmeergebiet, von der Ebene bis in 1700 m Höhe; häufig in Sorten als Zierstrauch verwendet.
**Wissenswert!** Der Kreuzungsbastard mit dem ähnlichen **Breitblättrigen L. L.** *latifolia*, Lavandin genannt, wird in S-Frankreich zur Gewinnung von Lavendelöl angebaut.

Großes Immergrün

Oleander

Herzblättrige Kugelblume

Echter Lavendel

## Rosmarin
*Rosmarinus officinalis* · F. Lippenblütengew.

**Immergrüner, dicht verzweigter Strauch mit kleinen, nadelförmigen Blättern.** ✱ Jan–Apr

Bis etwa 1–2 m hoch. **Blätter** kreuzgegenständig, derb, ledrig, sitzend, bis zu 4 cm lang, am Rand umgerollt, nicht stechend, oberseits dunkelgrün, unterseits weißfilzig mit zahlreichen Sternhaaren, beim Zerreiben stark aromatisch duftend. **Blüten** zu wenigen in achselständigen Scheinquirlen, 2-lippig, Kelch glockig, Krone weißlich bis hellblau, manchmal auch dunkler und violettblau, Oberlippe weit zurückgebogen.
**Vorkommen** Trockene, sonnige Hänge auf Kalkgestein, lichte Gebüsche, Waldsäume. Mittelmeergebiet (Macchie); in Kräutergärten gezogen. Heil- und Würzpflanze.

## Echter Salbei
*Salvia officinalis* · Fam. Lippenblütengew.

**Immergrüner Halbstrauch mit liegenden oder heruntergebogenen, im oberen Teil behaarten Ästen.** ✱ Jun–Jul

Bis etwa 50 cm hoch; von den verholzten Ästen steigen krautige, dicht belaubte Zweige auf. **Blätter** kreuzgegenständig, meist wintergrün, derb, gestielt, runzelig, oberseits graugrün und anfangs dicht behaart, unterseits weißfilzig, sortenabhängig vor allem im Winter rötlich bis violett überlaufen. **Blüten** zu 1–5 in Scheinquirlen, Kelch braunrot, 2-lippig, Krone auffällig, bis zu 3,5 cm lang, violettblau; alle Pflanzenteile duften beim Zerreiben angenehm aromatisch. Traditionelle Würz- und Arzneipflanze.
**Vorkommen** Steinige Hänge, Brachen, Wegsäume. Im westlichen Mittelmeergebiet; als Heil- und Würzkraut angepflanzt.

## Echter Thymian
*Thymus vulgaris* · Fam. Lippenblütengew.

**Immergrüner, reichästiger graugrüner Halbstrauch mit kantigen, aufrechten oder aufsteigenden Ästen und Zweigen.** ✱ Mai–Okt

Höhe bis zu 40 cm; Zweige im oberen Teil ringsum behaart, Äste nur an der Basis verholzt. **Blätter** kreuzgegenständig, bis zu 1 cm, Blattränder umgeschlagen, oberseits graugrün, unterseits dicht weißlich samthaarig. **Blüten** zu mehreren büschelig in Blattachseln neuer Triebe, daher scheinbar kopfig gehäuft an den Zweigenden, Kelch 2-lippig, Krone rötlich bis hellviolett; alle Pflanzenteile duften beim Zerreiben aromatisch.
**Vorkommen** Stark besonnte, steinige Abhänge und trockene Felsheiden. Westl. Mittelmeergebiet, vielfach angepflanzt, gelegentlich aus Gärten verwildert.

## Feld-Thymian, Quendel
*Thymus pulegioides* · Fam. Lippenblütengew.

**Sommergrüner, krautig erscheinender Zwergstrauch mit kriechenden oder aufsteigenden Sprossen.** Jun–Sep

Formenreich, etwa 5–15 cm hoch; Zweige an den Knoten meist bewurzelt und oft nur an der Basis verholzt, blühende Zweige 4-kantig und aufrecht, an den Kanten kurzhaarig. **Blätter** gegenständig, kurz gestielt, oval bis spatelig, 0,6–2 cm lang, beidseits kahl. **Blüten** an den Zweigenden kopfig gedrängt, Kronen etwa 6 mm lang, purpurn bis hellrosa.
**Vorkommen** Sand- und Halbtrockenrasen, Magerweiden, Heiden, Felsfluren, trockene Wiesen, sandig-steinige Böden. In EU weit verbreitet, in den Alpen bis in etwa 1800 m Höhe; in D die häufigste Form der schwer unterscheidbaren Kleinartengruppe.

Rosmarin

Echter Salbei

Echter Thymian

Feld-Thymian, Quendel

## Breitblättriger Spindelbaum
*Euonymus latifolia* · Fam. Spindelbaumgew.

**Sommergrüner Strauch mit aufrechten, aschgrau berindeten Ästen; Zweige glatt und rutenförmig.** ☆ Mai–Jun

Bis zu 5 m hoch. **Blätter** gegenständig, kurz gestielt, länglich oval, fein zugespitzt, 6–12 cm lang, dunkelgrün, sehr fein gesägt. **Blüten** 5-zählig, bis zu 1 cm breit, Kronblätter grünlich, an den Rändern rot. **Früchte** (Kapseln) 5-klappig, kantig mit schmalem Flügelsaum, Samen weiß, jedoch mit auffälligem orangerotem Samenmantel; Fruchtreife ab Sep. Alle Teile der Pflanze sind giftig!
**Vorkommen** Krautreiche Mischwälder, Säume, schattige Gebüsche, Kahlschläge. Gebirge M.-EU, Pyrenäen, Alpen, Apennin, Cevennen, Balkan; auch angepflanzt.
**Wissenswert!** Das sehr harte, feste Holz wurde ähnlich verwendet wie das vom Gewöhnlichen Spindelbaum.

Blütenstand

## Warzen-Spindelbaum
*Euonymus verrucosa* · Fam. Spindelbaumgew.

**Sommergrüner Strauch mit abstehenden Ästen; Triebe mit dunkelbraunen Korkwarzen besetzt.** ☆ Mai–Juni

Bis zu 2 m hoch. **Blätter** bis zu 6 cm lang, oval-lanzettlich, zugespitzt. **Blüten** grünlich, 4-zählig, 6–10 mm breit, rötlich punktiert, zu 2–3 in lang gestielten Trauben. **Früchte** (Kapseln) gelbrot, Samen schwarz, unvollständig vom roten Samenmantel umhüllt; Fruchtreife ab Sep. Ganze Pflanze giftig!
**Vorkommen** Felsgebüsche, Wälder, Säume. O-EU und südöstliches M.-EU.

**Ähnlich** Flügel-Spindelbaum *Euonymus alata*, bis zu 4 m hoher Strauch, Zweige mit je 4 schmalen, flügelartigen Korkleisten, Blätter elliptisch; ursprünglich in O-Asien, häufig angepflanzt.

## Kletter-Hortensie
*Hydrangea petiolaris* · Fam. Hortensiengew.

**Sommergrüner, wirrer, sehr reichblütiger Kletterstrauch, befestigt sich ähnlich wie Efeu mit Haftwurzeln.** ☆ Jun–Jul

Bis zu 10 m hoch; sehr unregelmäßig verzweigt. **Blätter** 2–8 cm lang gestielt, breit oval, 5–10 cm lang und fast ebenso breit, an der Basis herzförmig oder abgerundet, kurz zugespitzt, gesägt, oberseits glänzend dunkelgrün, kahl, unterseits nur in den Blattachseln behaart. **Blüten** weiß, zahlreich in flachen, bis zu 25 cm breiten Schirmrispen, angenehm duftend, sterile Randblüten deutlich größer, bis zu 3 cm breit.
**Vorkommen** Artenreiche Wälder, Auengehölze. Heimisch in O-Asien (Japan bis Korea); vielfach als Ziergehölz angepflanzt, gedeiht auch an sehr schattigen Stellen.

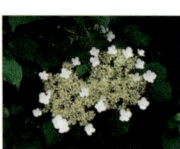

## Echte Hortensie
*Hydrangea macrophylla* · F. Hortensiengew.

**Sommergrüner, dicht buschiger Strauch mit aufrechten, ziemlich dicken Zweigen und kugeligen Blütenständen.** ☆ Jun–Jul

Meist um 1 m hoch. **Blätter** gegenständig, kurz gestielt, 10–20 cm lang und bis zu 8 cm breit, lanzettlich bis oval, gezähnt, oberseits leicht glänzend. **Blüten** in halbkugeligen Doldenrispen, Kronen 4-zipfelig, bis zu 5 cm breit, reinweiß bis bläulich.
**Vorkommen** Lichte Gebüsche und Auengehölze. Stammt aus O-Asien; vor allem in W-EU vielfach in Sorten angepflanzt, daher auch oft Garten-Hortensie genannt.

**Verwandt** Rispen-Hortensie *Hydrangea paniculata*, sommergrün, 1–4 m, Blüten gelblich weiß in endständigen Rispen.

Breitblättriger Spindelbaum

Warzen-Spindelbaum

Kletter-Hortensie

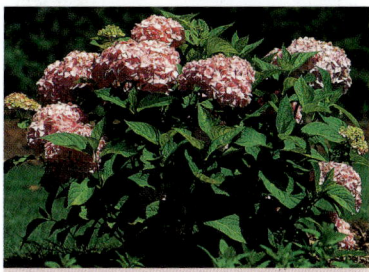
Echte Hortensie

## Wolliger Schneeball
*Viburnum lantana* · Familie Moschuskrautgewächse

**Sommergrüner, kräftiger Strauch mit aufrechten Ästen; Triebe braun, durch Sternhaare dicht filzig.** ✿ **Apr–Jun**

Zwischen 1–4 m hoch. **Blätter** gegenständig, 1–3 cm lang gestielt, 5–12 cm lang und bis zu 6 cm breit, dicklich, aber weich, scharf gesägt, mattgrün, unterseits graufilzig. **Blüten** zahlreich in 5–10 cm breiten, meist 7-strahligen, filzigen, leicht gewölbten Schirmrispen, etwas unangenehm duftend, Kronen cremeweiß, ohne vergrößerte Randblüten. Stein**früchte** anfangs leuchtend rot, in der Reife glänzend schwarz, giftig; Fruchtreife ab Sep.
**Vorkommen** Lichte Laubwälder, Gebüsche, Wegränder; gern auf mäßig trockenen Kalkböden.
In M.- und S-EU, von den Britischen Inseln bis ins Mittelmeergebiet; fehlt in D im nordwestlichen Tiefland; häufig auch entlang von Straßen angepflanzt.
**Wissenswert!** Im Unterschied zum Gewöhnlichen Schneeball und dessen Gartenformen sind die leicht unangenehm nach Fisch riechenden Blüten im Blütenstand dieser Art untereinander alle gleich – auffällig strahlende Randblüten, die eine äußerst üppige Superblume vortäuschen, fehlen. Die Früchte reifen selbst im gleichen Fruchtstand sehr unterschiedlich rasch heran. Daher finden sich für längere Zeit hochrote neben schon tiefschwarz ausgefärbten Steinfrüchten (Wintersteher!).

**Verwandt** Runzelblättriger Schneeball *Viburnum rhytidophyllum*, Blätter immergrün, bis 20 cm lang, dichtfilzig; Steinfrüchte schwarz, giftig, Blütezeit Mai–Jun; O-Asien.

## Reichblütige Weigelie
*Weigela floribunda* · Fam. Geißblattgewächse

**Sommergrüner, kleiner Strauch mit aufrechten, wenig verzweigten Ästen; Blüten groß und sehr dekorativ.**
✿ **Mai–Jun**

Etwa 1–2 m hoch; Triebe weich behaart oder kahl. **Blätter** gegenständig, kurz gestielt, bis zu 9 cm lang, länglich, zugespitzt, fein gesägt, oberseits (fast) kahl, unterseits auf den Nerven behaart. **Blüten** 5-zählig, Krone trichterförmig, bis zu 5 cm lang, weißlich, rosa oder kräftiger rötlich bis tief karminrot, eventuell reiche Nachblüte im Spätsommer.
**Vorkommen** Lichte Wälder und Gebüsche. Heimat O-Asien; in M.-EU in vielen Sorten als Ziergehölz verwendet. Etwa 200 verschiedene Sorten sind unterdessen bekannt.
**Wissenswert!** Meist sieht man in M.-EU nicht die reine Art, sondern eine der zahlreichen Garten-Hybriden (Foto rechts). Die Art neigt kaum zum Verwildern.

## Gewöhnl. Pfeifenstrauch
*Philadelphus coronarius* · Fam. Hortensieng.

**Sommergrüner, breitwüchsiger Strauch mit aufrechten Ästen, rutenförmigen Zweigen und großen, weißen Blüten.** ✿ **Mai–Jun**

Etwa 1–4 m hoch; Winterknospen kaum sichtbar. **Blätter** gegenständig, kurz gestielt, 4–8 cm lang, oval, zugespitzt, unregelmäßig gezähnt, oberseits dunkelgrün und kahl, unterseits heller, auf den Nerven spärlich behaart. **Blüten** 4-zählig, gestielt, zu 5–7 in achselständigen, aufrechten Trauben; Kronen rein- oder cremeweiß, 3–4 cm breit; Staubblätter zahlreich.
**Vorkommen** Waldränder, Wärme liebende, lichte Gebüsche, besonnte Berghänge. S-EU bis nach W-Asien; vielfach in sortenreichen Hybriden als Ziergehölz angepflanzt, nur selten verwildert.
**Wissenswert!** Wegen der abends duftenden Blüten heißt er auch Falscher Jasmin.

Wolliger Schneeball

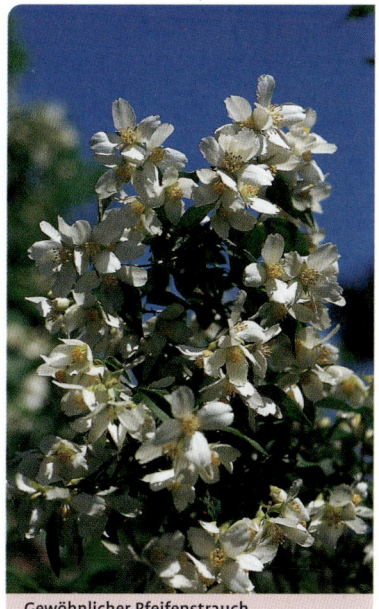

Reichblütige Weigelie

Gewöhnlicher Pfeifenstrauch

## Forsythie, Goldglöckchen
*Forsythia × intermedia* · Familie Ölbaumgewächse

**Sommergrüner, unverwechselbarer mittelgroßer Strauch mit hohlen Ästen und gekammertem Mark. Mär–Apr**

Etwa 2–5 m hoch; aufrechte oder überhängende Zweige. **Blätter** gegenständig, ungeteilt, länglich oval bis lanzettlich, 8–10 cm lang, glatt-randig oder meistens im oberen Teil fein gesägt. **Blüten** 4-zählig, Kronen kräftig gelb, bis zu 4 cm breit. **Früchte** 2-klappig, aber selten ausgebildet.

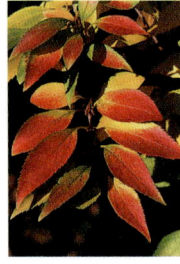

**Vorkommen** Artenreiche Laubgehölze; durch Kreuzung aus den ostasiatischen Arten Hänge-F. *F. suspensa* und Grüne F. *F. viridissima* hervorgegangen; in EU häufig in Gärten, Parks und öffentlichen Anlagen angepflanzt, von anderen Forsythienarten oder hybriden Gartenformen nur schwer unterscheidbar.

**Wissenswert!** Die Wildformen der F. bilden 2 verschiedene Blütentypen mit unterschiedlicher Griffellänge aus (Narbe überragt Staubbeutel oder umgekehrt). Die Gartenformen tragen entweder nur lang- oder nur kurzgriffelige Blüten. Im zeitigen Frühjahr begeistern diese Ziersträucher durch ihre überbordende Fülle an gelben Blüten, die vor den Blättern erscheinen. Die Blüten enthalten zuckerhaltigen Nektar und eiweißreichen Pollen. Dennoch werden sie so gut wie nicht von Bienen, Hummeln und anderen bestäubenden Insekten angeflogen. Die Gründe hierfür sind noch unklar. Vor über 100 Jahren wurde dieses Ziergehölz in Europa eingeführt. Seitdem wurden zahlreiche Sorten gezüchtet, die auch heller oder dunkler gelbe Blüten aufweisen. Die F. lässt sich leicht über Stecklinge vermehren.

## Zierliche Deutzie
*Deutzia gracilis* · Familie Hortensiengewächse

**Sommergrüner, buschiger und raschwüchsiger Strauch mit zahlreichen Blüten in aufrechten Rispen.** ✿ **Mai–Jun**

Um 1 m hoch; aufrechter Wuchs; Zweige hängen bogig über, etwas kantig, hohl. **Blätter** gegenständig, gestielt, 3–7 cm lang, länglich oval, am Grund keilförmig, lang zugespitzt, Blattränder unregelmäßig gesägt, oberseits deutlich, unterseits nur schwach behaart. **Blüten** 5-zählig, zahlreich in aufrechten Rispen, Krone weiß, Kronblätter sternförmig ausgebreitet, schmal oval.

**Vorkommen** Artenreiche Laubmischwälder. Heimisch in O-Asien (Japan); häufig als Ziergehölz in Parks und Gärten angepflanzt. Zahlreiche weitere, meist nur schwer oder gar nicht unterscheidbare Arten und Hybriden dieser Gattung werden in verschiedenen Sorten, darunter auch solche mit rosa oder gefüllten Blüten oder hell gescheckten Blättern, sehr häufig gärtnerisch verwendet.

**Wissenswert!** Die Zierliche Deutzie gehört wie alle Deutzien zu den anspruchslosen Gartengehölzen und wird deshalb auch gern in öffentlichen Anlagen angepflanzt. Zudem gefällt sie durch ihre üppigen, auffälligen Blüten, die sternförmig oder glockig sein können und angenehm nach Honig duften. Über Stecklinge lässt sich dieses Ziergehölz leicht vermehren.

Die ausgesprochen umfangreiche Gattung *Deutzia* ist nach dem niederländischen Ratsherrn Johan van der Deutz (1743–1788) benannt, der den Botaniker Carl Peter Thunberg (1743–1828) sehr gefördert hat. Thunberg, Erstbeschreiber vieler Arten, ist seinerseits in vielen wissenschaftlichen Pflanzennamen verewigt.

**Forsythie, Goldglöckchen**

**Zierliche Deutzie**  unten rechts: Blüten

## Gewöhnliche Berberitze
*Berberis vulgaris* · Familie Berberitzengewächse

**Sommergrüner, kräftig und lang bedornter Strauch mit bogig überhängenden Ästen; hellgelbe Blüten in dichten, hängenden Trauben.** ✿ Apr–Jun

Wuchshöhe etwa 1–3 m; Triebe kantig-längsstreifig; Rinde älterer Äste hell grüngrau. **Blätter** gestielt, büschelig angeordnet, länglich elliptisch, am Grund lang keilförmig, vorn gerundet oder zugespitzt, scharf dornig gezähnt, oberseits dunkelgrün, unterseits heller, kahl, bis zu 4 cm lang, mit kräftiger Mittelrippe. **Blüten** mit hellgelben Kelch- und Kronblättern, halbkugelig gewölbt, in vielblütigen Trauben; stark duftend. **Früchte** (Beeren) länglich, bis zu 1 cm groß, leuchtend rot, sehr sauer; Fruchtreife ab Sep.
**Vorkommen** Gebüsche, Flurhecken, Waldsäume, Lichtungen und Trockenhänge; auf kalkhaltigen, sonnigen Magerböden. Fehlt in N-EU, im übrigen EU weit verbreitet, vom Tiefland bis in etwa 2000 m Höhe.

**Wissenswert!** Die Blätter der Langtriebe sind in bis zu 2 cm lange Dornen umgewandelt. Die 6 gelben Staubblätter krümmen sich nach Berührung ihrer Basis schlagartig zur Blütenmitte. Als Zwischenwirt des Getreideschwarzrosts hat man die Art in vielen Gegenden ausgerottet. Für Kleintiere ist sie ökologisch besonders wertvoll.

**Verwandt** Julianes Berberitze *Berberis julianae* stammt aus China, ist immergrün und trägt 3-teilige Blattdornen; häufiges Ziergehölz.

## Moosglöckchen
*Linnaea borealis* · Familie Geißblattgewächse

**Immergrüner, zierlicher, fast krautig aussehender Zwergstrauch mit fadenförmigen, aber verholzten Stängeln.** ✿ Jul–Sep

Nur bis zu 15 cm hoch, kleine Polster bildend mit kriechenden Stängeln, die sich an den Knoten bewurzeln. **Blätter** gegenständig, kurz gestielt, 0,25–1 cm lang, spitz oder abgerundet, wenig gekerbt, ledrig derb, spärlich behaart, unterseits hellgrün. **Blüten** jeweils paarweise endständig auf 3–8 cm langem Stängel, nickend, Krone 6–9 mm lang, glockig-trichterförmig, zartrosa, dunkler geädert. Schließfrüchte klein, einsamig.
**Vorkommen** Moosreiche Nadelwälder und Zwergstrauchheiden auf sauren Rohhumusböden. Kühl gemäßigte und subarktische Regionen sowie Hochgebirge in EU von den Pyrenäen bis zum Ural, N-Asien, N-Amerika; fehlt in D, in den Alpen bis in 2000 m Höhe.

**Wissenswert!** Der wissenschaftliche Gattungsname ehrt den berühmten schwedischen Botaniker Carl von Linné (1707–1778), der mit seinen wichtigen Forschungsarbeiten die Grundlagen der heutigen Pflanzensystematik schuf und der auf vielen Porträts mit dieser Pflanze abgebildet ist. Berichten zufolge soll das Moosglöckchen auch seine Lieblingspflanze gewesen sein.
Der Niederländer Jan Frederik Gronovius (1686–1762) hat die Art zu Ehren von Linné als *Linnaea* beschrieben. Der Artnamenzusatz *borealis* verweist auf deren nördliche Verbreitungsgebiete. Erst 1753 wurde diese Beschreibung in Linnés grundlegendem Werk veröffentlicht.

elliptische Früchte

Gewöhnliche Berberitze

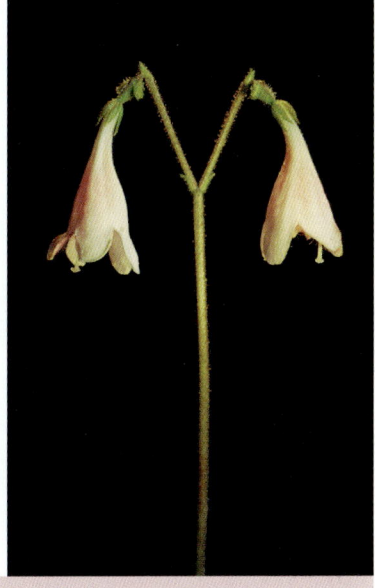

Moosglöckchen

## Berg-Ahorn
*Acer pseudoplatanus* · Familie Seifenbaumgewächse

Kurz nach den großen, 5-lappigen Blättern erscheinen die gelbgrünen, in Rispen hängenden Blüten, die sich zu geflügelten Nussfrüchten entwickeln.
✽ Mai

Blatt bis zu 20 cm lang und ebenso breit

Blütenstand

Bis zu 40 m hoher, meist stattlicher Baum mit breiter, gewölbter Krone auf kräftigem Stamm. **Blätter** gegenständig, mit langen, rötlichen Blattstielen, meist 5-lappig, die vorderen 3 Lappen ungefähr gleich groß, die beiden unteren manchmal nur angedeutet; oberseits dunkelgrün, unterseits graugrün, kahl. **Blüten** gewöhnlich zwittrig, klein, unscheinbar, in etwa 10 cm langen Rispen, nektarreich. Nuss**früchte** 3–5 cm lang, geflügelt, paarweise zusammenhängend und dabei ungefähr einen rechten Winkel einschließend; in hängenden Büscheln.
**Vorkommen** Meist in Buchenmischwäldern und schattigen Hangwäldern, im Gebirge bis zur Waldgrenze aufsteigend; wichtiger Waldbaum, aber selten in Reinbeständen. Überall in EU verbreitet; in mehreren Formen auch im Tiefland als Straßen- oder Parkbaum angepflanzt.
**Wissenswert!** Die großflächigen, symmetrisch aufgebauten Blätter verfärben sich im Herbst goldgelb bis karminrot, insbesondere nach einigen kalten Oktobernächten.
Die geflügelten Früchte lösen sich nach der Reife einzeln aus dem Fruchtstand, fallen herab und beginnen dabei eine charakteristische, den freien Fall abbremsende Drehbewegung, weshalb man sie als Schraubenflieger bezeichnet. So können sie leichter vom Wind erfasst und verdriftet werden. Sie keimen im Frühjahr und bilden an Wegrändern oder im Parkrasen oft dichte Bestände. Die beiden einfachen, glattrandigen Keimblätter und das nachfolgende Blattpaar sehen noch völlig anders aus als die handförmigen Folgeblätter (kleines Foto oben).
Der Blütennektar sowie der nach Blattlausbefall reichlich gebildete Honigtau, die zuckerhaltigen Ausscheidungen der Blattläuse, werden von Bienen und Hummeln gern gesammelt. Das harte, dauerhaft hell bleibende Ahornholz verwendet man unter anderem zu Schnitzereien, für Parkette und im Musikinstrumentenbau (vor allem für Gitarren und Violinen).

**Ähnlich Rot-Ahorn** *Acer rubrum*, die beiden unteren Blattlappen nur schwach angedeutet, Mittellappen; stammt aus dem atlantischen N-Amerika, in EU vor allem wegen des karminroten Herbstlaubs („Indian summer") gepflanzt.

**Griechischer Ahorn** *Acer heldreichii*, Blätter tiefer eingeschnitten als beim Berg-Ahorn, unterseits bläulich grün mit dichten weißlich bräunlichen Haarbüscheln in den Winkeln der Blattnerven; Bergwälder des Balkans.

Flügelfrüchte schmal, in spitzem Winkel

Flügelfrüchte breit, in spitzem Winkel

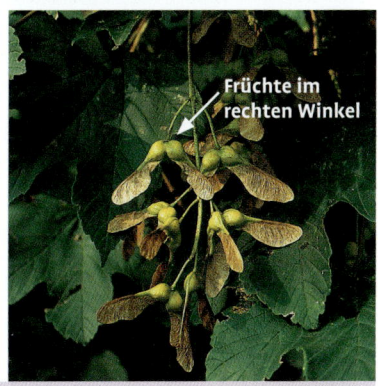

Früchte im rechten Winkel

**Berg-Ahorn**  unten links: Herbstfärbung

## Feld-Ahorn
*Acer campestre* · Familie Seifenbaumgewächse

**Typisch sind die auffälligen Korkleisten an den Zweigen, die 5-lappigen Blätter und die Nussfrüchte, deren beide Flügel waagrecht abstehen.** ✿ Mai–Jun

Sommergrün, bis zu 10 m hoch (selten höher), mit breiter, rundlicher Krone, niedriger, meist gekrümmter Stamm; auch mehrstämmig; Rinde dunkel graubraun, anfangs glatt, später zunehmend rissig gefeldert. **Blätter** gegenständig, langer Blattstiel mit Milchsaft, Blattspreite 5–9 cm lang und meist etwas breiter, 5-lappig, an den Enden abgerundet, wenig gekerbt oder undeutlich gezähnt; oberseits matt dunkelgrün, unterseits heller, kahl. **Blüten** erscheinen mit dem Laub, zu vielen 10–25 in kurzen Rispen, nektarreich, gelblich grün. Spalt**frucht** aus 2 geflügelten Nüssen, die Flügel geradlinig zueinander im Winkel von 180 Grad.

**Vorkommen** Liebt frische bis feuchte, nährstoffreiche, mittelgründige Lehmböden, meist in Mischwäldern, Feldgehölzen oder Saumgebüschen, an Wegrändern und in Hecken. Von N-Afrika bis W-Asien, in M.-EU überall außer im N der Britischen Inseln und in Skandinavien; in D v. a. in der Mittelgebirgsregion, in den Alpen bis in etwa 1000 m Höhe.

**Wissenswert!** Der F. besitzt eine sehr gute Fähigkeit zum Stockausschlag und ist daher als Flur- oder Heckengehölz verbreitet. Der volkstümliche Name Maßholder (von „maß" = Matte, Wiese) geht darauf zurück. Mittelalterliche Steinmetze verwendeten seinen Blattumriss gern als Schmuckmotiv für Säulenkapitele.

## Burgen-Ahorn, Französischer Ahorn
*Acer monspessulanum* · Familie Seifenbaumgewächse

**Die gleichzeitig mit dem Laub erscheinenden Blüten stehen zu vielen in überhängenden Büscheln, die Flügel der Nussfrüchte leuchten rötlich.**
✿ Apr–Mai

Sommergrün, bis zu 10 m hoher Baum oder Strauch, mit offener, Krone auf schlankem, krummem Stamm; Rinde dunkelgrau, anfangs glatt, später feinrissig. **Blätter** gegenständig, lang gestielt; Spreite bis zu 6 cm lang, 3-lappig, an der Basis leicht herzförmig, nach dem Austrieb weichhaarig, später kahl; im Herbst kräftig gelb bis dunkelrot. **Blüten** unscheinbar gelblich grün, nektarreich. Nuss**früchte** zu 2 zusammenhängend, Flügel überlappend.

**Vorkommen** Auf trockenen, mäßig sauren bis kalkhaltigen, nährstoffarmen, flachgründigen und steinigen Böden, meist in Felsgebüschen und auf Trockenhängen; Lichtholz. Vor allem im südl. EU und Mittelmeergebiet, in D nur isoliert im Nahe-, Mittelrhein- und Moseltal, selten angepflanzt.

**Wissenswert!** Der deutsche Name verweist auf die stetigen Vorkommen dieser Art an den zahlreichen Burgruinen des Rheinlands. Nach der ungewöhnlichen Blattform wird die Art auch oft Dreilapp-Ahorn genannt. In seinen mitteleuropäischen Verbreitungsinseln bleibt der Baum immer kleiner als in seiner mediterranen Heimat. Bemerkenswert ist seine Unempfindlichkeit gegen sommerliche Trockenheit.

Geflügelte Früchte 2,5 cm lang

**Feld-Ahorn**  rechts: Blütenstände

**Burgen-Ahorn, Französischer Ahorn**  rechts: Blütenstände

## Spitz-Ahorn
*Acer platanoides* · Familie Seifenbaumgewächse

**Der sommergrüne Baum mit den handförmig gelappten Blättern, die große spitze Zähne ausweisen, leuchtet gelbgrün, wenn er schon vor dem Laubaustrieb blüht.** ✿ Apr–Mai

Bis zu 30 m hoch, mit rundlicher, dichter Krone, oft auch mehrstämmig; Rinde dunkel graubraun, anfangs glatt, später rissig mit feinen Leistenmustern. **Blätter** gegenständig; langer Stiel mit Milchsaft; Spreite 10–15 cm lang, 5- bis 7-lappig, ungleich große Lappen mit weiten Bögen und schlanken Spitzen; oberseits glänzend dunkelgrün, unterseits leicht bläulich, kahl, im Herbst kräftig goldgelb bis rötlich. **Blüten** in doldigen Rispen, gelbgrün, nektarreich. Nuss**früchte** geflügelt, paarweise zusammenhängend, bilden einen stumpfen Winkel.

**Vorkommen** Auf frischen bis mäßig feuchten, nährstoffreichen und tiefgründigen Böden in Hang- und Schluchtwäldern; verträgt Halbschatten. Von S-Frankreich (Pyrenäen) bis zum Ural, fehlt in Großbritannien und auf den Mittelmeerinseln; in D vom Tiefland bis in etwa 1000 m Höhe; außerhalb des natürlichen Verbreitungsgebiets häufig in Parks und Alleen angepflanzt und verwildert.

**Wissenswert!** Als Nutzholz hat der S. wenig Bedeutung, als früher und starker Nektarproduzent ist er jedoch hoch geschätzt. Versuchsweise hat man aus den Stämmen wie bei nordamerikanischen Arten im Frühjahr Zuckersaft gewonnen. Die häufigen schwarzen „Tintenkleckse" auf den Blättern werden von einem Pilz hervorgerufen.

Fruchtflügel in stumpfem Winkel zueinander

## Silber-Ahorn
*Acer saccharinum* · Familie Seifenbaumgewächse

**Die unscheinbaren Blüten stehen in dichten Büscheln an den Zweigen und haben sich schon zu geflügelten Nussfrüchten entwickelt, wenn das Laub erscheint.** ✿ Mär

Sommergrün, bis zu 30 m hoch, mit rundlicher, offener Krone; Rinde graubraun. **Blätter** gegenständig, 7–15 cm lang, tief 5-lappig, oberseits frischgrün, unterseits silbrig behaart, im Herbst kräftig gelb. **Blüten** ♂ kurz-, ♀ lang gestielt; vom Wind bestäubt.

**Vorkommen** Auengehölz auf Schwemmlandböden in Flussniederungen und an Seeufern. Im östlichen und zentralen N-Amerika von den großen Seen bis Texas; in EU häufig als Park- und Straßenbaum gepflanzt.

**Wissenswert!** Obwohl der S. ein typischer Bewohner feuchter Flussauen ist, verträgt er die sommerliche Trockenheit im städtischen Umfeld sehr gut. Auffallend sind die karminroten Narben der ♀ Blüten. In seiner Heimat nutzt man den Baumsaft zur Zuckergewinnung (Ahornsirup).

Fruchtflügel sichelförmig gekrümmt

**Ähnlich** Zucker-Ahorn *Acer saccharum*, Blatt mit 5–11 annähernd dreieckigen Lappen (Umriss auf der kanadischen Nationalflagge), kräftig karminrote Herbstfärbung; im O von N-Amerika; in EU gelegentlich als Zierbaum. Zuckergewinnung aus dem Blutungssaft angebohrter Stämme.

**Spitz-Ahorn**  rechts: Blütenstand

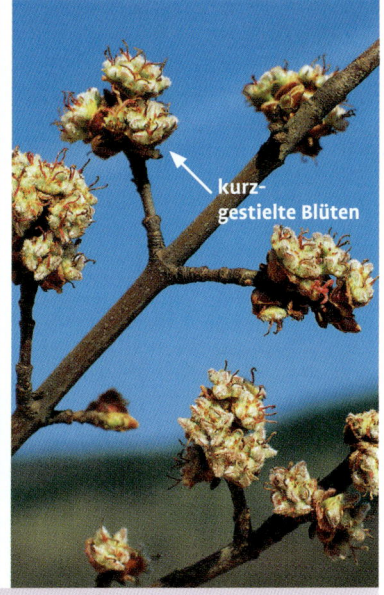

kurz-
gestielte Blüten

Silber-Ahorn

## Fächer-Ahorn
*Acer palmatum · Familie Seifenbaumgewächse*

**Wegen der fächerförmig geschlitzten Blättern, die bei einigen Sorten rot sind, und der dichten schirmförmigen Krone ist dieser Baum ein beliebtes Ziergehölz.** ✿ Mai

Sommergrün, bis zu 8 m hoch, auch mehrstämmig; Rinde rötlich braun bis graubraun. **Blätter** gegenständig, 5–10 cm lang, meist 5- bis 7-lappig, tief eingeschnitten. **Blüten** nach dem Laub erscheinend; rötlich grün, in Rispen. Nuss**früchte** paarweise, geflügelt, Flügel stehen in stumpfem Winkel zueinander.

**Vorkommen** Auf frischen, nährstoffreichen Böden der Bergwälder. Ursprünglich O-Asien (Japan und Korea); heute in zahlreichen Formen fast weltweit verbreitet.

**Wissenswert!** Als relativ kleinwüchsige Art ist der F. mit seinen geschlitzten Blättern gärtnerisch außerordentlich beliebt, auch wegen seiner prachtvollen roten Herbstfärbung. Die vielen Sorten und Varietäten unterscheiden sich vor allem in Blattschnitt und -färbung. Gemeinsam ist ihnen das 5- bis 7-teilige Grundmuster, wobei die Blattlappen bis zum Blattstiel reichen und eine handförmige Fiederung vortäuschen können oder fallweise an die Blätter von Hahnenfuß erinnern. Die sichere Unterscheidung des F. von weiteren ähnlichen Ahornen aus O-Asien ist nicht immer einfach. Einzeln stehend entwickeln sich diese Bäume mit den schirmartigen Kronen und dem bizarren Wuchs zu attraktiven Blickfängen in Park und Garten. Mitunter sieht man die schmucken Bäume auch als kunstvoll zugeschnittene Bonsais.

## Schneeball-Ahorn
*Acer opalus · Familie Seifenbaumgewächse*

**Mit den stumpf 5-lappigen Blättern, deren vordere Lappen sehr breit sind, erscheinen die hellgelben, lang gestielten Blüten.** ✿ Mär–Apr

Sommergrün, 15–20 m hoch, mit offener, breiter Krone auf gedrungenem, kurzem Stamm; Rinde anfangs rötlich grau, später zunehmend mit groben, randlich aufgebogenen Schuppen, die nach dem Abfallen orangebraune Flecken hinterlassen. **Blätter** gegenständig; lang gestielt; 5-lappig, bis zu 12 cm lang; oberseits dunkelgrün, unterseits weich behaart. **Blüten** in hängenden Rispen. Nuss**früchte** an dickem Stiel, mit rosa-grünlichen bis rotbraunen Flügeln.

**Vorkommen** Auf mittelgründigen, nährstoffreichen Böden in Bergwäldern. Gebirge des westlichen Mittelmeergebiets (Italien, Spanien), nördlich der Alpen nur im Schweizer Jura.

**Wissenswert!** Die nach ihrer Blattform auch Schneeballblättriger A. bzw. nach der Hauptverbreitung Italienischer A. genannte, recht formenreiche Art wird in D nur selten als Ziergehölz angepflanzt. Im Mittelmeerraum hingegen sieht man sie oft in Parkanlagen. Im natürlichen Verbreitungsgebiet kommen weitere, zum Teil sehr ähnlich aussehende Arten vor.

Der S. gehört zu denjenigen Ahornarten, die sich auf Insektenbestäubung spezialisiert haben. Trotz ihrer wenig auffälligen Färbung werden diese kleinen, teils eingeschlechtigen, teils zwittrigen Blüten eifrig von Bienen und anderen bestäubenden Insekten angeflogen, da sie reichlich süßen Nektar produzieren.

**Fächer-Ahorn**  unten rechts: Herbstfärbung

**Schneeball-Ahorn**

## Tataren-Ahorn, Steppen-Ahorn
*Acer tataricum · Familie Seifenbaumgewächse*

**Die kleinen, weißlichen Blüten stehen zu vielen in aufrechten oder ausgebreiteten Rispen und verströmen eine angenehmen Duft.** ☆ Apr–Mai

Sommergrün, bis zu 7 m hoher Baum oder Strauch, mit offener Krone auf niedrigem Stamm; Rinde bräunlich, glatt, später heller gestreift. **Blätter** gegenständig, lang gestielt, Spreite eiförmig, 6–10 cm lang, meist ungelappt, manchmal mit 1–2 undeutlichen randlichen Lappen; oberseits mattgrün, unterseits zumindest entlang der Hauptnerven behaart; im Herbst leuchtend orangerot. **Blüten** erst nach dem Laub erscheinend, zahlreich in Rispen; Einzelblüten unscheinbar klein, weißlich, vorwiegend zwittrig, angenehm duftend. **Früchte** (Nussfrüchte) mit intensiv roten Flügeln, paarweise zusammenhängend. Die Flügel schließen einen spitzen Winkel ein, sodass ihre Außenkanten annähernd parallel verlaufen.
**Vorkommen** Kalkhaltige, trockene, feuchte, nährstoffreiche Böden an Flussufern und an felsigen Hängen; vom Tiefland bis in die Bergregion. Vom südöstlichen EU bis zum Ural; nördlich der Alpen häufig als Parkgehölz, gelegentlich auch als Straßenbaum.
**Wissenswert!** Schon im sommerlichen Fruchtschmuck sieht dieser Ahorn recht dekorativ aus, erst recht in der herbstlichen Farbenpracht. Hinsichtlich der Blattgestalt stellt er ebenso wie die folgende Art eine Ausnahme dar. An Schösslings-Langtrieben können die Blätter wie bei den anderen Ahornen allerdings deutlich 3-lappig sein.

## Gewöhnlicher Schneeball, Wasser-Schneeball
*Viburnum opulus · Familie Moschuskrautgewächse*

**Sommergrüner, kleinerer Strauch mit ausgebreiteten, etwas überhängenden Ästen; Triebe graubraun, stumpfkantig bis rinnig, kahl; Blüten und Früchte auffällig.** ☆ Mai–Jun

Meist 1–4 m hoch. **Blätter** gegenständig, 2–3 cm lang gestielt, im Umriss breit oval, 3- bis 5-lappig, bis zu 10 cm lang und 8 cm breit, ungleichmäßig gezähnt, oberseits dunkelgrün und kahl, unterseits graugrün und schwach behaart, im Herbst tief weinrot verfärbt.  **Blüten** zahlreich in endständigen, bis zu 10 cm breiten Schirmrispen, Randblüten mit großer, sternförmiger, bis zu 2,5 cm breiter, ungleichlappiger Krone und steril, Zentralblüten kleiner mit glockiger, nur 3–4 mm breiter Krone und fruchtbar. Stein**früchte** leuchtend rot, schwach giftig; Fruchtreife ab Aug.
**Vorkommen** Frische bis feuchte, überwiegend nährstoff- und basenreiche Lehm- und Tonböden (Feuchtezeiger); halbschattige Gebüsch- und Wegsäume, Waldränder, Auengebüsche, Bachufer. In EU weit verbreitet, vom Tiefland bis in die Gebirgsstufe, in den Alpen bis in 1700 m Höhe, ferner N-Afrika, N- und W-Asien; häufig in Gärten und an Straßen, für Städte und Industriegebiete geeignet, da ziemlich rauchfest.
**Wissenswert!** Die großen, sterilen Randblüten der Wildform lassen den Blütenstand als Superblume erscheinen, die für Blütenbesucher besonders attraktiv aussehen soll. Die Blütenstände der Gartensorten bestehen nur aus sterilen Blüten; nur für sie gilt die Bezeichnung Schneeball. An den Blattstielen fallen große, etwas wulstige, grüne Nektardrüsen auf. Die Blätter werden häufig von den Larven des Schneeball-Blattkäfers zerfressen. Die Früchte bleiben bis zum nächsten Frühjahr am Geäst.

Tataren-Ahorn, Steppen-Ahorn

Gewöhnlicher Schneeball, Wasser-Schneeball   links: Herbstfärbung

# Silber-Pappel, Weiß-Pappel
*Populus alba · Familie Weidengewächse*

**Die dicht weißfilzig behaarten Blattunterseiten und Stiele gaben diesem sommergrünen Baum, der an der Basis häufig Schösslinge bildet, seinen Namen.** ✿ Mär–Apr

Bis zu 30 m hoch, mit hoher, offener und meist weit ausladender Krone auf geradem Stamm; Rinde zunächst glatt und hellgrau mit Leisten aus rautenförmigen Korkwarzen, später dunkelgrau mit Leisten und Furchen. **Blätter** wechselständig, lang gestielt, 6–10 cm lang und um 5 cm breit, im Umriss breit dreieckig und in 3–5 größere Lappen gegliedert; im Austrieb wie die jungen Zweige zunächst beidseits filzig behaart, später auf der Oberseite glänzend dunkelgrün und nur noch unterseits behaart. **Blüten** zweihäusig verteilt; vor dem Laubaustrieb erscheinend; Deckblätter der Einzelblüten zottig bewimpert, ♂ Kätzchen 3–7 cm lang, hängend, anfangs karminrot gefärbt, beim Stäuben zunehmend blasser; ♀ Kätzchen 3–5 cm lang, grünlich gelb getönt mit roten Narben. **Früchte** mit weißhaarigen Flugsamen ab Mai.

**Vorkommen** Feuchte, tonige und nährstoffreiche Locker- und Schwemmlandböden in Talauen und an Seeufern. Von W-EU (Portugal) bis zum Himalaja, in manchen Regionen jedoch nur lückenhaft; stellenweise auch in N-Afrika entlang der Mittelmeerküste; im Gebirge bis in 1500 m Höhe; fehlt von Natur aus im nordwestlichen EU, wird hier jedoch häufig angepflanzt.

**Wissenswert!** Mit ihren im Hochsommer zweifarbigen Blättern wird die attraktive S. häufig in Alleen und Parkanlagen gepflanzt. An der Küste verwendet man sie wegen ihrer Windfestigkeit häufig in Hecken. Die besonders raschwüchsige Art kann über 400 Jahre alt werden und mächtige Stämme bis über 2 m Durchmesser entwickeln. Das weiche, im Kern gelbliche Holz wird zu Schnitzarbeiten herangezogen und z. B. zu Holzschuhen, früher auch zu Löffeln oder Reißbrettern verarbeitet.

Obwohl die S. wie alle Pappelarten windblütig ist, sammeln Bienen den reichlichen Pollen der männlichen Kätzchen ein.

**Ähnlich** **Grau-Pappel** *Populus × canescens*, bis zu 30 m hoch, mit rundlicher, offener Krone; Rinde dunkelgrau bis schwärzlich; Blätter lang gestielt, im Umriss dreieckig bis angenähert kreisförmig, mit großen, bogigen Zähnen und seichten Blattbuchten, anfangs beidseitig silbrig behaart, später oberseits glänzend dunkelgrün, unterseits filzig grauweiß; einhäusig; Blütezeit Mär–Apr. Die G. ist ein erbfester Bastard aus der Silber-Pappel und der Zitter-Pappel (⇨ S. 218). Im gemeinsamen Verbreitungsgebiet der Elternarten findet man sie überall. An der Küste wird sie oft für Windschutzpflanzungen verwendet („Marschpappel").

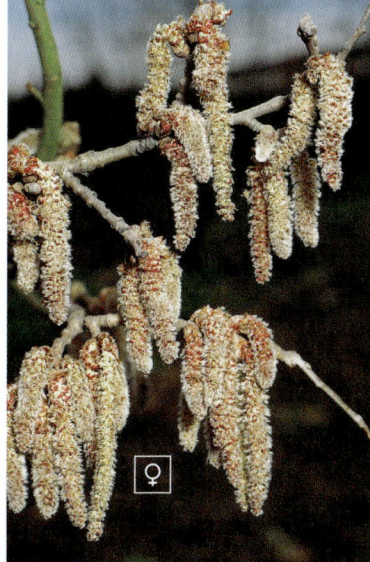

rautenförmige Korkwarzen

Unterseite filzig behaart

♀

Silber-Pappel, Weiß-Pappel

## Gewöhnliche Balsam-Pappel
*Populus balsamifera · Fam. Weidengewächse*

**An den weißlichen oder gelblichen Unterseiten der herzförmigen Blätter gut zu erkennen.** ✱ Mär–Apr

Sommergrün, bis zu 30 m hoch, schmale Krone, ausgebreitete Äste und reiche Wurzelbrut; Winterknospen groß, klebrig, stark duftend. **Blätter** eiförmig, zugespitzt, 8–13 cm lang, ledrig, leicht gekerbt und fein gewimpert, unterseits anfangs rötlich, später bläulich grau. **Blütenstände** (Kätzchen) bis zu 15 cm lang.
**Vorkommen** Feuchte Lockerböden in Talauen und auf Flussbänken. Nördliches N-Amerika; in Parks und Forstwäldern auch in M.-EU angepflanzt.
**Wissenswert!** Der Artname bezieht sich auf das aromatische, gelbe Knospenharz. Die forstlich als Nutzholzlieferanten angebauten Bäume sind meist Kreuzungen mit anderen Pappelarten.

## Westliche Balsam-Pappel
*Populus trichocarpa · Fam. Weidengewächse*

**Beim Aufspringen duften die Knospen nach Balsam (Name!), die dicht behaarten Kapseln sind typisch.** ✱ Mär–Apr

Sommergrün, in seiner Heimat bis zu 60 m hoch, mit breiter Krone; Triebe leicht kantig. **Blätter** nach dem Austrieb zunächst klebrig, eiförmig bis länglich rautenförmig, 10–15 cm lang und bis zu 10 cm breit, am breitesten etwa in der Spreitenmitte, am Grund gestutzt oder schwach herzförmig, oberseits dunkelgrün, unterseits weißlich bis silbrig blaugrau. ♀ **Blütenstände** (Kätzchen) reif bis zu 20 cm lang.
**Vorkommen** Feuchte Schwemmböden in Auen, oft in Reinbeständen an Flussufern u. auf Sandbänken. Westliches N-Amerika von S-Alaska bis N-Kalifornien; in M.-EU in mehreren Sorten u. Kreuzungen mit verwandten Arten angepflanzt.

## Kanadische Pappel
*Populus × canadensis · Fam. Weidengew.*

**Die Borke dieses häufig gepflanzten Baums ist tief gefurcht, seine Blätter im Austrieb oft rötlich.** ✱ Mär–Apr

Sommergrün, sehr formenreich, bis zu 30 m hoch, mit langschäftigem, geradem Stamm, breite, offene Krone. **Blätter** 7–10 cm lang und 6–9 cm breit, zugespitzt, am Grund gerade oder tief herzförmig, mit 1–2 Drüsen, am Rand nach dem Austrieb noch bewimpert.
**Vorkommen** Ufernahe, lockere Schwemmböden. Überall in M.-EU forstlich angebaut, gelegentlich auch in Schutzpflanzungen oder als Straßenbaum verwendet.
**Wissenswert!** Die K. P. ist ein Bastard aus der heimischen und der Amerikanischen Schwarz-Pappel. Die Sorten sind schwer unterscheidbar. Die K. P. hat den größten Holzzuwachs aller Laubholzarten.

## Amerikan. Schwarz-Pappel
*Populus deltoides · Fam. Weidengewächse*

**Dieser Baum gibt überaus reichlich Samen frei, die mit watteähnlichen Samenhaaren umgeben sind.** ✱ Mär–Apr

Sommergrün, über 40 m hoch, mit breiter, offener Krone, schlanker Stamm, spitzwinklig aufsteigende Äste. **Blätter** lang gestielt, 10–18 cm lang, zugespitzt, am Rand dicht bewimpert und grob kerbig gesägt, am Grund flach oder schwach herzförmig, am Stielansatz mit 2–4 rötlichen Drüsen. ♀ **Blüten**kätzchen in der Blüte bis zu 10 cm, reif bis zu 30 cm lang.
**Vorkommen** Lockere Schwemmböden in Flussauen. Südöstliches N-Amerika; in EU vielfach in verschiedenen Sorten angepflanzt.
**Wissenswert!** Wegen der starken Samenproduktion wird die A. S. auch Cottonwood („Baumwollholz") genannt.

Gewöhnliche Balsam-Pappel

Westliche Balsam-Pappel

Kanadische Pappel

Amerikanische Schwarz-Pappel

## Silber-Weide
*Salix alba* · Familie Weidengewächse

**Die Blätter der größten und häufigsten heimischen Weide mit den biegsamen Trieben glänzen auffallend silbrig, sie blüht mit dem Blattaustrieb.**
✿ Apr–Mai

Sommergrün, bis zu 20 m hoch, mit breiter, offener, im Alter meist unregelmäßiger Krone auf dickem, schon bodennah geteiltem Stamm; Rinde gelblich mit dunkleren Korkwarzen, später graubraun und tiefrissig. **Blätter** kurz gestielt, 5–12 cm lang und bis 2 cm breit, im Umriss lanzettlich, am Rand fein gezähnt und drüsig, anfangs auf beiden Seiten anliegend seidig behaart, später oberseits dunkelgrün und fast kahl, unterseits bleibend behaart und graugrün bis bläulich, selten völlig kahl. **Blüten** zweihäusig verteilt, unmittelbar vor dem Laubaustrieb erscheinend; ♂ Kätzchen aufrecht oder gebogen aufsteigend, 4–6 cm lang, gelblich; ♀ Kätzchen aufgerichtet, 3–5 cm lang.

Einzelblüten

Fruchtreife mit reicher Samenproduktion ab Apr.

**Vorkommen** Periodisch überschwemmte, staunasse und nährstoffreiche Lockerböden von Bächen und Flussauen, v. a. im Tiefland; Leitart der Weichholzaue (Baumweidenaue); im Gebirge nur unterhalb von 1000 m. Überall in W- und M.- EU verbreitet; in Skandinavien und Großbritannien seit langem eingebürgert; ferner in N-Afrika (Atlasgebirge), Klein- und Vorderasien bis zum Kaspischen Meer heimisch.

**Wissenswert!** Entlang von größeren natürlichen Fließgewässern bestimmt die S. oft zusammen mit der Schwarz-Pappel das Bild der Landschaft. Sie baut galerieartige Bestände auf, die man fachlich als Weichholzaue oder Baumweidenaue bezeichnet. Durch ihr stark verzweigtes, weit reichendes Wurzelwerk trägt sie wirksam zum Uferschutz bei, weil sie Abschwemmungen und sonstige Erosionsschäden mindert. Vielerorts hat man die natürlichen Auenwälder allerdings durch Monokulturen aus Hybridpappeln (⇨ S. 154) oder baulichen Uferbefestigungen ersetzt. Gelegentlich säumt die S. auch die Gewässer großer Parkanlagen. Sie wird an die 300 Jahre alt und bildet Stämme bis zu 2 m Durchmesser aus. Ihr Holz ist weich und kaum verwendbar. Von größerem Wert sind die sehr biegsamen, rutenförmigen Zweige, die man v. a. für Flechtarbeiten (Körbe) verwendet.

Kätzchen

**Ähnlich Trauer-Weide** *Salix alba* 'Tristis' (Foto), eine der vielen Gartenformen der Silber-Weide; Zweige dünn, schlaff herabhängend, gelb berindet; Blätter unterseits dicht seidig behaart; häufig in Parks und großen Gärten als Zierbaum gepflanzt.
**Chinesische Trauer-Weide** *Salix babylonica*, Zweige olivbraun bis rötlich braun, Blätter kahl, weniger frosthart.

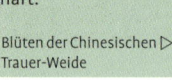
Blüten der Chinesischen ▷ Trauer-Weide

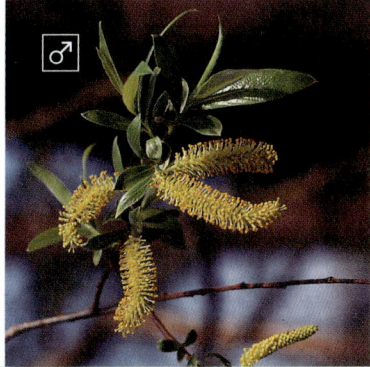

**Silber-Weide**  unten links: Kopfweiden entstehen nach Rutenschnitt

## Bruch-Weide
*Salix fragilis* · Familie Weidengewächse

**Die mattgrüne Oberseite der knorpelig gezähnten Blätter unterscheidet sich deutlich von der hellgrünen Unterseite mit dem vortretenden Mittelnerv.**
✿ Mär–Mai

Sommergrün, bis zu 15 m hoch, Baum oder Großstrauch, Krone breit und offen; Zweige kahl, glänzend gelblich oder braun. **Blätter** 8–18 cm lang, bis zu 4 cm breit, lang zugespitzt, kahl. **Blüten** zweihäusig verteilt; mit den Laubblättern erscheinend; ♂ Kätzchen lang gestielt, bis zu 5 cm lang, gelblich; ♀ Kätzchen sehr schlank, bis zu 7 cm lang. **Vorkommen** Von der Ebene bis in Mittelgebirge auf periodisch überschwemmten, kiesigen Böden von Flussauen, oft mit anderen Weiden. In EU und W-Asien weit verbreitet; auch weit außerhalb des natürlichen Verbreitungsgebiets angepflanzt.

**Wissenswert!** Im naturnahen Wasserbau verwendet man sehr gern die B., weil sie mit ihrem dichten Wurzelwerk die Ufer wirksam befestigt. Ihre nur wenig biegsamen Zweige eignen sich nicht für Flechtarbeiten. Weil sie mit hörbarem Knacken abbrechen, wird die Art auch Knack-Weide genannt.

**Ähnlich** **Purpur-Weide** *Salix purpurea*, Strauch oder kleiner Baum bis zu 6 m Höhe; Zweige biegsam, auf der Lichtseite vor allem im Winter purpurrot; Blätter lanzettlich, spitz, bis zu 12 cm lang, oberseits grün, unterseits heller graugrün.

## Korb-Weide
*Salix viminalis* · Familie Weidengewächse

**Die geraden Zweige dieses oft zur Kopfweide geschnittenen Baumes mit den dicken, rund 3 cm langen Blütenkätzchen sind extrem biegsam.** ✿ Mär–Mai

Sommergrün, Großstrauch oder kleiner Baum, bis zu 10 m hoch, Zweige bräunlich grün, anfangs grau filzig behaart, später kahl. **Blätter** 12 cm lang, schmal, oberseits dunkelgrün, unterseits dicht silbrig behaart, am Rand gewellt und eingerollt. **Blüten** zweihäusig verteilt, schon vor dem Laub erscheinend. **Vorkommen** Auengebüsche und -wälder an stehenden und fließenden Gewässern auf tonigen bis sandigen, nährstoffreichen Böden; im Bergland bis in Höhen von etwa 700 m. Von den Pyrenäen über ganz M.-EU bis Sibirien.

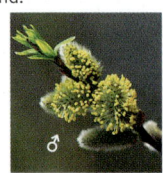

**Wissenswert!** Nach einem Rückschnitt bildet die K. über 2 m lange, dünne, sehr biegsame Ruten, die sich leicht entrinden lassen. Schon im Altertum verwendete man sie zum Flechten v. a. von Körben oder Sitzen. Deshalb wurde die K. mancherorts in langen Reihen entlang von Bächen und Flüssen angepflanzt. Durch regelmäßigen Rückschnitt bilden die Bäume dicke Stämme mit kopfig verdicktem Ende (Kopfweiden).

Bruch-Weide

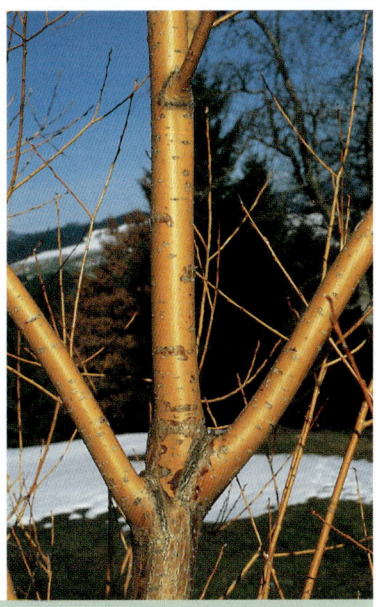

Korb-Weide

## Purpur-Weide
*Salix purpurea* · Familie Weidengewächse

**Sommergrüner, reich verzweigter, dichtkroniger Großstrauch, seltener auch dickstämmiger, aber kleiner Baum.** ✿ Mär–Apr

Bis zu 6 m hoch, sehr variabler, unregelmäßiger Wuchs; reich und dicht verzweigt; Zweige dünn und biegsam; Rinde glänzend, auf der Lichtseite meist purpurrot oder dunkelgelb überlaufen. **Blätter** 5–10 cm lang, lanzettlich schmal, breiteste Stelle oberhalb der Mitte, oberseits matt dunkelgrün, unterseits bläulich. **Blüten** zweihäusig, Kätzchen schmal, um 5 cm lang, erscheinen vor dem Laubaustrieb; Staubbeutel vor dem Öffnen rot gefärbt.
**Vorkommen** Entlang von Gewässern und in Auengehölzen, eignet sich bestens für Uferbefestigungen in Hochwassergebieten. M.- und S-EU; Vorder- bis O-Asien.

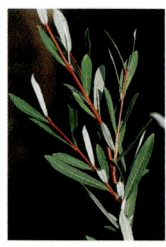

**Wissenswert!** Die Rinde weist einen hohen Gehalt an Salicinsäure auf und wurde früher arzneilich genutzt (als Derivat Acetylsalicylsäure = Aspirin). So kannten schon die Mediziner der Antike die fiebersenkende und schmerzlindernde Wirkung der Rinde dieses Baumes. Heute haben industriell hergestellte Wirkstoffe, wie beispielsweise die Acetylsalicinsäure, die Bedeutung der aus der Rinde gewonnenen Substanzen abgelöst.
Die Purpur-Weide gehört zu unseren häufigsten Weidenarten. Sie wird auch zur Befestigung des Bodens gepflanzt sowie als Flechtweide angebaut, da sich ihre dünnen, biegsamen Zweige gut für Korbwaren und andere Korbprodukte eignen.
Die Art bastardiert gelegentlich mit der Korb-Weide. Die Hybriden heißen Blend-Weiden (*S. × rubra*).

## Grau-Weide, Asch-Weide
*Salix cinerea* · Familie Weidengewächse

**Sommergrüner, dichter, sparrig verzweigter, meist halbkugelig abgeflachter oder kuppelförmiger Strauch mit derben Zweigen.** ✿ Mär–Apr

Zumeist 3–5(6) m hoch; Triebe bis zum 2. Jahr dicht graufilzig. **Blätter** mit kurzen, weichhaarigen, gelben Blattstielen, Spreite länglich oval, bis zu 10 cm lang und 4 cm breit, vorne rund, anfangs stark graufilzig, später verkahlend, oberseits graugrün, unterseits bläulich, Nebenblätter nierenförmig. **Blüten** zweihäusig, Kätzchen ähnlich der Sal-Weide, sitzend, aufrecht, bis zu 5 cm (♂) bzw. 9 cm (♀) lang, erscheinen vor den Blättern.
**Vorkommen** Staunässezeiger; Gräben, Quellsümpfe, Feuchtwiesen und Erlenbrücher mit sauren bis basenreichen Böden, vom Tiefland bis etwa 700 m Höhe im Gebirge. EU, Vorderasien und N-Afrika.

**Wissenswert!** Wie fast alle Weiden neigt auch diese Art zur Bastardierung mit anderen Weiden und bildet auf schwer durchschaubare Formenschwärme. Wird zur Uferbefestigung an stehenden Gewässern angepflanzt, seltener als Ziergehölz. Die reichlich produzierten Flugsamen (unteres kleines Bild) gehen schon vor der Laubentfaltung auf die Luftreise.

↑ geschlossene Staubbeutel rot

Purpur-Weide

Grau-Weide, Asch-Weide

## Lavendel-Weide
*Salix elaeagnos · Familie Weidengewächse*

Sommergrüner, reichästiger Großstrauch, seltener auch als Baum; Zweige dünn, hellbraun, oberseits kantig.
✿ Apr–Mai

Wuchshöhe etwa 3–6 m. **Blätter** kurz gestielt, Spreite schmal lanzettlich oder linealisch, bis zu 15 cm lang, max. 2 cm breit, spitz, anfangs beidseits dicht weißfilzig, später nur oberseits kahl und dunkelgrün, Blattrand nach unten eingerollt; meist ohne Nebenblätter. **Blüten** zweihäusig, grünlich gelb, Kätzchen bis zu 2,5 cm (♂) bzw. 3–5 cm (♀) lang, erscheinen kurz vor oder während des Laubaustriebs.
**Vorkommen** Offene, zeitweilig trockene Böden alpiner Flüsse sowie Bergheiden. Pyrenäen, Alpen, Karpaten, Abruzzen, Balkan, im Oberrheingebiet nur bis Karlsruhe. Wird auch als Ziergehölz verwendet.

## Mandel-Weide
*Salix triandra · Familie Weidengewächse*

Sommergrüner, dicht verzweigter, halbkugeliger Großstrauch; Triebe anfangs wenig behaart, später rotbraun.
✿ Apr–Mai

1–4 (6) m hoch; Zweige brechen leicht ab; die braune Rinde löst sich in Platten ab. **Blätter** gestielt, länglich elliptisch, breiteste Stelle in der Mitte, am Rand fein gezähnt, beidseits kahl, oberseits glänzend dunkelgrün, unterseits bläulich grün; bleibende Nebenblätter nieren- bis halbherzförmig. **Blüten** zweihäusig verteilt, Kätzchen 6–8 cm lang, erscheinen mit dem Laubaustrieb.
**Vorkommen** Häufig an Bach- und Flussufern, hier in der Weichholzaue wichtige Kennart des Strauchweiden-Saums, von der Ebene bis ins Hochgebirge. Von EU bis O-Asien weit verbreitet.

## Reif-Weide
*Salix daphnoides · Familie Weidengewächse*

Sommergrüner, raschwüchsiger Großstrauch, auch kleiner Baum; Triebe auffällig bläulich weiß bereift. ✿ Mär–Apr

Meist 4–8 m (10 m) hoch; Triebe nach dem Abwischen rotbraun, zunächst behaart, später kahl. **Blätter** 4–12 cm lang, länglich elliptisch, fein gesägt bis fast ganzrandig, oberseits glänzend dunkelgrün, unterseits blaugrün; Nebenblätter halbherzförmig. **Blüten** zweihäusig, Kätzchen sitzend, bis zu 5 cm lang, vor dem Laubaustrieb.
**Vorkommen** Kiesbänke alpiner Flüsse, Kennart des Grauerlenwalds, meidet Staunässe; von etwa 1800 m als Abschwemmling bis weit ins Vorland. N-EU sowie Gebirge M.- und SO-EU; häufig angepflanzt.
**Wissenswert!** Auch Schimmel-Weide genannt. In den Alpendörfern als Palmkätzchen verwendet.

## Kriech-Weide
*Salix repens · Familie Weidengewächse*

Sommergrüner, dichtbuschiger Kleinstrauch mit kriechendem Stamm und liegenden Ästen. ✿ Apr–Mai

Formenreich, meist 0,5–1 m hoch. **Blätter** etwa 3 mm lang gestielt, elliptisch oder lanzettlich, bis zu 5 cm lang, spitz, am Grund rundlich, mit 4–6 Seitennerven, graugrün, später nur unterseits dicht seidig behaart, ganzrandig. **Blüten** zweihäusig, die gelben Kätzchen öffnen sich kurz vor dem Laubaustrieb, ♂ bis zu 1,5 cm lang, ♀ um 1 cm.
**Vorkommen** Niedermoore, Streu-, Nass- und Magerwiesen, Küstendünen (Graudünen). N-, W- und M.-EU, im Gebirge bis in 1700 m Höhe.
**Wissenswert!** Erträgt die Übersandung durch Wanderdünen und wächst dann mit unterirdischem Stamm weiter. Regional nennt man die Art auch Moor-Weide.

Lavendel-Weide

Mandel-Weide

Reif-Weide

Kriech-Weide

## Kraut-Weide, Zwerg-Weide
*Salix herbacea · Familie Weidengewächse*

Sommergrüner Spalierstrauch; Stämmchen kriechen meist unterirdisch; Äste liegend bis aufsteigend. ✿ Jul–Aug

Nur 2–5 cm hoch. **Blätter** gestielt, fast kreisrund oder oval, 8–20 mm lang, kerbig gesägt, beidseits kahl und glänzend mittelgrün. **Blüten** zweihäusig verteilt, Kätzchen wenigblütig, ♂ kugelig, um 5 mm groß, ♀ kopfig, wenigblütig, bis zu 1 cm lang.

**Vorkommen** Auf sickerfeuchten, kalkfreien Böden in Schneetälchen, bis in etwa 3300 m Höhe. Rein arktisch-alpine Pflanze: N-EU, Schottland, Grönland, Spitzbergen, Island, Alpen, Jura, Riesengebirge, Pyrenäen und Zentralmassiv.
**Wissenswert!** Spaliersträucher nennt man die in dichten Teppichen wachsenden Zwergweiden des Hochgebirges. Meist ragen nur die Blätter über den Boden.

## Netz-Weide
*Salix reticulata · Familie Weidengewächse*

Sommergrüner, teppichbildender Spalierstrauch mit kriechenden Stämmchen und liegenden Ästen. ✿ Jun–Aug

Nur 5–15 cm hoch; Triebe dick, olivbraun, schwach behaart. **Blätter** gestielt, 2–5 cm lang, rundlich, vorn leicht ausgerandet, derb, oberseits dunkelgrün und auffällig runzelig, unterseits graugrün, weißgrau behaart. **Blüten** zweihäusig verteilt, Kätzchen wenigblütig, bis zu 3 cm lang, purpurn.

**Vorkommen** Arktisch-alpine Pflanze, in den Hochgebirgen oberhalb der Waldgrenze bis in 2800 m Höhe. Alpen, Pyrenäen, Jura, Schottland, Balkan.
**Wissenswert!** Gut erhaltene Blattfunde in eiszeitlichen Ablagerungen zeigen, dass die N. während der Kaltzeiten auch in den Niederungen von M.-EU vorkam.

## Stumpfblättrige Weide
*Salix retusa · Familie Weidengewächse*

Sommergrüner, rasenbildender Spalierstrauch mit oberirdischen Kriechstämmchen; Äste liegend. ✿ Jun–Aug

Nur bis zu 30 cm lang; Triebe kahl und olivbraun. **Blätter** kurz gestielt, 8–20 mm lang und bis zu 8 mm breit, an der Spitze oft eingekerbt, im Herbst intensiv goldgelb. **Blüten** zweihäusig verteilt, Kätzchen 1,5–2 cm lang.

**Vorkommen** Kalkhaltige Stein- und Schuttböden mit langer Schneebedeckung, auch auf blankem Fels (Spaltenwurzler), bis in etwa 3000 m Höhe. Europäische Hochgebirge.
**Wissenswert!** Die zwergwüchsigen alpinen Weiden bilden eine Pflanzengesellschaft, die man als Gletscherweidenspalier bezeichnet. Oft wirken sie mit ihrem dichten Zweigwerk auch als Schuttstauer.

## Quendelblättrige Weide
*Salix serpyllifolia · Familie Weidengewächse*

Sommergrüner Spalierstrauch mit kriechenden Stämmchen und verzweigten, der Unterlage dicht angedrückten Ästen. ✿ Jun–Aug

Nur 5–10 cm hoch. **Blätter** wechselständig, aber an den Sprossenden rosettenartig gehäuft, bis zu 1 cm lang und nur 4 mm breit, oval oder elliptisch, vorn stumpf oder leicht ausgerandet, ledrig, meist kahl, oberseits glänzend dunkelgrün; Nebenblätter fehlen. **Blüten** zweihäusig verteilt, Kätzchen etwa 5 mm lang, erscheinen nach dem Laubaustrieb, ♂ Kätzchen kugelig mit höchstens 7 Blüten, ♀ Kätzchen, meist 3- bis 5-blütig.

**Vorkommen** Polsterbildende Pionierpflanze auf basenreichen, humusarmen Rohböden, Graten und Kalkschutthalden, bis etwa 3100 m. Ausschließlich in den Kalkalpen.

Kraut-Weide, Zwerg-Weide

Netz-Weide

Stumpfblättrige Weide

Quendelblättrige Weide

## Alpen-Weide
*Salix alpina* · Familie Weidengewächse

**Niedrige, kleinere Strauchweide mit liegenden Stämmen und Ästen, aber bogig aufgerichteten Zweigen.** ✿ Jun–Jul

Selten über 50 cm hoch. **Blätter** kurz gestielt, 1–3 cm lang und bis zu 1 cm breit, oval bis lanzettlich, glattrandig, anfangs behaart, später kahl und beidseits glänzend grün. **Blüten** zweihäusig verteilt, Kätzchen erscheinen gleichzeitig mit den Blättern, ♂ bis zu 2 cm lang, Staubbeutel vor dem Stäuben rot, ♀ etwa 3 cm lang, Fruchtknoten bräunlich behaart.
**Vorkommen** Trockene Felshänge, Geröllhalden, alpine Rasen, gewöhnlich nur auf Kalkböden. Nur in den Ostalpen, bis in etwa 2000 m Höhe.
**Wissenswert** Neben dieser Art gibt es noch weitere, z. T. sehr ähnliche, meist alpin verbreitete Kleinstrauchweiden.

## Schweizer Weide
*Salix helvetica* · Familie Weidengewächse

**Sommergrüner Kleinstrauch, mit kurzen, gekrümmten Ästen und Zweigen; Triebe weißfilzig behaart.** ✿ Mai–Jun

Wuchshöhe bis zu 1 m. **Blätter** bis zu 5 cm lang, verkehrt oval, kurz zugespitzt, nahezu ganzrandig oder fein gezähnt, oberseits dunkelgrün und behaart, unterseits bleibend weißfilzig; Nebenblätter klein. **Blüten** zweihäusig verteilt, Kätzchen erscheinen vor den Blättern, 3–5 cm lang, dicht behaart.
**Vorkommen** Feuchter, kalkfreier Blockschutt, schattige Hänge in Nordlage, meist zwischen 1700 und 2300 m, oft in Reinbeständen. Pyrenäen, Alpen, Karpaten, Sudeten, ferner Französisches Zentralmassiv, nicht selten auch in Gärten angepflanzt.
**Wissenswert!** Meist zusammen mit der ähnlichen **Spieß-Weide** *S. hastata* und der ähnlichen **Seiden-Weide** *S. glaucosericea*.

## Arktische Grau-Weide
*Salix glauca* · Familie Weidengewächse

**Sommergrüne, meist niedrige und sparrig verzweigte Strauchweide mit aufrechten Ästen und kurzen Zweigen.** ✿ Jun–Jul

Nur selten über 1 m hoch; Triebe lang seidig hellgrau behaart, Zweige später kahl und glänzend braun. **Blätter** gestielt, 3–8 cm lang, lanzettlich und an beiden Enden spitz, glattrandig, beidseits seidig bis weißfilzig behaart, zuletzt jedoch kahl, oberseits matt grün, unterseits bläulich. **Blüten** zweihäusig verteilt, Kätzchen erscheinen mit den Blättern, 2–5 cm lang, dicht behaart.
**Vorkommen** Bestandsbildende Art in der Zwergstrauchtundra auf moorigen, sandigen oder felsigen Böden. Tundrengebiete von EU, N-Amerika und N-Asien, ferner Island und Grönland.

## Strand-Keilmelde
*Atriplex portulacoides* · Fam. Amaranthgew.

**Strauchartige, kräftige, ziemlich dichtästige Pflanze mit aufsteigenden, am Grund verholzten Stängeln.** ✿ Jul–Okt

Mehrjährig, bis zu 50 cm hoch. **Blätter** silbrig graugrün, dicklich, unten gegen-, weiter oben wechselständig, eiförmig, bis zu 5 cm lang. **Blüten** unscheinbar grünlich, eingeschlechtig, aber einhäusig, zahlreich in knäueligen Trauben.
**Vorkommen** Salzige Böden, Salzwiesen, Prielränder. NW-Europa; in D nur an der Nordsee.
**Wissenswert!** In den gemäßigten Breiten können auf Salzwiesen keine Gehölze gedeihen. In den Tropen sind die Weichbodenküsten dagegen immer von dichten, hochwüchsigen Gezeitenwäldern (Mangrove) gesäumt, die die wechselnde Meersalzbelastung ertragen können. Die Salz-Keilmelde ist das einzige in EU vorkommende Gehölz, das ökologisch in etwa der tropischen Mangrove entspricht.

Alpen-Weide

Schweizer Weide

Arktische Grau-Weide

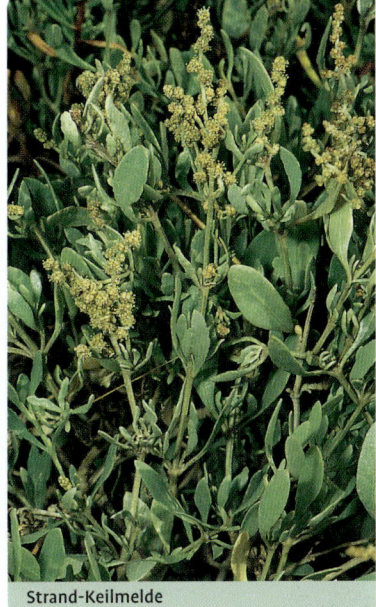

Strand-Keilmelde

## Rot-Buche, Gewöhnliche Buche
*Fagus sylvatica · Familie Buchengewächse*

**Die graue, glatte Rinde, länglich elliptische Blätter und glänzend dunkelbraune Nussfrüchte, die zu mehreren in einer stacheligen Hülle sitzen, sind typisch.** ✿ Apr–Mai

♀ Blüten (in grünem, filzig behaartem Becher)

♂ Blütenstände, hängend

Sommergrün, 20–30 m hoch, mit breiter, rundlicher, ziemlich regelmäßiger Krone, Stamm spätestens in der Kronenmitte in mehrere starke Äste geteilt; Rinde am Stamm auch bei alten Exemplaren glatt oder wenig aufgeraut, bleigrau, an den Zweigen dagegen dunkel rötlich braun mit einzelnen helleren Korkwarzen (Lentizellen). **Blätter** wechselständig, gestielt, länglich elliptisch, 5–10 cm lang, 4–7 cm breit, mit 5–7 starken Seitennerven jederseits der Hauptrippe, an der Basis keilförmig, am Rand leicht gewellt und nach dem Austrieb lang bewimpert, oberseits glänzend dunkelgrün, unterseits auf den Hauptnerven und in den Winkeln dazwischen leicht behaart. **Blüten** einhäusig verteilt, mit der Belaubung erscheinend; ♂ Blütenstände lang gestielt, halbkugelig; ♀ Blüten zu jeweils 2 in kurz gestielter, meist aufrechter, grüner Hülle. Nuss**frucht** (= Buchecker) rund 2 cm lang, zu 2–4 in einer 4-klappigen, verholzten, stacheligen Hülle sitzend.
**Vorkommen** Auf basischen oder mäßig sauren, frischen, nährstoffreichen, tiefgründigen Böden; nicht in Gebieten mit starker sommerlicher Trockenheit; vom Tiefland bis in etwa 1500 m Höhe; Leitart der Buchenwälder. Von N-Spanien über das gesamte M.-EU und S-Skandinavien bis Schwarzmeergebiet, im südlichen EU überwiegend im Bergland.
**Wissenswert!** Im Frühjahr fallen in den Buchenwäldern die Keimpflanzen der R. mit ihren beiden großen, halbrunden Keimblättern auf. Die Bucheckern keimen als Dunkelkeimer nur unter der Laubstreu. Ihr fettes Öl ist reich an ungesättigten Fettsäuren und gilt als wertvolles Speiseöl.
Das feste, rötliche Holz (Name!) verwendet man für Möbel, im Hausbau (Treppenstufen, Parkettriegel) und zur Herstellung von Musikinstrumenten (Klavier, Orgel). Früher wurde die R. fast nur zur Brennholzgewinnung genutzt.
Die „Blutbuche" ist eine häufig gepflanzte rotlaubige Gartenform.

**Ähnlich Orientalische Buche** *Fagus orientalis*, mit dunkelgrauer Rinde und deutlich gefurchtem Stamm; Blätter schmal, verkehrt eiförmig, vorn zugespitzt, 7–11 cm lang, glattrandig oder seicht gewellt, mit 8–12 starken Seitennerven jederseits der Hauptrippe; vertritt in den Laubwaldgebieten von SO-EU (Bulgarien) und Vorderasien (bis Nordiran) die Rot-Buche; in M.-EU nur in großen Parks und botanischen Sammlungen zu sehen.

**Antarktische Scheinbuche, Südbuche** *Nothofagus antarctica*, kleiner, sommergrüner Baum; jüngere Zweige flach 2-zeilig gestellt; Blätter dunkelgrün, länglich eiförmig mit Spitze, nur 3 cm lang, mit gekerbtem Rand; Frucht becherartig, viel kleiner als Buchecker. Die A. S. vertritt auf der Südhalbkugel die Gattung *Fagus*, im Bergland S-Amerikas ist sie eine wichtige waldbildende Baumart; in NW-EU forstlicher Versuchsanbau, in D vor allem als Park- und Gartengehölz angepflanzt.

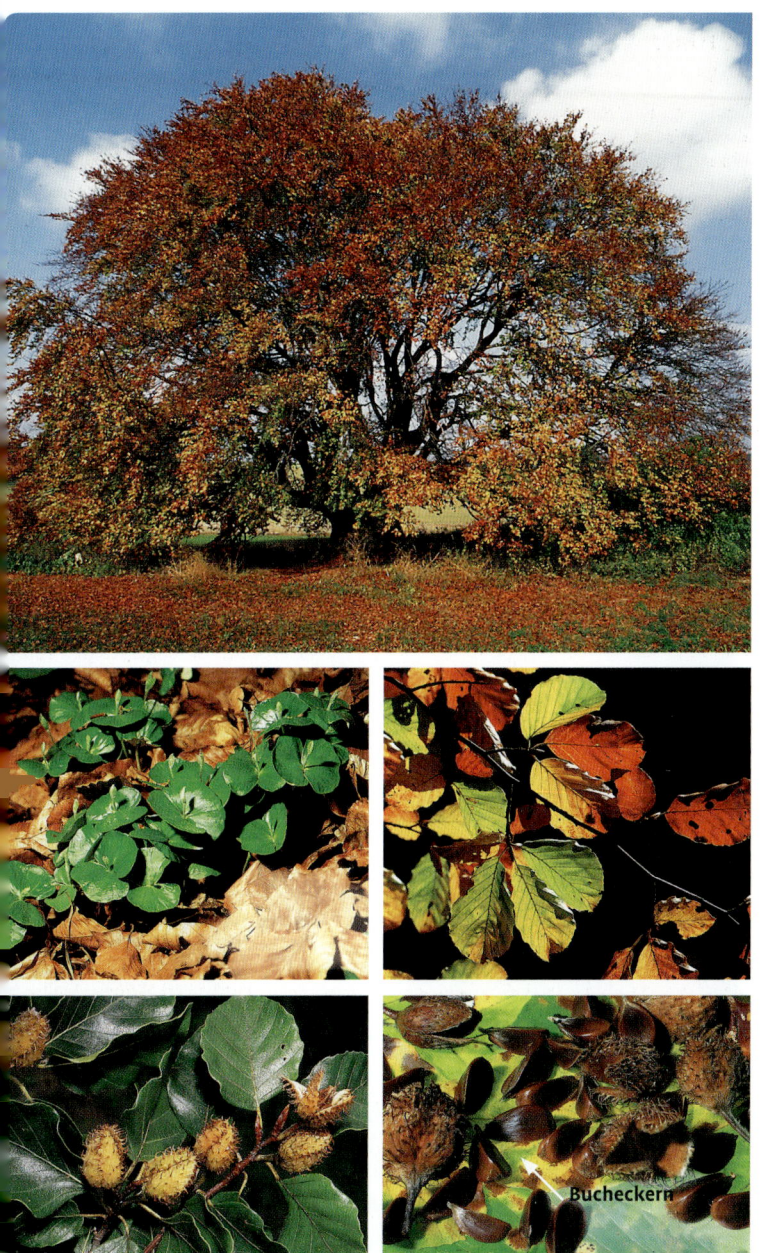

**Rot-Buche, Gewöhnliche Buche**  oben: Herbstfärbung, Mitte links: Keimlinge

## Lorbeerbaum
*Laurus nobilis* · Familie Lorbeergewächse

Immergrüner, von Grund an reich verzweigter Großstrauch oder kleiner Baum, anfangs mit kegelförmiger, später mit rundlicher Krone; Blätter derb und ledrig. ✿ Mär–Mai

Wuchshöhe etwa 1–8 m. **Blätter** wechselständig, 3–5 cm lang gestielt, Spreite bis zu 10 cm lang und 4 cm breit, lanzettlich, am Rand etwas wellig oder undeutlich gekerbt, frisch oberseits glänzend dunkelgrün, später matt, unterseits immer matt hellgrün, Blattnerven in der unteren Spreitenhälfte oft rötlich; duften beim Zerreiben angenehm aromatisch. **Blüten** zweihäusig, klein, unauffällig, hell grünlich gelb, zu mehreren in den Blattachseln, ♂ Blüten mit etwa 10 Staubblättern, ♀ Blüten mit wenigen verkümmerten Staubblättern und oberständigem Fruchtknoten. **Früchte** (Beeren) kugelig, um 1 cm groß, anfangs grün, reif glänzend schwarz; Fruchtreife ab Sep.

Blätter bis 10 cm lang

**Vorkommen** Lichte Mischgehölze auf lockeren, humosen Böden, felsige Abhänge, Trockenhänge. Ursprünglich nur auf dem Balkan und in Kleinasien beheimatet, heute im gesamten Mittelmeergebiet als Kultur- und Zierpflanze weit verbreitet.

**Wissenswert!** Eine der Kennarten der immergrünen mediterranen Hartlaubvegetation. Im Ursprungsgebiet vermehrt er sich durch Samen und Wurzelsprosse. Im Altertum war er dem Apoll geweiht und wurde in dessen Tempelhainen angepflanzt. Aus den Zweigen wand man Siegerkränze, und bis heute nennt man mit Preisen ausgezeichnete Personen „Laureaten". Obwohl er leichten Frost erträgt, ist er nicht zuverlässig winterhart. Man kultiviert ihn daher in M.-EU überwiegend als Topf- oder Kübelpflanze, die im Kalthaus überwintert wird.

## Chinesischer Klebsame
*Pittosporum tobira* · Fam. Klebsamengew.

Immergrüner Strauch mit dicht grau behaarten Zweigen. ✿ Mär–Mai

Etwa 2–3 m hoch. **Blätter** wechselständig, glänzend, 5–10 cm lang, rundlich. **Blüten** duften stark nach Orange, zahlreich in Doldentrauben, cremeweiße, später gelblich.

**Vorkommen** Aus O-Asien, im Mittelmeerraum eingebürgert.

Blatt glattrandig
Frucht

**Ähnlich** Der **Gewelltblättrige Klebsame** *Pittosporum undulatum* wird bis etwa 20 m hoch. Seine bis zu 12 cm langen, immergrünen Blätter sind lanzettlich oval. Die stark duftenden, weißen Blüten entwickeln sich zu Kapselfrüchten. In Australien beheimatet, im Mittelmeergebiet verbreitet.

## Mäusedorn
*Ruscus aculeatus* · Familie Spargelgewächse

Immergrüner, ziemlich ästiger Kleinstrauch mit kantigen Ästen und sehr spitzen Blattorganen. ✿ Mär–Apr

Um 1 m hoch. Die dunkelgrünen, wie Laubblätter aussehenden Organe sind stark abgeflachte und verbreiterte Seitenzweige, sie sitzen in der Achsel der winzigen, schuppenförmigen eigentlichen Blätter. **Blüten** zweihäusig, gelblich, um 2 mm breit. Beeren**früchte** korallenrot, 1–1,5 cm dick, ungenießbar; ab Sep.

**Vorkommen** Gebüsche, halbschattige Wälder. S-EU, Kanarische Inseln; in W-Frankreich und GB aus Gärten verwildert.

Lorbeerbaum

Chinesischer Klebsame

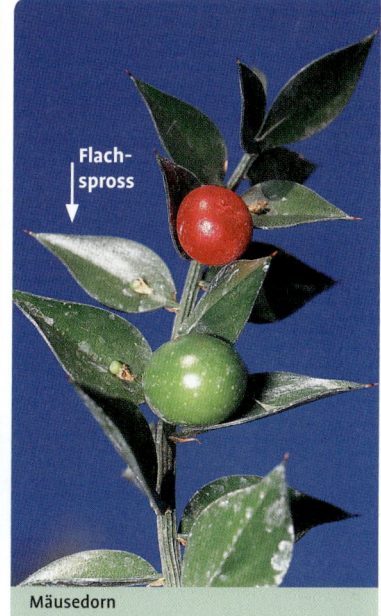

Flach-
spross

Mäusedorn

## Kapernstrauch
*Capparis spinosa · Familie Kapernstrauchgewächse*

**Sommergrüner, meist liegender oder kriechender Strauch mit kurzen Stämmchen und zahlreichen rutenförmigen Zweigen.** ☆ Apr–Sep

Etwa 0,3–1 m hoch; die Zweige oft hängend oder niederliegend; manchmal sogar etwas kletternd. **Blätter** wechselständig, derb, kurz gestielt, 2–6 cm lang und bis zu 4 cm breit, rundlich bis breit oval, vorn stumpf oder ein wenig ausgerandet, graugrün; Nebenblätter zu Dornen umgewandelt. **Blüten** lang gestielt, einzeln in den Blattachseln, 4–7 cm breit, 4 Kronblätter, reinweiß, Staubblätter hellviolett oder weißlich, sehr zahlreich; Fruchtknoten lang gestielt. Kapselfrüchte lang gestielt und fleischig; enthält dunkle Samen.
**Vorkommen** Felsige Abhänge, Mauern, trockene Ruderalstandorte, Ödland, sonnige, offene Böden; auch am Straßenrand mediterraner Gebiete. Im Mittelmeergebiet, Halbinsel Krim, Kanarische Inseln, SW-Asien; häufig auch angebaut oder als Zierpflanze gezogen.
**Wissenswert!** Die noch nicht geöffneten, kugeligen, etwa erbsengroßen Blütenknospen werden nach besonderer Aufbereitung in einer gesalzenen Weinessiglösung und sodann in Olivenöl eingelegt in der Küche als Kapern verwendet. Auch die unreifen Früchte können in Essig, Salz oder Öl eingelegt werden. Sie werden Kapernäpfel genannt und schmecken sehr intensiv. Besonders in Südfrankreich und Spanien werden diese Sträucher zur Gewinnung von Kapern angepflanzt. Schon in der Antike wurden die Knospen und Früchte des Kapernstrauches in der Heilkunde verwendet, etwa als Mittel gegen verschiedenartige Krämpfe. Sie dienen vor allem als Appetitanreger und Verdauungsförderer. Ihre Inhaltsstoffe sind mit den senfartig schmeckenden Verbindungen aus den Kreuzblütengewächsen chemisch sehr nahe verwandt.

## Lorbeer-Kirsche
*Prunus laurocerasus · Familie Rosengewächse*

**Immergrüner Strauch mit aufrechten, kräftigen Ästen und Zweigen; Blätter ledrig und glänzend dunkelgrün.** ☆ Apr–Mai

Etwa 1–5 m hoch; kleiner Baum oder breit buschiger Strauch. **Blätter** wechselständig, gestielt, 5–15 cm lang, breit lanzettlich, glattrandig oder unauffällig gewellt,

Blätter ebenso wie die Früchte giftig!

unterseits heller mattgrün, beidseits kahl, am Rand leicht umgebogen oder eingerollt, Mittelrippe sehr kräftig. **Blüten** rund 8 mm lang, zahlreich in aufrechten, bis zu 10 cm langen Trauben, reinweiß, manchmal zusätzliche Blühphase Sep–Okt. **Früchte** kugelige Steinfrüchte, erbsengroß, schwarz, giftig; Fruchtreife ab Jul. Giftig.
**Vorkommen** Unterwuchs lichter Laubwälder und Gebüsche an felsigen Hängen; ausgesprochene Schattenpflanze. Von SW-EU bis Vorderasien; häufig als Sichtschutz gepflanzt, in D stellenweise verwildert.
**Wissenswert!** Die L. wird auch Kirschlorbeer genannt, da ihre Blätter an die des Lorbeers erinnern. Die kugeligen Früchte hingegen ähneln Kirschen, sind aber wie die ganze Pflanze giftig. Zerreibt man die Blätter, so verströmen sie einen Geruch wie Bittermandeln. In Gärten wächst die L. meist als Strauch, wild wachsend oft als Baum.

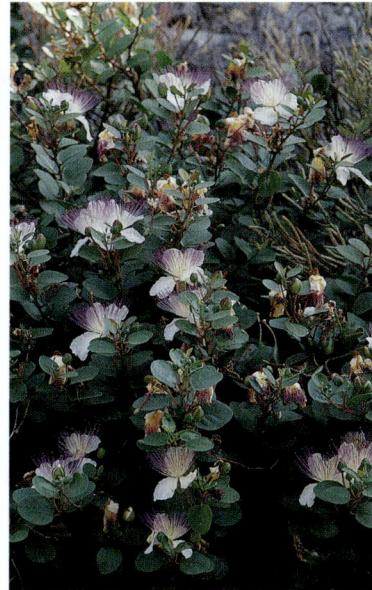

Kapernstrauch

Lorbeer-Kirsche

## Quitte
*Cydonia oblonga* · Familie Rosengewächse

**Die großen, schweren, grünlich gelben Früchte sind apfel- oder birnenförmig; die filzige Behaarung lässt sich bei reifen Früchten mit würzigem Duft abwischen.** ✿ Mai–Jun

Sommergrün, bis zu 8 m hoher Baum oder Strauch mit breiter, flacher Krone; Rinde glatt, braungrau. **Blätter** wechselständig, Blattstiel bis zu 2 cm lang, filzig behaart, Spreite länglich oval bis elliptisch, an der Basis abgerundet, vorn spitz, 7–10 cm lang und bis zu 7 cm breit, ganzrandig, oberseits matt dunkelgrün, unterseits heller und filzig behaart. **Blüten** einzeln oder selten zu 2 an den Zweigenden, geöffnet bis zu 6 cm breit, mit 5 reinweißen oder rosa geäderten Kronblättern, Staubbeutel meist 20 in mehreren Reihen, gelb.
**Vorkommen** Auf kalkhaltigen, tiefgründigen, lockeren Böden in warmem Klima. Ursprünglich W-Asien; in der Türkei und in N-Afrika eingebürgert, in M.-EU vor allem in Weinbauregionen kultiviert, selten verwildert; auch als Ziergehölz.
**Wissenswert!** Bei den „Goldenen Äpfeln der Hesperiden" aus der griechischen Sage handelte es sich wohl um Quitten, ebenso bei dem berühmten Liebesapfel der Venus. In der Antike waren diese bekannten Früchte sehr beliebt, Äpfel und Birnen aber noch weitgehend unbekannt. Quitten verwendet man nur für Marmelade, Gelee, Saft oder Obstwein.

## Mispel
*Mespilus germanica* · Familie Rosengewächse

**Dieses schöne, sommergrüne Ziergehölz entwickelt bis zu 3 cm lange, bräunliche Früchte, die 5 verbleibende, freie Kelchzipfel aufweisen.** ✿ Mai–Jun

Bis zu 6 m hoher Baum oder Strauch mit breiter Krone aus wenigen, kräftigen Ästen; Rinde anfangs graubraun, glatt, später plattig aufgelöst und tiefrissig, Triebe filzig behaart. **Blätter** wechselständig, sehr kurz gestielt oder sitzend, 5–12 cm lang und bis zu 4 cm breit, länglich oval bis elliptisch, an der Basis keilförmig, vorn kurz zugespitzt, ganzrandig oder allenfalls fein gezäht mit Drüsen; Spreite durch eingesenkte Blattnerven leicht runzelig, oberseits glänzend dunkelgrün, unterseits filzig behaart. **Blüten** bis zu 6 cm breit mit 5 reinweißen Kronblättern, die von den schmalen grünen Kelchblättern überragt werden.
**Vorkommen** Lichtholz auf nährstoffreichen, lockeren Böden in Gebüschen und an Waldrändern. Von W-Asien bis S-EU, in M.-EU als dekoratives Obstgehölz kultiviert und stellenweise verwildert.
**Wissenswert!** Der wissenschaftliche Name dieser Art täuscht: Die Mispel ist kein ursprünglich germanisches Gehölz, sondern kam erst mit den Römern in die Region nördlich der Alpen. Im Lauf der Jahrhunderte wurde sie hier vielfach zum geographischen Namensbestandteil, so z. B. bei Schloss Mespelbrunn im Spessart. Aus den mehligen, herb-bitteren Früchten kann man Marmeladen oder Obstwein bereiten, doch sollte man sie erst nach Frosteinwirkung ernten. Roh enthalten sie viele Gerbstoffe.

Frucht

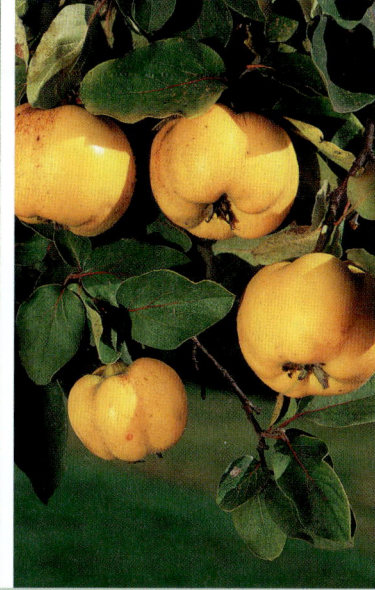

**Quitte**  rechts: apfelförmige Früchte

Mispel

## Wild-Apfel, Holz-Apfel
*Malus sylvestris · Familie Rosengewächse*

**Die reinweißen oder zartrosa Blüten sind außen kräftig rosa und stehen zu mehreren an den Enden der Kurztriebe, nicht blühende Zweige enden in Sprossdornen.** ✿ Apr–Mai

Sommergrün, bis zu 10 m hoher Baum oder Großstrauch, mit dicht beasteter Krone und überhängenden Ästen auf meist niedrigem, gekrümmtem Stamm; Rinde anfangs graubraun und glatt, später borkig, rissig und unregelmäßig gefeldert. **Blätter** wechselständig, 2–4 cm lang gestielt, breit oval bis fast rundlich, 4–10 cm lang, vorn spitz, an der Basis abgerundet oder breit keilförmig, gekerbt bis fein gezähnt,

zunächst dicht behaart, später unterseits nur auf Blattnerven spärlich behaart. **Blüten** gestielt, bis zu 4 cm breit, Kronblätter außen tief rosa, innen reinweiß oder zart rosa; Griffel an der Basis verwachsen. Apfel**früchte** nur 2–4 cm dick, kugelig, gelblich grün, auf der Sonnenseite oft leicht gerötet; Fruchtfleisch holzig und säuerlich schmeckend.

**Vorkommen** Nährstoffreiche, lockere, gut durchfeuchtete Lehm- u. Steinböden in besonnter Lage. Von EU bis W-Asien weit verbreitet, in D zerstreut von der Ebene bis in etwa 1000 m Höhe in den Alpen, aber nirgendwo häufig; gelegentlich auf Waldlichtungen oder an Bestandsrändern für die Wildäsung angepflanzt.

**Wissenswert!** Die Bezeichnung Holz-Apfel weist auf die wenig schmackhaften Früchte mit ihrem holzig derben Fruchtfleisch hin. Doch die Menschen der Steinzeit haben sie gesammelt und verzehrt.

## Kultur-Apfel
*Malus domestica · Familie Rosengewächse*

**Die bekannten grünlichen, gelben oder roten Früchte dieses Baumes, von dem weltweit rund 20 000 Sorten bekannt sind, stehen sehr kurz gestielt an den Zweigen.** ✿ Apr–Mai

Sommergrün, bis zu 10 m hoch, mit breiter, runder, oft sehr dichter Krone und abstehenden Ästen auf geradem Stamm; Zweige 

nicht in Sprossdornen endend; Rinde braungrau, anfangs glatt, später stark rissig gefeldert. **Blätter** wechselständig, gestielt, breit bis länglich oval, spitz, fein gezähnt, unterseits stets weichhaarig. **Blüten** unmittelbar vor dem Laubaustrieb erscheinend, jeweils zu 5–10 büschelig am Ende eines Kurztriebs; Blütenstiele weißfilzig behaart; bis zu 5 cm, außen rötlich, innen reinweiß oder hellrosa. Apfel**früchte** über 10 cm dick.

**Vorkommen** In Streuobstwiesen, Gärten, Plantagen. In den gemäßigten Klimazonen aller Erdteile. Der Apfelbaum ist nach Orangen und Bananen weltweit der am meisten angebaute Fruchtbaum.

**Wissenswert!** Der K. stellt eine der wenigen Obstarten dar, deren Wildform Bestandteil der heimischen Flora ist. Verwilderte Exemplare der Kultursorten lassen sich nur durch die stärker behaarten Laubblätter vom Wild-Apfel unterscheiden. Das heutige vielfältige Sortenbild des K. ist kaum noch zu überblicken. Viele neuere Standardsorten wie z. B. Cox Orange oder Boskoop sind nicht Ergebnis gezielter Züchtung, sondern gehen auf Zufallsfunde aus Plantagen zurück.

Heute baut man meist pflege- und ernteleichte Niedrigstämme an. Dabei gehören Streuobstwiesen mit hochstämmigen Apfelbäumen zu den wertvollsten, weil besonders artenreichen Lebensräumen.

Wild-Apfel, Holz-Apfel

Kultur-Apfel

## Wild-Birne, Holz-Birne
*Pyrus pyraster* · Familie Rosengewächse

**Die holzig harten, gelblich braunen Früchte mit den langen, dünnen Stielen werden nur bis zu 4 cm dick und stehen zu meist 3–7 an den Zweigenden.**
✿ Apr–Mai

Sommergrün, bis zu 15 m hoher Baum oder Strauch, mit kegelförmiger, hoher, reichästiger und dichter Krone; Kurztriebe häufig in Sprossdornen endend; Rinde jung glatt graubraun, später schuppig gefeldert. **Blätter** wechselständig, bis zu 7 cm lang gestielt, Spreite 3–7 cm lang, breit elliptisch, sehr kurz gespitzt, fein gesägt, an der Basis abgerundet oder herzförmig; oberseits glänzend dunkelgrün, unterseits leicht bläulich. **Blüten** reinweiß oder leicht rosa, Kelch behaart; Staubbeutel vor dem Öffnen dunkelrot; 5 Griffel im Unterschied zur Apfelblüte bis zur Basis hinab frei, d. h. nicht verwachsen.

**Vorkommen** Auf unterschiedlichen Böden, meist in sonnigen Lagen; vorwiegend in Mischbeständen mit anderen Laubgehölzen; vom Tiefland bis in etwa 1000 m Höhe. In EU mit Ausnahme der nördlichen Länder weit verbreitet, aber nirgendwo häufig; oft auch als Wildäsung angepflanzt.

**Wissenswert!** Am besten kann man die heimische W. an ihren auffallend dünnstieligen und ziemlich kleinen, zudem wenig schmackhaften Früchten von verwilderten Exemplaren der Kultursorten unterscheiden. Die Birne stellt eine aus Achsengewebe hervorgehende Apfelfrucht dar. In dem Fruchtfleisch sind große Mengen so genannter Steinzellnester enthalten, Grüppchen von Zellen mit extrem verdickter und verhärteter Zellwand. Diese machen die Birnen sehr fest, was im Namen Holz-Birne zum Ausdruck kommt.

## Kultur-Birne
*Pyrus communis* · Familie Rosengewächse

**Die Baumkrone ist meist höher als breit und im Sommer und Herbst an den leuchtend orangeroten Blattflecken zu erkennen, die vom Birnengitterrost herrühren.** ✿ Apr–Mai

Sommergrün, bis zu 20 m hoch, mit schmaler, kegelförmiger, im Umriss meist birnenförmiger Krone; Kurztriebe nicht in Sprossdornen endend. **Blätter** wechselständig, gestielt, breit elliptisch, 5–8 cm lang, zunächst behaart, später kahl, fein gesägt. **Blüten** lang gestielt in Büscheln an den Zweigenden, Kronblätter reinweiß, leicht nach Fisch duftend (Trimethylamin). Birnen**frucht** über 5 cm lang, im Unterschied zur Wild-Birne dickstielig, sehr schmackhaft.
**Vorkommen** In verschiedenen Zuchtsorten in Streuobstwiesen, Hausgärten und Plantagen sowie an Flurwegen. Heute in gemäßigten Klimaten weltweit verbreitet.
**Wissenswert!** Die heute in vielen Sorten angebauten Kultur-Birnen haben von den Wildformen die eigenartigen Steinzellnester in ihrem Fruchtfleisch behalten. Die Blätter werden oft vom Birnengitterrost befallen. Dieser Pilz wechselt zwischen Birnen und Wacholderarten.
Das feste, dichte Holz ist im frischen Zustand sehr hell, dunkelt nach der Verarbeitung stark nach. Früher fertigte man daraus Mess- und Zeicheninstrumente sowie Druckstöcke für Holzschnitte.

Wild-Birne, Holz-Birne

Kultur-Birne

## Felsen-Zwergmispel
*Cotoneaster integerrimus* · Fam. Rosengew.

**Sommergrüner, kleiner und locker verzweigter Strauch mit kräftigen, aufrechten und abstehenden Zweigen.** ✲ Apr–Mai

Bis zu 1 m hoch; Triebe filzig behaart. **Blätter** wechselständig, 2–5 cm lang und meist nur halb so breit, an beiden Enden verschmälert, oberseits dunkelgrün und kahl, unterseits dicht behaart. **Blüten** 5-zählig, klein und unauffällig, glockig, einzeln oder zu wenigen in endständigen Trauben, mit blassroten, rundlichen Kronblättern. **Früchte** apfelartig, etwa erbsengroß, scharlachrot, rundlich, kahl, ungenießbar; Fruchtreife ab Aug.
**Vorkommen** Felsen, steinige Hänge, trockene Böden und Geröllhalden in sonniger Lage. In D in warmen Flusstälern bis zum nördlichen Mittelgebirgsrand, in den Alpen bis in 2000 m Höhe.

Blütenstände

## Filz-Zwergmispel
*Cotoneaster tomentosa* · Fam. Rosengew.

**Sommergrüner, kleiner, ästiger Strauch mit überhängenden oder abstehenden Zweigen, oft in einer Ebene.** ✲ Apr–Mai

Etwa 0,5–2 m hoch. **Blätter** wechselständig, kurz gestielt, 2–6 cm lang und bis zu 4 cm breit, oval, stumpf abgerundet, glattrandig, oberseits anfangs filzig, später nur noch schwach behaart, unterseits bleibend grünlich graufilzig. **Blüten** gestielt, unauffällig, 5-zählig, zu wenigen in Doldentrauben, Kronblätter weißlich, aufrecht. **Früchte** etwa erbsengroß, hochrot, leicht glänzend oder behaart, ungenießbar; Fruchtreife ab Sep, werden gerne von Singvögeln gefressen.
**Vorkommen** Waldränder, Gebüschstreifen, strauchreiche Laubmischbestände in trockenen, warmen Lagen, meist auf Kalkboden. S-EU und südliches M.-EU, Alpen.

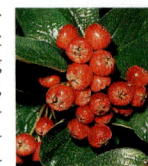

## Chinesische Scheinquitte
*Chaenomeles speciosa* · Familie Rosengewächse

**Sommergrüner, kleiner, aufrechter, dicht buschig verzweigter Zierstrauch, Äste oft breit und ausladend; überaus reichblütig und in der Blüte sehr attraktiv.** ✲ Mär–Apr

Etwa 1–2 m hoch. **Blätter** wechselständig, kurz gestielt, 3–8 cm lang, elliptisch, scharf gesägt, an beiden Enden zugespitzt, oberseits glänzend grün, auch unterseits kahl; auffällige Nebenblätter, bis zu 4 cm breit, nierenförmig. **Blüten** einzeln oder zu mehreren an Kurztrieben, 3–4 cm breit, weit geöffnet, 5 Kronblätter, breit, scharlachrot, Staubblätter sehr zahlreich, 5 Griffel, am Grund verwachsen. **Früchte** typische Apfelfrüchte, rundlich-länglich, wohlriechend; Fruchtreife ab Jun.
**Vorkommen** Wälder und Gebüsche auf nährstoffreichen, lockeren Böden. Ursprünglich nur in China; in Japan eingebürgert, in EU nur in Gartenkultur und in vielen Sorten angepflanzt.
**Wissenswert!** Die rechts abgebildete Sorte 'Eximia' zeichnet sich gegenüber der kräftiger gefärbten Wildform durch hellere, eher rosafarbene Kronblätter aus. Daneben existieren auch zahlreiche Gartenformen mit karmin- und dunkelroten sowie mit cremeweißen, gelegentlich sogar halb gefüllten Blüten. Außer dieser Art, die mitunter auch Zierquitte genannt wird, findet man in Parks und Gärten häufig die dekorative **Japanische Scheinquitte** *C. japonica*, deren Triebe stets zottig behaart sind. Sie besitzt korkwarzige Zweige sowie breiter ovale, grob kerbig gesägte Blätter, die Blüten sind ziegelrot, die Früchte duften.

Blatt mit Nebenblatt

Felsen-Zwergmispel — apfelartige Frucht

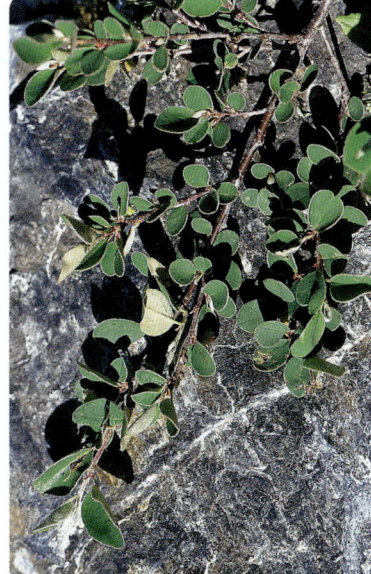

Filz-Zwergmispel

Chinesische Scheinquitte

## Englischer Ginster
*Genista anglica* · F. Schmetterlingsblüteng.

**Sommergrüner, sparriger, oft liegender Wildstrauch mit dünnen, vor allem im unteren Teil verholzt.** ☼ Mai–Aug

Bis zu 50 cm hoch; Äste und Zweige stark bedornt. **Blätter** kurz gestielt, einfach, elliptisch-lanzettlich, bis zu 8 mm lang und 3 mm breit, blaugrün, ohne Nebenblätter. **Blüten** kräftig gold- oder zitronengelb, kahl, bis zu 1 cm lang, Fahne oval, kürzer als Schiffchen und Flügel, zu 3–10 in endständigen, gedrängten, rundlichen Trauben. **Früchte** rundliche Hülsen, kahl, hellbraun, bis zu 2 cm lang, reif leicht blasig verdickt; Fruchtreife Aug.
**Vorkommen** Lichte Eichen-Birken- und Kiefernwälder, Heiden, Moore, Trockenrasen. W- und M.-EU, SW-Italien, nördlich bis nach S-Schweden; in D fast nur im nördlichen Tiefland.

## Deutscher Ginster
*Genista germanica* · F. Schmetterlingsbl.g.

**Sommergrüner, stark dorniger Wildstrauch mit liegenden oder aufsteigenden Ästen und Zweigen.** ☼ Mai–Aug

Bis zu 60 cm hoch; Triebe zottig behaart, Dornen bis zu 1,5 cm lang. **Blätter** wechselständig, sehr kurz gestielt bis sitzend, 1–2 cm lang und bis zu 7 mm breit, einfach, lanzettlich-elliptisch, grasgrün, vor allem am Rand lang bewimpert bis rauhaarig. **Blüten** goldgelb, etwa 1 cm lang, Fahne oval, spitz, kürzer als das Schiffchen, Flügel anliegend seidig behaart, zahlreich in endständigen, lockeren, aufrechten, 1–5 cm langen Trauben. **Früchte** schwarzbraune Hülsen, dicht behaart, wenigsamig; Fruchtreife ab Jul.
**Vorkommen** Magerwiesen, Heiden, lichte Wälder, Säume, lockere Gebüsche; auf kalkarmen Böden. M.- und O-EU.

## Behaarter Ginster
*Genista pilosa* · F. Schmetterlingsblütengew.

**Sommergrüner, reichästiger, dichtbuschiger Wildstrauch mit liegenden und aufsteigenden Ästen.** ☼ Mai–Aug

Nur bis zu 30 cm Höhe; jüngere Zweige rundlich, dicht anliegend behaart, ältere langsstreifig und knotig, immer dornenlos. **Blätter** wechselständig, einfach, an Langtrieben einzeln, sonst in Büscheln, bis zu 1 cm lang und 4 mm breit, lanzettlich oval, entlang der Mittelrippe gefaltet, dunkelgrün, unterseits dicht seidig behaart. **Blüten** gelb, etwa 1 cm lang, zu 1–3 in den Blattachseln an vorjährigen Trieben. **Früchte** hellbraune Hülsen, bis zu 2,5 cm lang, seidig, abgeflacht, gerade; Fruchtreife ab Jul.
**Vorkommen** Sonnige, trockenwarme Säume von Gebüschen und Wäldern, in Heiden und Magerwiesen. M.-, S- und SW-EU.

## Skorpion-Ginster
*Genista scorpius* · F. Schmetterlingsbluteng.

**Sommergrüner, sparrig verzweigter Strauch; Zweige graubraun gestreift, mit spitzen Sprossdornen.** ☼ Apr–Jun

Bis zu 1,6 m hoch. **Blätter** wechselständig, meist sitzend, einfach, lanzettlich oval, um 1 cm lang, spitz, graugrün, oberseits kahl, unterseits anliegend behaart. **Blüten** goldgelb, bis zu 1,5 cm lang, zu 1–4 in Blattachseln, dichtblütiger, traubiger Blütenstand. **Früchte** (Hülsen) bis zu 4 cm lang, leicht gekrümmt, hellbraun; Fruchtreife ab Aug.
**Vorkommen** Felsige Hänge, steinige Säume, lichte Gebüsche und Wälder. W-EU sowie Iberische Halbinsel bis S-Frankreich, vereinzelt auch in den W-Alpen.

Trieb mit Blättern

Blüte

Dornen 2–4 cm lang

Englischer Ginster

Deutscher Ginster

Behaarter Ginster

Skorpion-Ginster

## Färber-Ginster

*Genista tinctoria* · Familie Schmetterlingsblütengewächse

**Sommergrüner, ästiger Wildstrauch mit rutenförmigen, aufrechten Ästen und etwas kantig gefurchten, grünen Zweigen ohne Dornen.** ✪ Jun–Jul

Wuchshöhe 0,3–1 m. **Blätter** wechselständig, sitzend, einfach, bis zu 4,5 cm lang und um 0,5 cm breit, lanzettlich, kahl oder dünn seidig behaart, an der Basis mit 2 kleinen, schmalen Nebenblättern. **Blüten** goldgelb, bis zu 1,5 cm lang, zahlreich in den oberen Blattachseln in aufrechten, schlanken Trauben, diese zu einem außerordentlich reichblütigen, rispigen Gesamtblütenstand vereinigt. **Früchte** 2–3 cm lange Hülsen, kahl, flach, am Rand gewellt; Fruchtreife ab Sep. **Vorkommen** Heiden, trockene Magerwiesen, Heidemoore, lichte Eichen- und Kiefernwälder; fast immer auf nährstoffarmen, teilweise auf leicht kalkhaltigen und wechselfeuchten Böden. In EU vom Mittelmeergebiet bis nach S-Skandinavien weit verbreitet, ferner bis nach Kleinasien; fehlt in D im nordwestlichen Tiefland weitgehend; in den Alpen bis in 1500 m Höhe. Außerhalb des natürlichen Verbreitungsgebiets wird die Art häufig als dekoratives Ziergehölz (auch in gefülltblütigen Sorten) gepflanzt und ist stellenweise verwildert.
**Wissenswert!** Zweige, Blätter und Blüten wurden früher wegen ihres Gehalts an Luteolin und Genestein zum Gelbfärben von Leinen und Wolle verwendet. Außerdem gewann man aus der Pflanze die mit Schlämmkreide und Alaun pastös angerührte Malfarbe „Schüttgelb". Medizinisch nutzt man die in allen Pflanzenteilen enthaltenen Alkaloide meist homöopathisch.

## Spanischer Ginster

*Genista hispanica* · F. Schmetterlingsblüteng.

**Sommergrüner, aufrechter, sehr dichter, halbkugeliger Strauch mit allseits abstehenden Trieben.** ✪ Mai–Jun

Etwa 30–70 cm hoch; Triebe dicht abstehend behaart; in den Blattachseln entwickeln sich etwa 1 cm lange, verdornte Kurztriebe, nur blühende Triebe immer ohne Dornen. **Blätter** wechselständig, bis zu 1 cm lang, lanzettlich, vorn abgestumpft, oberseits kräftig grün, unterseits behaart, nur an den diesjährigen blühenden Trieben. **Blüten** goldgelb, 1 cm lang, Fahne breit oval, etwa so lang wie das Schiffchen, zu 2–12 in kopfigen Trauben am Ende beblätterter Triebe. **Früchte** behaarte Hülsen, mittelbraun; Fruchtreife ab Aug.
**Vorkommen** Offene Gebüsche, Steinfluren, küstennahe Felsabhänge, Macchie, meist auf Kalkböden. SW-EU; dekorativ.

## Wald-Ginster

*Genista sylvestris* · F. Schmetterlingsblüteng.

**Sommergrüner, dicht verzweigter, teppichartiger und ziemlich dorniger Zwergstrauch.** ✪ Mai–Jun

Bis zu 20 cm hoch; Triebe silbrig behaart, ältere dornig bewehrt und bogig aufsteigend. **Blätter** wechselständig, linealisch-lanzettlich, um 1–2 cm lang, kahl oder sehr sparlich flaumig behaart. **Blüten** hell- bis kräftig gelb, etwa 1 cm lang, Kelch seidig behaart, mit langen, schmalen Zähnen; zu 4–10 in lockeren oder kopfigen, end- und seitenständigen Trauben. **Früchte** 1-samige, braune Hülsen mit aufwärts gebogenem Ende; Fruchtreife ab Aug.
**Vorkommen** Offene Felsfluren, küstennahe Abhänge, Trockengebüsche, Brachland. Nur an der mittleren Adria auf küstennahen Felsen; selten und nur im Heimatgebiet auch in Gärten gepflanzt.

Färber-Ginster

Spanischer Ginster

Wald-Ginster   Genista sylvestris ssp. dalmatica

## Binsenginster
*Spartium junceum · Familie Schmetterlingsblütengewächse*

**Sommergrüner, reich verzweigter, sehr dichter Strauch mit rutenförmigen, biegsamen Zweigen, diese rund, fein gerippt, grün und kahl.** ✿ Apr–Aug
Etwa 0,5–3 m hoch. **Blätter** wechselständig, sitzend, einfach, lanzettlich, um 3 cm lang und bis zu 3 mm breit, fallen meist schon frühzeitig ab. **Blüten** kräftig gelb, stark und angenehm duftend, bis zu 2,5 cm lang, Fahne aufrecht und meist etwas zurückgeschlagen, Flügel kürzer als das Schiffchen; zahlreich in langen, vielblütigen Trauben am Ende jüngerer Zweige. **Früchte** schwarzbraune, bis zu 8 cm lange, behaarte Hülsen; giftig; reif ab Sep.

Blätter einfach

Blüten bis 2,5 cm lang

**Vorkommen** Macchien und Garigues, Trockenhänge und Felsen, Wegränder, Brachen, meist auf Kalkböden. Gesamtes Mittelmeergebiet und SW-EU, außerdem auf Madeira und den Kanarischen Inseln, in wintermilden Gebieten als Ziergehölz angepflanzt, in M.-EU zunehmend verwildert.
**Wissenswert!** Der B., auch Pfriemenginster oder „Spanischer Ginster" genannt, ist ein Beispiel für so genannte Rutensträucher, zu denen auch der heimische Besenginster (⇨ S. 334) gehört. Diese Gehölze verzichten an ihren sommertrockenen Standorten z. T. schon ab Frühsommer auf die kleinen Blätter und erledigen die Fotosynthese allein mit den grünen, wegen des günstigen Verhältnisses von Volumen zu Oberfläche äußerst wasserökonomisch arbeitenden Zweigen. Die gelbe Fahne der B.-Blüten zeigt für Insektenaugen dunkle Streifen, welche die Bestäuber als „Leitplanken" in das Blütenzentrum locken.

## Flügelginster
*Chamaespartium sagittale · Familie Schmetterlingsblütengewächse*

**Dornenloser, teppichbildender Zwergstrauch mit kriechenden, wurzelnden Ästen und aufrechten, unverholzten Stängeln.** ✿ Mai–Jul
Nur bis zu 25 cm hoch; Stängel breit geflügelt, durch mehrere Einkerbungen in 3–6 Abschnitte gegliedert. **Blätter** spärlich, wechselständig, sitzend, einfach, rundlich oval oder leicht zugespitzt, bis zu 2 cm lang und um 6 mm breit, frühzeitig abfallend. **Blüten** goldgelb, bis zu 1,5 cm lang, zahlreich in endständigen, aufrechten, rundlichen Trauben. **Früchte** zusammengedrückte, bis zu 2 cm lange, bräunliche, behaarte Hülsen; ab Aug.
**Vorkommen** Magerrasen, Trockenwiesen, Zwergstrauch- und Sandheiden, Wegränder, lichte Gebüsche und Wälder. S-EU und südliches M.-EU von der Iberischen Halbinsel bis zum Balkan; in D nordwärts nur bis zum Mittelrhein.

**Wissenswert!** Die breit geflügelten, teilweise. wintergrünen Stängel übernehmen statt der meist fehlenden Blätter die Aufgabe der fotosynthetischen Stoffproduktion und stellen die hauptsächliche Assimilationsfläche dar. Die tiefreichenden Wurzeln des F. lockern magere Böden und tragen so zur Anreicherung von Humus bei. Andererseits verdrängt dieser Strauch dort, wo er wächst, die verschiedenen Gräser und wird vom weidenden Vieh als Futter verschmäht. In Stein- und Heidegärten wird der F. als Zierstrauch angepflanzt. Er ist aber etwas frostempfindlich.
Flügelginster ist die Typpflanze der danach benannten Flügelginsterrasen, einer Pflanzengesellschaft auf eher sauren, aber sehr trockenen Standorten.

Binsenginster

Flügelginster

## Judasbaum
*Cercis siliquastrum* · Familie Johannisbrotgewächse

**Aus den kräftig rosaroten Blüten, die vor den runden bis nierenförmigen Blättern erscheinen, entwickeln sich bis zu 9 cm lange, harte Hülsenfrüchte. ✿ Mai**

Sommergrün, bis zu 10 m hoher Baum oder Strauch, mit breiter, offener Krone; Rinde dunkelbraun bis schwärzlich, fein gestreift, leicht rau gefeldert. **Blätter** wechselständig, gestielt, Spreite zum Blattstiel stark abgewinkelt, bis zu 10 cm lang, kahl, oberseits matt dunkelgrün, unterseits leicht bläulich grün, am Rand leicht gewellt. **Blüten** gestielt, zu je 3–8 in kleinen Büscheln an Stamm oder größeren Ästen, mit 5-zähnigem Kelch und kräftig rosaroter, 1–2 cm langer Krone, deren obere 3 Kronblätter deutlich schmaler sind als die beiden nach unten weisenden. Hülsen**früchte** 5–9 cm lang, mit schlanker, aufgesetzt wirkender Spitze, in der Reife bräunlich, manchmal auch karminrot.
**Vorkommen** Auf mäßig trockenen, meist kalkhaltigen, mittelgründigen Böden. Östliches Mittelmeergebiet von der Adria bis W-Asien; häufig als dekoratives Ziergehölz angepflanzt und verwildert, auch in D in den Weinbauregionen als Park- und Gartengehölz.
**Wissenswert!** Der J. bietet ein eindrucksvolles Beispiel für die so genannte Stamm- oder Astblütigkeit, die besonders bei subtropischen bis tropischen Gehölzen sehr verbreitet ist: Die auffälligen, sehr attraktiven Blüten(stände) entwickeln sich nur am mehr- bis vieljährigen Holz. Man bezeichnet dies als Kauliflorie (Blüten am Stamm) bzw. Ramiflorie (an Ästen).

## Katsurabaum
*Cercidiphyllum japonicum* · Familie Kuchenbaumgewächse

**Die bis zu 12 cm langen, herzförmigen Blätter mit den langen, dunkelroten Stielen verfärben sich im Herbst auffallend rötlich oder goldgelb. ✿ Apr**

Sommergrün, bis zu 12 m hoch, mit länglicher, kegelförmiger Krone; Rinde braungrau, zunächst glatt, später rau netzadrig oder fein gefeldert. **Blätter** gegenständig, Spreite fast rechtwinklig zum Blattstiel stehend, breit oval bis rundlich, handnervig, vorn spitz; kahl, oberseits mattgrün, unterseits bläulich getönt. **Blüten** zweihäusig verteilt, noch vor dem Laub erscheinend; unauffällig, rötlich, zu mehreren in den Achseln der Blattknospen. Balg**früchte** hellgrün, krallenartig gekrümmt.

♂ Blüten ♀

**Vorkommen** In lichten Gebüschen auf lockerem, humosem, nährstoffreichem Boden. Stammt aus O-Asien (Japan und China); in EU nicht selten in Gärten und Parks als dekoratives Ziergehölz angepflanzt.
**Wissenswert!** An den Kurztrieben fallen die Blätter etwas länglicher aus. Die weiblichen Blüten bestehen nur aus einem einzigen Fruchtblatt, das sich zu einer vielsamigen Balgfrucht mit flachen, geflügelten Samen entwickelt. Die Blätter färben ziemlich rasch von Mattgrün nach Lachsrosa und zuletzt Goldgelb um. Kurz vor dem Laubfall duften sie schwach, aber angenehm nach Lebkuchen, weshalb die Art auch Kuchenbaum genannt wird.
Die Familie der Kuchenbaumgewächse umfasst nur diese eine Art und nimmt innerhalb der Blütenpflanzen eine recht isolierte Stellung ein. Mit ihrer Häufung von entwicklungsgeschichtlich ursprünglichen Merkmalen ähnelt sie den Magnolien- und Zaubernussgewächsen, ohne jedoch mit diesen näher verwandt zu sein.

Judasbaum

schlanke Spitze

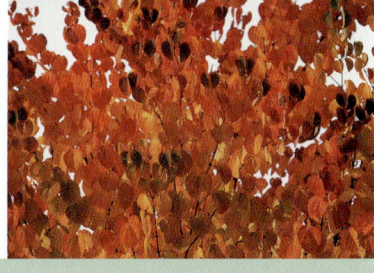

Katsurabaum    unten rechts: Herbstfärbung

## Alpen-Zwergbuchs
*Polygala chamaebuxus · Familie Kreuzblumengewächse*

**Immergrüner, kleiner Halbstrauch mit liegenden oder bogig aufsteigenden, verzweigten, nur im unteren Teil verholzten Stängeln, Triebe abstehend behaart.** ✿ Mär–Mai

Etwa 10–30 cm hoch. **Blätter** wechselständig, meist sitzend oder kurz gestielt, ledrig, dunkelgrün, glattrandig, schmal eiförmig, mit kleiner, aufgesetzter Spitze, kahl. **Blüten** 2–3 cm lang, zu 1–3 in den Achseln der mittleren und oberen Blätter oder am Ende des Stängels; 5 Kelchblätter, sehr ungleich gestaltet, das oberste gespornt, die beiden unteren klein, die beiden seitlichen groß und blütenblattartig, gewöhnlich aufwärts gerichtet oder etwas zurückgeschlagen, entweder cremeweiß, gelblich oder intensiv purpurn; 3 Kronblätter, das untere groß, schiffchenartig und mit fransigem Anhängsel, weißlich bis gelborange, beim Verblühen zunehmend dunkel- bis braunorange; 8 Staubblätter, zu einer oben offenen Röhre verwachsen; eventuelle zweite Blühphase Sep–Okt. **Früchte** fleischige, rundlich-herzförmige, abgeflachte Kapseln mit dunkelbraunen Samen; ab Aug.

**Vorkommen** Kiefernwälder, Legföhrengebüsche, Matten, Magerrasen, meist auf Kalk, auch auf Granitverwitterungsböden. Alpen von S-Frankreich bis zu den Ostalpen, vereinzelt Bayerischer Wald, Fränkischer, Schwäbischer und Schweizer Jura, Baar, Alpenvorland, bis in 2000 m Höhe.

**Wissenswert!** In M.-EU die einzige Holzpflanze innerhalb der Gattung. Sie fällt durch die zahlreichen, attraktiven Blüten auf. Diese erinnern an eine typische Schmetterlingsblüte, beziehen in die Blütenhülle auch die vergrößerten Kelchblätter ein. Die Farbänderung signalisiert, dass in der Blüte nun nichts mehr zu holen ist.

## Perückenstrauch
*Cotinus coggygria · Familie Sumachgewächse*

**Sommergrüner, reichästiger Mittelstrauch mit rundlicher, oft breiter Krone; Triebe mit zahlreichen hellen Korkwarzen. Blütenstände mancher Formen spektakulär.** ✿ Mai–Jul

Etwa 2–5 m hoch. **Blätter** wechselständig, 3–8 cm lang gestielt, breit oval bis rundlich elliptisch, 3–7 cm lang und bis zu 6 cm breit, vorn stumpf, rundlich oder leicht ausgerandet, dünn, glattrandig, oberseits hell- oder kräftig grün, unterseits bläulich, beidseits kahl. **Blüten** 5-zählig, etwa 2–4 mm breit, unscheinbar, zwittrig oder eingeschlechtig, größtenteils jedoch steril, gelblich weiß, überaus zahlreich zu lockeren, bis zu 20 cm langen, endständigen, reichästigen Rispen; Blütenstiele entwickeln im Herbst einen dichten Besatz mit fiederigen Haaren, die den **Frucht**stand wie Perücke aussehen lassen. Verfärben sich wie die Blätter kräftig rötlich bis purpurrot.

**Vorkommen** Sonnige Felsgebüsche, Trockenwälder, meist auf kalkhaltigen, steinigen, trockenen Böden; sehr lichtbedürftig. Vom östlichen Mittelmeergebiet über Vorderasien bis nach Zentralchina; häufig in Sorten mit abweichender Laubfärbung als Ziergehölz in Parks und Gärten angepflanzt, jedoch kaum verwildert.

**Wissenswert!** Die stark gerbstoffhaltigen Blätter wurden früher medizinisch als blutstillendes Mittel genutzt. Das Holz verwendete man zur Gewinnung von Farbstoffen für Seide und Wolle. Dazu wurde der P. im Elsass und in S-Tirol sogar angebaut.

> **Ähnlich** Ebenso dekorativ ist der **Amerikanische Perückenstrauch** *C. obovatus*: Blattunterseite anfangs seidige Behaarung, Blattgrund keilförmig.

verblühendes Kronblatt
braunorange

Alpen-Zwergbuchs

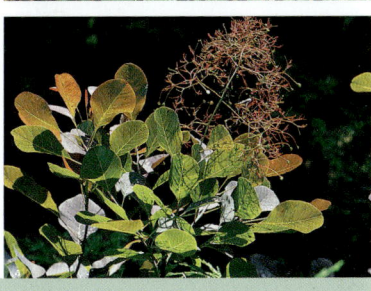

Perückenstrauch    oben rechts: Blütenstand

## Gewöhnlicher Seidelbast
*Daphne mezereum* · Familie Seidelbastgewächse

Sommergrüner, wenig verzweigter Kleinstrauch mit rutenförmigen, aufrechten oder abstehenden Ästen und Zweigen. Im Blüten- und Fruchtschmuck sehr dekorativ. ✿ Feb–Apr

Nur 0,4–1,5 m hoch; Triebe und Zweige dicht mit Korkwarzen besetzt. **Blätter** wechselständig, kurz gestielt, an den Zweigenden büschelig gehäuft, 3–8 cm lang, länglich-lanzettlich, stumpf oder leicht zugespitzt, an der Basis keilförmig, oberseits grün, unterseits graugrün oder bläulich. **Blüten** büschelig zusammen, vor dem Laubaustrieb erscheinend, stark und angenehm duftend; Krone fehlt, statt dessen kronblattartig ausgefärbte Kelchblätter, rosapurpurn bis karminrot. Stein**früchte** korallenrot; Fruchtreife ab Jun. Sehr giftig!

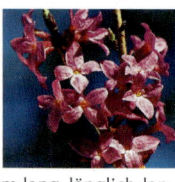

**Vorkommen** Schattige Gebüsche und Laubmischwälder auf wechselfeuchten Böden. In EU weit verbreitet, vor allem in den höheren Mittelgebirgen, in den Alpen bis in 2000 m Höhe, fehlt im Tiefland; auch in Sorten in Gärten und Parks gepflanzt. **RL**
**Wissenswert!** Alle Teile der Pflanze sind stark giftig! Schon der Verzehr weniger Früchte kann für Kinder lebensgefährlich sein. Allerdings wirken die Giftstoffe nur bei Säugern. Für Vögel sind sie ungefährlich. Trotzdem schätzt man die Pflanze wegen ihres dekorativen Aussehens.

**Verwandt** Gestreifter Seidelbast *Daphne striata*, Zwergstrauch bis zu 30 cm, Blüten kopfig; alpine Zwergstrauchheiden.

## Lorbeer-Seidelbast
*Daphne laureola* · Fam. Seidelbastgewächse

Immergrüner, wenig verzweigter Kleinstrauch mit aufrechten Ästen und grünlichen Blüten. ✿ Feb–Apr

Nur bis zu 1 m hoch. **Blätter** wechselständig, gestielt, 3–10 cm lang, ledrig, lanzettlich, spitz, kahl, oberseits matt dunkelgrün, unterseits gelblich, mit kräftigem Mittelnerv. **Blüten** gelblich grün, schwach duftend, büschelig in hängenden, kurz gestielten Trauben in den Blattachseln nahe der Zweigspitze. Stein**früchte** eiförmig, blauschwarz; Fruchtreife ab Jul. Sehr giftig!
**Vorkommen** Lichte Mischwälder und Gebüsche, meist auf kalkhaltigen, mäßig trockenen Lockerböden, im Bergland bis in etwa 1000 m Höhe. W- und S-EU, Mittelmeergebiet, N-Afrika; in D wild im S-Schwarzwald sowie am Mittelrhein; auch gärtnerisch in Steingartenpflanzungen. **RL**

Früchte

## Rosmarin-Seidelbast, Steinröschen
*Daphne cneorum* · Fam. Seidelbastgewächse

Immergrüner, locker verzweigter Kleinstrauch; reichblütig, daher in der Blüte besonders auffällig. ✿ Apr–Mai

Nur 10–30 cm hoch; Triebe anliegend grau behaart. **Blätter** wechselständig, an den Zweigenden schopfig gehäuft, sitzend, 1–2 cm lang, länglich bis spatelförmig, ledrig, kahl, oberseits dunkelgrün, unterseits bläulich. **Blüten** zu mehreren in endständigen Köpfen, stark nach Nelken duftend; ohne Kronblätter, stattdessen kronblattartige, rosarote Kelche mit ausgebreiteten Zipfeln. Stein**früchte** gelb oder rötlich; Fruchtreife Aug. Sehr giftig!
**Vorkommen** Kalk liebende Art in Gebüschen, Kiefernwäldern, Trockenrasen, Felsfluren. Gebirge in M.- und S-EU, von den Pyrenäen bis zum Balkan; in Sorten als Steingartenpflanze verwendet. **RL**

Frucht

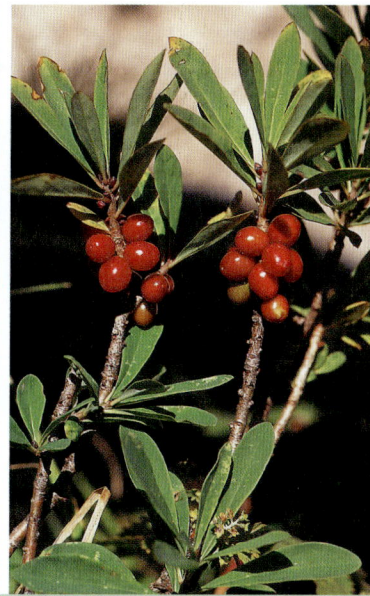

Gewöhnlicher Seidelbast   rechts: Früchte, sehr giftig

Lorbeer-Seidelbast

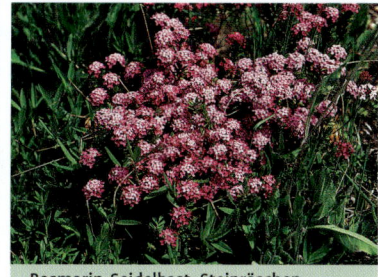

Rosmarin-Seidelbast, Steinröschen

## Alpen-Seidelbast, Berg-Seidelbast
*Daphne alpina* · Familie Seidelbastgewächse

**Sommergrüner Kleinstrauch mit behaarten Trieben, Äste mit vereinzelten Korkwarzen.** ✱ Mai–Jun

Ungefähr 20–50 cm hoch. **Blätter** wechselständig, 1–4 cm lang, verkehrt eiförmig, oberseits graugrün, unterseits etwas heller. **Blüten** bis zu 1,8 cm breit, zu 6–10 büschelig in den oberen Blattachseln, nach Vanille duftend, Kelchröhre bis zu 1 cm lang, außen seidig, Kelchzipfel weiß. Stein**früchte** rotorange; Fruchtreife ab Aug. Sehr giftig!
**Vorkommen** Felsspalten, Steinfluren, Grobschutt, auch Mauern; auf Kalk. Europäische Hochgebirge, von den Pyrenäen bis zu den Karpaten; in den Alpen bis in 1900 m Höhe, fehlt in D; in Steingärten gepflanzt.
**Wissenswert!** Wie bei allen Seidelbastarten ist die Blütenhülle nur einfach, die Kronblätter fehlen. Die Werbewirkung übernehmen in diesem Fall die kronblattartig gestalteten Kelchblattzipfel.

## Mannsblut
*Hypericum androsaemum* · F. Johanniskrautg.

**Immergrüner, dicht verzweigter Strauch mit kriechenden oder aufsteigenden Ästen und 2-kantigen Trieben.** ✱ Jun–Aug

Etwa 30–80 cm hoch. **Blätter** sitzend, kahl, 4–12 cm, breit eiförmig, ledrig, glatt-randig, unterseits auffallend blaugrün, mit großen Öldrüsen durchscheinend punktiert. **Blüten** einheitlich hellgelb, bis zu 3 cm breit, lang gestielt, Staubblätter sehr zahlreich, länger als die 5 Kronblätter. Beeren**frucht** anfangs rotbraun, später glänzend schwarz, ungenießbar; Fruchtreife ab Aug.
**Vorkommen** Lichte Wälder, schattige Gebüsche. W- und S-EU, von der Iberischen Halbinsel bis nach Kleinasien, nördlich bis Irland, ferner N-Afrika; fehlt in D; gärtnerisch häufig als Bodendecker verwendet.

## Chinesischer Bocksdorn
*Lycium chinense* · Familie Nachtschattengew.

**Sommergrüner, ästiger Strauch mit überhängenden Zweigen und violetten Blüten.** ✱ Jun–Sep

Klettert gelegentlich als Spreizklimmer bis zu 4 m hoch. **Blätter** wechselständig, kurz gestielt, an Kurztrieben in Büscheln, 10–14 cm lang, lanzettlich. **Blüten** bis zu 1,5 cm breit, Kelch 3- bis 5-zähnig, Krone trichterig, purpurn. Beeren**früchte** oval, bis zu 2,5 cm lang, scharlachrot; Fruchtreife ab Aug. Wenig giftig!

Blüte

**Ähnlich** Gewöhnlicher Bocksdorn *Lycium barbarum*, Blätter nur 3–5 cm lang, Blütenkronen purpurviolett mit dunkler geaderten Zipfeln; Hecken, Gebüsche; heimisch in China, in M.-EU eingebürgert.

## Bittersüßer Nachtschatten
*Solanum dulcamara* · Fam. Nachtschatteng.

**Sommergrüner Halbstrauch mit liegendem oder kletterndem Stängel, im unteren Drittel verholzt.** ✱ Jun–Aug

Blüten

Klettert 0,5–4 m hoch; Triebe und Zweige rundlich, manchmal undeutlich kantig. **Blätter** wechselständig, lang gestielt, lanzettlich oder an der Basis mit 1–2 fiederartigen Lappen, kahl, oberseits dunkelgrün. **Blüten** 1–2 cm breit, Krone blauviolett, mit 5 zurückgeschlagenen Zipfeln, 5 Staubblätter chromgelb, aufrecht kegelig zusammengeneigt. Beeren**früchte** 0,7–1 cm lang, etwas länglich, anfangs grünlich, dann gelborange, reif scharlachrot, giftig; reif ab Jul.
**Vorkommen** Ufer, feuchte Wälder, Hecken. In EU und auch in D weit verbreitet.
**Wissenswert!** Rassen unterscheiden sich im Giftgehalt der süßlichen Beeren.

Alpen-Seidelbast, Berg-Seidelbast

Mannsblut

Chinesischer Bocksdorn

Zipfel zurückgeschlagen

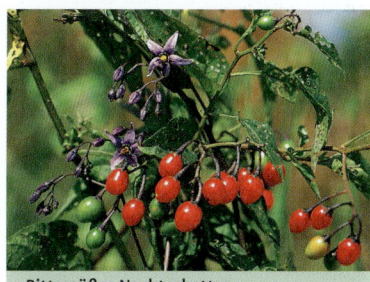
Bittersüßer Nachtschatten

## Ölbaum
*Olea europaea* · Familie Ölbaumgewächse

**Typisch sind der kurze, knorrige Stamm mit lichter Krone, die schmalen Blätter und die ölhaltigen Olivenfrüchte, die von Grün über Rotbraun nach Schwarz reifen.** ✿ Mai–Jun

Immergrün, bis zu 15 m hoch, mit unregelmäßiger, zumeist ausgebreiteter Krone; Stamm meist stark gedreht, bei sehr alten Bäumen innen hohl und löchrig durchbrochen; Rinde anfangs hell silbrig grau mit feinem Furchenmuster, im Lauf der Jahre zunehmend plattig rau und dunkelbraun. **Blätter** gegenständig, schmal, 2–8 cm lang, lanzettlich, vorn spitz, glatte Ränder leicht nach unten eingerollt; oberseits matt dunkel graugrün, unterseits grauweiß oder hellbräunlich behaart. **Blüten** klein, unscheinbar, mit 4-teiliger, weißlicher, zur Mitte hin hellgelber Krone, oberständigem Fruchtknoten und 2 Staubblättern; zu mehreren in langen, aufrechten Rispen in den Blattachseln; angenehm duftend; werden vom Wind bestäubt. **Früchte** (Oliven) 1–3 cm lang, mit ölhaltigem Fruchtfleisch und sehr hartem Steinkern, in der Reife bräunlich bis schwarz glänzend.
**Vorkommen** Trockene, lockere, steinige bis mittelgründige, oft kalkhaltige Böden; wichtigste Leit- und Charakterart der immergrünen mediterranen Hartlaubvegetation. Von der Atlantikküste der südlichen Iberischen Halbinsel und NW-Afrika (Marokko) bis nach Israel; vielfach angepflanzt, in N-Italien u. a. am Gardasee.
**Wissenswert!** Der Ölbaum kann mehrere hundert Jahre, in Ausnahmefällen sogar um die 2000 Jahre alt werden. Er ist eine aus dem Vorderen Orient stammende Nutzpflanze, die man im östlichen Mittelmeergebiet schon vor mehr als 5000 Jahren in Kultur genommen hat. Die Ölfrucht oder Olive war neben Weinstock und Feigenbaum eine der Verheißungen des Alten Testaments. Die fast überall im Mittelmeerraum in der Macchie oder in anderen felsbewohnenden Gehölzen vorkommende Wildform ist ein im Aussehen ähnlicher kleiner Baum, jedoch mit bedornten Zweigen, kleineren Blättern und bitteren, kleinen Steinfrüchten.

Die Oliven erntet man im Herbst (Okt–Dez) vor der Vollreife von Hand. Nach dem Zermahlen wird in einer kalten Pressung das wertvollste Olivenöl gewonnen. Die zweite, warme Pressung liefert ein immer noch als Speiseöl verwendetes Produkt, die dritte, diesmal heiße Behandlung ein nur noch für technische Zwecke geeignetes Öl. Das kalt und warm abgepresste Öl enthält zu etwa 65 % die Glyceride der Ölsäure neben ungefähr 10 % ungesättigten Fettsäuren (Linol- und vor allem Linolensäure). Die Speiseoliven stammen oft von besonderen Kultursorten des Ö. Sie werden durch Einlegen in alkalische Kochsalzlösung von den Bitterstoffen des Fruchtfleisches befreit und anschließend mit verschiedenen Gewürzen aromatisiert. Von einem einzigen Ölbaum lassen sich etwa 60 kg Oliven ernten, die rund 9 l Olivenöl ergeben. Die Bäume tragen jedoch nur jedes 2. Jahr. Mehr als 95 % der Welternte stammen heute aus den Mittelmeerländern, der Rest aus Kalifornien (USA), S-Afrika und Australien.

Blätter ledrig derb

**Olivenernte**

reife Oliven

Ölbaum

## Apfelsinenbaum, Orangenbaum
*Citrus sinensis* · Familie Rautengewächse

**Die angenehm duftenden, reinweißen Blüten stehen einzeln zu 3–5 in den Blattachseln und entwickeln sich zu relativ glattschaligen Orangen.**
✿ Feb–Jun

Immergrün, bis zu 10 m hoher Baum oder Strauch. **Blätter** wechselständig, breit lanzettlich, mit schmal geflügelten Blattstielen, ledrig, oberseits glänzend dunkelgrün. **Blüten** mit 5 reinweißen Kronblättern und zahlreichen hellgelben Staubblättern. **Früchte** (Orangen) botanisch Beeren; Fruchtfleisch besteht aus zahlreichen so genannten Safthaaren, von angenehmem Geschmack.
**Vorkommen** Auf lockeren, etwas steinigen, kalkhaltigen, gut wasserdurchlässigen Lehmböden. Stammt aus SO-Asien, im Mittelmeergebiet seit dem 16. Jh. kultiviert; in M.-EU nicht winterhart, gelegentlich als Kübelpflanzen in Wintergärten zu finden.

**Wissenswert!** Die **Bitterorange** oder **Pomeranze** *Citrus aurantium*, die man wegen des ätherischen Öls ihrer Blüten sowie als Marmeladen- und Spirituosenfrucht kultiviert, hat breitere Blattspreiten und Stielflügel. Nur in kühlen Nächten bilden Blutorangen rote Farbstoffe, die sich im Fruchtfleisch sammeln. In tropischen Anbaugebieten bleiben auch Blutorangen orange. Gelegentlich bildet der Apfelsinenbaum auch Dornen an den Zweigen aus.

## Zitronenbaum
*Citrus limon* · Familie Rautengewächse

**Immergrüner, größerer Strauch oder kleiner Baum; Äste und Zweige in den Blattachseln meist lang bedornt.**
✿ Jan–Dez

Etwa 2–8 m hoch. **Blätter** lanzettlich-elliptisch, mit kurzer, stumpfer Spitze, Blattstiel um 1 cm lang, nicht oder nur sehr schmal geflügelt, Spreite ledrig, oberseits matt dunkelgrün, unterseits weißlich, sortenabhängig bis zu 10 cm lang und 4 (8) cm breit, deutlich schmaler als beim Apfelsinenbaum, vom Blattstiel deutlich abgesetzt, gekerbt bis fein gezähnt, duften beim Zerreiben aromatisch. **Blüten** zu 1–3 in den Blattachseln, in der Knospe dunkel purpurn, Kronblätter 5, etwa 2 cm lang, etwas fleischig, innen reinweiß, außen rötlich überlaufen; Staubblätter 30–40. **Frucht** oval, hellgelb, bis 14 cm lang und 8 cm breit, Schale glatt oder rau, mit zahlreichen Ölzellen. Zitronenbäume blühen und fruchten gleichzeitig.

**Vorkommen** Die genaue Herkunft der Art ist unklar, möglicherweise stammt sie aus N-Indien, vielleicht aber auch aus N-Afrika. Von den Arabern wurde sie jedenfalls schon vor über 1000 Jahren nach S-Europa eingeführt und kultiviert. Kolumbus nahm sie 1492 mit in die Neue Welt. Seither weltweit in zahlreichen Sorten in mediterranem Klimagebieten kultiviert. Der Saft dient u. a. zur Herstellung von Limonaden, deren Bezeichnung sich vom wissenschaftlichen Artnamen ableitet.
**Wissenswert!** Botanisch ist die Zitrone eine Beere. Allerdings zeigt sie in Entwicklung und Aufbau einige Besonderheiten. Die äußere Fruchtwand ist durch Carotenoide gelb gefärbt. Aus der innersten, sehr dünnen Fruchtwandschicht entwickeln sich zahlreiche Saftschläuche, die die 8–10 Fruchtfachhöhlen allmählich ausfüllen und zur Reifezeit wie ein normales Fruchtfleisch erscheinen.

Apfelsinenbaum, Orangenbaum

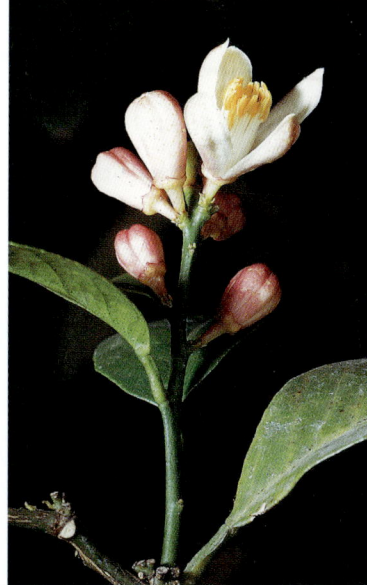

Zitronenbaum

## Tulpen-Magnolie
*Magnolia × soulangiana* · Familie Magnoliengewächse

**Vor dem Laubaustrieb öffnen sich an den Zweigenden die aufrechten großen Blüten, deren Kronblätter stets glockig zusammengeneigt bleiben.** ✿ Apr–Mai

Sommergrün, bis zu 6 m hoher Baum oder Strauch, mit ausladender Krone auf kurzem, meist krummem Stamm; Rinde anfangs glatt, braungrau, später feinrissig. **Blätter** wechselständig, kurz gestielt, verkehrt eiförmig bis elliptisch mit kurzer Spitze, 12–20 cm lang und bis zu 6 cm breit, ledrig, glattrandig; oberseits matt frischgrün, unterseits heller und wenig behaart. **Blüten** innen reinweiß, außen rötlich überlaufen, an der Basis mitunter rotviolett gefärbt. Kapsel**frucht** mit roten Samen, die in der Reife an langen Samenstielchen heraushängen (Zeichnung). **Vorkommen** Meist auf wasserdurchlässigen, mäßig nährstoffreichen und leicht sauren Lockerböden. Ausschließlich aus der Gartenkultur bekannt, heute in M.-EU die am weitesten verbreitete Magnolie.

**Wissenswert!** Die T. entstand um 1820 im Park von Soulange-Bodin als Kreuzung der chinesischen Yulan-Magnolie *(M. denudata)* und der ebenfalls aus O-Asien stammenden Purpur-Magnolie *(M. liliiflora)*. Mehrere Kulturvarietäten mit unterschiedlichen Blütenfarben sind verfügbar, darunter die nach dem bedeutenden rheinischen Gartenkünstler des 19. Jh. Peter Joseph Lenné benannte Sorte 'Lennéi', deren Blüten auf der Außenseite dunkel purpurrot sind, oder die reinweiß blühende 'Lennéi Alba'. Auch die beiden dekorativen Elternarten werden gelegentlich in Parkanlagen angepflanzt.

Magnolien sind heute in EU nicht mehr heimisch, ihre Vorfahren starben hier während der letzten Eiszeit aus. Die als Gartenformen oder Kreuzungseltern verwendeten Arten stammen alle entweder aus O-Asien oder aus N-Amerika.

**Ähnlich** **Gurken-Magnolie** *Magnolia acuminata*, sommergrüner, bis zu 24 m hoher Baum mit gewölbter, pyramidaler Krone aus aufrechten oder abgespreizten Ästen; Stamm schlank und gerade; Blätter wechselständig, bis zu 25 cm lang und 12 cm breit, elliptisch, mit schlanker, aufgesetzter Spitze, glattrandig oder leicht gewellt, oberseits frischgrün und nur nach dem Austrieb behaart, unterseits bleibend weichhaarig; Blüten einzeln an den Zweigenden, bis zu 9 cm breit, glockig, mit 6 grünlich oder hellgelben Blütenblättern; Blütezeit Mai–Jun; Fruchtzapfen mit vielen dunkelroten Kapsel, jede mit 2 Samen, die sich an Schleimfäden abseilen; ursprünglich östliches N-Amerika, in EU manchmal als Park- oder Straßenbaum gepflanzt.

**Immergrüne Magnolie** *Magnolia grandiflora*, immergrüner, bis zu 20 m hoher Baum mit dichter, kegelförmiger Krone aus kurzen Ästen; Blätter bis zu 20 cm lang und 7 cm breit, oberseits glänzend dunkelgrün (erinnern an einen Gummibaum), unterseits rostbraun behaart; Blüten bis zu 20 cm breit (gehören zu den größten Baumblüten überhaupt), reinweiß, angenehm duftend, einzeln an den Zweigenden; Blütezeit Jun–Aug; Heimat südöstliches N-Amerika, dort in feuchten Talauen; in D nicht winterhart, in S-EU jedoch häufig in Parkanlagen und Gärten.

**Tulpen-Magnolie**  links: Frucht, rechts: Samen

## Kakipflaume
*Diospyros kaki* · Familie Ebenholzgewächse

**Aus den Blüten mit dem großen, grünen Kelch und der blass- bis schwefelgelben Krone bilden sich bis zu 12 cm große Früchte, die an Tomaten erinnern.** ✿ Jun

Sommergrün, bis zu 12 m hoch, mit rundlicher, breiter, dichter Krone; Rinde anfangs glatt dunkelbraun, später zunehmend borkig und längs gefurcht oder geschuppt mit hell braungrauen Platten. **Blätter** wechselständig oder angehört gegenständig, 6–15 cm lang, länglich eiförmig, vorn spitz, an der Basis abgerundet oder keilförmig; oberseits dunkelgrün, unterseits dicht behaart und heller. **Blüten** einhäusig verteilt, klein, ♂ Blüten überwiegend in kleinen Büscheln, ♀ Blüten einzeln; 4-zählig, mit großem Kelch. **Früchte** in botanischem Sinn Beeren, mit stark vergrößerten Kelchblättern, kräftig orangegelb bis gelbbraun; Fruchtreife Okt–Nov.

**Vorkommen** Bevorzugt in Kultur lockere, lehmig-sandige, nur mäßig humusversorgte Böden, die jedoch regelmäßig bewässert werden müssen; als Parkgehölz wenig anspruchsvoll und auf Lockerböden problemlos zu halten. Stammt ursprünglich aus O-Asien (Japan, China); in den Mittelmeerländern und weltweit in den Subtropen häufig in Plantagen angebaut; in M.-EU nur in besonders wintermilden Gebieten als seltenes Parkgehölz zu sehen.

**Wissenswert!** Das weiche Fruchtfleisch ist nur genießbar, wenn es schon fast puddingartig weich geworden ist. Neue Marktsorten, vor allem 'Sharon', haben ein etwas festeres Fruchtfleisch, das im Geschmack an Pflaumen erinnert. Geschälte Kakipflaumen schmecken frisch, in Quarkspeisen oder Obstsalat.

## Faulbaum, Pulverholz
*Frangula alnus* · Familie Kreuzdorngewächse

**Sommergrüner, aufrechter, mittelgroßer, meist recht schlankwüchsiger, dornenloser Strauch oder kleiner Baum mit wechselständigen, bogennervigen Blättern.** ✿ Mai–Jun

Etwa 1–3 m hoher, als Baum bis zu 6 m; Triebe rostrot behaart; Rinde an Zweigen und Ästen braunrot, mit länglichen, hellbraunen Korkwarzen, am

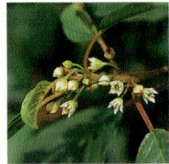

Stamm graubraun, etwas längsrissig. **Blätter** gestielt, oval bis elliptisch, im vorderen Drittel am breitesten, kurz zugespitzt, mit 7–8 Paar bogig nach vorn verlaufender Seitennerven. **Blüten** 5-zählig, unscheinbar, grünlich weiß, zu 1–3 in den Blattachseln. **Früchte** kugelige Steinfrüchte, zunächst grün, dann in verschiedenen Gelbtönen, schließlich kräftig rot, zuletzt glänzend schwarz, giftig; Fruchtreife ab Aug.

**Vorkommen** Waldwege, Gehölzsäume, Ufer, Auengebüsche, Nadelmischbestände, vorzugsweise auf staunassen, sauren Böden. In EU weit verbreitet, vom Tiefland bis in 1500 m Höhe im Gebirge.

**Wissenswert!** Faulbaumblätter sind die Nahrung der Raupen von Zitronenfalter (Foto unten) und Faulbaumbläuling, die nektarreichen Blüten ernähren Bienen, Fliegen und Käfer, die reifen Steinfrüchte vor allem Drosseln. Nur die gut abgelagerte Rinde wird medizinisch verwendet. Aus dem Holz stellte man früher Holzkohle her, die, fein gemahlen, Bestandteil von Spreng- und Schießpulver war.

Kakipflaume

Faulbaum, Pulverholz

## Sanddorn

*Hippophae rhamnoides* · Familie Ölweidengewächse

**Sommergrüner, gut erkennbarer, dicht verzweigter, buschiger Wildstrauch, teilweise mit zahlreichen Ausläufern, seltener auch kleiner, breitkroniger Baum.** ✿ Mär/Apr–Mai

Wuchshöhe 2–3 m, als Baum auch bis zu 6 m; zahlreiche Kurztriebe in 3–6 cm lange, spitze Dornen umgewandelt. **Blätter** wechselständig, kurz gestielt,  schmal lanzettlich, bis zu 7 cm lang, aber höchstens 1 cm breit, spitz oder abgestumpft, am Grund keilförmig, oberseits graugrün, unterseits silbrig grau, auf beiden Seiten mit großen, auch ohne Lupe erkennbaren Sternhaaren besetzt. **Blüten** eingeschlechtig, zweihäusig, unauffällig grünlich braun, erscheinen schon vor dem Laubaustrieb, zu mehreren dicht gedrängt büschelig an vorjährigen Zweigen, ♂ Blüten mit 2 länglichen, etwa 3 mm breiten Kelchblättern und 4 Staubblättern, ♀ Blüten mit röhrenförmigem Kelchbecher und kurz herausragenden Griffeln, Windbestäubung. Schein**früchte** zur Reifezeit leuchtend orangegelb, beerenartig saftig, mit großem Steinsamen (der die eigentliche Frucht, eine Nuss, darstellt), essbar; Fruchtreife ab Sep.

**Vorkommen** Schotterauen alpiner Fließgewässer und Felsgrushalden, in den Alpen bis in 1900 m Höhe, außerdem in Binnen- und Küstendünen (Braundünen, Dünentäler). In EU an den Küsten von Nord- und Ostsee, ferner Alpen, N-Italien, Balkan, Kaukasus und Vorderasien; in reich fruchtenden Sorten häufig als Ziergehölz verwendet, wegen der ausgeprägten Salzverträglichkeit auch in Straßenbegleitpflanzungen (z. B. an Autobahnen).

**Wissenswert!** Der S. weist in M.-EU ein eigenartig zweigeteiltes Verbreitungsareal auf, wobei sich die jeweiligen Wildformen im Aussehen etwas unterscheiden: Die in den Alpen und im Alpenvorland als Pioniere auf Bachschotterfluren vorkommenden Exemplare sind nur schwach bedornt und recht locker verzweigt, während die an den Küsten vorkommende (und hier auch Seebeere genannte) Form kräftiger wird und außerdem stark bedornt ist. Die Pflanze gehört zu den windhärtesten heimischen Gehölzen und ist ausgesprochen lichtbedürftig. Eine Beschattung durch höherwüchsige Bäume erträgt sie nicht.

Die einladend orangeroten Sanddorn-„Beeren", die säuerlich schmecken und ein wenig nach Buttersäure duften, entwickeln sich nicht wie üblich aus dem Fruchtknoten, sondern wie bei allen Vertretern der Ölweidengewächse ausnahmsweise aus dem Blütenkelch. Sie weisen ein Vielfaches vom Vitamin C-Gehalt der Zitrusfrüchte sowie zusätzlich Vitamine der A- und B-Gruppe auf. Für den Anbau als Vitaminspender gibt es besonders großfrüchtige und im Geschmack verbesserte Sorten (jeweils rein weibliche Pflanzen!), die zum Fruchtansatz allerdings einen geeigneten Pollenspender benötigen. Den Saft verwendet man in Saftmixgetränken, aus den Früchten lässt sich eine schmackhafte Marmelade bereiten. Für die heimische Tierwelt ist der S. ein wertvolles Wildobst, das nicht nur Nahrung bietet, sondern auch vielerlei Nist- und Versteckmöglichkeiten.

*Wacholderdrosseln im Sanddornstrauch*

Sanddorn

## Schmalblättrige Ölweide
*Elaeagnus angustifolia* · Familie Ölweidengewächse

**Sommergrünes, dicht verzweigtes und kräftig bedorntes Gehölz mit meist breiter und lockerer Krone.** ☆ Mai–Jul

2–5 m hoch; Triebe und Knospen dicht mit silbrigen Schildhaaren besetzt; Zweige und Äste dünn berindet, rötlich braun, mit verdornten Kurzsprossen. **Blätter** wechselständig, gestielt, schmal lanzettlich, ledrig, etwa 4–8 cm lang und bis zu 2 cm breit, vorn spitz oder stumpf gerundet, am Grund keilförmig, oberseits graugrün und kahl, unterseits silbergrau, dicht mit weißlichen Sternhaaren besetzt. **Blüten** bis etwa 1 cm breit, zwittrig oder rein männlich, Kelchblätter innen hellgelb, außen silbrig behaart, angenehm nach Leder duftend, kurz gestielt, einzeln oder zu jeweils 2–4 in den Blattachseln im unteren Bereich der Zweige. **Früchte** 1–2 cm lange, ovale bis zylindrische Scheinbeeren, hellgelb, mehlig, essbar, Geschmack sehr aromatisch; Fruchtreife ab Jul.
**Vorkommen** Ufergehölze an Seen und Flüssen, Waldsäume, Gebüsche sonniger Hänge, bevorzugt auf lockeren, feuchteren Böden. Heimisch in Zentralasien, im 17. Jh. in den Mittelmeerraum eingeführt und dort heute weit verbreitet; in M.-EU oft als Parkgehölz verwendet, auch verwildert.
**Wissenswert!** Erträgt formenden Schnitt, bildet dann sehr dichte Hecken und eignet sich insofern hervorragend als Windschutz. Für Bienen und andere Hautflügler sind die Blüten eine ergiebige Tracht. Im Orient werden die getrockneten, nussartig schmeckenden Früchte als Nahrungsmittel verzehrt. Die Gattung umfasst weitere als Ziergehölze verwendete Arten.

Laubblatt

Früchte

## Breitblättrige Ölweide
*Elaeagnus commutata* · Familie Ölweidengewächse

**Sommergrüner, aufrechter, dichtästiger Strauch oder kleiner Baum mit Ausläufern, Zweige braun, ohne Dornen.** ☆ Mai–Jul

Etwa 2–5 m hoch. **Blätter** wechselständig, breit oval, 4–8 cm lang und 2–4 cm breit, oberseits graugrün, unterseits grauweißlich, beidseits mit einzelnen silbrig bräunlichen Sternhaaren besetzt, die auch ohne Lupe gut zu erkennen sind. **Blüten** zylindrisch, außen silbrig, innen goldgelb, einzeln oder zu wenigen auf kurzen Stielen in den Blattachseln, angenehm duftend. **Früchte** trocken, silbrig; Fruchtreife ab Aug.
**Vorkommen** Flussufer, Ufergehölze, Gebüsche. Heimisch in N-Amerika (Quebec bis Utah), häufig als Parkgehölz angepflanzt.
**Wissenswert!** Auch Silber-Ölweide genannt, eignet sich für dichte Windschutzpflanzungen in Grau- und Braundünen. Ihre Blüten liefern Bienen und Hummeln wertvolle Nahrung.

Blüten

**Ähnlich** Reichblütige Ölweide *Elaeagnus multiflora* Blätter länglich oval bis elliptisch, anfangs dicht, später zerstreut mit sibrig grauen bis braunen Sternhaaren besetzt; Blüten weiß, beim Verblühen gelblich; Früchte länglich, ca. 1,5 cm lang, saftig, an langen, dünnen Stielen, kräftig rötlich bis rötlich braun, säuerlich. Trockenwarme Hänge mit lichten Gebüschen, Säume; wintermildes Klima. Stammt aus O-Asien (China, Japan, Korea), häufig als Ziergehölz verwendet, auch als Wege- und Straßenbegleitgrün. Die saftigen Früchte sind essbar und werden in O-Asien konsumiert. In EU ist die R. Ö. bisher noch nicht verwildert.

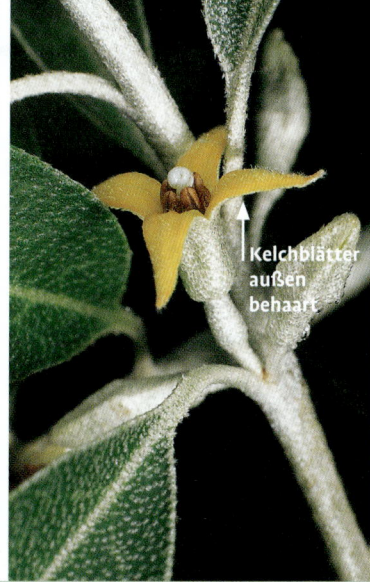

Kelchblätter außen behaart

Schmalblättrige Ölweide

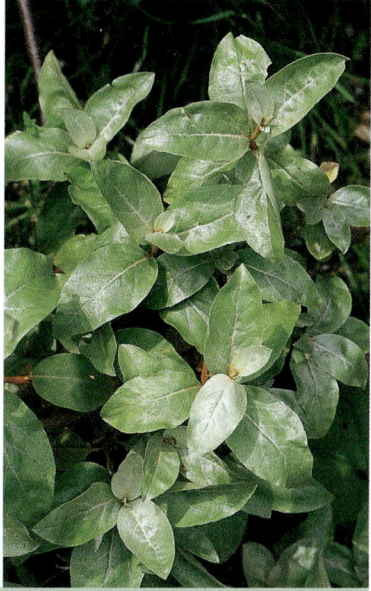

Breitblättrige Ölweide

## Rispelstrauch
*Myricaria germanica* · Fam. Tamariskengew.

**Sommergrüner Strauch mit straffen, rutenförmigen, braunroten Ästen und unauffälligen Blüten.** ✿ Jun–Aug

Etwa 0,5–2 m hoch. **Blätter** nadelartig, sitzend, wechselständig, 2–5 mm lang, spitz, dachziegelartig anliegend, kahl, bläulich grün. **Blüten** 5-zählig, weiß oder rötlich, kurz gestielt, etwa 8 mm breit, in aufrechten, endständigen Trauben, Kelch- und Kronblätter bleiben bis zur Fruchtreife.
**Vorkommen** Kies- und Schotterböden von Fließgewässerauen, Kiesgruben, Wegränder. Pyrenäen, Balkan, Skandinavien. In M.-EU nur in den Alpen und im Alpenvorland.

Frucht   Staubblätter

## Französische Tamariske
*Tamarix gallica* · Fam. Tamariskengewächse

**Sommergrünes, stark ästiges Gehölz; Äste und Zweige rutenförmig, bogig ausgebreitet.** ✿ Jun–Aug

Etwa 2–4 m hoch; Rinde purpurbraun; Zweige durch Lentizellen etwas rau. **Blätter** wechselständig, schuppenförmig, ungestielt, dachziegelartig dicht und schraubig angeordnet, 2–4 mm lang und 1 mm breit, an der Basis relativ breit, am Rand immer leicht durchscheinend, dunkel- bis bläulich grün, keine Nebenblätter. **Blüten** winzig, 5-zählig, rosa, kurz gestielt, sehr zahlreich in dichten, 3–5 cm langen, zylindrischen Ährentrauben; Kronblätter fallen nach der Blüte ab.
**Vorkommen** Felsige Böschungen, Brachland, Küstendünen und Flussufer. Von NW-Frankreich bis ins östl. Mittelmeergebiet.

Blüte
△ Blatt von der Seite

## Viermännige Tamariske
*Tamarix tetrandra* · Familie Tamariskengew.

**Sommergrün mit dunkelbraunen bis fast schwarzen, rutenförmigen Zweigen.** ✿ Apr–Mai

Etwa 2–3 m hoch; Äste hängen bogig über. **Blätter** nur 1–2 mm lang, spitz, am Rand leicht durchscheinend, grasgrün, mit eingetieften Drüsen. **Blüten** 4-zählig, hellrosa, zahlreich in büscheligen, 4–5 cm langen Trauben, verblühte Kronblätter rasch abfallend.
**Vorkommen** Offene, feuchte Böden von Küste und Steppe. SO-EU, vom Balkan bis Vorderasien; häufig als Zierpflanze verwendet, in S- und W-EU auch zur Festlegung von Sandböden angepflanzt.
**Wissenswert!** Über die feinen, grubig versenkten Blattdrüsen vermag die Pflanze auf küstennahen, versalzten Böden aktiv Salz auszuscheiden.

Blätter schuppenförmig

## Fünfmännige Tamariske
*Tamarix pentandra* · Familie Tamariskengew.

**Sommergrünes, locker verzweigtes Gehölz mit rutenförmigen, bogig überhängenden Ästen.** ✿ Jul–Sep

Etwa 3–5 m hoch; Zweige anfangs purpurn, später braunrot. **Blätter** wechselständig, schuppenförmig, 2–3 mm lang, lanzettlich oval, blassgrün bis bläulich, am Rand nicht durchscheinend, decken sich dachziegelartig. **Blüten** immer 5-zählig, rosarot bis dunkelrosa, zahlreich in 3–8 cm langen, zylindrischen Trauben, diese zu großen, endständigen Rispen vereint, Kronblätter nach dem Verblühen nicht abfallend.
**Vorkommen** Steppen, Trockenhänge, Brachland. SO-EU bis Mittelasien; häufig als Ziergehölz in Parks und Gärten.
**Wissenswert!** Tamarisken sind von W-EU bis O-Asien verbreitet und als Ziersträucher in vielen Teilen der Welt eingebürgert.

Schuppenblatt

Rispelstrauch

rispenförmiger Gesamtblütenstand

Französische Tamariske

Viermännige Tamariske

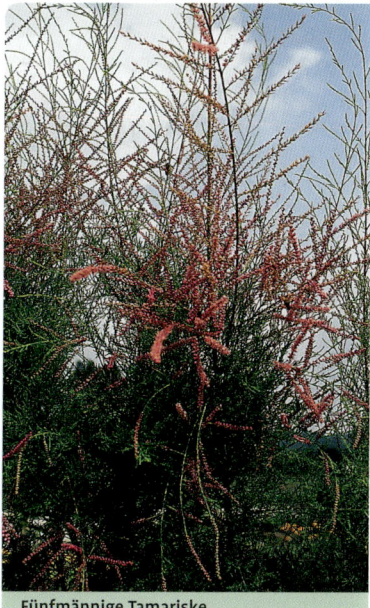

Fünfmännige Tamariske

## Rostblättrige Alpenrose
*Rhododendron ferrugineum* · Familie Heidekrautgewächse

**Immergrüner, reich verzweigter Kleinstrauch mit kräftigen Ästen und Zweigen, Äste und Stämme grau berindet.**
✿ Mai–Aug/Okt

Bis zu 1,3 m hoch. **Blätter** wechselständig, zu den Zweigenden hin gehäuft, 2–4 cm lang und etwa 1 cm breit, länglich lanzettlich, vorn zugespitzt bis stachelspitzig, ledrig, fest, am leicht umgeschlagenen Blattrand fein gezähnt, oberseits glänzend dunkelgrün und kahl, unterseits dicht rostrot schuppenhaarig, bleiben nur ca. 2 Jahre am Strauch. **Blüten** 5–8 mm lang gestielt, zu mehreren in gedrängten, endständigen Trauben, Kelchblätter verwachsen, Krone tiefrosa bis kräftig rot, bis zu 2 cm lang, trichterförmig geöffnet, innen kurz behaart, 10 Staubblätter, am Grund wollig behaart. Kapsel**früchte** holzig bräunlich, Samen leicht, vom Wind verfrachtet; ab Aug.
**Vorkommen** Lichte Gebüsche, Wälder, Zwergstrauchbestände, meidet kalkhaltigen Untergrund, kommt daher nur auf sauren und silikatischen Böden vor; zusammen mit dem Zwerg-Wacholder (⇨ S. 94) wichtiger Rohbodenpionier. Pyrenäen, Alpen, Jura, Apennin, Karpaten, Balkangebirge, bis in etwa 2800 m Höhe, gelegentlich auch außerhalb des natürlichen Verbreitungsgebiets in Gartenkultur. **RL**

Frucht = Kapsel ▷

**Wissenswert!** Die R. A. kommt als fast nie mit der folgenden Behaarten A. vor, bildet damit aber gelegentlich fruchtbare Bastarde.

## Behaarte Alpenrose
*Rhododendron hirsutum* · Familie Heidekrautgewächse

**Immergrüner, in der Blüte ungemein auffälliger und sehr dekorativer Strauch mit aufrechten, kräftigen Ästen und Zweigen.** ✿ Mai–Jul

Kapselfrüchte ▷

Um 1 m hoch; Triebe zerstreut behaart und nur wenig beschuppt. **Blätter** wechselständig, kurz gestielt, 1–3 cm lang und bis zu 1,5 cm breit, ledrig, oberseits glänzend hellgrün und kahl, unterseits zerstreut mit Drüsenschuppen besetzt, am Rand und auf Blattstiel bewimpert. **Blüten** bis zu 1,5 cm lang gestielt, zahlreich an den Zweigenden in kopfig gedrängten Trauben, Kronen glockig-trichterförmig, leuchtend hellrot, bis zu 1,5 cm lang, außen mit Drüsenschuppen, innen behaart, Staubblätter ungleich lang und am Grund behaart. **Früchte** ovale, holzige Kapseln.
**Vorkommen** Latschengürtel und andere Gebüsche an der Waldgrenze, in tieferen Lagen auch feuchte Schluchten, auf Kalk. Nördl. und südl. Ostalpen, in den Zentralalpen nur stellenweise; außerhalb des natürlichen Verbreitungsgebiets angepflanzt, aber kaum eingebürgert. **RL**

**Ähnlich** In den Karpaten kommt die **Myrtenblättrige Alpenrose** *Rhododendron myrtifolium* mit kleineren, unterseits grünlich beschuppten Blättern und unbewimperten Blatträndern vor.

Rostblättrige Alpenrose

Behaarte Alpenrose

## Gelbe Azalee
*Rhododendron luteum* · Familie Heidekrautgewächse

**Sommergrüner, dicht verzweigter und buschiger Mittelstrauch mit Wurzelsprossen; junge Triebe zottig behaart; im gewöhnlich reichen Blühaspekt sehr auffällig.** ✱ Mai–Jun

Bis zu 4 m hoch. **Blätter** wechselständig, kurz gestielt, 6–12 cm lang, bis zu 4 cm breit, länglich lanzettlich, vorn stumpf, aber

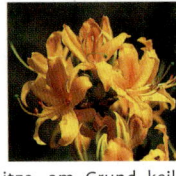

mit aufgesetzter Spitze, am Grund keilförmig in den kurzen, behaarten Blattstiel verschmälert, am Rand kaum wahrnehmbar gezähnt und dicht bewimpert, oberseits und auf den Hauptnerven der Unterseite borstig behaart. **Blüten** 3–5 cm breit, öffnen sich vor dem Blattaustrieb, duften intensiv, zu 7–12 endständig an den Zweigen in dicht gedrängten, doldenähnlichen Trauben, Kronen satt goldgelb, trichterförmig, außen etwas klebrig, 5 Staubblätter überragend.
**Vorkommen** Schattige Nadel- und Moorwälder. Mittlerer und westlicher Kaukasus, N-Türkei, Teile des östlichen M.-EU (Polen), im S von GB eingebürgert; häufig angepflanzt, Stammform vieler Gartenzüchtungen.
**Wissenswert!** Die sommergrünen Arten der Gattung *Rhododendron* bezeichnet man gärtnerisch meist als Azaleen.

**Ähnlich** Pontischer Rhododendron *Rhododendron ponticum*, immergrün, Blätter bis zu 15 cm lang, dunkelgrün, elliptisch, kahl; Blüten 4–5 cm breit, violett, purpurrosa oder lila, innen mit grünlichem Muster; heimisch im Kaukasus, Schwarzmeergebiet, Vorderasien, vor allem in SW- (Portugal) und W-EU (GB) verwildert und eingebürgert.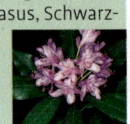

## Immergrüne Bärentraube
*Arctostaphylos uva-ursi* · Familie Heidekrautgewächse

**Immergrüner, dicht verzweigter Zwerg- oder Spalierstrauch mit liegenden, teppichbildenden Ästen und Zweigen.** ✱ Mär–Jun

**Blätter** wechselständig, dicklich, fest, sitzend oder kurz gestielt, 3–5 cm lang und bis zu 1 cm breit, oval, stumpf gerundet oder leicht ausgerandet, am Rand und

auf der Mittelrippe schwach behaart, oberseits glänzend, nur unterseits netznervig (Unterschied zur sonst sehr ähnlichen Preiselbeere). **Blüten** krugförmig, weißlich, grünlich oder rötlich, in meist hängenden Trauben. **Früchte** saftige Beeren, kugelig, hochrot, ungenießbar; Fruchtreife Sep.
**Vorkommen** Zwergstrauchheiden, lichte Kiefernwälder, Gebüsche, vorwiegend auf kalkhaltigem und eher trockenem Untergrund. Arkto-alpine Art: Arktische Tundra, Alpen, Pyrenäen, Zentralapennin, südlicher Balkan, im Gebirge bis in etwa 2700 m Höhe. **RL**
**Wissenswert!** Der deutsche Name bezieht sich darauf, dass die I. B. in der nördlichen Hemisphäre wächst, in der das zirkumpolare Sternbild des Großen Bären zu sehen ist. Die Blätter werden medizinisch genutzt, da sie harndesinfizierend wirken. Sie sind Bestandteil von Blasen- und Nierentees.

Gelbe Azalee

Immergrüne Bärentraube

## Rauschbeere
*Vaccinium uliginosum* · Fam. Heidekrautgew.

Sommergrüner, dicht verzweigter Zwergstrauch mit liegenden Stämmchen und aufrechten, braunen Zweigen. ✿ Mai–Jun

Bis zu 75 cm hoch. **Blätter** wechselständig, gestielt, bis zu 2,5 cm lang und um 1 cm breit, länglich oval, oberseits mattgrün, unterseits blaugrün.

**Blüten** 4- oder 5-zählig, Kronen glockig-krugförmig, cremeweiß, am Grund intensiv rötlich, zu 1–5 in den oberen Blattachseln. Beeren**früchte** bis zu 1 cm groß, kugelig, blau bereift, essbar, aber wenig schmackhaft; reif ab Aug.
**Vorkommen** Hochmoore, Moorwälder, lichte Nadelwälder, Zwergstrauchheiden. Gebirge in N- und M.-EU.
**Wissenswert!** In größeren Mengen konsumiert sollen die Früchte eine leicht berauschende Wirkung (Name!) haben.

## Heidelbeere
*Vaccinium myrtillus* · Fam. Heidekrautgew.

Sommergrüner, kleiner, reich verzweigter Zwergstrauch; Äste nur an der Basis verholzt, Zweige kantig und grün. ✿ Mai–Jun

Bis zu 50 cm hoch. **Blätter** wechselständig, kurz gestielt, 2–3 cm lang, länglich oval, zugespitzt, fein gesägt, matt hellgrün, in der Herbstfärbung vor allem im Gebirge oft prächtig goldgelb bis karminrot.

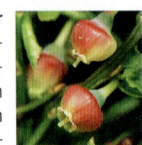

**Blüten** 4- oder 5-zählig, hängend oder nickend, glockig, grünlich weiß, auch kräftig rötlich, zu 1–2 in den oberen Blattachseln. Beeren**früchte** saftig, blauschwarz, heller bereift, essbar; reif ab Jul.
**Vorkommen** Lichte Nadelwälder, Heiden, Moore. M.- und N-EU, im S nur in den Gebirgen, ferner arktische Tundren.
**Wissenswert!** Für die Gartenkultur wird die aus N-Amerika stammende **Strauch-Heidelbeere** *V. corymbosum* angeboten.

## Preiselbeere
*Vaccinium vitis-idaea* · Fam. Heidekrautgew.

Immergrüner Zwergstrauch mit kriechenden Sprossachsen und mäßig verzweigten Ästen. ✿ Mai–Jul

Bis zu 30 cm hoch. **Blätter** wechselständig, kurz gestielt, bis zu 2 cm lang, elliptisch bis oval, glattrandig, oberseits glänzend dunkelgrün, unterseits hellgrün, dunkel gepunktet.

Blüte
verblüht △
Längsschnitt

**Blüten** 4- oder 5-zählig, in hängenden Trauben, Krone krugförmig, cremeweiß, rosa überlaufen. Beeren**früchte** kugelig, bis zu 1 cm groß, anfangs weißlich, reif scharlachrot, essbar; Fruchtreife ab Jul.
**Vorkommen** Moorränder, lichte Nadelwälder, Zwergstrauchheiden. N- und M.-EU, stellenweise auf dem Apennin und Balkan, außerdem Kaukasus, Grönland, N-Amerika von Neufundland bis Alaska. Auch im Plantagenanbau.

## Gewöhnliche Moosbeere
*Vaccinium oxycoccos* · Fam. Heidekrautgew.

Immergrüner, kriechender Zwergstrauch mit unscheinbaren, fadendünnen Ästen. ✿ Mai–Jul

Bis 80 cm lang. **Blätter** 10 mm lang, länglich, oberseits glänzend, unterseits blaugrün bereift. **Blüten** zu 1–5 in Trauben, 4-zählig, blassrosa oder kräftig rot. **Beeren** bis 1 cm dick, gelb- oder hochrot, saftig, essbar; Fruchtreife ab Aug.

Blüte
Blütenschnitt

**Vorkommen** Torfmoospolster in Hochmooren. N- und M.-EU, selten im SW. **RL**

**Ähnlich** Die **Großfrüchtige M.** oder **Krannbeere** *V. macrocarpon* hat bis zu 2 cm dicke Beeren. Sie stammt aus N-Amerika, in M.-EU mancherorts eingeschleppt (Nordseeinseln, Schwarzwald, Bayern, Schweiz).

Rauschbeere

Heidelbeere

Preiselbeere

**Kronzipfel zurück-geschlagen**

Gewöhnliche Moosbeere

## Alpen-Krähenbeere
*Empetrum hermaphroditum* · Familie Heidekrautgewächse

**Immergrüner, niedriger und ziemlich dichtästiger Zwergstrauch mit liegenden und aufsteigenden Zweigen sowie schwarzen Früchten.** ✿ Mai–Jun

Etwa 20–30 cm hoch; Zweige selten länger als 50 cm; junge Triebe grünlich. **Blätter** wechselständig oder zu wenigen in unregelmäßigen Wirteln, kurz gestielt, bis zu 8 mm lang, parallelrandig, kahl, glänzend dunkelgrün, stumpf, weich, nicht stechend, Blattränder nach unten eingerollt bis auf eine schmale, mit weißem Haarstreifen verschlossene Rinne. **Blüten** zwittrig, unscheinbar, grünlichrot, mit getrennten Kelch- und Kronblättern. Stein**früchte** beerenartig, mehrsamig, kugelig, bis zu 8 mm groß, schwarz, leicht glänzend; genießbar, aber nicht wohlschmeckend; Fruchtreife ab Aug.

**Vorkommen** Lichte Felsgebüsche, Steinschutt, Moränen, Rohhumusböden, Zwergstrauchheiden. Gebirge in EU, von den Pyrenäen bis zum Kaukasus, in den Alpen bis in 2200 m Höhe.

**Wissenswert!** Teil einer formenreichen Sammelart, häufig als Unterart aufgefasst.

> **Ähnlich** Gewöhnliche Krähenbeere *Empetrum nigrum*, liegende Äste wurzeln, bis zu 1,2 m lang, bilden ausgedehnte Teppiche, junge Triebe rötlich; Blätter bis zu 5-mal so lang wie breit; Blüten eingeschlechtig, zweihäusig. Auf Sand- und Moorböden, im Küstenbereich von Nord- und Ostsee, selten auch in Eifel, Harz, Rhön, Fichtelgebirge, Schwarzwald und Erzgebirge, ferner im arktischen N-EU und in N-Amerika; fehlt in den Alpen.

## Rosmarinheide, Torfmyrte
*Andromeda polifolia* · Familie Heidekrautgew.

**Immergrüner, spärlich verzweigter Zwergstrauch mit kriechenden, wurzelnden Sprossachsen.** ✿ Mai–Jul

Etwa 20–40 cm hoch. **Blätter** wechselständig, kurz gestielt, 2–4 cm lang und bis zu 8 mm breit, linealisch, ledrig, Blattränder stark eingerollt, oberseits glänzend dunkelgrün, mit eingesenktem Mittelnerv, kahl, unterseits weißlich behaart. **Blüten** auf rötlichen, gebogenen, bis zu 1,5 cm langen Blütenstielen, Kelchblätter klein, rötlich, Kronen krugförmig, bis zu 8 mm lang, kräftig hellrosa bis weißlich.

Blütenstand

**Vorkommen** Hoch- und Zwischenmoore. N- und M.-EU, stellenweise in den Karpaten und in Weißrussland, in alpinen Mooren nur spärlich, ferner Grönland und N-Amerika; mitunter in Heidegärten angepflanzt. **RL**

## Sumpf-Porst
*Ledum palustre* · Fam. Heidekrautgew.

**Immergrüner, verzweigter, in der Blüte außerordentlich attraktiver Strauch mit aufrechten Ästen.** ✿ Mai–Jun

Um 1–1,5 m hoch; Triebe filzig rostrot behaart. **Blätter** gestielt, ledrig, lanzettlich bis linealisch, bis zu 4 cm lang, oberseits matt olivgrün, unterseits rostrot wollfilzig, Blattränder bis auf kleine Schlitze weit nach unten eingerollt. **Blüten** zahlreich in endständigen, aufrechten, kopfigen Trauben, Krone 5-zählig, sternförmig, reinweiß, bis zu 1,5 cm breit, von den langen weißen Staubblättern überragt. **Früchte** unauffällige, bräunliche Kapseln; Fruchtreife ab Aug. Giftig, aber alle Teile duftend!

**Vorkommen** Hoch-, Übergangs- und Waldmoore. M.-EU östlich der Weser, im N von D vereinzelt, ferner Skandinavien und N-Amerika. **RL**

Alpen-Krähenbeere

Rosmarinheide, Torfmyrte

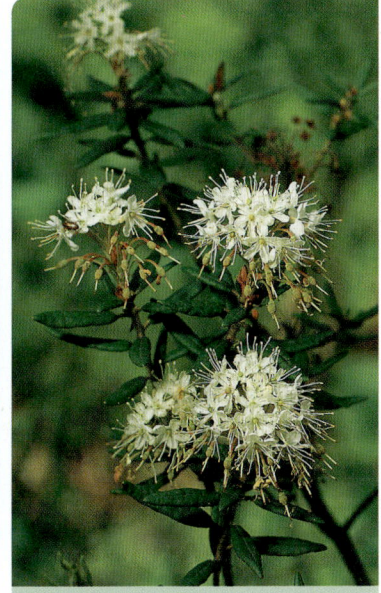

Sumpf-Porst

## Zitter-Pappel, Espe
*Populus tremula* · Familie Weidengewächse

**Schon beim geringsten Lufthauch bewegen sich die lang gestielten, fast kreisrunden Blätter dieses Baumes, der durch Wurzelaustriebe oft dichte Gruppen bildet.** ✿ Mär–Apr

Sommergrün, bis zu 30 m hoch, mit lichter, rundlicher, weit ausladender Krone auf geradem Stamm; Rinde anfangs grau mit markanten Streifen aus Korkwarzen (Lentizellen), später schwarzgrau und längsrissig. **Blätter** wechselständig, lang gestielt, im Umriss nahezu kreisförmig oder leicht oval mit stumpfen Zähnen und seichten Buchten, nur kurz nach dem Austrieb leicht behaart, sonst völlig kahl; oberseits matt graugrün, unterseits hell bläulich grün, im Herbst goldgelb verfärbt (Foto rechts unten). **Blüten** zweihäusig verteilt; Tragblätter der Einzelblüten geteilt, grau bewimpert; ♂ Blüten in schlaff hängenden, bis zu 10 cm langen, purpurroten Kätzchen; ♀ Kätzchen grünlich. **Frucht**reife ab Mai.
**Vorkommen** Trockene, nährstoffarme Schutt- und Rohböden, daher häufiges Pioniergehölz in Kiesgruben und Steinbrüchen, an Bahnanlagen oder vergleichbaren, bevorzugt kalkfreien Lockerböden in sonniger Lage. Ganz EU von Portugal bis N-Skandinavien und Kleinasien, ausgenommen in S-Italien; in M.-EU überall häufig, von der Ebene bis in über 1000 m Höhe im Gebirge; meist in Mischbeständen mit anderen Laubgehölzen.
**Wissenswert!** Die bräunlichen, an den verlängerten ♀ Kätzchen heranreifenden Kapseln setzen schon im Frühsommer eine große Menge winziger Samen frei, die an weißen Flughaaren sitzen und vom Wind wolkenweise verfrachtet werden. Wegen derer enormen Reichweite gehört die Z. neben der Weiß-Birke und der Sal-Weide zu den ersten Bäumen, die frisch angeschüttete, noch vegetationsfreie und nur mäßig nährstoffversorgte Böden besiedeln. Daher tritt sie besonders häufig auch in Schlagfluren, an Wegrändern oder auf Brachland auf. Als Erosionsschutz pflanzt man sie an Straßenböschungen oder zur Aufforstung von Halden. Die Lebenserwartung der Z. liegt allerdings nur bei etwa 100 Jahren.
Die Blätter bewegen sich beim leisesten Lufthauch und beginnen sprichwörtlich zu „zittern wie Espenlaub". Die Ursache dafür ist in den langen Blattstielen zu suchen, die seitlich zusammengedrückt sind, sodass nur eine kleine, nicht besonders tragfähige Verbindungsstelle bleibt.
Das gelbliche Holz der Z. ist schlagfrisch wegen des hohen Wassergehalts ziemlich schwer, nach dem Trocknen jedoch sehr leicht und zudem einfach zu bearbeiten. Man verwendet es zur Herstellung von Faserplatten und Sperrholz, für Zündhölzer und für Flechtarbeiten.

*Die harzigen Knospen liefern den Bienen reichlich Kittharz, so genanntes Propolis, das sie zum Abdichten von Ritzen und Fugen in den Stock eintragen.*

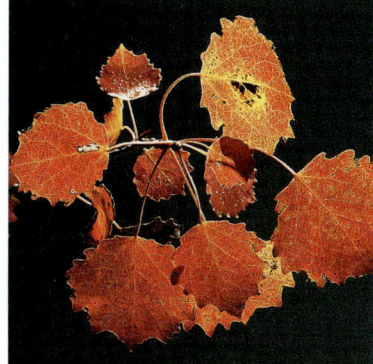

**Zitter-Pappel, Espe** unten rechts: Herbstfärbung

# Gewöhnliche Schwarz-Pappel
*Populus nigra* · Familie Weidengewächse

**Kennzeichnend sind die oft auffällig rautenförmigen Blätter, die schwärzliche Borke und die Fähigkeit abgesägter Stämme, wieder auszutreiben.**
✿ Mär–Apr

Sommergrün, über 30 m hoch, mit offener, meist sehr breiter, bei alten Exemplaren unregelmäßiger Krone auf geradem Stamm; große, aufrechte Äste häufig schon in geringer Höhe; im Alter mit dicker, tiefrissiger, dunkelgrauer bis schwärzlicher Borke (Name!). **Blätter** lang gestielt, Spreite im Umriss rautenförmig bis dreieckig mit verlängerter Spitze, am Rand fein gezähnt, zuerst schwach behaart, später kahl und auf der Oberseite glänzend dunkelgrün, ohne Drüsen am Stielansatz. **Blüten** zweihäusig verteilt; erscheinen vor dem Laubaustrieb; ♂ Kätzchen schlaff hängend, 5–9 cm lang, mit rötlichen Staubblättern, später zunehmend grauweiß; ♀ Kätzchen kürzer, grünlich. **Frucht**reife ab Mai.
**Vorkommen** Feuchte, nährstoffreiche, tiefgründige Locker- und Schwemmböden der Flussauen. Von SW-EU über das gesamte M.-EU bis nach Zentralasien; fehlt natürlicherweise im nördlichen D und in Skandinavien, dort jedoch örtlich angepflanzt.
**Wissenswert!** Dieser charakteristische Baum der Tieflagen ist in M.-EU ursprünglich vor allem entlang der großen Flüsse (Maas, Rhein, Weser, Elbe, Donau) anzutreffen. Die ausgesprochen imposante G. S., die bis zu 300 Jahre alt werden und Stämme von 2 m Dicke entwickeln kann, ist auch als Park- und Flurgehölz anzutreffen. Sie bildet Wurzelsprosse aus, sodass oft dichte Bestände dieser Pappel entstehen. Die zur Reifezeit bräunlichen, länglich ovalen Kapseln, die an den verlängerten ♀ Kätzchen sitzen, geben beim Öffnen große Mengen winziger Samen frei. Diese hängen an weißen Flughaaren und werden in wattigen Flocken vom Wind weit verdriftet. Dennoch erobert die G. S. nicht so rasch Neuland wie die verwandte Zitter-Pappel.
An den langen Blattstielen sieht man nicht selten knotige, bis zu 2 cm dicke Anschwellungen. Sie werden von der Spiralgallenlaus hervorgerufen, deren Larven sich vom Pflanzengewebe ernähren. Die unter dem Einfluss von Laushormonen im Lauf des Sommers anschwellende Galle verursacht eine auffällige Drehung des Blattstiels. Vor dem Laubfall im Herbst schlüpfen aus den Gallen neue Gallenläuse, die im Boden überwintern und im nachfolgenden Frühjahr die frischen Blätter befallen.
Das helle, ziemlich leichte, aber feste Holz der G. S. verarbeitet man zu Möbeln, vielerlei Schnitzwerk, Küchengeräten oder Holzschuhen und zu Zellstoff für die Papierindustrie.

Reife Fruchtkapseln mit behaarten Samen.

**Ähnlich** Pyramiden-Pappel *Populus nigra* 'Italica', auch Säulen-P. genannt, ist eine vermutlich in Vorderasien oder in Mittelitalien entstandene Mutation der Schwarz-Pappel, bei der die Äste steil senkrecht stehen, sodass sich eine säulenförmige Krone ergibt. Man pflanzt sie häufig in Alleen, als Sichtschutz um Industriebetriebe und Sportanlagen oder als Solitär in Parks.

Gewöhnliche Schwarz-Pappel     unten rechts: Flugsamen

# Sal-Weide

*Salix caprea* · Familie Weidengewächse

**Besonders die männlichen Blütenkätzchen mit dem silbrigen „Fell", die Insekten reichlich Nektar und Pollen bieten, fallen an diesem früh blühenden Baum auf.** ✿ **Mär–Mai**

Sommergrün, Großstrauch oder Baum, bis zu 10 m hoch, mit breiter Krone und längsfurchiger, grauschwarzer Rinde; Zweige grüngrau, anfangs noch hell behaart, sehr biegsam, dünn bleibend. **Blätter** wechselständig, gestielt, 4–12 cm lang und bis zu 6 cm breit, elliptisch, am Grund rundlich, vorn spitz, am Rand gewellt bis unregelmäßig gezähnt, oberseits dunkelgrün, unterseits graugrün und bleibend dicht flaumig behaart. **Blüten** zweihäusig verteilt; Blütenstände lange vor den Laubblättern erscheinend; ♂ Kätzchen oval, bis zu 3 cm lang, im Aufblühen silbrig fellhaarig (daher „Kätzchen"), beim Stäuben hellgelb; ♀ Kätzchen unscheinbar grünlich, Fruchtknoten behaart. **Frucht**reife ab Mai.

**Vorkommen** Häufig als Pioniergehölz auf Brachen, an Wald- und Wegrändern und in Steinbrüchen, auch mit anderen Strauch- und Baumweiden im Saum von Stillgewässern; Lichtholz mit rascher Jugendentwicklung. Überall in EU (außer Portugal), in den Alpen bis in 2000 m Höhe; in S-EU nur im Gebirge; ferner in W- und NO-Asien.

**Wissenswert!** Die S. ist ein Vertreter der Breitblattweiden, die im Unterschied zu den Schmalblattweiden nicht unmittelbar in Flussauen wachsen, sondern wechselfeuchte, höher gelegene Standorte bevorzugen. Trotz ihrer vergleichsweise schmucklosen Blüten ist die S. auf Insektenbestäubung eingerichtet und stellt als besonders frühzeitig und reich blühendes Gehölz die wichtigste Trachtpflanze der Bienen im zeitigen Frühjahr dar. Aus diesem Grund ist das Schneiden von Schmuckreisig verboten.

Ein typisches Merkmal fast aller Weiden ist die rasche Bewurzelung von Stecklingen, die auch bei der S. gelingt, selbst noch an armdicken Hölzern. An Zweigstücken lässt sich dabei die innere Polarisierung zeigen: Aus der spitzenwärts gelegenen Schnittstelle entwickeln sich nur neue Blatttriebe, aus der unteren Wunde nur Wurzelanlagen.

Die Rinde der S. enthält einen nach dem wissenschaftlichen Gattungsnamen Salicin genannten Stoff, aus dem sich mit einem chemischen Verfahren Acetylsalicylsäure herstellen lässt, die Hauptkomponente des Schmerz- und Fiebermittels Aspirin. Das wenig beständige Holz der S. wird bestenfalls als Zuschlag in der Spanplattenherstellung oder für die Zellstoffgewinnung verwendet. Der ökologische Nutzen des Baums ist ungleich größer. Von seinen Blättern ernähren sich z. B. die Raupen etlicher Schmetterlingsarten wie Trauermantel, Großer Fuchs und Großer Schillerfalter.

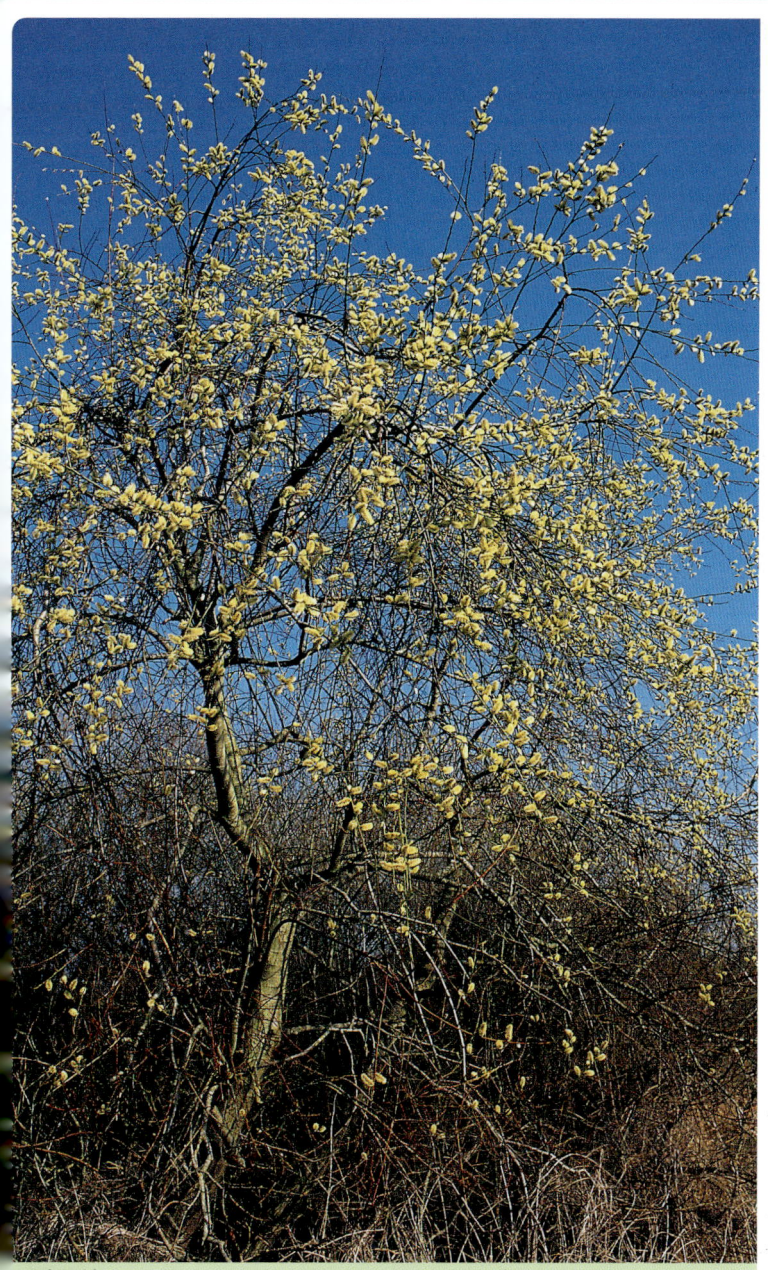
Sal-Weide

## Öhrchen-Weide

*Salix aurita* · Familie Weidengewächse

**Sommergrüner, sparrig verzweigter, ziemlich gedrungener Strauch mit aufrechten oder abstehenden Ästen.**
☆ Mär–Mai

Wuchshöhe etwa 1–3 m; auffallend dünne Zweige. **Blätter** mit 1 cm langen Stielen, oval bis verkehrt eiförmig, in der Vorderhälfte am breitesten, 2–5 cm lang, mit schlanker, zur Seite gedrehter oder zurückgebogener Spitze, am Rand gewellt, beidseits behaart, oberseits durch eingesenkte Blattnerven etwas runzlig, unterseits bläulich grün filzig, zuletzt kahl; am Blattstiel nierenförmiges Nebenblatt. **Blüten** zweihäusig, erscheinen vor den Blättern in sitzenden, silbrigen bis gelblichen, 0,5–3 cm langen Kätzchen.

**Vorkommen** Ufer, Grabenränder, Nass- und Feuchtwiesen, Niedermoore, vom Tiefland bis ins Gebirge; auf feuchten, sauren Böden. Von EU bis W-Asien weit verbreitet und stellenweise häufig. Gärtnerisch wird die Öhrchen-Weide nur wenig verwendet.

**Wissenswert!** Besonders kennzeichnend sind die namengebenden, großen, nierenförmigen, gezähnten Nebenblätter (Öhrchen), die nicht frühzeitig abfallen wie bei den meisten anderen Weidenarten. Dank dieses Merkmals und anhand der auffallend dünnen Zweige kann die Öhrchen-Weide gut von ähnlichen Weidenarten unterschieden werden. Die Öhrchen-Weide kommt oft zusammen mit Erlen vor, die ähnliche Ansprüche an die Bodenfeuchte haben. Daher gehört diese Weidenart zu den wichtigsten Gehölzen, die bei der Erstbepflanzung von sauren, nassen Böden verwendet werden.

Die Art bastardiert gerne mit der Grau-Weide. Die Hybriden und erst recht die Rückkreuzungen mit den Elternformen sind nicht einfach zu erkennen.

## Großblättrige Weide

*Salix appendiculata* · Familie Weidengewächse

**Sommergrüner, sparrig verzweigter Großstrauch oder kleiner Baum, die Laubblätter sind auffällig groß.**
☆ Apr–Mai

Wuchshöhe 2–6 m, breitwüchsig; Rinde grau, glatt. **Blätter** 5–18 cm lang und bis zu 5 cm breit, verkehrt eiförmig, glattrandig oder grob gezähnt, oft mit gewelltem Rand, oberseits kahl, durch eingesenkte Blattnerven runzelig, unterseits zerstreut behaart; Nebenblätter herz- bis nierenförmig. **Blüten** zweihäusig verteilt, Kätzchen sitzend, etwa 3 cm lang, erscheinen unmittelbar vor oder mit dem Laubaustrieb.

**Vorkommen** Feuchte, lockere bis steinige, meist kalkhaltige Böden an kühlen, luftfeuchten Standorten, Hochstaudengebüsche, alpine Wälder, Lawinenbahnen, bis in etwa 2100 m Höhe. Alpen und Alpenvorland, Jura, Balkangebirge, Reliktvorkommen im Schwarzwald und im Böhmerwald. Forstlich oder gärtnerisch wird die Art nicht verwendet.

**Wissenswert!** Die Großblättrige Weide gehört zu den Weidenarten, die gerne Bastarde mit anderen Weiden, vornehmlich mit der Sal-Weide, bilden. Diese Bastarde zeichnen sich durch recht veränderliche Blattformen aus. Die Blüten werden von Bienen und anderen bestäubenden Insekten besucht, die Nektar und Pollen sammeln. Die Samen sind mit einem Haarschopf versehen und können vom Wind sehr weit verbreitet werden. Da sie nur relativ kurze Zeit keimfähig sind, keimen sie bei ansprechenden Standortbedingungen rasch.

Ein relativ sicheres Kennzeichen der Art ist neben der charakteristischen Blattform und dem Gebirgsstandort, dass das Holz bemerkenswert glatt ist und keine Striemen aufweist.

Öhrchen-Weide

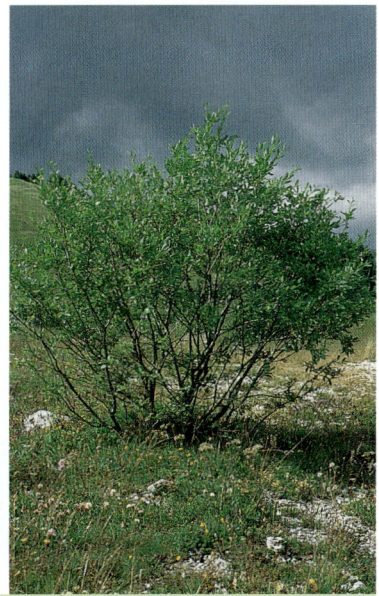

Großblättrige Weide

## Laubgehölze

## ...m-Hasel
*Corylus colurna* · Familie Birkengewächse

**Die hartschaligen Haselnuss-Früchte dieses Baums sind von einer tief zerschlitzten, klebrigen Hülle umgeben und bilden ballartige Knäuel.**
✯ Feb–Apr

Sommergrün, bis zu 20 m hoch, mit breiter, kegeliger, meist stumpfer Krone und regelmäßiger, bei jungen Exemplaren nahezu quirlständiger, breit abstehender Beastung; Rinde an jungen Zweigen dicht drüsig behaart, an den Ästen und Stämmen dagegen graubraun, korkig, vielfach schuppig gefeldert und zerrissen. **Blätter** wechselständig, gestielt, meist nach unten hängend, 8–12 cm lang und fast ebenso breit (breiteste Stelle im oberen Drittel der Spreite), an der Basis herzförmig eingebuchtet, vorn kurz zugespitzt, Rand doppelt gesägt oder andeutungsweise gelappt, Blattspreite sehr fest, oberseits glänzend grün, unterseits heller und nur auf den Hauptnerven behaart.
**Blüten** einhäusig verteilt; bereits lange vor dem Laubaustrieb erscheinend; ♂ Kätzchen in Gruppen an den Zweigenden, bis zu 12 cm lang, schlaff herabhängend, beim Stäuben hellgelb; ♀ Kätzchen kurz, in dicken Knospen geborgen, zur Blütezeit an den büschelig herausragenden, karminroten Fadennarben erkennbar. Nuss**frucht** bis zu 2 cm lang, dickschalig; Fruchtreife ab Sep.
**Vorkommen** Bergwälder auf lockeren, möglichst nährstoffreichen Böden. Ursprünglich nur im südöstlichen EU und in Kleinasien; in zunehmendem Maß auch bei uns als raschwüchsiger Straßen- und Parkbaum angepflanzt.
**Wissenswert!** Die B. ist die einzige Vertreterin ihrer nicht allzu artenreichen Gattung, die ausschließlich baumförmig wächst. Da die verschiedenen Haselnussarten sich in der Belaubung nur wenig voneinander unterscheiden, sind zur sicheren Bestimmung die reifenden Früchte erforderlich. Im Unterschied zu der nur als Großstrauch wachsenden heimischen Hasel, auch Wald-Hasel genannt (*Corylus avellana*, ⇨ S. 228), stecken die meist sehr zahlreich entwickelten Nüsse der B. in einer zähen, zur Reifezeit bräunlichen Hülle mit vielen schmalen, weit zurückgebogenen Zipfeln. Sie lassen sich nur sehr schwer aus dieser Hülle lösen. Die Nüsse sind essbar und schmecken ebenso wie die heimischen Haselnüsse.
Seltener sieht man in Parkanlagen auch einen baumförmigen Bastard zwischen der B. und der heimischen Wald-Hasel. Er steht in den Blattmerkmalen zwischen den Elternarten.
Die vor allem als Backzutat gehandelten Haselnüsse stammen gewöhnlich von einer weiteren südosteuropäischen Haselart, der strauchförmig wachsenden Lamberts-Hasel (*Corylus maxima*, ⇨ S. 228) aus Kleinasien. Bei dieser Art ist die Fruchthülle fast doppelt so lang wie die Nuss, vorn tütenförmig verengt und an den Vorderkanten nur in geringem Maß zerschlitzt. Der Strauch wird hierzulande in mehreren Sorten angebaut. Unter anderem ist eine sehr attraktive, tief dunkelrot belaubte Varietät unter der Bezeichnung „Blut-Hasel" als Park- und Gartengehölz weit verbreitet.

**Baum-Hasel**  unten: Frucht mit noch geschlossener Hülle

## Gewöhnliche Hasel, Wald-Hasel
*Corylus avellana* · Familie Birkengewächse

**Großer, meist recht breitwüchsiger Strauch; Triebe feinfilzig und rotbraun drüsig behaart; Rinde älterer Äste glänzend dunkelbraun mit helleren Korkwarzen.** ✿ Jan–Mär

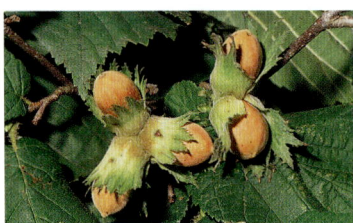

Wuchshöhe 2–6 m. **Blätter** wechselständig, kurz gestielt, 7–10 cm lang und bis zu 6 cm breit, im Umriss rundlich bis verkehrt-oval, mit schlanker Spitze und leicht schiefem Blattgrund, doppelt gesägt und schwach gelappt, unterseits besonders auf den Hauptnerven behaart. **Blüten** einhäusig verteilt, vor dem Laubaustrieb, ♂ Blüten zahlreich in hellgelben, 3–8 cm langen Kätzchen, ♀ Blüten in wenig verdickten Knospen verborgen, mit 1–2 mm langen, karminroten Narben. Nuss**früchte** in einer anliegenden, bleichen Hülle, die kaum länger ist als die Nuss; Fruchtreife ab Sep.
**Vorkommen** Mäßig trockene Stellen im Saum von Wäldern, in Gebüschen, Feldgehölzen und entlang von Fließgewässern, vom Tiefland bis in etwa 1400 m Höhe in den Alpen, im Schwarzwald nur bis 1350 m. Die früher übliche Nieder- und Mittelwaldbewirtschaftung haben die Verbreitung der Art stark gefördert. In EU von Skandinavien bis zum Balkan weit verbreitet; häufig angepflanzt und auch gärtnerisch verwendet, u. a. als Korkenzieher-Hasel mit bizarr gewundenen Zweigen (Strahlenmutante).

**Wissenswert!** Haselnüsse spielten schon bei den Menschen der Steinzeit eine bedeutende Rolle. Später verwendete man Haselzweige als Wünschelrute oder als Schutz gegen Blitzschlag. Haselnussöl ist ein wertvolles Speiseöl, das reich an ungesättigten Fettsäuren ist. Außerdem nimmt man es gern zum Anrühren von Malfarben, da es nach dem Aushärten nicht nachdunkelt. Als Frühestblüher ist die Art eine wichtige Bienenfutterpflanze, die reichlich Pollen liefert. Die Bienen fliegen an sonnigen Wintertagen nur die ♂ Kätzchen an und leisten keine Bestäubung. Die Pollenübertragung auf die ♀ Blüten, die weder duften noch Nektar anbieten, übernimmt in jedem Fall der Wind. Zudem bedeutsam als Nistgehölz und Nahrungslieferant für Vögel und Kleinsäuger. Eichelhäher, Tannenhäher und Eichhörnchen verbreiten die Art durch vergessene Depots. Die Nuss ist nur bis zum kommenden Frühjahr keimfähig.

**Ähnlich** Die in SO-EU und Kleinasien beheimatete **Lamberts-Hasel** oder **Lambertsnuss** *Corylus maxima* trägt bis zu 15 cm lange und fast ebenso breite, nur kurz gestielte Blätter. Ihre ♂ Kätzchen erreichen 10 cm Länge. Die bis zu 2,5 cm lange Nussfrucht steckt in einer samtig behaarten, röhrenförmigen, tütenartig geschlossenen und vorne verengten Fruchthülle. Sie liefert die marktüblichen und in Sorten angebotenen Haselnüsse, auch in M.-EU an vielen Stellen in Kultur. In Parks und Gärten sieht man häufig die **Blut-Hasel** bezeichnete Varietät (*C. maxima* var. *purpurea*, siehe Bild) tief schwarzroten Blättern.

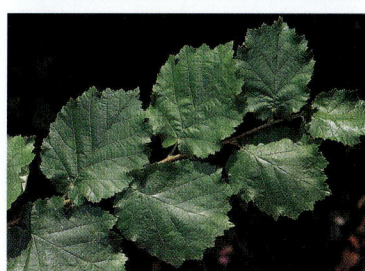

Gewöhnliche Hasel, Wald-Hasel

## Hänge-Birke, Weiß-Birke
*Betula pendula* · Familie Birkengewächse

**Die Rinde mit den dunklen Wülsten und Rissen dieses sommergrünen Baums, deren dünne Zweige schleierartig herabhängen, leuchtet weiß.** ✿ Mär–Mai

Sommergrün, bis zu 20 m hoch, mit kegeliger, später rundlicher, hoher oder unregelmäßiger Krone; Äste kurz, Zweige lang und dunkel rotbraun berindet; Rinde am Stamm glatt, silbrig weiß. **Blätter** wechselständig, lang gestielt, im Umriss dreieckig mit langer, schlanker Spitze, am Rand regelmäßig doppelt gesägt. **Blüten** einhäusig verteilt; ♂ Kätzchen 3–6 cm lang, vor dem Aufblühen bräunlich, stäubend hellgelb; ♀ Kätzchen 2–3 cm lang, an den Zweigenden unterhalb der ♂ Blütenstände, grünlich mit dunkelroten Narben, später braun. **Nussfrucht** 2–3 mm lang, häutig umrandet.

Blatt mit Fruchtstand

**Vorkommen** In lichten Laubgehölzen, Gebüschen und Feldholzinseln, an Waldlichtungen und Wegrändern; anspruchslos; Lichtholz; in M.-EU eher Begleitart, im N von EU auch bestandsbildend. Ganz EU mit Ausnahme des hohen Nordens und der Südränder der mediterranen Halbinseln, in S-EU nur im Gebirge, in den Alpen bis 1800 m Höhe; häufigste Birkenart in EU.

**Wissenswert!** Die Nüsse der H. sind extrem leicht und werden vom Wind weit verfrachtet. Die vor oder mit dem Laubaustrieb aufblühenden ♂ Kätzchen setzen enorme Mengen Blütenstaub frei, der bei empfindlichen Personen starke allergische Reaktionen auslöst. Birkenholz ist sehr hell und findet in der Möbelherstellung Verwendung. Es besitzt außerdem den höchsten Heizwert unter den heimischen Hölzern. Die Blätter enthalten medizinisch wirksame Stoffe und werden in der Homöopathie ebenso wie in der Volksmedizin eingesetzt.

## Moor-Birke
*Betula pubescens* · Familie Birkengewächse

**Typisch sind die eher ovalen Blätter und die leuchtend weiße bis silbrige, glatte Rinde zeigt eine feine, schwarze Querbänderung.** ✿ Apr–Mai

Sommergrün, Großstrauch oder Baum, bis zu 25 m hoch, mit schlanker, oft mehrteiliger Krone; Äste aufsteigend oder abstehend, Zweige nicht herabhängend; junge Zweige dicht flaumig behaart, später verkahlend. **Blätter** gestielt, meist nur einfach gesägt; unterseits auf den größeren Blattnerven und in den Nervenwinkeln flaumig behaart. **Blüten** einhäusig verteilt, erscheinen mit dem Laub; ♂ Kätzchen ungestielt, schlaff hängend, beim Stäuben hellgelb; ♀ Kätzchen gestielt, aufrecht, grünlich mit roten Narben.
**Vorkommen** Auf staunassen, feuchten, mäßig nährstoffreichen Lehm-, Sand- und Moorböden. Von W- bis NO-EU; in den Alpen bis in 2000 m Höhe; im Gebirge jedoch meist nur strauchförmig.

Blatt mit Fruchtstand

**Wissenswert!** Ähnlich wie die Weiden bastardieren auch die Birken sehr stark, wenn verschiedene Arten gemeinsam vorkommen. So sind die in Parks und Gärten angepflanzten Birken oft Hybriden oder deren Rückkreuzungen mit einer der Elternarten, insbesondere bei dieser Art sind reinerbige Exemplare selten. Eine in Hangmooren der Mittelgebirge vorkommende Form der M. mit bräunlicher Rinde wird auch als Karpaten-Birke bezeichnet.

Herbstfärbung

**Hänge-Birke, Weiß-Birke**

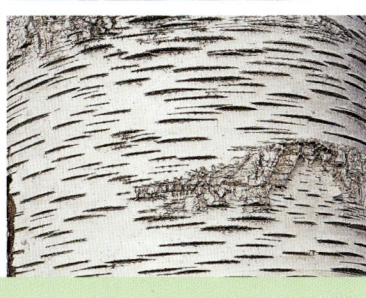

**Moor-Birke**  oben rechts: Fruchtstände

## Zwerg-Birke
*Betula nana* · Familie Birkengewächse

**Sommergrüner, ästiger Zwergstrauch mit knorrigen Ästen; Rinde schwarzgrau, Triebe anfangs filzig, später kahl und dunkel rotbraun.** ✹ Apr–Mai

Meist nur um 50 cm hoch. **Blätter** wechselständig, kurz gestielt, fast kreisrund, um 1 cm breit und lang, grob gekerbt, oberseits dunkelgrün, unterseits heller und netznervig, nach dem Austrieb etwas klebrig, im Herbstaspekt sehr kräftig goldgelb bis intensiv karminrot. **Blüten** einhäusig, in kleinen, aufrechten Kätzchen, ♂ Kätzchen 0,5–1,5 cm lang, mit gelben Staubblättern, ♀ Kätzchen hellbraun, 7–10 mm lang. Reife **Früchte** ab Aug.

Blätter wechselständig

Blütenstand ♂

**Vorkommen** Auf staunassen Torfböden von Hoch- und Niedermooren, in Moorwiesen und an Rändern von Erlenbrüchen. Arktische Tundra von Norwegen bis Sibirien, ferner Schottland (dort meist bestandsbildend); in M.-EU vereinzelt im nördl. Tiefland, im Harz, Böhmerwald und Erzgebirge sowie sehr selten auch im Alpenvorland. **RL**
**Wissenswert!** Die zierliche Z. ist neben der krautig aussehenden Silberwurz (⇨ S. 264) ein Beispiel für Pflanzenarten mit arktisch-alpiner Verbreitung. Vor der nacheiszeitlichen Wiederbewaldung von M.-EU entwickelte sich zwischen der nordischen Eisrandlage und den europäischen Hochgebirgen ein breiter Zwergbirkengürtel wie in der Tundra. In Finnland kommt eine strauchig wachsende, bis zu 3 m hohe Form vor, die als Kreuzung der Z. mit der gewöhnlichen Hänge- oder Weiß-Birke gilt, da ihre Merkmale ziemlich genau zwischen denen der Elternarten liegen.

## Strauch-Birke
*Betula humilis* · Familie Birkengewächse

**Sommergrüner, reichästiger kleiner Strauch; Rinde braun, Triebe anfangs schwach behaart und mit warzigen Drüsen besetzt.** ✹ Apr–Mai

Wuchshöhe 0,5–2 m. **Blätter** wechselständig, 2–5 mm lang gestielt, breit oval oder rundlich, 1–3,5 cm lang, stumpf oder kurz zugespitzt, ungleichmäßig grob gesägt, an der Basis breit keilförmig, kräftig grün, beidseits kahl oder unterseits nur in den Blattnervenwinkeln mit Haarbüscheln. **Blüten** einhäusig, in aufrechten grünlichen, walzenförmigen Kätzchen, öffnen sich mit dem Laubaustrieb. Einsamige Nuss**früchte**, schmal geflügelt; Fruchtreife Sep–Okt.

Blütenstände

**Vorkommen** Moorwiesen, Moorrandgebüsche, Weiden-Erlen-Bruchwälder. In M.-EU nur an wenigen Stellen im Alpenvorland sowie isoliert im nördlichen Tiefland; ferner in weiteren, räumlich weit getrennten Verbreitungsinseln von NO-EU bis zum Ural und Altai. **RL**
**Wissenswert!** Die S. wurde von dem bayerischen Botaniker Franz von Schrank in einem Moor bei Trauchgau entdeckt und 1789 als neue Art unter der Bezeichnung „Morastbirke" beschrieben.
An den Standorten, an denen sie vorkommt, hat sie, ähnlich wie die Zwerg-Birke, Reliktcharakter. Damit gibt sie einen letzten Hinweis auf das Aussehen der spät- bzw. nacheiszeitlichen Pflanzendecke in M.-EU. Die Nussfrüchte sind als Fossilien erhalten und dienen der Rekonstruktion einstiger Verbreitungsgebiete. Für die Erhaltung der wenigen Standorte ist gezielte Pflege erforderlich.

**Zwerg-Birke** links: unreife Fruchtstände, rechts: Herbstfärbung

**Knospe**

**Strauch-Birke** links: unreife Fruchtstände, rechts: Herbstfärbung

# Laubgehölze

## ...che, Weißbuche
*Carpinus betulus* · Familie Birkengewächse

**Der Stamm zeigt typische Furchen, die Blattspreiten sind ziehharmonikaartig gefaltet und bleiben vertrocknet noch lange am Baum.** ✿ Apr–Mai

Sommergrün, bis zu 25 m hoch, mit reich verzweigter Krone; Stamm oft mit ovalem Querschnitt, bei älteren Exemplaren gedreht oder auffallend wulstig; Rinde glatt, dunkelgrau, mit flachem Netzwerk gefeldert; Winterknospen eng anliegend. **Blätter** wechselständig, gestielt, 4–10 cm lang, schmal eiförmig mit kurzer Spitze, doppelt gesägt, kahl, beidseits frischgrün, vor dem Laubfall gelblich. **Blüten** einhäusig verteilt; mit dem Laub er-

Fruchtstand

scheinend; ♂ Kätzchen bis zu 7 cm lang; ♀ Kätzchen an Langtrieben, mit lockeren, bleichgrünen Tragblättern. Nuss**frucht** an der Basis eines 3-lappigen Flugorgans.

**Vorkommen** Auf frischen, tiefgründigen, nährstoffreichen, humosen Böden. Von den Pyrenäen über das gesamte M.-EU und S-Skandinavien bis nach W-Asien; in D vom Tiefland bis auf rund 1000 m im Gebirge.

**Wissenswert!** Die manchmal auch Hagebuche genannte H. erträgt regelmäßigen Schnitt und eignet sich daher gut für dichte Heckenpflanzungen. Da sie sich leicht durch Stockausschläge regeneriert, wird sie auch in der Niederwaldwirtschaft eingesetzt. Das helle Holz (Weißbuche!) ist sehr leicht, reißt beim Trocknen jedoch stark auf.

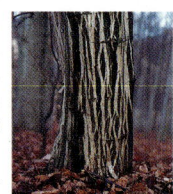

## Hopfenbuche
*Ostrya carpinifolia* · Familie Birkengewächse

**Die dekorativen Fruchtstände erinnern an die des Hopfens (Name!), Wuchs und Blätter hingegen ähneln denen der Hainbuche.** ✿ Apr–Mai

Sommergrün, Großstrauch oder bis zu 20 m hoher Baum, mit breiter, rundlicher, dichter Krone; Rinde dunkelbraun, an den noch jüngeren Zweigen grünlich braun mit helleren Korkwarzen. **Blätter** wechselständig, gestielt, an der Basis abgerundet, vorn spitz, fein doppelt gesägt mit langen Spitzen, weitgehend glatt, oberseits dunkelgrün, unterseits blasser und auf den Nerven behaart, an den Zweigen 2-zeilig angeordnet. **Blüten** einhäusig verteilt; mit dem Laub erscheinend; ♂ Kätzchen zu 3–5, beim Stäuben grünlich gelb,

Fruchtstand

schlaff, bis zu 10 cm lang; ♀ Kätzchen geöffnet 3–5 cm lang. **Frucht**stand bleichgrün, zapfenähnlich; Nussfrüchte mit Haarbüscheln in einer 12–15 mm langen, blasenartig aufgetriebenen Hülle.

**Vorkommen** Auf lockeren, wasserdurchlässigen, oft kalkreichen Böden in verschiedenen Wärme liebenden Laubwaldgesellschaften des unteren Bergwalds ab etwa 300 m Höhe. S-EU von S-Frankreich über den Balkan bis nach Kleinasien; in den südlichen Alpen bis in rund 1200 m Höhe.

**Wissenswert!** Während sie in ihrer Heimat ein wichtiger waldbildender Baum ist, kann man die H. in M.-EU allenfalls als Parkgehölz im wintermilden Klima der Weinbauregionen sehen. die auffallenden Nussfrüchte werden von Tieren, in ihrer aufgeblähten Hülle aber ebenso vom Wind verbreitet. Das recht harte, zähe Holz verarbeitet man zu Werkzeuggriffen oder zu Holzkohle.

Hainbuche, Weißbuche

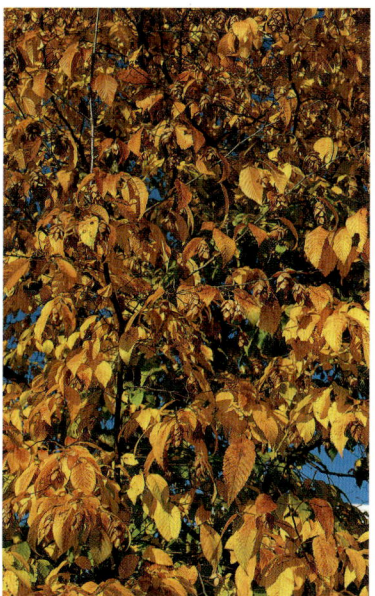

Hopfenbuche

## Schwarz-Erle
*Alnus glutinosa · Familie Birkengewächse*

**Im Frühjahr fallen an diesem oft mehrstämmigen Baum die langen männlichen Blütenkätzchen auf, im Herbst dann die zapfenartigen, verholzten Fruchtstände.** ✿ Feb–Apr

Sommergrün, bis zu 25 m hoch, mit breiter Krone und hoch reichendem Stamm, oft von Grund an mehrstämmig; Äste gebogen, aufrecht oder waagrecht ausgebreitet; Rinde bräunlich grau, an älteren Stämmen schwarzgrau und längsrissig; Zweige kahl, Triebe grünlich, mit orangegelben Korkwarzen (Lentizellen). **Blätter** wechselständig, gestielt, im Umriss breit keilförmig, im vorderen Spreitendrittel am breitesten, vorn meist deutlich eingebuchtet, seltener gerundet oder undeutlich zugespitzt, am Rand wellig gesägt; oberseits glänzend dunkelgrün, unterseits heller mit gelblichen Haarbüscheln in den Nervenwinkeln; nach dem Austrieb klebrig. **Blüten** einhäusig verteilt; ♂ Kätzchen zu 2–3, anfangs beim Stäuben dann hellgelb und 6–10 cm lang, schlaff herabhängend; ♀ Kätzchen länglich oval, purpurn, zu 2–8 an Zweigenden, öffnen sich vor dem Laubaustrieb. **Frucht**stände mit geflügelten Nussfrüchten zwischen verholzten Tragblättern. **Vorkommen** Kalkmeidend; gern auf zeitweilig überschwemmten Auen- und Lehmböden, auch auf Kies- und Sandböden, in Moor- und Nasswiesen; häufiges Saumgehölz an Bachufern oder bestandsbildend in Bruchwäldern. Überall in EU mit Ausnahme des nördlichen Skandinaviens; vom Tiefland bis ins höhere Bergland, in den Alpen jedoch selten oberhalb von 1200 m.

**Wissenswert!** Die Feinwurzeln der S. gehen eine innige Lebensgemeinschaft mit bestimmten Bakterien ein, die den Luftstickstoff für den Baum verfügbar machen. Außerdem gewährleisten sie die Sauerstoffversorgung der Wurzeln auch im staunassen Boden.

Die ♀ Blüten der Erlen verwachsen zu kompakten, verholzten, starren Fruchtständen, die an einen Koniferenzapfen erinnern. Erst im Frühjahr des Folgejahrs fallen die kleinen geflügelten Nussfrüchte heraus und werden vom Wind verdriftet. Da sie eine Weile schwimmfähig sind, können sie auch über fließendes Wasser verbreitet werden. Daraus erklärt sich der dichte Erlensaum an fast allen kleineren Fließgewässern, der im Kulturgrünland häufig das Bild der Landschaft bestimmt. Die leeren Fruchtstände bleiben noch mehrere Jahre an den Zweigen. Man verwendet sie in der Kranzbinderei als Dekorationsmaterial.

Mit ihren tief reichenden Hauptwurzeln stabilisieren die S. die Uferkanten und verhindern dadurch Erosionsschäden durch reißende Hochwasser. Daher pflanzt man sie auch gern als sichernde Ufergehölze an. Das Holz der S. ist orangegelb gefärbt (Foto unten), dunkelt mit der Zeit aber zu einem kräftigen Orangerot nach, weshalb der Baum fälschlich auch oft Rot-Erle genannt wird. Das Holz dient vorwiegend zur Herstellung von Möbeln.

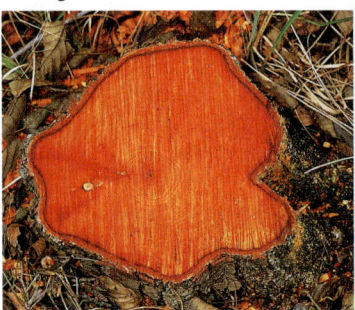

*Oben: Laubblatt mit Einbuchtung am Vorderende; beiderseits der Mittelrippe 5–8 gegenständige Nerven. Links oben: Langgestreckte männliche und rundliche weibliche Kätzchen. Links unten: Reife schwarzbraune Fruchtstände.*

Fruchtstände verholzt

♀

Schwarz-Erle

## ..., Weiß-Erle

... · Familie Birkengewächse

**Die weißgraue Borke, die kürzer gestielten Fruchtstände und die meist spitzen Blätter unterscheiden diesen Baum oder Großstrauch von der ähnlichen Schwarz-Erle. ✿ Mär–Apr**

Sommergrün, 10–20 m hoch, gewöhnlich mehrstämmig, mit breiter, dichter, kegelförmiger Krone; Rinde glänzend hellgrau bis silbergrau (Name!), kaum rissig, mit vielen ringförmig angeordneten Korkwarzen (Lentizellen); junge Zweige anfangs leicht behaart, später kahl, mit bräunlichen oder rötlichen Korkwarzen; Winterknospen deutlich gestielt. **Blätter** wechselständig, gestielt, oval bis rundlich, vorn leicht zugespitzt, an der Basis gerundet; 7–10 cm lang; beidseits der Hauptrippe mit 7–12 (fast) gegenständigen Blattnerven, am Rand doppelt gesägt, oberseits matt dunkelgrün, unterseits bläulich grün und anfangs grau behaart, später zunehmend kahl oder nur noch auf den Blattnerven flaumig, nicht klebrig. **Blüten** einhäusig verteilt; ♂ Kätzchen in Gruppen zu 3–5 an den Zweigenden, beim Stäuben bis zu 10 cm lang, hellgelb und schlaff; ♀ Kätzchen zu 2–8 beieinander stehend, rötlich, entwickeln sich zur Reifezeit zu zapfenartigen **Frucht**ständen.

**Vorkommen** Kalkliebend, auf zeitweilig nassen, jedoch nicht ständig überstauten Sand-, Kies- und Schotterböden, meist entlang von Fließgewässern und auf Wildbachgeschieben im Gebirge, in den Alpen auch auf Moränenschutt bis 1600 m. In M.-, N- und O-EU weit verbreitet, fehlt im nordwestlichen Tiefland, in D an der Westgrenze der natürlichen Verbreitung.

**Wissenswert!** Die G. bevorzugt zwar nährstoffreiche Böden, kann aber auch unterversorgte Rohböden erfolgreich besiedeln und wird deshalb im Landschaftsbau zur Befestigung und Rekultivierung von Bergbauhalden und zur Böschungsbegrünung an Straßen angepflanzt, zumal sie sehr rasch wächst. Spezielle Stickstoff bindende Bakterien, die in den Feinwurzeln des Baums leben, reichern den Boden zudem mit Nährstoffen an. Die G. entwickelt reichlich Wurzelbrut und regeneriert sich bei Rückschnitt über Stockausschlag.

Das Holz der G. ist weniger beständig als das der nahe verwandten Schwarz-Erle und wird trotz seiner intensiven Orangefärbung heute seltener genutzt. Früher fertigte man daraus oft Schuhleisten, Spielsachen und allerlei Drechslerarbeiten.

Fruchtstände

**Ähnlich** **Herzblättrige Erle** *Alnus cordata*, Blätter mit kurzer Spitze, an der Basis herzförmig eingeschnitten, oberseits glänzend dunkelgrün, unterseits in den Nervenwinkeln bräunlich behaart; in Italien weit verbreitet, in M.-EU gelegentlich als Ziergehölz angepflanzt.

**Rot-Erle, Oregon-Erle** *Alnus rubra*, Blätter spitz, leicht gelappt, jederseits mit 10–15 Seitennerven, oberseits matt dunkelgrün, unterseits blau oder blaugrün, mitunter rotbraun behaart; westl. N-Amerika von Alaska bis Kalifornien; bei uns gelegentlich in Parks und Gärten angepflanzt.

Grau-Erle, Weiß-Erle

## Grün-Erle
*Alnus viridis* · Familie Birkengewächse

**Sommergrüner Strauch mit meist breit ausladenden Ästen und Zweigen, oft in dichten Beständen, selten auch als kleiner Baum.** ✿ Apr–Mai

Wuchshöhe als Strauch 0,5–2,5 m. **Blätter** wechselständig, lang gestielt, 5–8 cm lang, oval, zugespitzt, am Grund breit keilförmig oder abgerundet, scharf doppelt gesägt, oberseits kahl, nach dem Austrieb klebrig, unterseits glänzend grün mit bräunlichen Achselbärten. **Blüten** einhäusig, mit dem Laubaustrieb, ♂ Kätzchen weißlich behaart, hängend, 3–6 cm lang; ♀ Kätzchen um 1 cm lang, aufrecht an den Zweigenden, rötlich. **Frucht**stand zapfenförmig, zunächst grün, dann schwarzbraun und holzig.
**Vorkommen** Bildet in der subalpinen Höhenstufe im Bereich der Waldgrenze große Reinbestände auf Lawinenbahnen, in Rieselfluren und entlang von Bachläufen, in tieferen Lagen auch an Waldrändern und in Auengehölzen. Hochgebirge in EU (Alpen, Karpaten, Balkan) bis in 2400 m Höhe, stellenweise auch im Alpenvorland.
**Wissenswert!** Erfüllt in den Gebirgen wichtige Schutzfunktionen, weil sie Hangrutschflächen stabilisiert bzw. den Abtrag von Boden verringert, kann den Abgang von Lawinen allenfalls einschränken. Im Schutz von Erlengebüschen siedeln sich weitere Gehölzarten des Bergwalds an, wie z. B. Vogelbeere und Berg-Ahorn. Für Gämsen und andere Tierarten bieten die Gebüsche reichlich Nahrung und Deckung.

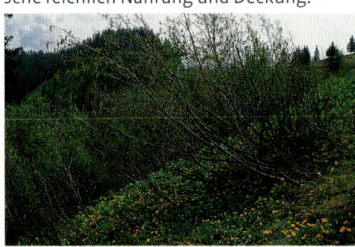

## Gagelstrauch, Torf-Gagel
*Myrica gale* · Familie Gagelgewächse

**Sommergrüner Strauch mit rutenförmigen Zweigen, die wegen der vielen Harzdrüsen beim Abstreifen sehr aromatisch duften.** ✿ Mär–Apr

Meist nur 0,5–1 m hoch, bildet meist größere Bestände. **Blätter** kurz gestielt, 2,5–6 cm lang, etwas ledrig, länglich oval, im vorderen Teil dornig gezähnt, zugespitzt, am Grund keilförmig, oberseits glänzend grün, unterseits grasgrün, beidseitig dünn behaart. **Blüten** zweihäusig, in aufrechten, gelb-bräunlichen, gedrungenen, achselständigen Kätzchen, öffnen sich vor dem Laubaustrieb. Stein**frucht** bräunlich, unauffällig. Alle Teile der Pflanze sind giftig!
**Vorkommen** Nasse, moorige Sand- und Torfböden von Heidemooren und Feuchtheiden, im Saum von Nieder- und Hochmooren, entlang von Gräben. Atlantisches W- und N-EU von Portugal bis Norwegen, atlantisches und pazifisches N-Amerika; in D nur im nördlichen Tiefland. **RL**

**Wissenswert!** In N-D verwendete man die Zweige oder daraus hergestellte Extrakte anstelle von Hopfen zum Aromatisieren des Bieres. Die toxischen Inhaltsstoffe des ätherischen Öls erhöhen dabei die berauschende Wirkung des Getränks. Blattextrakte des G. spielten in der Volksmedizin auch eine Rolle als Mittel gegen Hautausschläge. In Irland werden die aromatisch duftenden Zweige gegen Ungeziefer aufgehängt. Von den Knospen des Strauchs ernähren sich im Winter die Birkhühner.

Grün-Erle

Gagelstrauch, Torf-Gagel

## Ess-Kastanie, Edel-Kastanie

*Castanea sativa · Familie Buchengewächse*

**Die auffälligen, schwefelgelben Blüten riechen angenehm, die schmalen Blätter sind bis zu 30 cm lang, die geschlossenen Stachelhüllen der Esskastanien erinnern an kleine Igel.** ✤ Jun–Jul

Sommergrün, über 30 m hoch, mit breiter, dichter, gewölbter Krone aus dicken, kurzen Ästen; Stamm bis über 2 m dick, häufig schon in geringer Höhe über dem Boden in kräftige, steil aufgerichtete oder horizontal abstehende Hauptäste geteilt, oft etwas gedreht wachsen; Rinde anfangs glatt rötlich grau bis braun, später dunkelbraun und mit starken, erhabenen Leisten und tiefen Rissen. **Blätter** wechselständig, häufig an den Zweigen auch 2-zeilig ausgebreitet; 10–30 cm lang, länglich lanzettlich, an der Basis breit keilförmig, vorn schlank zugespitzt, am Rand mit groben, nach vorn weisenden Zähnen, in die jeweils ein kräftiger Seitennerv ausläuft; oberseits glänzend dunkelgrün, unterseits blasser grün; Blattspreite ledrig, vollständig unbehaart. **Blüten** einhäusig verteilt; ♂ Blüten beim Stäuben hellgelb, jeweils zu mehreren in etwa 15 cm langen Kätzchen sehr angenehm duftend; ♀ Blütenstände zu 2–3 an der Basis der ♂ Kätzchen, von einer dicht beblätterten Hülle umgeben, aus der nur die weißen Narben ragen. Nuss**frucht** bis zu 3 cm lang, zu 1–3 in einem dicht bestachelten, hellgrünen Fruchtbecher, der aus den Tragblättern der Einzelblüten hervorgeht und sich zur Reifezeit mit 4 breiten Zipfeln öffnet; Fruchtreife ab Sep.

**Vorkommen** Der sehr lichtliebende Baum wächst auf lockeren, tiefgründigen, nährstoffreichen, oft kalkhaltigen Lehmböden in sommerwarmen Gebieten. In ihrer südeuropäischen Heimat steigt die E. bis zur Laubwaldgrenze auf. Ursprünglich nur von Spanien über den Südalpenraum bis zum Balkan und nach Kleinasien verbreitet, in N-Italien bis in 1400 m Höhe. In wintermilden Gebieten von M.-EU kann man den Baum in großen Parks und Sammlungen sehen, im Rheinland kommt er auch aus Kultur verwildert vor. Auch in ihrer Heimat bildet die E. selten Reinbestände, wird jedoch häufig in lichten kleinen Hainen oder Gruppen angepflanzt.

**Wissenswert!** Die Blüten öffnen sich erst relativ spät nach Abschluss der Belaubung. Sie sind sehr auffällig und verändern durch ihre große Zahl das Erscheinungsbild des Baums. Planmäßige Bestäuber sind Insekten, vor allem Hautflügler wie Bienen oder Hummeln. Nach einiger Zeit trocknet jedoch der anfangs klebrige Pollenkitt ein, sodass die Pollenkörner auch vom Wind verfrachtet werden können.

Die Römer haben die E. zusammen mit dem Weinbau und anderen Kulturpflanzen nördlich der Alpen gebracht. Ihre Früchte (Maronen) reifen nur in warmen Weinbaugebieten aus, wie beispielsweise rund um den Kaiserstuhl. Im Hauptverbreitungsgebiet stellte die Frucht früher, vor der Einführung des Kartoffelanbaus, ein wichtiges Grundnahrungsmittel dar. Ihre dicken Keimblätter enthalten viel Stärke und nur wenig Fett. Bis heute verwendet man die delikaten Nussfrüchte in der Küche für verschiedene Gerichte, beispielsweise für Suppen oder als Püree. Oft werden sie auch geröstet auf Weihnachtsmärkten angeboten. Vor dem Rösten muss man die harte Schale mit einem schmalen Schnitt aufschlitzen, weil die erhitzten Maronen sonst leicht explosionsartig zerplatzen.

Die tief wurzelnde E.-Bäume können bis zu 2000 Jahre alt werden. Besonders dickstämmige Exemplare sind aus Sizilien, vor allem aus der Ätna-Region, bekannt. Das harte Holz der Bäume wurde zeitweise für die Herstellung von Möbeln und im Hausbau verwendet.

Blüten ♂ ♀

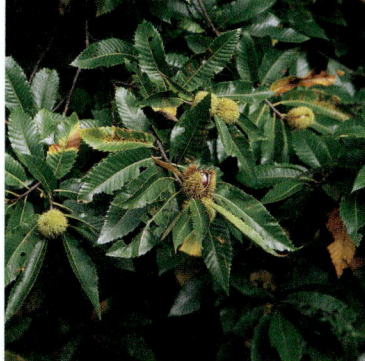

**Ess-Kastanie, Edel-Kastanie**  links: reife Früchte

## Feld-Ulme
*Ulmus minor* · Familie Ulmengewächse

**Auf den Ästen dieses stark verzweigten, sommergrünen Baumes, der in Wuchs und Blattform sehr variabel ist, befinden sich oft erhabene Leisten.**
✯ Mär–Apr

Über 30 m hoch, mit meist schlanker, dichter Krone auf langem, geradem Stamm, gelegentlich auch mehrstämmig; Rinde graubraun, dicke, tief gefurchte, gefelderte Borke bei älteren Bäumen. **Blätter** wechselständig, gestielt, überwiegend flach 2-zeilig angeordnet, Spreite länglich oval, 6–10 cm lang, jederseits mit 10–12 Seitennerven, vorn spitz, an der Basis schief und stark asymmetrisch (der längere Blattgrund weist zum Zweig), am Rand gesägt; oberseits glänzend dunkelgrün und kahl, unterseits heller mit bräunlichen Haarbüscheln und behaarter Mittelrippe; ähnlich der Hainbuche. **Blüten** vor dem Laub erscheinend; meist zwittrig; in kugeligen, sitzenden Blütenständen; Einzelblüten mit unscheinbarer Blütenhülle. Nuss**früchte** breit geflügelt, Flügelrand vorn bis zur Frucht eingeschnitten.

◁ Blattknospe
Blüten
Frucht

**Vorkommen** Auf nährstoffreichen, wechselfeuchten Schwemmlandböden; Leitart der Hartholzaue an größeren Fließgewässern. Vom südwestlichen EU bis zum Kaukasus; häufig in Parks oder als Straßenbaum.

**Wissenswert!** Wegen ihrem Holz wird die F. auch Rot-Rüster genannt, ein älterer wissenschaftlicher Name lautet *Ulmus carpinifolia*. In jüngerer Zeit sind viele Exemplare dieses Baums Opfer einer um 1920 aus N-Amerika eingeschleppten Pilzerkrankung geworden, die vom Ulmensplintkäfer übertragen wird und die Wachstumszone des Holzes zerstört. Gesunde Bäume können bis zu 600 Jahre alt werden und prägen vielerorts auf Dorf- und Kirchplätzen, als Alleen oder einzeln in freier Flur das Bild der traditionellen Kulturlandschaft, nach Infektion mit dem Erreger sterben die Ulmen jedoch in kurzer Zeit ab. Bisher ist eine Bekämpfung der Erkrankung nicht möglich.

Ulmen- oder Rüsterholz gehört zu den ringporigen Hölzern, d. h. in jedem Jahrring wird nur ein Kranz besonders weiter Wasserleitungsbahnen angelegt. Diese sind im Stammquerschnitt als Poren sichtbar. Rüsterholz ist sehr fest und schwindet beim Trocknen kaum. Das Holz der F. gilt dabei als besonders wertvoll. Man fertigte daraus Sportgeräte, Sitzmöbel und Bodenbeläge.

Von der F. gibt es mehrere abweichende Wuchsformen mit hängenden Zweigen oder Kugelkronen, die ausschließlich gärtnerisch verwendet werden. Außerdem sind Bastarde mit der Berg-Ulme bekannt.

**Ähnlich** **Englische Ulme** *Ulmus procera*, der Feld-Ulme sehr nahe stehend, oft nur als deren Varietät angesehen; stattlicher Baum bis zu 35 m Höhe mit langem, geradem Stamm; Blätter breit oval, asymmetrisch, 5–9 cm lang und 3–7 cm breit, vorn kurz zugespitzt, am Rand scharf gesägt, oberseits im Unterschied zum glatten Laub der Feld-Ulme rau, unterseits dagegen gleichmäßig weißlich behaart mit weißen Haarbüscheln in den Nervenwinkeln; junge Zweige ebenfalls behaart, häufig mit Korkleisten; geflügelte Nussfrucht 1–1,7 cm breit, zwischen dem eingekerbten vorderen Flügelrand und der Nuss bleibt ein schmaler Saum stehen; überaus reiche Wurzelbrut; daher auf den Britischen Inseln, der Heimat der Art, sehr häufig in Flurhecken und Alleen verwendet; ersetzt dort weitgehend die Feld-Ulme; sonst in EU gelegentlich in Parkanlagen und Gärten gepflanzt.

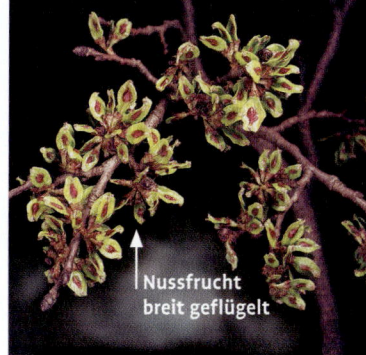

Nussfrucht breit geflügelt

**Feld-Ulme**   unten links: Blüten, unten rechts: Früchte

## Flatter-Ulme
*Ulmus laevis* · Familie Ulmengewächse

**Die flachen, geflügelten Nussfrüchte flattern an den auffallend langen Stielen und im unteren Stammbereich treten dicht büschelige Zweigausschläge auf.** ✴ Mär–Apr

Sommergrün, bis zu 30 m hoch, mit lockerer, unregelmäßiger Krone, Stamm lang, gerade; Rinde anfangs rotbraun, später zunehmend graubraun und borkig mit tiefen Längsrissen u. Feldern. **Blätter** wechselständig, sehr kurz gestielt, 7 - 12 cm, an den Zweigen 2-zeilig angeordnet; stark asymmetrisch, auf der längeren Spreitenhälfte mit 12–18 Seitennerven, spitz, am Rand doppelt gesägt; oberseits dunkelgrün, unterseits dicht graugrün behaart, fühlt sich weich an. **Blüten** zwittrig, vor dem Laub erscheinend; in büschelförmigen Blütenständen, lang gestielt und herabhängend (Artname!). Nuss**früchte** geflügelt mit bewimpertem Saum, der oben v-förmig eingeschnitten ist.

**Vorkommen** Wechselfeuchte, gelegentlich auch staunasse Lehm- und Tonböden in der Hartholzaue der großen Flüsse. Von W-EU bis zum Ural, fehlt auf den Britischen Inseln, in Skandinavien sowie auf den großen Halbinseln südlich der europäischen Faltengebirge; in D hauptsächlich im Gebiet von Donau und Rhein vorkommend; gelegentlich auch als Park- oder Straßenbaum angepflanzt.

**Wissenswert!** Die F. gehört zu den am frühesten blühenden Baumgehölzen der heimischen Flora. Sie ist wie ihre Verwandten windblütig, dennoch fliegen auch Pollen sammelnde Bienen und andere Hautflügler ihre Blüten an. Für die bei der Feld-Ulme (⇨ S. 244) erwähnten Pilzerkrankung ist die F. etwas weniger anfällig.

## Berg-Ulme
*Ulmus glabra* · Familie Ulmengewächse

**Die Nussfrüchte sind ringsum von einem flachen, grünen Hautsaum umgeben, der bereits vor dem Blattaustrieb als Fotosyntheseorgan fungiert.** ✴ Mär–Apr

Sommergrün, 30–35 m hoch, mit hoher, gerundeter Krone, Stamm lang; Rinde anfangs glatt, silbrig grau, später längsrissig, graubraun. **Blätter** kurz gestielt, verkehrt eiförmig bis breit oval, 10–16 cm lang, mit 1 oder 3 Spitzen; Rand ungleichmäßig gesägt; oberseits mattgrün, sehr rau, unterseits in den Nervenwinkeln behaart. **Blüten** zwittrig; büschelige Blütenstände vor dem Laub erscheinend, kurz gestielt.

**Vorkommen** Frische bis feuchte, tiefgründige, nährstoffreiche Böden in Schluchten und an schattigen Hängen; in den Alpen bis in 1400 m Höhe. Von NW-EU bis zum Ural; nur selten als Park-, Straßen- oder Forstbaum.

**Wissenswert!** Die nach ihrem hellen Holz auch Weiß-Rüster genannte Art ist ein charakteristischer Begleiter im Buchenwald. Am Alpenrand kommt sie häufig zusammen mit Fichte und Berg-Ahorn vor. Ihr festes, elastisches Holz verarbeitet man zu Sportgeräten und Gewehrschäften. Aus dem schön gemaserten Wurzelholz werden Drechselarbeiten wie Pfeifenköpfe oder Griffe gefertigt.

*von links: Feld-, Flatter-, Berg-Ulme*

Blüten herabhängend

**Flatter-Ulme**  oben rechts: Blüten, unten rechts: Früchte

**Berg-Ulme**  oben rechts: Blüten, unten rechts: Früchte

## Südlicher Zürgelbaum
*Celtis australis · Familie Ulmengewächse*

**Die kugeligen, etwa 1 cm dicken, essbaren Steinfrüchte stehen einzeln am langen Stiel in den Blattachseln und sind reif braunrot bis schwarz gefärbt.** ✿ Apr–Mai

Blüten

Sommergrün, bis zu 25 m hoch, mit lockerer, mitunter einseitig überhängender Krone auf geradem Stamm; Rinde glatt, hellgrau. **Blätter** wechselständig, gestielt, schmal oval bis lanzettlich, 5–15 cm lang, mit schlanker, gebogener Spitze, scharf gezähnt, oberseits glänzend dunkelgrün und rau, unterseits blasser und fein behaart. **Blüten** unscheinbar, zwittrig, gestielt einzeln in Blattachseln, auch ♂ Blüten in kleinen Büscheln. **Vorkommen** Steinige, humus- und nährstoffarme Böden an sonnigen Hängen, meist vergesellschaftet mit Wärme liebenden Arten wie Flaum-Eiche, Manna-Esche und Hopfenbuche. Von N-Afrika und S-Spanien über den Südalpenraum, Italien und den Balkan bis nach Kleinasien vorkommend; gelegentlich auch in anderen wintermilden Gebieten als Obst- und Straßenbaum angepflanzt.

**Wissenswert!** Die schmackhaften Steinfrüchte werden in Südtirol Zürgeln genannt und zu verschiedenen Süßspeisen verarbeitet. Wie bei den nahe verwandten Ulmenarten ist das Holz sehr fest, aber elastisch. Es wurde früher gern für Wagenräder, Naben und Deichseln verwendet. Die Rinde des Baums liefert einen gelben Farbstoff für Textilien.

Im Tertiär vor rund 15 Mio. Jahren war die Gattung *Celtis* in EU auch nördlich der Alpen verbreitet, wie Blattfossilien aus Tonschichten belegen, die beim Braunkohlentagebau freigelegt wurden.

## Kaukasische Zelkove
*Zelkova carpinifolia · Familie Ulmengewächse*

**In den Blattachseln stehen die bräunlichen, nur 5 mm dicken, ungenießbaren Steinfrüchte, die mehrere Kanten und Leisten aufweisen, an sehr kurzen Stielen.** ✿ Mai

Frucht

Sommergrün, bis zu 10 m hoher Baum oder Großstrauch mit dichter, ovaler Krone auf kurzem, auffallend längsgefurchtem Stamm; Rinde graugrün bis hellbraun, glatt, blättert mit kleinen rundlichen Flecken ab, darunter gelborange. **Blätter** wechselständig, kurz gestielt, elliptisch, 5–10 cm lang; jederseits mit 7–12 kräftigen Seitennerven, die in grobe, nach vorn weisende Blattrandzähne auslaufen; oberseits dunkelgrün und etwas rau, unterseits weiß behaart; im Herbst gelborange. **Blüten** einhäusig verteilt, unauffällig; ♂ Blüten rund 5 mm groß, mit Büscheln von Staubgefäßen; ♀ Blüten kleiner, weiter an den Triebspitzen.

**Vorkommen** Lockere, mäßig nährstoffreiche, frische Böden in Bergwäldern. Östl. Kaukasus und Iran; im Mittelmeerraum Ziergehölz, in M.-EU nur selten.

**Wissenswert!** Während die meisten Vertreter der Ulmengewächse asymmetrische Blattgestalt aufweisen, sind die fiedernervigen Blätter der K. Z. recht ebenmäßig. Sie erinnern im Spreitenumriss an die heimische Hainbuche. Zelkoven kamen im milden Klima vor den Eiszeiten auch nördlich der Alpen vor, wie Funde fossiler, in der Originalsubstanz erhaltener Blätter aus den Deckschichten der Braunkohleflöze belegen. Heute beschränkt sich die nur noch 4 Arten umfassende Gattung auf W-Asien. In EU ist sie nur auf Kreta mit einer meist strauchförmig wachsenden, sehr kleinblättrigen Art vertreten.

**Südlicher Zürgelbaum**

**Kaukasische Zelkove**

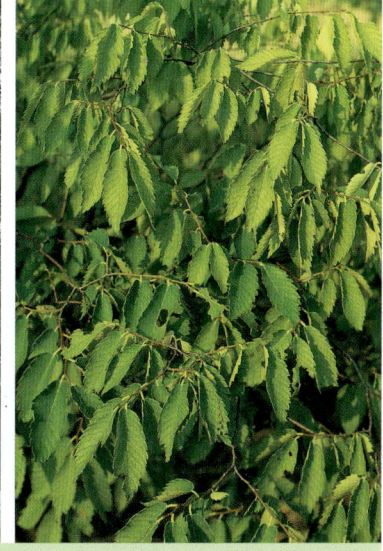

## Chinesische Zaubernuss
*Hamamelis mollis* · Familie Zaubernussgewächse

**Sommergrüner, meist sehr breiter und in der Blüte dekorativer Strauch, Zweige anfangs dicht weichhaarig.** ☆ Jan–Mär

Wuchshöhe 2–5 m, trichterförmiger Wuchs, wenig verzweigt. **Blätter** kurz gestielt, breit oval, zugespitzt, am Grund schief herzförmig, bis zu 16 cm lang und 12 cm breit, beidseitig behaart, unterseits dicht graufilzig, im Herbst kräftig orangegelb gefärbt. **Blüten** erscheinen lange vor den Blättern in fast sitzenden Büscheln, 4-zählig, duftend, Kelchblätter schmal und wenig zurückgeschlagen, innen weinrot, Kronblätter goldgelb, am Grund rötlich, nicht gerollt. **Früchte** kleine, holzige Kapseln; ab Jun.

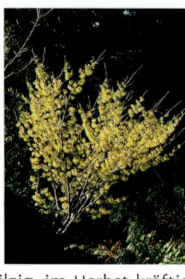

**Vorkommen** Sonnige Gebüsche und lichte Wälder der unteren Höhenlagen; auf lockeren Böden. Heimisch in China; seit langem in mehreren Gartenformen als besonders früh blühendes Ziergehölz (Großstrauch in Einzelpflanzung) verwendet.

**Wissenswert!** Als Gartenformen wurden zahlreiche Varietäten gezüchtet, von denen am häufigsten die Sorte 'Pallida' gepflanzt wird. Sie fällt durch die besonders dichte Besetzung mit großen Blüten auf, deren Kronblätter schwefelgelb gefärbt sind, der Kelch ist weinrot.

Die ausgesprochen hübschen Blüten lohnen eine genauere Betrachtung mit der Lupe: Die gelben, schmalzipfligen, meist relativ glatten Kronblätter stehen exakt auf der Winkelhalbierenden zwischen den rundlichen, braunroten Kelchblättern. Darin drückt sich die so genannte Alternanzregel der Blütenarchitektur aus.

## Japanische Zaubernuss
*Hamamelis japonica* · Familie Zaubernussgewächse

**Sommergrüner, meist breitwüchsiger Strauch; Zweige abstehend, fahlgrau, mit formschönen Sternhaaren besetzt.** ☆ Jan–Mär

Wuchshöhe etwa 1–4 m, trichterförmiger Wuchs, wenig verzweigt. **Blätter** kurz gestielt, breit oval bis rundlich, 5–8 cm lang, unterseits nur auf den Hauptnerven wenig behaart, ungleich gekerbt, kurz zugespitzt, mit schiefem Blattgrund, unterseits hellgrün, im Herbst kräftig gelb bis gelborange umgefärbt. **Blüten** lange vor dem Laubaustrieb erscheinend, zu mehreren büschelig, fast sitzend, 4-zählig, Kelchblätter dreieckig, rotbraun bis braunviolett, zurückgekrümmt, Kronblätter bandförmig, bis zu 2 cm lang, etwas zerknittert wirkend, lebhaft goldgelb. **Früchte** holzige, kleine Kapselfrüchte; Reife ab Jun.

**Vorkommen** Lichte Wälder und Gebüsche des Tieflands sowie der unteren Bergstufe. Heimisch in Japan; häufig in Sorten als dekorativer Großstrauch verwendet.

**Wissenswert!** Die schmalen Kronblätter strecken sich bei der Entfaltung nicht vollständig, sodass sie auch in voller Blüte zerknittert aussehen. Zwischen den gelben, bandförmigen Kronblättern sitzen die bräunlichen Kelchblätter. Die holzigen Kapselfrüchte fallen nur wenig auf. Wenn sie reif sind, platzen sie deutlich knackend auf und schleudern dabei die schwarz gefärbten Samen weit heraus.

Gärtnerisch wird relativ häufig die formenreiche Kreuzung zwischen *H. mollis* und *H. japonica* verwendet. Sie trägt die Bezeichnung Hybrid-Zaubernuss (*H. × intermedia*). Man erkennt sie an den oberseits glänzenden, aber unterseits dicht weichhaarigen Laubblättern.

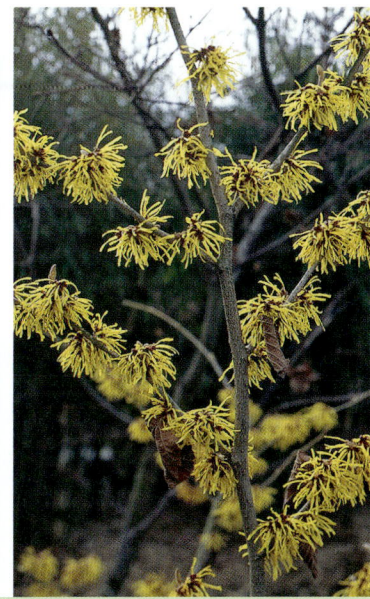

**Chinesische Zaubernuss**  rechts: Sorte 'Pallida'

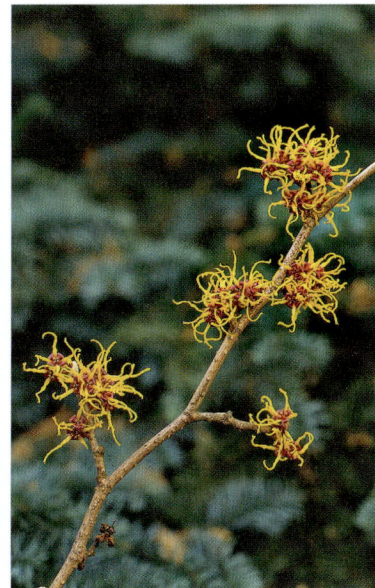

**Japanische Zaubernuss**  oben links: Sorte 'Rubra elite'

## Schlehe, Schwarzdorn
*Prunus spinosa* · Familie Rosengewächse

**Sommergrüner, sehr dichtästiger und sparrig verzweigter Wildstrauch, mit bis zu 5 cm langen, Kurztriebdornen besetzt; Rinde an Ästen und Stamm schwarzbraun.** ✿ Mär–Apr

Meist 1–4 m hoch, selten höher; Triebe zunächst behaart, später kahl und rötlich Äste und Zweige kräftig, abstehend oder aufrecht; Rinde zerreißt im Alter in schmale Längsstreifen. **Blätter** 1–2 cm lang gestielt, wechselständig, an den Kurztriebenden büschelig gehäuft, 3–4 cm lang und bis zu 2 cm breit, elliptisch bis verkehrt eiförmig, zugespitzt oder stumpf, am Grund keilförmig, fein gesägt bis gekerbt, spärlich und kurz behaart, oberseits matt dunkelgrün, runzelig, unterseits anfangs behaart, später weitgehend kahl und hell graugrün, an der Spreitenbasis mit kleinen, unauffälligen Nektardrüsen. **Blüten** 5-zählig, erscheinen geraume Zeit vor dem Blattaustrieb, zahlreich an Kurztrieben, der Strauch erscheint daher überaus reichblütig; Kelchblätter dreieckig, drüsig gezähnt, Krone 1–1,5 cm breit, Kronblätter reinweiß, länglich oval, stumpf, ungefähr 20 Staubblätter mit gelben oder rötlichen Staubbeuteln, Fruchtknoten am Grund eines becherförmigen Achsengebildes. **Früchte** kugelige Steinfrüchte, 1–1,5 cm groß, anfangs bläulich grün, zuletzt blauschwarz, stark bereift, Fruchtfleisch grünlich, essbar, vor den ersten strengeren Frösten sehr gerbstoffreich und wenig angenehm, nach dem Gefrieren erfrischend säuerlich; Fruchtreife ab Okt.

**Vorkommen** Saum von Wäldern und Gebüschen, in Feldgehölzen und Flurhecken, am Rand von Weinbergen, an Wegrändern und in nicht allzu feuchten Flussauen. In EU von Portugal bis zum mittleren Skandinavien; ferner in N-Afrika und Vorderasien; vom Tiefland bis in mittlere Gebirgslagen um die 1500 m Höhe.

**Wissenswert!** Schlehen fassen als Pioniergehölze auf Trockenrasen sehr rasch Fuß, sobald die regelmäßige Beweidung der Grasfluren aussetzt. Weil sie sich nicht nur über die Samen, sondern auch über Wurzelsprosse vermehren, drängen sie die krautige Vegetation stark zurück. Da Trockenrasen zahlreiche seltene Pflanzenarten beherbergen und oft als Naturschutzgebiete ausgewiesen sind, versucht man hier durch vorsichtige Biotoppflege, die Ansiedlung dieser Sträucher unter Kontrolle zu halten. Ansonsten sind Schlehen in der Kulturlandschaft überaus wertvolle Gehölze, weil sie vielen Kleintieren Nahrung und Schutz gewähren. Bereits im Frühjahr bieten die Blüten eine ergiebige Tracht für Bienen und Hummeln, obwohl die pro Blüte abgegebenen Nektar- und Pollenmengen relativ gering sind. Außerdem leben an S. etwa die Raupen des selten gewordenen Segelfalters. Das dichte Gezweig ist Nistraum für viele Vogelarten. Drosseln ernten ab Spätherbst die reifen Früchte. Teilweise bleiben diese bis zum nachfolgenden Frühjahr am Geäst und dienen den heimkehrenden Sommervögeln als Nahrung.

Schon die Menschen der mittleren Jungsteinzeit haben die Steinfrüchte gesammelt und verzehrt, denn die charakteristischen Steinkerne fanden sich in den Pfahlbausiedlungen rund um die Alpen. Das besondere Aroma der Schlehenfrüchte entfaltet sich erst, wenn die Gerbstoffe chemisch gebunden sind. Die dazu notwendigen Frostnächte kann man durch die Tiefkühltruhe ersetzen: Beim Gefrieren werden die Sufträume im Fruchtfleisch zerstört und die darin enthaltenen Gerbstoffe freigesetzt. Durch Anschlussreaktionen mit den übrigen Zellbestandteilen werden sie gebunden – der Fruchtgeschmack verliert an Herbheit. Schlehenfrüchte verwendet man in Fruchtschnäpsen, als Saft und zu Wildbeerenkompotts.

5-zählige Blüten

Schlehe, Schwarzdorn

## Vogel-Kirsche, Süß-Kirsche
*Prunus avium · Familie Rosengewächse*

**Vor dem Laub erscheinen die reinweißen Blüten, die sich zu genießbaren, kugeligen, roten und bis zu 1 cm dicken Steinfrüchten entwickeln.** ✽ Apr–Mai

Sommergrün, bis zu 30 m hoch, mit schmaler, hoher Krone auf schlankem, langschäftigem Stamm; Rinde glatt, rötlich braungrau, etwas glänzend, mit breiten Querbinden. **Blätter** wechselständig, bis zu 4 cm lang gestielt, verkehrt eiförmig bis länglich oval, spitz, an der Basis 2–4 große rote Nektardrüsen, gezähnt, oberseits glatt, glänzend dunkelgrün, unterseits heller, in den Nervenwinkeln mit Haarbüscheln. **Blüten** lang gestielt, 5 reinweiße Kronblätter. **Frucht**reife ab Jul.
**Vorkommen** Auf frischen bis feuchten, nährstoffreichen Böden; oft als Pioniergehölz auf Brachen, Lichtungen u. an Waldrändern. Von N-Spanien bis zum Kaukasus, in M.-EU überall verbreitet und häufig angepflanzt.
**Wissenswert!** Die Vogel-Kirsche ist die Stammform der Süß-Kirsche und von verwilderten Exemplaren der Kultursorten nicht leicht zu unterscheiden, hat aber nur recht kleine Früchte. Das Laub färbt im Herbst zu einem auffallenden, flammenden Karminrot um.

Blattlänge 7–15 cm

Blüten zu 2–4 büschelig an Kurztrieben

## Sauer-Kirsche
*Prunus cerasus · Familie Rosengewächse*

**Die glatten, roten Steinfrüchte dieses Baumes mit der breiten, offenen Krone auf niedrigem Stamm sind recht sauer.** ✽ Apr–Mai

Sommergrün, bis zu 8 m hoch; Rinde rötlich braun, nur wenig glänzend. **Blätter** wechselständig, 3–8 cm lang, fest, am Stielansatz ohne oder mit nur wenigen grünlichen Nektardrüsen. **Blüten** mit den Blättern erscheinend; lang gestielt, zu je 2–6 in Büscheln, mit 5 kreisrunden, reinweißen Kronblättern.
**Vorkommen** Lockere, etwas sandige Lehmböden. Ursprünglich in SO-Asien; in M.-EU in mehreren Sorten angebaut.
**Wissenswert!** Bekannte Sorten sind beispielsweise die Schattenmorellen und Maraschinokirschen.

## Grannen-Kirsche
*Prunus serrulata · Familie Rosengewächse*

**Aus den meist gefüllten, großen Blüten entwickeln sich keine essbaren Kirschen.** ✽ Apr–Mai

Sommergrün, bis zu 10 m hoch, mit dichter, vielästiger Krone; Rinde rötlich braun mit kupferbraunen Querbinden. **Blätter** wechselständig, gestielt, 6–15 cm lang, scharf gesägt, oft in Spitzen auslaufend. **Blüten** kurz vor dem Laub erscheinend, zu 3–7 in Schirmtrauben, Hochblätter grün oder rötlich, Kronblätter rosa oder rötlich.
**Vorkommen** Ursprünglich in Bergwäldern. Beheimatet in Japan; in EU als Ziergehölz.
**Wissenswert!** Diese auch als Japanische Zierkirschen bezeichneten Garten- und Parkgehölze stellen eine komplizierte Sammelart mit unzähligen Sorten dar.

**Vogel-Kirsche, Süß-Kirsche**  rechts: Früchte

Sauer-Kirsche

Grannen-Kirsche

## Gewöhnliche Traubenkirsche
*Prunus padus · Familie Rosengewächse*

**Die weißen, angenehm duftenden Blüten befinden sich zu vielen an bis zu 15 cm langen, hängenden oder abwärts gebogenen Trauben.** ✿ Apr–Mai

Sommergrün, bis zu 15 m hoch, mit kegelförmiger, schlanker, gewölbter Krone und überhängenden Zweigen auf schlankem Stamm; Rinde dunkelbraun bis schwärzlich. **Blätter** wechselständig, gestielt, elliptisch, zugespitzt, an der Basis 1–3 grünliche Nektardrüsen, matt dunkelgrün. **Blüten** mit dem Laub erscheinend, meist zu 20–40 in Trauben; bis zu 2 cm breit, reinweiß, fein gezähnt. Stein**frucht** kugelig, etwa 8 mm dick, schwarzrot.
**Vorkommen** Feuchtes Schwemmland in Talauen mit tiefgründigen, nährstoffreichen Böden. Fast in ganz EU, stellenweise jedoch nur lückenhaft; vielfach als Park- und Straßenbaum gepflanzt; Schattenholz; im Gebirge (in den Alpen bis in 1600 m Höhe) meist als Strauch.

**Wissenswert!** Die Früchte schmecken frisch leicht bitter, man kann sie aber als Wildobst zu Marmeladen oder Säften verarbeiten. Schon die Menschen der Steinzeit sammelten und verzehrten sie in Mengen, wie Steinkernfunde in ehemaligen Siedlungen belegen.

Blattlänge 5–9 cm, Breite 3–7 cm

## Spätblühende Traubenkirsche
*Prunus serotina · Familie Rosengewächse*

**Im Frühjahr stehen bis zu 40 reinweiße Blüten in den dicht hängenden Trauben, aus denen sich im Herbst schwarzrote, bittere Früchte entwickeln, die essbar sind.** ✿ Mai–Jun

Sommergrün, bis zu 20 m hoch, mit offener, etwas unregelmäßiger Krone auf langem, schlankem Stamm; Rinde braungrau, anfangs mit schmalen Querbinden, später unregelmäßig rissig und gefeldert. **Blätter** gestielt, elliptisch, an den Enden verschmälert, am Grund 1–2 rote Nektardrüsen, fein gezähnt mit leicht einwärts gekrümmten Spitzen, lederig fest, oberseits glänzend frisch- bis dunkelgrün, unterseits etwas blasser. **Blüten** nach dem Laub erscheinend, zu 20–40 in bis zu 15 cm langen Trauben. Stein**früchte** bis zu 1 cm dick mit glattem Steinkern.
**Vorkommen** Lockere, flach- bis mittelgründige, nicht allzu trockene Böden. Lichtholz. Stammt aus dem östlichen N-Amerika; in M.-EU vielfach als Straßenbegleitgrün oder in Industriegeländen.
**Wissenswert!** Mit den bereits 1629 in englischen Gärten auftauchenden Exemplaren war die S. T. eine der ersten nach EU eingeführten Laubbaumarten aus N-Amerika. Heute ist sie im Landschaftsbau sehr beliebt und befestigt mit ihrer Wurzelbrut Schutthalden oder frisch angeschnittene Böschungen wirksam.

Blattlänge 5–12 cm, Breite 3–5 cm

**Gewöhnliche Traubenkirsche**  rechts: Früchte

**Spätblühende Traubenkirsche**  rechts: Früchte

## Weichsel-Kirsche, Stein-Weichsel
*Prunus mahaleb* · Familie Rosengewächse

**Sommergrüner, sparriger Strauch oder kleiner Baum; blühend und Fruchtschmuck sehr dekorativ. ✿ Apr–Mai**

Etwa 1–3 m hoch. **Blätter** lang gestielt, rundlich oval, 2–4 cm lang, am Grund rundlich, mit grünlicher Nektardrüse, vorn kurz zugespitzt, oberseits glänzend dunkelgrün.  Früchte

**Blüten** erscheinen mit dem Laub, zu mehreren in Trauben, Kronen reinweiß, von angenehmem Duft. Stein**früchte** etwa erbsengroß, anfangs rötlich, reif schwarz, leicht glänzend, essbar, aber nicht lohnend; Fruchtreife ab Aug.
**Vorkommen** Wärmeliebend, erträgt Trockenheit: lichte Felsgebüsche und Wälder, auf trockenen, besonnten und steinigen Hängen. Von der Iberischen Halbinsel bis ins östliche Mittelmeergebiet, nur in S-D.

## Kirsch-Pflaume
*Prunus cerasifera* · Familie Rosengewächse

**Sommergrünes, sehr breites Gehölz; im Blühaspekt und im Fruchtschmuck sehr dekorativ. ✿ Mär–Apr**

Etwa 4–8 m. **Blätter** gestielt, länglich oval, bis zu 7 cm lang, gekerbt oder ungleichmäßig gesägt, oberseits glänzend dunkelgrün, kahl. **Blüten** reinweiß, um 2 cm breit, einzeln an Kurztrieben. Stein**früchte** 2–3 cm groß, kugelig, reif gelb, rötlich oder braunrot, essbar; Fruchtreife ab Aug.
**Vorkommen** Sonnige Felsgebüsche und Hänge. Vom Balkan bis nach Vorderasien, häufig als Ziergehölz angepflanzt.
**Wissenswert!** Ist vermutlich die Stammart der Mirabelle (gelbfrüchtige Pflaume).

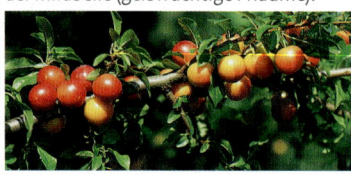

## Zwerg-Kirsche
*Prunus fruticosa* · Familie Rosengewächse

**Sommergrüner, unbedornter, sparrig verzweigter Strauch mit geraden Ästen; sehr reichblütig. ✿ Apr–Mai**

Etwa 0,5–1 m hoch. **Blätter** gestielt, oval bis elliptisch, zugespitzt, gesägt oder gekerbt, fest, 3–5 cm lang, oberseits glänzend, unterseits kahl.
**Blüten** lang gestielt, etwa 1,5 cm breit, weiß, zu mehreren in gedrängten Dolden und am Zweig in dichter Folge, Kronblätter etwas ausgerandet. Stein**früchte** kugelig, bis zu 1 cm groß, reif korallen- oder schwarzrot, essbar; Fruchtreife ab Jun.
**Vorkommen** Trockengebüsche, trockene Hänge, Wegsäume, Steinbrüche, Hohlwege. M.- und O-EU, vom südl. Rheintal bis zum Kaukasus, stellenweise in Thüringen.
**Wissenswert!** Ihre Früchte sind ein beliebtes Wildobst.

## Zwerg-Mandel
*Prunus tenella* · Familie Rosengewächse

**Sommergrüner, dichtlaubiger Strauch mit rutenförmigen, aufrechten Ästen; in der Blüte sehr attraktiv. ✿ Mär–Apr**

Etwa 0,5–1 m hoch, bildet Wurzelsprosse; Triebe kahl. **Blätter** länglich oval, zugespitzt, scharf gesägt, 4–7 cm lang, steif aufrecht, beidseits hellgrün.  Frucht

**Blüten** meist vor dem Laubaustrieb, einzeln oder zu 2–3 in den Blattachseln, sehr dicht sitzend, kräftig rosarot, ca. 2 cm breit. Stein**früchte** kirschgroß, graufilzig behaart, fest, ungenießbar; reif ab Aug.
**Vorkommen** Lichte Wälder, Trockengebüsche, Saum von Trockenrasen und Weinbergen. Von SO-EU (Niederösterreich) bis Sibirien, auch als Ziergehölz in Gärten.
**Wissenswert!** Die Samen der Früchte sind wegen ihrer Blausäureglykoside (starkes Bittermandelaroma) sehr giftig.

Weichsel-Kirsche, Stein-Weichsel

Kirsch-Pflaume

Zwerg-Kirsche

Zwerg-Mandel

## Kultur-Mandel
*Prunus dulcis · Familie Rosengewächse*

**Die meist kräftig rosa gefärbten Blüten erscheinen schon vor dem Laub.**
✿ Mär–Apr

Sommergrün, bis zu 6 m hoher Baum oder Strauch, mit breiter Krone auf kurzem, oft krummem Stamm. **Blätter** wechselständig, 4–12 cm lang, länglich oval, an beiden Enden verschmälert, an der Basis meist mit typischer V-Falte. **Blüten** einzeln oder zu 2, bis zu 5 cm breit, meist kräftig rosa. Stein**früchte** 3–4 cm lang, grüngrau, behaart, mit trockenem Fruchtfleisch.
**Vorkommen** Bevorzugt offene Standorte auf lockeren, wasserdurchlässigen Böden. Ursprünglich in Vorderasien; schon seit der Antike im Mittelmeergebiet in Kultur und vielfach angepflanzt.
**Wissenswert!** Die Wildform enthält in ihren bitteren Samen (= Mandeln) das giftige Blausäureglykosid Amygdalin. Aus den fast glykosidfreien, süßen Mandeln der Kulturform stellt man z. B. Marzipan her.

## Kultur-Aprikose
*Prunus armeniaca · Familie Rosengewächse*

**Vor dem Laubaustrieb erscheinen die weißen bis blassrosa Blüten; wärmeliebender Baum oder Strauch.** ✿ Mär–Apr

Sommergrün, bis zu 10 m hoch, mit offener, breiter Krone auf niedrigem Stamm. **Blätter** wechselständig, lang gestielt, breit oval bis rundlich, vorn spitz, 5–10 cm lang und bis zu 9 cm breit, kahl. **Blüten** erscheinen vor dem Laub, einzeln oder zu 2, fast sitzend, bis zu 2,5 cm breit, Kelch kürzer als Krone. Stein**früchte** kugelig, samtig behaart, kräftig gelb, Steinkern glatt.
**Vorkommen** Sonnige, offene Stellen auf lockeren, mäßig nährstoffreichen Böden. Stammt aus Zentralasien und China, im Mittelmeergebiet in vielen Sorten kultiviert, auch im nördlichen M.-EU anbaufähig, verwildert hier jedoch nicht.
**Wissenswert!** Mancherorts nennt man die Aprikosen auch Marillen. Die Früchte werden nicht nur als Obst verzehrt, sondern auch zu Spirituosen verarbeitet.

## Kultur-Pfirsich
*Prunus persica · Familie Rosengewächse*

**Die kugeligen Früchte mit dem tief gefurchten Steinkern besitzen eine samtig behaarte Schale.** ✿ Mär–Apr

Sommergrün, meist nur 3–8 m hoher Baum oder Strauch mit offener, breiter Krone. **Blätter** wechselständig, gestielt, schmal oval, 5–15 cm lang, kurz zugespitzt, fein gezähnt, glatt, kahl. **Blüten** erscheinen vor dem Laub, zu 1–2, bis zu 3,5 cm breit, Kronblätter weißlich oder kräftig rosa. Stein**früchte** kugelig, 4–8 cm dick.
**Vorkommen** Auf mittelgründigen, lockeren, nicht allzu trockenen Böden. Vermutlich stammt die Wildform aus China bzw. Zentralasien. Schon seit langem wurden verschiedene Sorten herausgezüchtet, die auch nördlich der Alpen anbaufähig sind.
**Wissenswert!** Pfirsichbäume sind heute weltweit verbreitet. Verwilderte Exemplare verlieren im Lauf der Zeit ihre für die jeweilige Sorte typischen Merkmale und nähern sich im Aussehen wieder der Wildform an.

## Kultur-Pflaume
*Prunus domestica · Familie Rosengewächse*

**Die über 2000 Sorten weisen sehr unterschiedliche Früchte mit stets glattem Steinkern auf.** ✿ Apr–Mai

Sommergrün, bis zu 15 m hoch, mit offner, schmaler Krone auf geradem, schlankem Stamm. **Blätter** wechselständig, an den Kurztrieben büschelig gedrängt, gestielt, verkehrt eiförmig, 3–8 cm lang, fein gekerbt bis gesägt, beidseitig behaart, später oberseits kahl. **Blüten** erscheinen mit dem Laub, zu 2–3 beieinander, kurz gestielt, bis zu 4 cm breit, reinweiß, Außenrand unregelmäßig gezähnt. Stein**früchte** länglich rundlich, 2–7 cm lang.
**Vorkommen** Auf mittelgründigen, mäßig nährstoff- bis stickstoffreichen Lehm- und Sandböden. Herkunft nicht gesichert; heute auf fast allen Kontinenten kultiviert.
**Wissenswert!** Pflaumen, Zwetschgen, Reineclauden oder Mirabellen sind nur einige Formen. An Waldrändern oder auf Brachland wachsen auch verwilderte Exemplare.

## Gewöhnliche Mehlbeere
*Sorbus aria · Familie Rosengewächse*

**Die oft etwas behaarten, roten Apfelfrüchte sind trocken-mehlig und bleiben im Herbst noch lange an den meist regelmäßig gewachsenen Bäumen hängen. ✿ Mai–Jun**

Sommergrün, bis zu 12 m hoch; mit breiter, rundlicher Krone und feinschuppiger, grauer Rinde. **Blätter** wechselständig, ungeteilt, kurz gestielt, Spreite 6–9 cm lang, länglich oval, an der Basis keilförmig, ungleich doppelt gesägt, oberseits glänzend dunkelgrün, unterseits dicht silbrig behaart. **Blüten** bis zu 1,5 cm breit, reinweiß oder cremeweiß, in gewölbten Schirmrispen. **Früchte** bis zu 1,5 cm lang, eiförmig.
**Vorkommen** Bevorzugt lockere, sommerwarme, trockene, mäßig saure oder kalkhaltige Böden im Saum von Gebüschen und Wäldern; Lichtholz. Von N-Afrika über die Iberische Halbinsel bis zum nördlichen Balkan; in D vor allem in der Mittelgebirgsregion, in den Alpen bis in 1500 m Höhe; häufig als Park- oder Straßenbaum verwendet und angepflanzt.
**Wissenswert!** Wegen der unterseits filzigen Behaarung verdunsten die Blätter weniger Wasser. Die fade schmeckenden, weichen Früchte hat man in Notzeiten gesammelt und getrocknet zu Mehl verarbeitet (Name!). Im Herbst werden sie zunächst von den Vögeln und Kleinsäugern kaum gefressen, bieten aber als so genannte Wintersteher den Tieren später im Jahr eine wichtige Nahrungsreserve.

> **Ähnlich** Berg-Mehlbeere *Sorbus mougeotii*, Blätter leicht gelappt, unterseits weißfilzig, 8–12 Seitennervenpaare; im Herbst leuchtend rote, 1 cm große, gekocht essbare Früchte; gilt als Kreuzung zwischen der Gewöhnlichen Mehlbeere und der Eberesche; selten in Vogesen, Allgäu, S-Alpen.

## Zwerg-Mehlbeere
*Sorbus chamaemespilus · Familie Rosengewächse*

**Sommergrüner, locker verzweigter, ziemlich seltener Kleinstrauch; im Blüten- und Fruchtschmuck sehr attraktiv. ✿ Jun–Jul**

Meist nur 1–2 m hoch. **Blätter** kurz gestielt, 3–7 cm lang, elliptisch, am Grund breit keilförmig oder rundlich, stumpf oder stachelspitzig,

Blätter 3–7 cm lang

gesägt, oberseits kahl und glänzend, unterseits bläulich grün und dünn behaart. **Blüten** um 1 cm breit, rosa bis rötlich, in dichten, weißfilzigen Schirmrispen. kleine Apfel**früchte**, länglich, tief orangerot oder braunrot, essbar, aber sehr mehlig; Fruchtreife ab Aug.
**Vorkommen** Nadelwälder, Legföhrengürtel, Alpenrosengebüsche, Grünerlenfluren. Hochgebirge in EU, Schwarzwald, Vogesen, Jura; selten als Ziergehölz.

**Wissenswert!** Wie bei vielen Arten dieser Gattung finden die reifen, kleinen Apfelfrüchte auch der Zwerg-Mehlbeere bei Kleintieren im Spätsommer und Herbst zunächst erstaunlich wenig Anklang. Erst im Hoch- und Spätwinter sowie bis in den Vorfrühling hinein werden sie jedoch gerne gefressen, weil sich dann durch häufige Kälteeinwirkung die bitter schmeckende und leicht giftige Parascorbinsäure abgebaut hat. Den gleichen Effekt hat auch das früher übliche Einkochen der Früchte.

> **Ähnlich** Breitblättrige Mehlbeere *Sorbus latifolia*, größerer Strauch, kleiner Baum mit kegelförmiger Krone und glänzend olivbraunen Trieben. Blätter 7–9 cm lang, gelappt und scharf gesägt. Blüten gelblich weiß, um 12 mm breit, in Schirmrispen; Frucht rotbraun. Vor allem in S-Europa (Portugal bis Frankreich), in D selten.

Gewöhnliche Mehlbeere

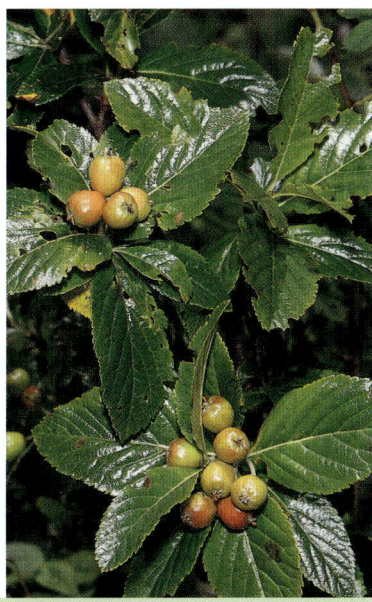

Zwerg-Mehlbeere

## Virginia-Blasenspiere
*Physocarpus opulifolia* · Fam. Rosengewächse

**Sommergrüner Strauch mit auffälliger Streifenborke und dekorative Blüten- bzw. Fruchtständen.** ✿ Mai–Jun

Bis etwa 3 m hoch; Triebe bräunlich, kahl. **Blätter** wechselständig, lang gestielt, 2–8 cm lang, rundlich oval, meist 3- bis undeutlich 5-lappig, Lappen stumpf, gesägt, unterseits fast kahl. **Blüten** ca. 1 cm breit, weiß bis blassrosa, in meist hängenden Doldenrispen, Stiele und Kelch wenig behaart, Staubblätter purpurn.
**Vorkommen** Unterwuchs in lichten Laubwäldern, an Waldsäumen und in feuchten Auengebüschen. Ursprünglich in N-Amerika von Quebec bis Arkansas; häufig als Ziergehölz gepflanzt.
**Wissenswert!** Trotz eines reichen Fruchtansatzes ist die V. bisher nirgends verwildert oder eingebürgert worden.

## Feuerdorn
*Pyracantha coccinea* · Fam. Rosengewächse

**Wintergrüner, verzweigter Strauch mit weit abstehenden Ästen und verdornten Kurztrieben.** ✿ Mai–Jun

Etwa 1–3 m hoch. **Blätter** kurz gestielt, länglich oval, an Langtrieben 5–8 cm, an Kurztrieben 2–4 cm lang, ledrig, stumpf oder mit kurzer Stachelspitze, gezähnt, oberseits glänzend dunkelgrün, unterseits heller.  **Blüten** zahlreich in gestielten, meist aufrechten Schirmtrauben, um 1 cm breit, cremeweiß bis rötlich gelb. Apfel**früchte** erbsengroß, kugelig, rotorange oder hochrot, genießbar; Fruchtreife ab Sep.
**Vorkommen** Waldsäume, Gebüsche, Flurhecken. SO-EU von Italien über den Balkan bis ins Schwarzmeergebiet; häufig in Sorten als Ziergehölz in Gärten gepflanzt.
**Wissenswert!** Die Blätter bleiben den Winter über ohne Umfärben am Strauch.

## Silberwurz
*Dryas octopetala* · Familie Rosengewächse

**Immergrüner, krautig erscheinender Zwergstrauch mit niederliegenden, kriechenden Ästen, Spalierstrauch in ausgedehnten Matten.** ✿ Mai–Aug

Nur etwa 10 cm hoch; Verzweigungen 0,5–1 m lang. **Blätter** wechselständig, aber rosettig gehäuft, lang gestielt, bis zu 3 cm lang, elliptisch, am Grund herzförmig, vorn spitz, stark gekerbt, ledrig, oberseits runzelig, kräftig grün, unterseits dicht silbrig behaart, Blattrand meist eingerollt; Nebenblätter weit mit Blattstiel verwachsen. **Blüten** einzeln, lang gestielt, bis zu 4 cm breit, meist 8 rein- bis cremeweiße Kronblätter, außen braunfilzig. Griffel verlängern sich zur **Frucht**zeit zu fedrig behaarten Schwänzen zur Windverbreitung der Früchte (kleines Foto); Fruchtreife ab Jul.
**Vorkommen** Zwergstrauchbestände der arktischen Tundren, Moränenschutt, Felsfluren, Matten und Kalkschuttfluren oberhalb der Waldgrenze, in N-EU eher auf sauren Böden. Arktisch-alpine Art, Hochgebirge EU, N-Asiens und N-Amerikas. Auch als Zierpflanze in Steingärten.
**Wissenswert!** Hinsichtlich ihres Standorts ist die Art ausgesprochen genügsam, sofern sie ausreichend Licht bekommt. Nur wenige Wochen im Jahr stoffwechselaktiv, kann die Pflanze über 100 Jahre alt werden. Die 8-zählige, auffällige und charakteristische Blütenkrone wird während des kurzen arktischen bzw. Hochgebirgssommers der Sonne im Tageslauf wie eine Parabolantenne nachgeführt und stellt als Wärmekollektor einen attraktiven Landeplatz für Blüten besuchende Insekten dar.

Virginia-Blasenspiere

Feuerdorn

8-zählige Blüten

Silberwurz

## Eingriffeliger Weißdorn
*Crataegus monogyna* · Familie Rosengewächse

**Sommergrüner, breitkroniger Großstrauch oder kleiner Baum; Triebe filzig, später kahl; Sprossdornen kräftig, gerade, bis zu 2 cm lang. ✿ Mai–Jun**

Formenreich, etwa 3–5 m hoch. **Blätter** lang gestielt, im Umriss rautenförmig, tief 3- bis 7-lappig, Einschnitte weit über die Spreitenmitte hinausreichend, einzelne Spreitenlappen spitz, nur im vorderen Bereich fein gesägt, oberseits dunkelgrün, kahl, unterseits bläulich, Haarbüschel in Nervenwinkeln. **Blüten** weiß, 8–15 mm breit, zu je 5–6 in Schirmrispen, duften durch Verströmen von Trimethylamin recht unangenehm und intensiv nach Fisch, zahlreiche Staubblätter mit roten Staubbeuteln, Fruchtknoten mit nur 1 langen Griffel. Apfel**frucht** etwa erbsengroß, mit Steinkern, rot, ungenießbar; Fruchtreife ab Sep.
**Vorkommen** Hecken, Gebüsche, Flurgehölze, Waldsäume, felsige Hänge, von der Ebene bis etwa 1500 m Höhe im Gebirge. M- und S-EU, südliches Skandinavien, Kaukasus, Vorderasien, N-Afrika; häufig in verschiedenen Gartenformen als Ziergehölz.
**Wissenswert!** Extrakte aus Blättern, Blüten und Früchten werden medizinisch als Herz stärkende Mittel und gegen Bluthochdruck verwendet. Das relativ harte Holz wurde früher zu Werkzeugstielen und Drechselarbeiten verwendet. Bildet mit dem Zweigriffligen Weißdorn fruchtbare Hybriden. Die Früchte sind wichtige Wintersteher.

  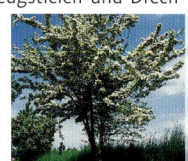

## Zweigriffeliger Weißdorn
*Crataegus laevigata* · Familie Rosengewächse

**Sommergrüner, sparrig verzweigter, breitkroniger Großstrauch oder kleiner Baum; Sprossdornen kräftig, gerade und bis zu 2,5 cm lang. ✿ Mai–Jun**

Als Baum etwa 10 m hoch. **Blätter** wechselständig, verkehrt eiförmig, 3–5 cm lang, unregelmäßig 3- bis 5-lappig oder tief gekerbt, Lappen fast bis zur Spreitenmitte, oberseits kahl, dunkelgrün, unterseits bläulich, nur anfangs auf den Nerven behaart. **Blüten** gestielt, reinweiß, unangenehmer Duft, zahlreich in Doldenrispen, stets mit 2–3 langen Griffeln. Apfel**frucht** scharlachrot, etwas kantig, mit mindestens 2 Steinkernen; Fruchtreife ab Aug, Wintersteher.
**Vorkommen** Hecken, Gebüsche, Laub- und lichte Nadelwälder, Flurgehölze, Gärten. NW-, NO- und M.-EU, südlich bis zum Balkan und Apennin; häufig als Ziergehölz.

**Wissenswert!** Eine beliebte Gartenform ist der Rotdorn. Er zeichnet sich durch gefüllte, pollensterile Blüten aus, deren üppig vermehrte Kronblätter karminrot sind und die in sehr reichhaltigen Doldenrispen beieinander stehen. Beide Weißdornarten sind hervorragende Heckengehölze, die auch Schnitt sehr gut vertragen. Mit ihrem üppigen Blüten- und Fruchtschmuck wirken sie nicht nur dekorativ, sondern sind auch ein bedeutsamer Nahrungsspender und Lebensraum für zahlreiche heimische Kleintiere (Insekten, Singvögel, Kleinsäuger).

Eingriffeliger Weißdorn   rechts: Früchte

Zweigriffeliger Weißdorn   unten rechts: Früchte

## Gewöhnliche Felsenbirne
*Amelanchier ovalis* · Familie Rosengewächse

**Sommergrüner, reich verzweigter und dichtkroniger Strauch mit dünnen Stämmchen, junge Triebe filzig behaart, später glänzend olivbraun.** ✿ Apr–Mai

Etwa 1–3 m hoch. **Blätter** wechselständig, lang gestielt, 2,5–5 cm lang, breit oval, an beiden Enden abgerundet, oberseits mattgrün und kahl, unterseits gelblich und zunächst filzig, später auch hier kahl und nur noch mit Achselbärten. **Blüten** zu 3–6 in endständigen Trauben zusammenstehend, erscheinen unmittelbar vor dem Laubaustrieb, 5-zählig, mit langen, schmalen, reinweißen Kronblättern. **Früchte** typische Apfelfrüchte, blauschwarz bereift, mit ausgebreiteten Kelchblattresten, essbar, angenehm schmeckend; Fruchtreife ab Aug.

Blütenstand

**Vorkommen** Felsgebüsche, sonnige, trockene Steilhänge, Säume von Halbtrockenrasen, lichte Eichen- und Kiefernwälder, auf Kalk, auf Fels auch Spaltenwurzler und Rohbodenpionier. M.-, S- und O-EU, in den südl. Alpen bis auf 2000 m Höhe, in D nördlich bis zum Mittelgebirgsrand (Siebengebirge); im Mittelmeergebiet und in Kleinasien.

**Wissenswert!** Dieser dekorative heimische Wildstrauch zählt zu den wertvollen Vogelgehölzen (Nahrung und Nistraum). Seine bläulich bereiften Früchte werden von Vögeln, allen voran von Drosseln, gefressen und so wirksam verbreitet. Die Vögel scheiden die unverdauten Samen oft weit vom Standort entfernt aus. Wegen der großen, ausgebreiteten Blüten, die sich geraume Zeit vor der Laubentfaltung entfalten, nennt man die Art in einigen Regionen auch Edelweißstrauch.

## Kupfer-Felsenbirne
*Amelanchier lamarckii* · Familie Rosengewächse

**Sommergrünes, mehrstämmiges Gehölz mit aufrechten, unregelmäßig verzweigten Ästen; Triebe seidig behaart; kräftige Herbstfärbung.** ✿ Apr–Mai

Bis etwa 10 m hoch. **Blätter** wechselständig, Blattstiel stets behaart, 4–10 cm lang, länglich elliptisch, an der Basis rundlich oder schwach herzförmig eingebuchtet, im oberen Drittel verschmälert, fein gesägt, im Austrieb kupferrot und unterseits seidig behaart, später kahl und matt dunkelgrün, im Herbst leuchtend gelb bis karminrot verfärbt. **Blüten** erscheinen mit dem Laub, zu mehreren in meist hängenden Trauben, Kronblätter reinweiß, behaart, 9–14 mm lang. **Früchte** typische Apfelfrüchte, um 1 cm dick, reif tief purpurn bis blauschwarz, bereift, essbar, wohlschmeckend, Kelchblattreste aufrecht, ab Jun.

**Vorkommen** Wälder und Gebüsche, Saumgehölze auf lockeren, mäßig trockenen bis frischen und nährstoffreichen Böden. Ursprünglich im östlichen N-Amerika; in M.-EU beliebtes Ziergehölz, im NW von D verwildert und stellenweise eingebürgert.

**Wissenswert!** Die Unterscheidung von der ähnlichen **Kanadischen Felsenbirne** *A. canadensis* gründet sich auf deren unbehaarte Triebe, den eher elliptischen Umriss, die geringere Blattgröße (nur 3–5 cm lang) sowie die größere Zahl an Blattseitennerven. Wertvolles Nahrungs- und Nistgehölz für die heimische Vogelwelt, die reifen Früchte werden v. a. von Drosselarten geerntet.

Kelchblattreste

Gewöhnliche Felsenbirne   rechts: Früchte

Früchte bereift

Kupfer-Felsenbirne   links: Herbstfärbung

## Ranunkelstrauch
*Kerria japonica* · Familie Rosengewächse

Sommergrüner, reich verzweigter Zierstrauch mit langen, aufrechten, grünen, rutenförmigen Ästen. ✿ Mai–Jun

Etwa 0,5–2 m hoch; Zweige ohne Lentizellen, grün, mit weißlichem Markgewebe. **Blätter** gestielt, länglich oval, zugespitzt, oberseits kräftig grün und kahl, unterseits heller und leicht behaart. **Blüten** einzeln oder zu wenigen in den Blattachseln am Triebende, bis zu 3 cm breit, 5 Kronblätter leuchtend goldgelb; evtl. zweite Blühphase Sep–Okt.
**Vorkommen** Unterwuchs lichter Laubwälder. Stammt aus O-Asien (China); in EU sehr häufig als Ziergehölz angepflanzt.
**Wissenswert!** Die sterile, gefülltblütige Gartenform verwildert nicht, vermehrt sich aber vegetativ über Ausläufer. Ökologisch wertvoller ist die einfache Form.

Wildform

## Weidenblättriger Spierstrauch
*Spiraea salicifolia* · Familie Rosengewächse

Sommergrüner, stark verzweigter Strauch mit schlanken, aufrechten oder bogig überhängenden Ästen. ✿ Jun–Jul

Etwa 1–2 m hoch; Triebe kantig. **Blätter** gestielt, länglich lanzettlich, weidenblattähnlich, mit kleinen Nebenblättern, ungleich gesägt, kahl, oberseits mattgrün, unterseits etwas heller. **Blüten** zahlreich in aufrechten, bis zu 10 cm langen, endständigen Rispen, Kelchblätter zurückgeschlagen, Kronen 5-zählig, rötlich weiß.
**Vorkommen** Waldränder, Gebüschsäume, Graben- und Flussufer, Ufergehölze von Gebirgsbächen. Stammt aus O-Asien; wird in EU oft als Ziergehölz gepflanzt, auch in D verwildert und eingebürgert.
**Wissenswert!** Wegen ihres starken Wurzelwachstums eignet sich diese Art sehr gut zur Befestigung von Böschungen.

Blätter bis 7 cm lang

## Gamander-Spierstrauch
*Spiraea chamaedryfolia* · Fam. Rosengew.

Sommergrüner, meist reichästiger Strauch, nur in seinem reichen Blühaspekt auffallend. ✿ Mai–Jun

Bis etwa 1,5 m hoch; Triebe kantig. **Blätter** wechselständig, 4–6 cm lang, elliptisch bis oval, spitz, an der Basis breit keilförmig, fast kahl. **Blüten** 6–8 mm breit, weiß, zahlreich in leicht gewölbten, ca. 4 cm breiten Doldentrauben, Kelchblätter zurückgeschlagen, Kronblätter kreisrund. Balg**frucht** ab Sep.
**Vorkommen** Wälder, Gebüsche im kühlfeuchten Bergland mittl. Höhenlage. SO-Alpen, Karpaten, Balkan, Sibirien.

Blütenstand

> **Ähnlich** Im gleichen Gebiet wächst der nur bis zu 0,5 m hohe **Kärntner Spierstrauch** *S. decumbens*. Seine Blüten stehen immer am Ende von Langtrieben.

## Japanischer Spierstrauch
*Spiraea japonica* · Familie Rosengewächse

Sommergrüner, buschiger Strauch mit aufrechten Ästen und Zweigen; sehr reichblütig und dekorativ. ✿ Jun–Aug

Nur 0,5–1,5 m hoch.
**Blätter** wechselständig, kurz gestielt, elliptisch, bei manchen Gartenformen schlank zugespitzt, am Grund keilförmig, scharf doppelt gesägt, oberseits mattgrün, unterseits bläulich, kahl. **Blüten** um 7 mm breit, in flachen, bis zu 15 cm breiten Schirmrispen, kräftig rosa oder purpurn.
**Vorkommen** Sandbänke, Kiesflächen, Dünen. Stammt aus Japan; in vielen Sorten angepflanzt, stellenweise verwildert und zunehmend auch bewusst eingebürgert.
**Wissenswert!** Erträgt Halbschatten, ist sehr frosthart. Außer für Blütenbesucher wie Fliegen und Wildbienen ist er für die heimische Tierwelt kaum von Bedeutung.

Blätter bis 10 cm lang

Ranunkelstrauch   Sorte 'Pentiflora'

Weidenblättriger Spierstrauch

Gamander-Spierstrauch

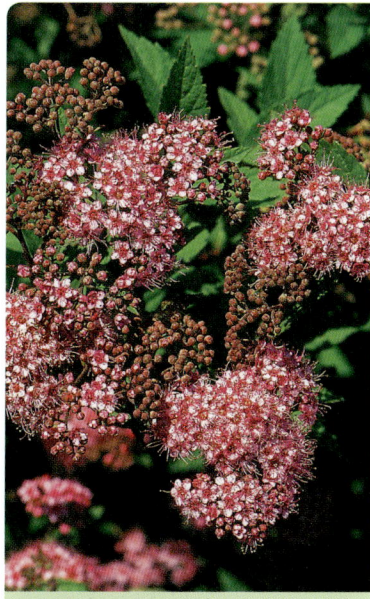
Japanischer Spierstrauch

## Alpen-Johannisbeere
*Ribes alpinum* · Familie Stachelbeergewächse

**Sommergrüner, dichter Strauch ohne Stacheln oder Dornen mit kleinen, büscheligen Blättern und drüsig bewimperten Blattstielen.** ✿ Apr–Mai

Nur 1–2 m hoch; Triebe hellgrau, kahl, ältere Rinde löst sich in Streifen ab. **Blätter** wechselständig, dreieckig bis rundlich oder herzförmig,

3–5 cm breit, 3- bis 5-lappig, grob gezähnt, oberseits mattgrün, unterseits etwas glänzend, kahl, zeitiger Austrieb im Frühjahr. **Blüten** zweihäusig verteilt, grünlich gelb, 4- oder 5-zählig, 5–9 mm breit, in aufrechten, unscheinbaren, gelbgrünen Trauben, ♂ Blütenstände 2–3 cm lang, 10- bis 30-blütig, ♀ Blütenstände kürzer, höchstens 5-blütig, Kronblätter deutlich kürzer als Kelchblätter. **Beerenfrüchte** kugelig, scharlachrot, schmecken recht fade; Fruchtreife ab Aug.

**Vorkommen** Gebüsche, lichte oder schattige Wälder, Schluchten, Waldsäume, Auenwälder des Tieflands und steinige Abhänge der Gebirge, auf lockeren, feuchten Böden. M.- und N-EU, Gebirge von SW- und S-EU, ferner N- und O-Asien. Der deutsche Name, regional auch Berg-Johannisbeere genannt, ist etwas irreführend, da sie zerstreut auch im Tiefland vorkommt. RL
**Wissenswert!** Die A. erträgt Halbschatten und bemerkenswerterweise auch Abgase gut. In verschiedenen, teils buntlaubigen, teils kleinwüchsigen Sorten wird sie daher oft für Heckenpflanzungen im Straßenbegleitgrün von Großstädten und Industriegebieten verwendet. In ihrer Anlage sind die Blüten dieser Art stets zwittrig, und in seltenen Fällen können sie auch tatsächlich funktionell zwittrig bleiben. Normalerweise werden aber bei der weiteren Entwicklung entweder die Staubblattkreise oder die Fruchtknoten unterdrückt.

## Felsen-Johannisbeere
*Ribes petraeum* · Familie Stachelbeergewächse

**Sommergrüner, kleiner, aber zumeist stark verzweigter Strauch ohne Stacheln oder Dornen, beim Zerreiben ohne auffallenden Geruch.** ✿ Apr–Mai

Wuchshöhe 1–2 m; Triebe kräftig, graubraun, kahl. **Blätter** wechselständig, an Kurztrieben büschelig, lang gestielt, rundlich, bis zu 10 cm breit, mit 3 gro-

ßen und 2 kleineren, manchmal nur undeutlich ausgeprägten Lappen, gesägt, unterseits (vor allem auf den Hauptnerven) ein wenig behaart, am Rand bewimpert, oberseits ziemlich runzelig. **Blüten** überwiegend 5-zählig, 4–9 mm breit, zu 10–15 in dichten, lang gestielten Trauben, rötlich, die kurzen Kronblätter werden von den längeren Kelchblättern glockig überragt. **Beerenfrüchte** kugelig, rot, essbar, schmecken jedoch extrem sauer; Fruchtreife ab Juni.

**Vorkommen** Bergwälder, Bachschluchten, Blockhalden, Hochstaudenfluren; meist auf sickerfeuchten, lockeren, schwach sauren Böden. Von den Pyrenäen über die Alpen bis zu den Karpaten, ferner in N-Afrika (Atlas) und ostwärts bis O-Sibirien; in den Mittelgebirgen und im Tiefland sehr selten vorkommend, in den Alpen stellenweise bis über 2000 m Höhe.
**Wissenswert!** Vermutlich an vielen Zuchtsorten der Garten-Johannisbeere beteiligt. Gilt nach dem Verbreitungsbild in den höheren nördlichen Mittelgebirgen (Vogesen, Schwarzwald) als Eiszeitrelikt. Im Unterschied zur Alpen-Johannisbeere, die ihr recht ähnlich ist, sind die Blüten stets zwittrig. Die nur wenig auffälligen Blüten bieten nach dem bestäubenden Insekten reichlich Nektar und werden vor allem von kleinen Hautflüglern und Zweiflüglern, selten auch von nachtaktiven Schmetterlingen, aufgesucht.

Alpen-Johannisbeere

Felsen-Johannisbeere

## Rote Johannisbeere
*Ribes rubrum* · Familie Stachelbeergewächse

**Sommergrüner, kleiner, buschiger Strauch mit aufrechten Ästen und herzförmigen Blättern und unscheinbaren gelbgrünen Blüten.** ✼ Apr–Mai

Etwa 1–2 m hoch; Triebe kahl. **Blätter** wechselständig, lang gestielt, 3- bis 5-lappig, am Grund herzförmig oder gestutzt, bis zu 7 cm breit, grob gesägt, Lappen spitz, unterseits zunächst flaumhaarig, später kahl. **Blüten** grünlich gelb oder rötlich, zu 10–20 in anfangs aufrechten, später bogig herabhängenden Trauben, Staubbeutelhälften durch ein breites Mittelstück getrennt, Blütenboden mit 5-eckigem Ringwulst. Beeren**früchte** kugelig, erbsengroß, scharlachrot, essbar, saftig, säuerlich; Fruchtreife ab Jun.
**Vorkommen** Auenwälder, Schluchtgehölze und Ufergebüsche von Bächen auf nassfeuchten, tonigen, nährstoffreichen Böden. W- und westliches M.-EU, fehlt im Tiefland; in vielen Gartensorten angebaut und als Beerenobst weit verbreitet.

**Wissenswert!** Die formenreiche R. J., auch Garten-Johannisbeere genannt, wird heute als Artengruppe mit mehreren Kleinarten aufgefasst, zu der z. B. die westeuropäische **Wald-Johannisbeere** *Ribes sylvestris* sowie die in Skandinavien und in O-EU vorkommende **Ährige** oder **Nordische Johannisbeere** *R. spicatum* gehören. Beide haben ihr Erbgut zu zahlreichen rotfrüchtigen Sorten (kl. Foto) beigetragen. Deren häufig verwilderte Exemplare lassen sich nicht sicher von den echten Wildformen unterscheiden.

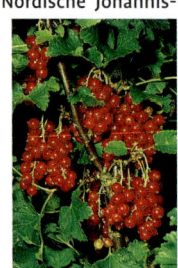

## Schwarze Johannisbeere
*Ribes nigrum* · Familie Stachelbeergewächse

**Sommergrüner Strauch mit kräftigen Zweigen; alle Pflanzenteile riechen beim Zerreiben sehr stark und unangenehm.** ✼ Apr–Mai

Etwa 1–2 m hoch; Triebe flaumig. **Blätter** wechselständig, an Kurztrieben büschelig gehäuft, lang gestielt, bis zu 10 cm breit, rundlich oder eckig, mit 3 großen und 2 kleineren Lappen, oberseits kahl, unterseits mit goldgelben Drüsen (kl. Foto). **Blüten** unscheinbar grünlich gelb, meist 5-zählig, Kronblätter halb so lang wie die Kelchblätter, 4–9 mm breit, zu 4–10 in langen Trauben. Beeren**früchte** bis zu 1 cm groß, kugelig, schwarz, saftig, essbar; Fruchtreife ab Jun.
**Vorkommen** Auengehölze, Bruchwälder, feuchte Gebüsche an Gewässerufern, bevorzugt wechselfeuchte bis nasse, humushaltige Ton- und Lehmböden, erträgt zeitweilige Staunässe. M.- und O-EU, in N- und NW-EU eingebürgert; heute in vielen Gartensorten als Obstgehölz gepflanzt und stellenweise (unbeständig) verwildert.

**Wissenswert!** Wegen ihres starken, oft als aufdringlich empfundenen Dufts wird sie auch als Wanzenbeere bezeichnet. Seit dem 16. Jh. in Kultur. Früchte sehr vitaminreich, auch medizinisch verwendet. Verwilderte Gartenexemplare sind nicht leicht von der Wildform zu unterscheiden.

Rote Johannisbeere

Schwarze Johannisbeere

## Gold-Johannisbeere
*Ribes aureum* · Familie Stachelbeergewächse

**Sommergrüner, dornenloser Strauch; Blütenblätter (Kron- und Kelchblätter) einheitlich goldgelb.** ✿ Apr–Mai

Etwa 1–2 m hoch. **Blätter** lang gestielt, im Umriss rundlich, 3–5 cm lang, tief 3-lappig, matt glänzend, im Herbst weinrot. **Blüten** im Zentrum rötlich, zu 5–15 in büscheligen Trauben, duften angenehm. Beeren**früchte** erbsengroß, schwarz, essbar; Fruchtreife ab Jun.
**Vorkommen** Auengebüsche, Uferfluren, Gehölze an Bachläufen, auf lockeren, humosen Böden. Stammt aus N-Amerika (Kalifornien); häufig als Ziergehölz gepflanzt und nur stellenweise verwildert.

## Blut-Johannisbeere
*Ribes sanguineum* · Fam. Stachelbeergew.

**Sommergrüner Zierstrauch mit rötlich brauner Rinde und auffälligen Blüten.** ✿ Apr–Mai

Bis zu 4 m hoch; Triebe (drüsig) behaart. **Blätter** wechselständig, oval, an der Basis herzförmig, 5–10 cm lang, 3- bis 5-lappig, oberseits etwas runzelig,  unterseits dicht graufilzig, duften beim Zerreiben. **Blüten** zwittrig, kräftig rosa, zu 10–20 in bis zu 7 cm langen, rundlichen Trauben, Blütenstiele drüsig. Beeren**früchte** schwarz, stark bläulich bereift, bis zu 1 cm dick, ungenießbar; Reife ab Jun.
**Vorkommen** Gebüschreiche Gebirgslaubwälder, lichte Gehölze auf Abhängen. Stammt aus dem pazifischen N-Amerika (vor allem Kalifornien); in EU häufig und in verschiedenen Sorten als dekoratives Ziergehölz in Parks und Gärten angepflanzt.

## Gewöhnliche Stachelbeere
*Ribes uva-crispa* · Familie Stachelbeergewächse

**Sommergrüner, aufrechter, ziemlich ästiger Wildstrauch mit reich bestachelten Zweigen; bis zu 1 cm lange Stacheln 1- bis 3-teilig und sehr spitz.** Apr–Mai

Nur 0,5–1,5 m hoch; Triebe dicht behaart. **Blätter** wechselständig, meist in der Achsel der langen Stacheln, oft in kleinen Büscheln, rundlich, an der Basis herzförmig, 3- bis 5-lappig, tief gekerbt oder gezähnt, unterseits 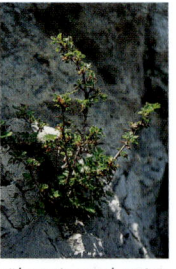 weich behaart. **Blüten** überwiegend zwittrig, mitunter auch eingeschlechtig, meist zu 1–3 in Trauben, unscheinbar grünlich oder grünpurpurn. Beeren**früchte** rundlich, bis zu 2 cm groß, grünlich, borstig behaart, durchscheinend längsstreifig; Fruchtreife ab Jul.
**Vorkommen** Auenwälder, lichte Gebüsche, Wildhecken, trockene, sonnige Hänge, meist auf stickstoffangereicherten Böden, im Gebirge bis etwa 1400 m. S-, W- und M-EU, fehlt im nördl. Skandinavien, vielerorts eingebürgert, ferner in N-Afrika und von Vorderasien bis NO-China; häufig in etlichen Sorten als Beerenobst angepflanzt.
**Wissenswert!** Die zahlreichen Sorten der in allen Merkmalen sehr ähnlichen, als Obstgehölz beliebten **Garten-Stachelbeere** entstanden seit dem 17. Jh. durch Einkreuzen verschiedener amerikanischer *Ribes*-Arten. Diese Gartenform wird auch unter dem wissenschaftlichen Namen *R. grossularia* geführt, abgeleitet von der frühesten bekannten Erwähnung namens ‚groselier' in einem franz. Psalmenbuch des 12. Jhs. Verwilderte Exemplare der Kultursorten sind von der – allerdings nicht allzu häufig auftretenden – heimischen Wildpflanze nicht immer sicher zu unterscheiden.

Gold-Johannisbeere

**Früchte bläulich bereift**
Blut-Johannisbeere

Gewöhnliche Stachelbeere  rechts: Früchte
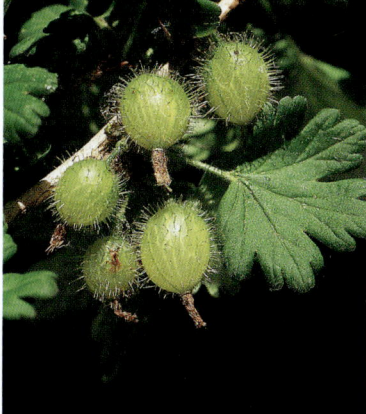

## Sommer-Linde
*Tilia platyphyllos* · Familie Malvengewächse

**Im Gegensatz zur ähnlichen Winter-Linde sitzen auf der Unterseite der schief herzförmigen Blätter weiße Haarbüschel in den Winkeln der Hauptnerven.** ✿ Jun

Sommergrün, bis zu 40 m hoch, mit breiter, rundlicher, dichter Krone auf langem, geradem Stamm; Rinde anfangs dunkelgrau oder braungrau mit feinem Netzwerk, später zunehmend borkig mit dichten Rippen und Leisten, bei alten Exemplaren auch mit dicken Maserknollen. **Blätter** wechselständig, lang gestielt, 7–12 cm lang, leicht unsymmetrisch herzförmig, vorne spitz, kerbig gezähnt, oberseits matt frischgrün, unterseits etwas blasser. **Blüten** erst nach dem Laub erscheinend, zu 2–6 in hängenden Rispen, Blütenstandsachse von der Mitte bis zur Basis mit einem schmalen Tragblatt verwachsen; Blütenhülle gelblich weiß, Staubblätter 20–25, Griffel unbehaart. Nuss**früchte** kugelig, knapp 1 cm dick, derb, graufilzig, mit 3–5 deutlichen Längsrippen.

**Vorkommen** Auf sickerfrischen, nährstoff- und basenreichen, lockeren Böden in krautreichen Schluchtwäldern; Leitart des Buchen-Linden-Bergwalds; Schattenholz. Von SW- über M.- bis nach SO-EU (Schwarzmeergebiet), fehlt von Natur aus auf den Britischen Inseln und in Skandinavien, dort jedoch eingebürgert; häufig als Forst-, Park- oder Straßenbaum angepflanzt.

**Wissenswert!** Die S. bildet keine zusammenhängenden Reinbestände wie Buchen oder Eichen, sondern tritt gewöhnlich nur als Begleitart in verschiedenen Waldgesellschaften auf. Wegen ihrer beeindruckenden Kronenform wird sie schon lange auf Plätzen und in Alleen angepflanzt. Sie kann bis etwa 1000 Jahre alt werden. Obwohl sie im Vergleich zur nahe verwandten Winter-Linde (⇨ S. 280) eher eine Baumart der Gebirge ist, kann man sie heute auch weit außerhalb ihres eigentlichen Verbreitungsgebietes antreffen.

Das gelblich weiße, ziemlich weiche und biegsame Holz ist wegen seiner gleichmäßigen Struktur hervorragend zu bearbeiten und wird deswegen sehr gern für Holzbildwerke und Schnitzarbeiten, für den Musikinstrumentenbau und in der Modelltischlerei herangezogen. Der feste, zähe Linden-Bast aus der Rinde wurde früher in großem Umfang für Matten, Seile und Bindegut im Gartenbau benützt. Die Lindenblüten enthalten neben ätherischem Öl auch Flavonoide, Gerb- und Schleimstoffe. Man verwendet sie in medizinischen Tees als schweißtreibendes Hausmittel bei fiebrigen Erkältungskrankheiten sowie zur vorbeugenden Aktivierung der körpereigenen Abwehrkräfte. In der Homöopathie behandelt man damit auch Allergien und rheumatische Beschwerden. Gesammelt werden die Lindenblüten stets zusammen mit ihrem bleichgrünen Tragblatt. In der Natur dient dieses nach der Fruchtreife als Flugorgan zur Windverbreitung der Früchte. Ein weiteres begehrtes Produkt ist schließlich auch der Lindenhonig. Er enthält nicht den Nektar aus den Blüten, sondern auch den von Blattläusen ausgeschiedenen süßen Honigtau.

Fruchtstand

Sommer-Linde 2–6 Nüsschen

Winter-Linde 4–12 Nüsschen

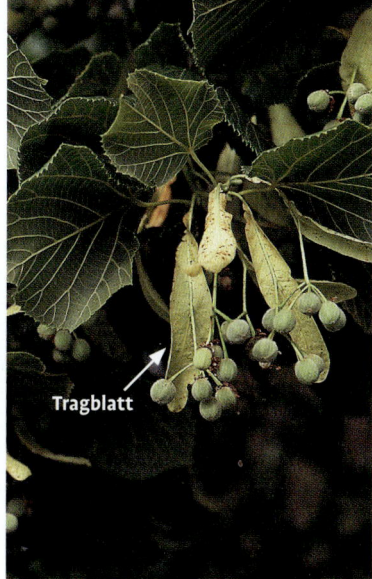

**Sommer-Linde** unten links: Blütenstand, unten rechts: Fruchtstand

## Winter-Linde
*Tilia cordata* · Familie Malvengewächse

**Die meist 4–12 Blüten in hängenden Rispen mit den auffallenden Tragblättern erscheinen deutlich später als die der ähnlichen Sommer-Linde.**
✬ Jun–Jul

Sommergrün, bis zu 30 m hoch, mit dichter, breiter, gewölbter Krone auf kräftigem, geradem Stamm. **Blätter** wechselständig, lang gestielt, rundlich herzförmig und leicht unsymmetrisch, bis zu 8 cm lang, nur an Wasserreisern größer, am Rand gesägt; oberseits dunkelgrün, unterseits bläulich getönt, mit bräunlichen Haarbüscheln in den Winkeln der Hauptnerven (wichtiges Unterscheidungsmerkmal zur Sommer-Linde, ⇨ S. 278). **Blüten** nach dem Laub erscheinend, weißlich. Nuss**früchte** kugelig, nur etwa 6 mm dick, relativ dünnschalig, meist kahl.

**Vorkommen** Frische, sommerwarme, basenreiche, tiefgründige Böden v.a. in verschiedenen Eichenwaldgesellschaften; gelegentlich in Reinbeständen. Von SW-EU (Pyrenäen) bis zum Ural, in Skandinavien nur im südlichen Teil, fehlt in Irland u. Schottland, auf dem S-Balkan und den großen Mittelmeerinseln; in D vom Tiefland bis ins Gebirge, in den Alpen bis in 1500 m Höhe.

**Wissenswert!** Das natürliche Areal der W. ist mehr als doppelt so groß wie das der Sommer-Linde und reicht im NO und O viel weiter in kontinentale Klimagebiete hinein. Nur in wenigen Gegenden in D gibt noch es größere Reinbestände. Sonst ist die Linde aus unseren Wäldern wirtschaftsbedingt verdrängt worden, findet aber heute im Bestandsaufbau wieder vermehrt Interesse. Nur im Freistand entwickelt sie ihre malerische, dichte Kronengestalt, im Wald bleibt die Krone eher schmal. Außerdem blüht der Baum nur im Freistand fast jährlich.
In der Holzqualität sowie der medizinischen Verwendung sind die beiden Schwesterarten völlig gleichwertig. Linden reagieren empfindlich auf Luftverschmutzung und verschwinden daher immer mehr aus dem Bild der Dörfer und Städte, obwohl sie von Natur aus über 1000 Jahre alt werden können, wie so manche urkundlich bezeugte Gedenk- oder Gerichtslinde demonstriert. Mit ihrer tief reichenden Herzwurzel ist die Linde gegen Windwurf recht stabil.

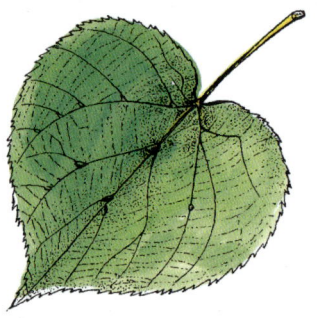

**Ähnlich** Holländische Linde *Tilia × hollandica*, eine im gemeinsamen Verbreitungsgebiet von Sommer- und Winter-Linde spontan entstandene fruchtbare Kreuzung; Blätter relativ groß wie bei der Sommer-Linde, mit bläulich graugrüner Unterseite (Foto) wie bei der Winter-Linde, Haarbüschel in den Blattnervenwinkeln gelblich; Früchte etwa 8 mm groß, undeutlich kantig und behaart; übertrifft die Elternarten sowohl in der Wuchshöhe (bis zu 40 m) wie in der Üppigkeit der Krone, daher schon seit langem als Blickfang auf Dorfplätzen, in Stadtparks gepflanzt.

**Winter-Linde**  unten rechts: Blüten

# Gewöhnliche Silber-Linde
Tilia tomentosa · Familie Malvengewächse

**Die Unterseite der großen, rundlich herzförmigen Blätter ist stets dicht weißfilzig behaart (Name!), die Tragblätter an den Fruchtständen sind pergamentartig.** ✯ Jul

Sommergrün, bis zu 30 m hoch, mit regelmäßiger, schlanker oder gewölbter Krone auf kräftigem Stamm; Rinde anfangs grünlich grau, später graubraun, erst im Alter mit feinem, gleichmäßigem, sehr flachem Leisten- und Furchenmuster. **Blätter** wechselständig, lang gestielt, 7–12 cm lang, etwas schief, mit kurzer Spitze, am Rand gezähnt mit nach vorn weisenden Spitzen, aber ohne Grannen; oberseits zunächst leicht rau behaart, dann zunehmend kahl und dunkelgrün, unterseits ohne Haarbüschel in den Nervenwinkeln, im Herbst goldgelb. **Blüten** nach dem Laub erscheinend, zu 6–9 in hängenden Doldenrispen;

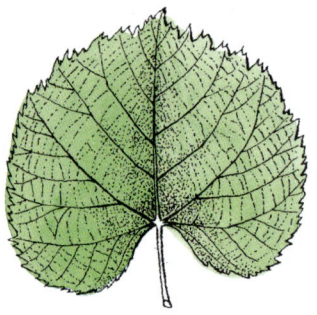

mit fruchtbaren und sterilen Staubblättern. Nuss**früchte** länglich, meist nur zu 3, etwa 6 mm dick, schwach gerippt; Fruchtstandsachse bis zum Grund mit dem Tragblatt verwachsen.

**Vorkommen** Mittelgründige, nährstoffreiche, meist kalkhaltige, trockene Stein- und Lehmböden in Laubmischwäldern; selten Reinbestände. Südöstliches EU bis Vorderasien, aber auch weit außerhalb des natürlichen Areals als Park- und Alleebaum angepflanzt.

**Wissenswert!** Von den bei uns häufiger anzutreffenden Linden blüht die G. S. am spätesten im Jahr. Die Blüten locken mit ihrem starken Duft viele Hautflügler an, insbesondere Hummeln. Ihr Nektar ist jedoch, vermutlich wegen abweichender Zuckerzusammensetzung, für die heimischen Hummeln und Bienen unverträglich: Sie taumeln nach ihrer süßen Mahlzeit lange am Boden umher und gehen schließlich zugrunde.
Im Vergleich zu ihren heimischen Schwesterarten, der Winter- und der Sommer-Linde, ist die G. S. gegenüber Luftverschmutzung und sommerlicher Trockenheit relativ unempfindlich. Daher verwendet man sie in den Städten gern als Straßen- und Parkbaum. Oft sind diese Exemplare allerdings nicht „kernecht", wie der Gärtner sagt, sondern auf der Winter-Linde als Unterlage veredelt, was die unterschiedliche Borkenbildung im unteren Stammbereich und im Kronenteil zeigt.

**Ähnlich** **Hängende Silber-Linde** Tilia petiolaris, oft nur als Varietät der oben stehenden Art und nicht als eigene Spezies angesehen; unterscheidet sich durch ihre 5–6 cm lang gestielten, oft schlaff herabhängenden Blätter, ihre überhängenden Zweige bei relativ schlanker Krone und das schmal spatelförmige Tragblatt des Fruchtstands; stammt wie die vorige Art aus SO-EU bis Vorderasien, wird insbesondere in städtischen Parks in M.- und S-Europa häufig angepflanzt; im Erscheinungsbild ebenso dekorativ wie die Gewöhnliche Silber-Linde, färbt ähnlich goldgelb um.

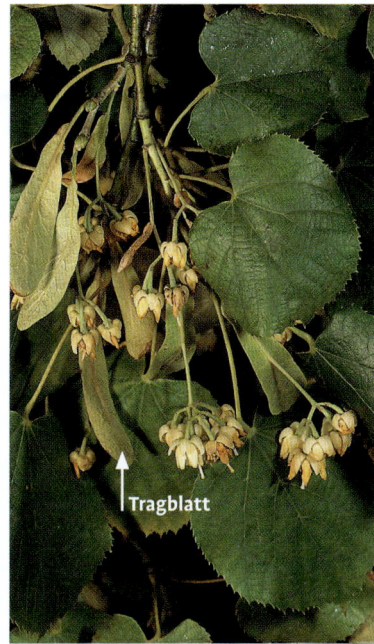

Tragblatt

**Gewöhnliche Silber-Linde**   oben rechts: Blüten, unten: Früchte

## Schwarzer Maulbeerbaum
*Morus nigra* · Familie Maulbeergewächse

**Die brombeerähnlichen Früchte färben sich von Weiß über Purpur nach Schwarzviolett, die bis zu 20 cm langen Blätter sind breit herzförmig.**
✶ Mai–Jun

Sommergrün, bis zu 18 m hoch, mit breiter Krone auf niedrigem, oft jedoch sehr dickem und gedreht wachsendem Stamm; Rinde dunkelbraun, anfangs glatt, später faserig gefurcht und knotig verdickt. **Blätter** wechselständig, bis zu 20 cm lang, im Umriss breit herzförmig, vorn mit kurzer, schlanker Spitze, am Rand groß gezähnt und an der Basis unregelmäßig (mitunter auch nur einseitig) gelappt, oberseits rauhaarig, unterseits flaumig oder kahl. **Blüten** einhäusig verteilt, unscheinbar bleichgrün, zahlreich in kurzen, gedrungenen Ähren in den Blattachseln, ♂ Blütenstände länger gestielt als die ♀. **Früchte** (Maulbeeren) bis zu 2,5 cm lang, unreif zunächst weiß, dann rot, reif schwarz, sehr saftig.
**Vorkommen** Vorzugsweise auf kalkhaltigen, lockeren, steinigen Böden an besonnten Hängen. Stammt vermutlich aus Zentralasien, wird jedoch schon seit langem kultiviert und verwildert häufig; in wintermilden Gegenden (in Weinbaugebieten) auch in M.-EU angepflanzt.

**Wissenswert!** Schon im Altertum wurde der S. M. im Mittelmeergebiet und Vorderen Orient als Fruchtlieferant kultiviert. Seit dem 16. Jh. pflanzte man ihn zunehmend auch in M.-EU an, vor allem in Kloster- und Pastoratsgärten.

Die schwarzroten, sehr saftreichen und süßen Maulbeeren sind Früchte, die aus der fleischig gewordenen Blütenhülle hervorgehen. Botanisch gesehen ist die einzelne Maulbeere ein Fruchtstand mit einsamigen Nüssen, die jeweils von einer saftigen Hülle umgeben sind. Sie sind erst im Zustand der Vollreife genießbar. In ihrem Hauptverbreitungsgebiet verarbeitet man sie zu Marmeladen, Gelees, Säften oder Obstwein. Der dunkelrote Saft der Maulbeerfrüchte wird teilweise zum Nachfärben blasser Rotweine verwendet.

Das feste, dunkle Holz des S. M. diente früher in der Kunsttischlerei zu Einlegearbeiten (Intarsien), das stark gemaserte Wurzelholz wurde für verschiedene Drechselarbeiten (etwa Pfeifenköpfe oder Schachfiguren) herangezogen.

## Weißer Maulbeerbaum
*Morus alba* · Familie Maulbeergewächse

**Aus den grünlichen Kätzchenblüten entwickeln sich weiße bis hellrosa Früchte, die fad schmecken.** ✶ Mai–Jun

Sommergrün, bis zu 15 m hoch. **Blätter** wechselständig, ungeteilt oder mit mehreren ungleich großen Lappen, oberseits glatt. **Früchte** weiß.

Blütenstand

**Vorkommen** In Gärten und Alleen angepflanzt. Stammt aus China; mit der Zucht von Seidenspinnerraupen, die sich ausschließlich von ihren Blättern ernähren, nach M.-EU eingeführt.

Schwarzer Maulbeerbaum

Weißer Maulbeerbaum   rechts: Früchte

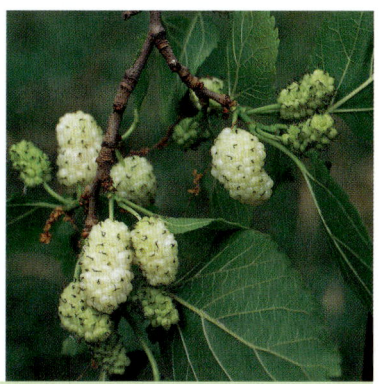

## Alpen-Kreuzdorn
*Rhamnus alpina* · Familie Kreuzdorngewächse

**Sommergrüner, schlanker, wenig verzweigter, dornenloser Wildstrauch mit aufsteigenden Ästen.** ✿ Mai–Jul

Etwa 1–3 m hoch; Triebe fein behaart bis kahl; Winterknospen mit deckenden Knospenschuppen. **Blätter** wechselständig, bis zu 10 cm lang, elliptisch bis breit oval, an beiden Enden gerundet oder an der Basis leicht herzförmig, fein gezähnt, vorn oft mit kurzem Spitzchen, oberseits dunkelgrün, unterseits heller und auf den Adern schwach behaart, mit 7–20 Paaren leicht bogigen Seitennerven. **Blüten** meist zweihäusig, 4-zählig, unauffällig grünlich gelb, büschelig in den Blattachseln. **Früchte** blauschwarze Steinfrüchte, giftig; Samen glänzend gelb; Fruchtreife ab Jul.

**Vorkommen** Gebüsche, Waldränder, Gehölzsäume an Fließgewässern, trockene, sonnige Felshänge. Gebirge in NW-Afrika und S-EU von den Pyrenäen bis zum Balkan, fehlt im deutschen Alpengebiet; gelegentlich als Ziergehölz gepflanzt.

**Wissenswert!** Der deutsche Gattungsname Kreuzdorn geht auf die besondere Stellung der bei vielen Arten vorkommenden Sprossdornen zurück. Diese bilden mit den geraden Ästen ein rechtwinkliges Kreuz. Der wissenschaftl. Gattungsname *Rhamnus* greift einen Begriff auf, unter dem Dioskurides (1. Jh. n. Chr.) verschiedene Dornsträucher des Mittelmeergebiets zusammenfasste. Dort kommen in der Macchie auch einige immergrüne Arten vor, z. B. der kleinblättrige **Ölbaum-Kreuzdorn** *R. oleoides* oder der **Stechpalmen-Kreuzdorn** *R. alaternus* mit stachelspitzigen Blättern.

Früchte

## Zwerg-Kreuzdorn
*Rhamnus pumila* · Fam. Kreuzdorngewächse

**Stark verzweigter, sehr kleiner und dornenloser Zwergstrauch (Spaliergehölz).** ✿ Mai–Jul

Wuchshöhe nur bis zu 20 cm, mit knorrigen Stämmchen. **Blätter** wechselständig, gestielt, 1–3 cm lang, an den Zweigenden büschelig gehäuft, lanzettlich oval, vorn rundlich, an der Basis keilförmig. **Blüten** 4-zählig, unscheinbar grünlich gelb, zwittrig oder eingeschlechtig; **Früchte** kugelige, blauschwarze Steinfrüchte, leicht glänzend, giftig. Fruchtreife ab Jul.

**Vorkommen** Felsspalten, sonnige Kalkfelsen, in den Alpen bis in 2350 m Höhe. Mitunter in Steingärten angepflanzt.

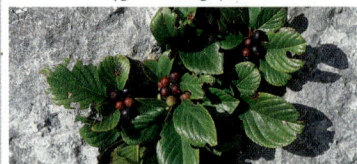

## Felsen-Kreuzdorn
*Rhamnus saxatilis* · Fam. Kreuzdorngew.

**Sommergrüner, sparriger, kräftig bedornter Wildstrauch mit braunroter Rinde und schmalen Blättern.** ✿ Apr–Mai

Nur 0,5–2 m hoch; Triebe fein behaart. **Blätter** (fast) gegenständig, 1–3 cm lang (deutlich kleiner als beim Purgier-K. ⇨ S. 108), elliptisch, oberseits hellgrün, leicht glänzend. **Blüten** 4-zählig, hellgelb, büschelig in den Blattachseln. Stein**früchte** glänzend schwarz, giftig; Fruchtreife Jul–Sep.

**Vorkommen** Felsige Kalk- und Dolomithänge, Schotterböden alpiner Flüsse, Gebüsche, Waldränder, lichte Kiefernbestände. In EU von Pyrenäen bis Balkan, im Alpenvorland, Hegau u. Schwäbische Alb.

Blütenstand

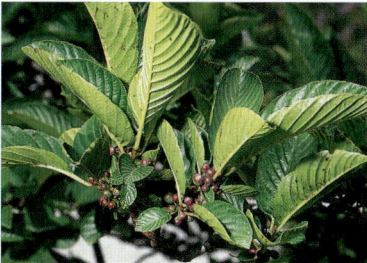

Alpen-Kreuzdorn  unten rechts: unreife Früchte

Zwerg-Kreuzdorn

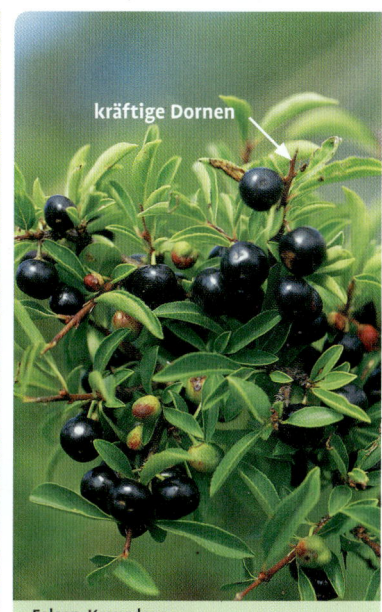

kräftige Dornen

Felsen-Kreuzdorn

## Strauch-Eibisch
*Hibiscus syriacus* · Familie Malvengewächse

**Sommergrüner Strauch mit steil aufrechten Ästen, Triebe weich behaart, später zunehmend kahl; Blüten sehr groß und auffällig.** ✯ Jun–Sep

Um 2–3 m hoch. **Blätter** wechselständig, 2–5 cm lang gestielt, 5–10 cm lang, im Umriss rautenförmig, meist jedoch undeutlich 3-lappig mit stumpfen Zipfeln, graugrün, unterseits mit einzelnen Sternhaaren, überwiegend aber kahl. **Blüten** 4–6 cm breit, einzeln in der Achsel von Laubblättern an den Zweigenden, Außenkelch glockig, Kelch 7- bis 9-teilig, Krone weit trichterförmig mit 5 freien Kronblättern, weiß, rosa, bläulich oder violett.
**Vorkommen** Ufergehölze an Flüssen, Wälder. Stammt aus S- und O-Asien (nicht aus Syrien!); vielfach in Gartensorten angepflanzt, in S-EU stellenweise eingebürgert.

**Wissenswert!** Das zarte Streifenmuster und der dunklere Fleck im Blütenzentrum sind Orientierungshilfen für die Blütenbesucher (meist Hummeln), die das reiche Pollenangebot der Blüte nutzen. Wie bei allen Malvengewächsen sind die Staubblätter zu einer zentralen Säule verwachsen. Die Blüte ist vormännig, d. h. die Staubbeutel stäuben, während der Griffel mit der mehrteiligen Narbe noch in der Säule verborgen ist. Erst später streckt sich der Griffel. So ist die Selbstbestäubung erschwert. Der S., auch Strauch-Hibiscus genannt, ist in M.-EU der einzige zuverlässig frostharte Strauch seiner artenreichen Verwandtschaft.

Früchte

## Salbeiblättrige Zistrose
*Cistus salvifolius* · Familie Zistrosengewächse

**Immer- oder wintergrüner, sehr reichästiger Strauch; Triebe und Zweige dicht mit vielteiligen Sternhaaren besetzt; Blüten sehr groß und weiß.** ✯ Apr–Jun

Etwa 0,3–1 m hoch. **Blätter** wechselständig, gestielt, einfach, 1–4 cm lang, breit oval bis elliptisch, vorn spitz oder stumpf gerundet, an der Basis keilförmig verschmälert oder leicht herzförmig, runzelig, beidseits dicht mit Sternhaaren besetzt und daher graugrün. **Blüten** lang gestielt, 4–5 cm breit, einzeln oder zu wenigen in den Achseln laubblattähnlicher Tragblätter, Kelchblätter ungleich, 2 größere, herzförmige umhüllen die beiden ovalen kleineren; 5 Kronblätter, reinweiß, bis zu 2 cm lang, vorn rundlich oder leicht ausgerandet, Staubblätter sehr zahlreich. **Früchte** 5-kantige Kapseln; Fruchtreife ab Aug.
**Vorkommen** Gebüsche, Garigues, Macchien. Gesamtes Mittelmeergebiet bis Kaukasus, ferner S-Frankreich und SW-Schweiz.
**Wissenswert!** Das reiche Pollenangebot der Blüten wird von urtümlichen Schmetterlingen wie den Langhornmotten (kl. Foto links) genutzt, die noch kauende Mundwerkzeuge besitzen. Die Zistrosen sind die Charakterpflanzen der sonnig-trockenen Macchien und Garigues entlang der Mittelmeerküsten. In M.-EU für Gärten und Parks nicht ausreichend frostbeständig.

> **Ähnlich** Die **Pappelblättrige Zistrose** *C. populifolius*, Blätter spitz, am Grund herzförmig; **Lorbeerblättrige Zistrose** *C. laurifolius* mit rautenförmigen Blättern.

zur Säule verwachsene Staubblätter

Strauch-Eibisch

Salbeiblättrige Zistrose

## Westlicher Erdbeerbaum
*Arbutus unedo* · Familie Heidekrautgewächse

**Immergrünes Gehölz mit gekrümmtem Stamm; Rinde anfangs rötlich braun, später eher graubraun, im Alter auffällig schuppig zerrissen. ✿ Dez–Mär**

Etwa 3–5 (als Baum 10) m hoch. **Blätter** wechselständig, an den Zweigenden büschelig gedrängt, Blattstiel rötlich und behaart, Spreite 5–10 cm lang und bis zu 5 cm breit, länglich elliptisch, glattrandig bis fein gezähnt, kahl, ledrig, oberseits glänzend dunkelgrün, unterseits blasser gefärbt. **Blüten** gestielt, Kelch kurz, grünlich, Kronen maiglöckchenähnlich krugförmig, cremeweiß, mit kurzen, zurückgeschlagenen Zipfeln, zu mehreren in hängenden Rispen. Beeren**früchte** etwa 2 cm dick, auffallend warzig, kräftig rot gefärbt; essbar; reif ab Jul.
**Vorkommen** Trockene, flachgründige, steinige, kalkarme Böden, lichte Eichenwälder, immergrüne Wälder und Macchien, oft in Küstennähe; im natürlichen Verbreitungsgebiet auch als Ziergehölz angepflanzt. Westliches Mittelmeergebiet, entlang der Atlantikküste nördlich bis nach Irland. Im natürlichen Verbreitungsgebiet auch als Ziergehölz.
**Wissenswert!** Bildet zusammen mit Stein-Eiche, Ölbaum, Baum-Heide und anderen Gehölzen eine wichtige Leitart der mediterranen Hartlaubvegetation. Er blüht im Winter. Ab Sommer reifen die anfangs orangegelben, später hochroten Beerenfrüchte, die an Erdbeeren erinnern. Ihre Reifezeit überschneidet sich gegen Saisonende mit dem Blühbeginn. Wenngleich sie mit ihrem faden, säuerlichen Geschmack nicht besonders überzeugen (Artbezeichnung *unedo* = „ich esse nur eine"), bereitet man daraus mancherorts Marmelade oder Likör.

## Östlicher Erdbeerbaum
*Arbutus andrachne* · Familie Heidekrautgewächse

**Immergrüner, reichästiger Strauch oder krummschäftiger Baum; Rinde jüngerer Äste glatt, auffallend kakaofarben bräunlich bis fuchsrot. ✿ Feb–Apr**

Etwa 3–5 (10) m hoch; Rinde löst sich im Alter in langen, breiten Streifen ab. **Blätter** wechselständig, 1–1,5 cm lang gestielt, 5–10 cm lang und in der Mitte bis zu 6 cm breit, länglich oval, kurz zugespitzt, regelmäßig gezähnt oder fast glattrandig, fest, an jüngeren Trieben behaart, sonst graugrün. **Blüten** zahlreich in aufrechten Rispen, Kronen kugelig-krugförmig, cremeweiß. Beerenfrüchte bis zu 1,5 cm dick, reif tief orangegelb, mit warzig-netzgrubiger Oberfläche; essbar; reif ab Jul.

Fruchtstand

**Vorkommen** Immergrüne Gebüsche, Macchien, lichte Waldsäume, Brachland, Wegränder, felsige Abhänge, meist auf kalkhaltigem Untergrund. Östl. Mittelmeergebiet, Kreta, westlich bis Albanien; gelegentlich auch als Ziergehölz angepflanzt.
**Wissenswert!** Im gemeinsamen Verbreitungsgebiet bilden diese Art und der westmediterrane Vertreter einen fruchtbaren Bastard mit orangebrauner Rinde, wobei auch die übrigen Merkmale zwischen denen der Elternarten stehen.
Aus dem festen Holz fertigte man früher in Griechenland Flöten, heute dient es zur Herstellung von Holzkohle und für Kunsttischlerarbeiten. Aus den fade süßlich schmeckenden Früchten stellt man regional einen Branntwein her.

Früchte erdbeerähnlich

**Westlicher Erdbeerbaum**   links: Blüten und unreife Früchte, rechts: reife Früchte

**Östlicher Erdbeerbaum**

# Stiel-Eiche, Sommer-Eiche

*Quercus robur* · Familie Buchengewächse

**Die weit ausladenden, oft knorrigen Äste tragen die typisch gelappten Blätter und im Herbst die eiförmigen Eicheln, die in einem lang gestielten Fruchtbecher sitzen.** ✿ Apr–Mai

Sommergrün, bis zu 40 m hoch, mit breiter, hoher, im Alter ziemlich unregelmäßiger Krone aus starken, gedrehten Ästen; Stamm meist schon in geringer Höhe über dem Boden in mehrere Hauptäste geteilt im Unterschied zur nahe verwandten Trauben-Eiche (⇨ S. 294); Rinde hellgrau bis braungrau, schon an jüngeren Exemplaren in ein dichtes Netzwerk aus Leisten und Furchen gegliedert; an jüngeren Zweigen grünlich grau mit kleinen Korkwarzen. **Blätter** wechselständig, kurz gestielt bis fast sitzend, 10–12 cm lang und bis zu 8 cm breit, im Umriss verkehrt eiförmig, jederseits mit 5–7 etwas ungleich rundlichen Lappen und Buchten, die ca. bis zur Spreitenmitte eingeschnitten sind und sich nicht exakt gegenüberstehen (wichtiger Unterschied zur Trauben-E.), Spreite am Grunde deutlich geöhrt; oberseits matt dunkelgrün, unterseits heller, kahl. **Blüten** einhäusig verteilt, kurz vor oder mit den Laubblättern erscheinend; unscheinbar grünlich; ♂ Kätzchen 2–4 cm lang, vielblütig, in Büscheln zu den Zweigenden schlaff herabhängend; ♀ Blüten klein, zu 1–5 in gestielten, aufrecht stehenden Ähren. **Früchte** (Eicheln) eiförmig, bis zu 2 cm lang; mit dem unteren Drittel in schuppigem, flachem, lang gestieltem Fruchtbecher sitzend; zu 2–3 beieinander stehend; zunächst grün, reif rotbraun, frisch mit dunkleren grünen bzw. braunen Längsstreifen.

**Vorkommen** Frische, mäßig saure bis kalkhaltige, tiefgründige und lockere Böden vor allem in Flussniederungen, im Tiefland und im Hügelland. Von Portugal und N-Spanien über das gesamte M.- und NW-EU bis zum südlichen Skandinavien, außerdem auf der Apenninen-Halbinsel und im nördlichen Balkan bis zum Schwarzmeergebiet und zum Kaukasus; in D vom Norddeutschen Tiefland bis in ungefähr 1000 m Höhe in den Nordalpen.

**Wissenswert!** Die Namen des Baums gehen auf seine lang gestielten Eicheln bzw. den im Vergleich zur Trauben-Eiche früheren Laubaustrieb zurück. In Blattgestalt und Wuchsform entspricht die S. am ehesten dem Bild der urigen, knorrigen und wuchtigen Wotanseiche, die als „Deutsche Eiche" Eingang in mancherlei (fragwürdige) Symbolvorstellungen gefunden hat. Sie kann bis etwa 1000 Jahre alt werden (sehr selten auch noch älter: in Westfalen ist ein Exemplar von etwa 1400 Jahren Alter bekannt), beendet aber schon mit ungefähr 150 Jahren ihr Höhenwachstum.

Auf den Eichenblättern entwickeln sich unter dem Einfluss verschiedener Gliederfüßer häufig charakteristische Gallen, beispielsweise die recht farbintensiven, stark gerbstoffhaltigen Galläpfel, aus denen man früher die Rohstoffe für Schreibtinte gewann. Die Inhaltsstoffe aus der Rinde jüngerer Bäume nutzte man lange Zeit zum Gerben von Leder. Die nahrhaften Eicheln, die botanisch zu den Nussfrüchten zählen, dienten als wichtiges Mastfutter für die Schweine. Das feste Holz der S., das vor allem zur Möbelherstellung verwendet wird, ist von dem der Trauben-Eiche nicht zu unterscheiden. Mit seinen bis zu 0,4 mm breiten Gefäßen, die man am verarbeiteten Werkstück mit bloßem Auge erkennen kann, gehört es zu den ringporigen Hölzern. Das Wasser wird im Baumstamm nur in den jeweils 3–5 äußeren Zuwachsringen transportiert.

Eicheln lang gestielt, in vergleichsweise flachem Fruchtbecher

lang gestielt

**Stiel-Eiche, Sommer-Eiche**  unten rechts: Früchte

## Trauben-Eiche, Winter-Eiche
*Quercus petraea* · Familie Buchengewächse

**Anders als bei der Stiel-Eiche ist der Stamm gut bis in den oberen Kronenbereich zu verfolgen und die Eicheln sitzen in ungestielten Fruchtbechern.**
✿ Apr–Mai

Sommergrün 30–40 m hoch, mit großer, gewölbter, oft etwas unregelmäßiger Krone auf geradem, ziemlich langschäftigem Stamm; Rinde zunächst glatt und kahl, mittelgrau bis braungrau, später an stärkeren Ästen und am Stamm mit dicker Borke, die mit einem dichten, regelmäßigen Netzwerk aus Leisten und Rippen überzogen ist. **Blätter** wechselständig, bis zu 2,5 cm lang gestielt, Spreite 8–12 cm lang und bis zu 5 cm breit, im Umriss verkehrt eiförmig, an der Basis keilförmig verschmälert, vorn rundlich, ziemlich regelmäßig und fast symmetrisch jederseits mit 5–9 rundlichen Lappen und Buchten; oberseits matt dunkelgrün, unterseits heller, kahl. **Blüten** einhäusig verteilt, zusammen mit dem Laub erscheinend, jedoch meist etwa 2 Wochen später als bei der Stiel-Eiche; ♂ Kätzchen schlaff an den Zweigenden hängend, beim Stäuben gelblich grün; ♀ Blüten zu 1–5 in sitzenden, d. h. ungestielten Blütenständen. **Früchte** (Eicheln) im Unterschied zu denen der Stiel-Eiche (⇨ S. 292) ohne grünlich braune Längsstreifen; stecken zu etwa einem Viertel bis Drittel in einem sehr kurz oder ungestielten Fruchtbecher; kommen noch im 1. Jahr zur Reife.
**Vorkommen** Die Wärme und Trockenheit liebende Art kommt vor allem auf lockeren, tief- bis mittelgründigen Stein- und Lehmböden in wintermilden Gebieten vor. Sie bildet Rein- oder Mischbestände in der Hügel- und unteren Gebirgsregion bis in etwa 700 m Höhe, in den S-Alpen bis in 1300 m Höhe. Die T. stellt die Leitart des Eichen-Hainbuchenwalds dar. Von N-Spanien bis zu den Britischen Inseln und S-Skandinavien, auf der Apenninen-Halbinsel sowie auf dem Balkan bis Bulgarien, in M.-EU überall häufig; wird auch oft als Parkbaum oder forstlich angepflanzt.
**Wissenswert!** Die beiden heimischen Eichenarten, die T. und die Stiel-Eiche, sind sehr nahe miteinander verwandt und bilden im gemeinsamen Verbreitungsgebiet fruchtbare Bastarde, die in ihren Merkmalen zwischen den Elternarten stehen. Diese Übergangsformen waren der Grund, dass Carl von Linné, der „Vater der Pflanzensystematik", im 18. Jh. die beiden Eichen-Arten nicht als zwei getrennte Arten erkannte.
Die T. kann 500–800 Jahre alt werden. Im Freistand ist sie bis zur Stammbasis beastet, im geschlossenen Baumbestand erst in größerer Höhe. Für Schälfurniere sind besonders die langschäftigen, unten unbeasteten Stämme gesucht. Im forstlichen Anbau unterpflanzt man die Bestände der T. daher mit Rot-Buche oder anderen Laubhölzern, die Schatten ertragen.
Das ringporige Holz ist wegen seiner Beständigkeit, Dichte und Festigkeit vor allem für die Herstellung von Möbeln und Weinfässern überaus gefragt. Seine Poren sind so groß, dass man sie im Anschnitt mit bloßem Auge erkennen kann. Es handelt sich um die alljährlich im Frühholz, d. h. in den im Frühjahr gebildeten Holzschichten, angelegten Wasserleitbahnen (Tracheen).

Eicheln kurz gestielt

**Trauben-Eiche, Winter-Eiche** unten rechts: Früchte

# Zerr-Eiche
*Quercus cerris* · Familie Buchengewächse

**Unverwechselbarer Baum dank des dicht mit bis zu 1 cm langen, spitzen Schuppen besetzten Fruchtbechers, in dem eine Eichel sitzt.** ☆ Apr

Sommergrün, bis zu 35 m hoch, mit anfangs breit pyramidaler, später gewölbter und etwas unregelmäßiger Krone auf langschäftigem Stamm; Rinde auch an jüngeren Bäumen gefurcht, später zunehmend plattig zerrissen. **Blätter** wechselständig, gestielt, Spreite 8–12 cm lang und 5–8 cm breit, im Umriss länglich elliptisch, mit ungleich großen und tiefen Buchten gelappt; nach dem Austrieb rauhaarig, später kahl, fühlen sich jedoch immer rau an; oberseits dunkelgrün, unterseits graugrün; bleiben im Herbst nach dem Umfärben bis zum nachfolgenden Frühsommer an den Zweigen. **Blüten** einhäusig verteilt; ♂ Kätzchen schlaff herabhängend, bis zu 8 cm lang, beim Stäuben gelblich; ♀ Blüten zu 1–4 mit sehr kurzem Stiel an den Zweigen stehend. **Früchte** (Eicheln) reifen erst im 2. Jahr nach der Blüte.

**Vorkommen** Nährstoffreiche Böden vom Tiefland bis in mittlere Gebirgslagen um 800 m Höhe. Bildet Rein- oder Mischbestände mit anderen Eichenarten in S-EU von Frankreich südlich des Alpenrands bis nach Kleinasien, fehlt auf der Iberischen Halbinsel, auf Korsika und Sardinien; in D im Kaiserstuhlgebiet (Oberrhein) eingebürgert; außerhalb des natürlichen Verbreitungsgebiets gelegentlich forstlich angebaut oder als Parkgehölz gepflanzt.

**Wissenswert!** Ein besonders kennzeichnendes Merkmal dieser Art sind die fadenförmigen Knospenschuppen, die bis zum nächsten Laubaustrieb bestehen bleiben. Das harte, feste Holz der Z. wird im Gegensatz zu dem der Stiel- und Trauben-Eiche nur selten zur Möbelherstellung verwendet, da es sich vergleichsweise schlecht bearbeiten lässt und außerdem beim Trocknen stärker schwindet. Im Verbreitungsgebiet des Baums fertigte man aus dem Holz Eisenbahnschwellen oder Werkzeugteile für die Landwirtschaft.

**Ähnlich** **Ungarische Eiche** *Quercus frainetto*, bis zu 25 m hoch, Blätter verkehrt eiförmig, an der Basis geöhrt, jederseits mit 6–10 ungleich großen Blattlappen, davon die größten ihrerseits lappig bis gezähnt, oberseits dunkelgrün, unterseits graugrün mit einzelnen Sternhaaren; Eicheln bis zur Hälfte im Fruchtbecher; SO-EU, stellenweise forstlich angebaut, häufiges, dekoratives Parkgehölz.

Blätter bis 20 cm lang

**Flaum-Eiche** *Quercus pubescens*, bis zu 20 m hoch, oft jedoch mehrstämmig und strauchartig mit unregelmäßiger, offener Krone; Blätter wechselständig, unregelmäßig gebuchtet, nach dem Austrieb beidseitig weich behaart, später auf der Oberseite verkahlend; von Frankreich über Italien und den Balkan bis Kleinasien an warmen, trockenen Standorten; in D im Ober- und Mittelrheingebiet sowie im Saaletal.

Blätter 6–12 cm lang

**Pyrenäen-Eiche** *Quercus pyrenaica*, bis zu 20 m hoch, im Aussehen der Zerr-Eiche sehr ähnlich, jedoch ohne fädige Anhängsel an den Knospenschuppen; Blätter unterschiedlich tief gelappt, am Grund keilförmig oder leicht geöhrt, oberseits dunkel- bis graugrün, unterseits mit gelblichem Filz aus Sternhaaren, treiben erst Anfang VI aus; Bergwälder in SW-EU, in M.-EU in Parkanlagen.

Blätter 8–20 cm lang

mit Schuppen besetzter Fruchtbecher

**Zerr-Eiche**  unten links: unreife Früchte, unten rechts: reife Frucht

## Rot-Eiche
*Quercus rubra* · Familie Buchengewächse

**Im Herbst fällt dieser Baum durch die leuchtend rote Blattfärbung und die rundlich dicken, in flachen Fruchtbechern sitzenden Eicheln besonders auf.** ✿ Mai

Sommergrün, bis zu 5 m hoch. **Blätter** gestielt, 10–25 cm lang, vorn spitz, jederseits mit 3–5 spitzzipfeligen Lappen, oberseits matt dunkelgrün, unterseits blassgrün mit braunen Haarbüscheln.
**Vorkommen** Wälder der Hügel- und Bergregion. Östliches N-Amerika von Neuschottland bis Texas; in EU vielfach als Forstgehölz oder Parkbaum.
**Wissenswert!** Wie fast alle nordamerikanischen Eichenarten färbt sich die R. im Herbst prächtig karmin- oder zinnoberrot um.

Herbstlaub

**Ähnlich** Scharlach-Eiche *Quercus coccinea*, Blätter gelappt mit breiten Buchten, bis zu 15 cm lang, unterseits mit braunen Haarbüscheln, im Herbst intensiv rot; östliches N-Amerika; in EU Parkbaum.

Herbstlaub

**Sumpf-Eiche** *Quercus palustris*, Blätter 8–15 cm lang, auf jeder Seite mit 2–4 breiten, 3-zipfeligen Lappen, oberseits glänzend dunkelgrün, unterseits mit grauen Haarbüscheln, im Herbst rötlich; Eicheln zu 1–2 im Becher, östliches u. mittleres N-Amerika; in EU Parkbaum.

## Stein-Eiche
*Quercus ilex* · Familie Buchengewächse

**Die ledrigen, dunkelgrünen Blätter bleiben bis zu 3 Jahren an den Zweigen dieses immergrünen Baumes, dessen Früchte geröstet essbar sind.**
✿ Apr–Mai

Bis zu 25 m hoch, mit dichter, breiter Krone auf meist kurzem Stamm; Rinde schwärzlich, kantig gefeldert. **Blätter** wechselständig, gestielt, 4–10 cm lang und bis zu 5 cm breit, im Umriss länglich oval, an der Basis gerundet, vorn spitz, oberseits anfangs filzig, später kahl, unterseits graufilzig. **Blüten** einhäusig verteilt; ♂ Kätzchen gelblich grün, schlaff herabhängend; ♀ Blüten zu 1–3 beieinander, klein, unscheinbar.
**Vorkommen** Humusreiche, tiefgründige, meist auch kalkhaltige Lockerböden. Westliches Mittelmeergebiet, N- und W-Afrika, von der Ebene bis ins Gebirge (in S-Spanien bis 1100 m, im Atlas bis über 2200 m), Leitart des immergrünen Steineichenwalds; in D in wintermilden Gebieten (beispielsweise Rheinland) gelegentlich dekorativer Parkbaum.
**Wissenswert!** Die Steineichenwälder des Mittelmeergebiets wurden schon in der Antike durch Übernutzung verwüstet. Dort wächst nun die strauchreiche Macchie. Das dichte, schwere Holz der S. verwendete man früher als Konstruktionsholz.

Blätter vielfach ganzrandig mit leicht gewellten Rändern

**Rot-Eiche** Herbstfärbung

**Stein-Eiche** oben rechts: unreife Früchte, unten rechts: reife Früchte

## Kork-Eiche

*Quercus suber* · Familie Buchengewächse

**Die sehr dicke, gefurchte Korkrinde umgibt den meist krummen Stamm mit breit gewölbter Krone.** ☆ Apr–Mai

Immergrün, bis zu 15 m hoch. **Blätter** gestielt, 4–7 cm lang, elliptisch bis oval, ganzrandig und seicht gebuchtet bis gewellt oder dornig gezähnt, oberseits glatt und dunkelgrün, unterseits grauweiß filzig, ledrig. **Blüten** einhäusig verteilt; ♂ Kätzchen bis zu 4 cm lang, hellgelb in dichten Büscheln; ♀ Kätzchen kurz, aufrecht, unscheinbar. Früchte (Eicheln) bis über die Hälfte im Fruchtbecher.
**Vorkommen** Auf steinigen, trockenen, mäßig nährstoffreichen Böden, warmes Klima. Westliches Mittelmeergebiet. Zur Korkgewinnung auch außerhalb des ursprünglichen Verbreitungsgebiets angepflanzt.

**Wissenswert!** Zur Gewinnung des Werkstoffs Kork werden die natürlichen Bestände der K. ausgelichtet und in einem halbnatürlichen Zustand belassen, wobei sich artenreiche Lebensräume entwickeln. Das erste Abschälen der etwa 5–8 cm dicken Korkschicht (kl. Foto unten), die sich außerhalb der eigentlichen Rinde entwickelt, erfolgt an etwa 20-jährigen Bäumen, danach erneut alle 6–12 Jahre. Korkgewebe ist keine Sonderbildung der K., bei dieser jedoch sehr stark ausgeprägt. Die Zellwände der Korkzellen sind durch Suberin so imprägniert, dass sie kein Wasser durchlassen.

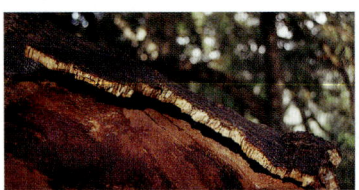

## Tulpenbaum

*Liriodendron tulipifera* · Familie Magnoliengewächse

**Die nach dem Laub erscheinenden Blüten, die an Tulpen erinnern, und die fast viereckigen, lang gestielten Blätter sind unverwechselbar.** ☆ Apr–Mai

Sommergrün, bis zu 40 m hoch, mit breiter, dichter Krone; Rinde grau bis bräunlich, an älteren Exemplaren borkig mit regelmäßigem Netzmuster. **Blätter** wechselständig, 10–20 cm lang, in 4 Lappen geteilt; oberseits frischgrün, unterseits etwas heller, kahl, im Herbst prächtig goldgelb oder orangerot. **Blüten** 4–5 cm groß, außen an Basis und Spitze bläulich grün, dazwischen hellgelb, innen am Grund mit kräftig orangegelbem Farbmal. **Frucht**stände hellbraun, zapfenartig.
**Vorkommen** Auf feuchten, aber wasserdurchlässigen, mittel- bis tiefgründigen und nährstoffreichen Böden an Berghängen. Ursprünglich im östlichen N-Amerika von den Neuenglandstaaten bis N-Florida, von der Ebene bis ins Gebirge, in den Appalachen bis in 1200 m Höhe. In EU häufig in Parks oder großen Gärten angepflanzt.
**Wissenswert!** Die Blüten erinnern an eine gelbe Tulpe. Wie bei dieser ist die Blütenhülle nicht in Kelch- und Kronblätter gegliedert, sondern besteht aus 6 gleichartigen Hüllblättern. Die Blütenteile sind jedoch nicht in einzelnen Kreisen angeordnet, sondern bilden an der Blütenachse Spiralen – eine Anordnung, die als entwicklungsgeschichtlich sehr ursprüngliches Merkmal gilt.

Kork-Eiche

Tulpenbaum

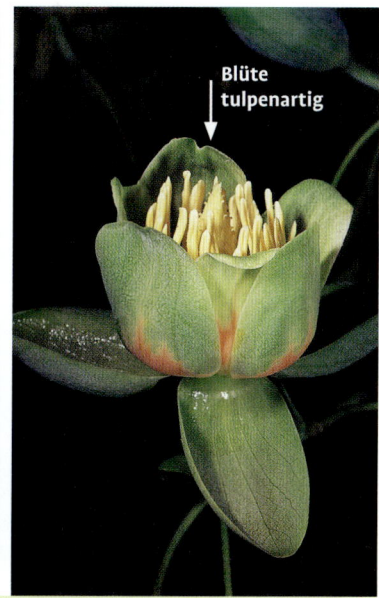
Blüte tulpenartig

# Hybrid-Platane
*Platanus × hispanica* · Familie Platanengewächse

**Die zunächst einheitlich grau- oder hellbraune Rinde löst sich in handgroßen, dünnen, plattigen Stücken ab, die gelbe Flecken hinterlassen.** ✿ Mai

Sommergrün, bis zu 30, selten auch 40 m hoch, mit breiter, hoher, gewölbter Krone auf dickem, geradem Stamm; Triebe blassgrün bis bräunlich, filzig behaart. **Blätter** wechselständig (Unterschied zu ähnlich belaubten Ahornarten mit gegenständigen Blättern), lang gestielt, 15–20 cm lang und bis zu 25 cm breit, handförmig 3- bis 5-lappig, die vorderen Lappen breit dreieckig, mit ungleich großen, spitzen Zähnen, im Umriss einem Spitz-Ahorn (⇨ S. 146) ähnlich, fest und beinahe ledrig, oberseits dunkelgrün, unterseits zumindest auf den Hauptnerven und in den Nervenwinkeln weißlich behaart, fallen im Herbst ohne besondere Verfärbung ab. **Blüten** einhäusig verteilt, mit dem Laub erscheinend, unscheinbar, jedoch zahlreich in je 2 kugeligen, meist lang gestielten, hängenden Teilständen; zur **Frucht**zeit 3–4 cm dick und 15–20 cm lang gestielt, bleiben lange am Zweig.

**Vorkommen** Bevorzugt mittel- bis tiefgründige, wechselfeuchte Böden. In M.-EU überall häufig in Parks und an Straßen angepflanzt.

**Wissenswert!** Dieser auch Ahornblättrige P. genannte Baum wird heute mehrheitlich als Kreuzung aus der Morgenländischen und der Abendländischen Platane oder einer Kulturvarietät einer dieser beiden Arten angesehen. Für die Hybridnatur spricht, dass die Blüten- bzw. -fruchtstandkugeln überwiegend paarweise angelegt werden, während es bei den mutmaßlichen Elternarten jeweils nur 1 bzw. 3 Kugeln sind.
Im Stadtklima erweist sich die H. als wüchsig und stabil. Hier ist sie mit ihrem großflächigen, dichten Laub als sommerlicher Schattenspender sehr beliebt. Regional erzieht man die Krone durch Stutzen der Äste zu ähnlich flachen Schirmen, wie z. B. bei Linden. Das austreibende Laub wird gelegentlich von einem Pilz infiziert und vertrocknet dann fahlbraun. Die aus Reserveknospen austreibenden Ersatzblätter entfalten sich normal.

**Ähnlich** **Morgenländische Platane** *Platanus orientalis*, Rinde löst sich in größeren Platten ab, Blätter tief 5- bis 7-lappig, bis über die Spreitenmitte eingeschnitten, Blüten- und Fruchtkugeln meist zu dreien; Herkunft Türkei und Balkan, in S-EU häufig als Schattenbaum gepflanzt, nördlich der Alpen nur selten in größeren Parks.

**Abendländische Platane** *Platanus occidentalis*, Stamm gabelt sich meist schon in geringer Höhe in mehrere starke Äste, Rinde löst sich in kleinen Schuppen ab, Blätter breit 3-lappig mit flachen Buchten, Mittellappen stets breiter als lang, glattrandig, Blüten- und Fruchtkugeln meist einzeln; auf Feuchtböden an Fluss- und Seeufern im zentralen und westlichen N-Amerika; in EU gelegentlich in Parks angepflanzt.

Hybrid-Platane

## Feigenbaum
*Ficus carica* · Familie Maulbeergewächse

**Die Feigen, bei deren Ernte ein Milchsaft austritt, sitzen an kurzen Stielen in den Achseln der handförmig gelappten Blätter.** ☆ Mär–Jul

Sommergrün, bis zu 10 m hoher Baum oder Strauch, mit offener Krone auf kurzem, knorrigem, gedreht wachsendem Stamm; Rinde anfangs glatt hell graubraun, später zunehmend braun und rissig. **Blätter** wechselständig, 5–8 cm lang gestielt, Spreite 20–30 cm lang und fast ebenso breit, ledrig, 3- bis 5-lappig, nach vorn verbreitert, undeutlich gezähnt, oberseits rauhaarig, unterseits blasser und nur auf den Hauptnerven weißlich behaart. **Blüten** sehr klein, im Inneren eines krugförmigen, grünlichen Blütenstands mit schmaler Öffnung für die Bestäuber. **Früchte** (Feigen) grün, violett oder schwarz, stellen fleischig verdickte Blütenstandsachsen dar.

**Vorkommen** Steinige, trockene, sommerwarme Böden in Gebüschen an Felshängen. Stammt aus SW-Asien, schon seit dem Altertum im Mittelmeerraum kultiviert, heute weltweit verbreitet, auch in D in wintermilden Gebieten angepflanzt.

**Wissenswert!** Während die Wildform der Feige einhäusig ist, treten Kulturformen meist zweihäusig auf. Eine Form der Kulturfeige, die so genannte Holz- oder Bocksfeige, liefert keine genießbaren Früchte, sondern nur die erforderlichen Pollen. Diese werden ausschließlich von einer kleinen Gallwespe in die weiblichen Blütenstände der Hausfeige übertragen. Heute gibt es allerdings auch Feigenrassen, die ganz ohne Bestäubung essbare Feigen hervorbringen.

## Amberbaum
*Liquidambar styraciflua* · Familie Zaubernussgewächse

**Die ahornähnlichen Blätter sind wechselständig, duften sehr angenehm und färben sich im Herbst karminrot.** ☆ Mai

Sommergrün, bis zu 25 m hoch; gerader Stamm, zunächst kegelförmige, später dann eiförmige Krone mit relativ waagerechten Ästen, Zweige auffällig mit unregelmäßigen Korkleisten besetzt. **Blätter** wechselständig, lang gestielt, 10–15 cm lang, meist mit 5 länglichen Lappen, sternförmig, oberseits glänzend dunkelgrün, sehr dekorativer Herbstaspekt. **Blüten** unscheinbar grünlich (♂) und gelblich (♀), in kugeligen Köpfchen. Kapsel**früchte** in 2–3 cm dicken, stacheligen, verholzten Kugeln.

**Vorkommen** Wechselfeuchte, tiefgründige Auen- und Talböden, sonnige Standorte; häufige Pionierart auf Waldlichtungen. Stammt aus dem südwestlichen N-Amerika; häufig als Park- und Straßenbaum gepflanzt.

**Wissenswert!** Das schlagfrische Holz enthält unter der Rinde ein angenehm duftendes Harz, aus dem man früher Kaugummi herstellte. Diesem balsamischen, „Styrax" genannten Harz verdankt der Baum auch seinen Namen.
Das feste, helle Holz wird in N-Amerika u. a. im Innenausbau, für Möbel, Kisten und Fässer verwendet. Im Herbst zeigt der A. über einen längeren Zeitraum ein farbenprächtiges Umfärben seiner Blätter von Grün über Gelborange und Tiefrot bis zu einem tiefen Violettbraun.
Junge Bäume sind frostempfindlich. Die Früchte bleiben oft als Wintersteher den ganzen Winter über am Baum.

**Feigenbaum**   rechts: Früchte

 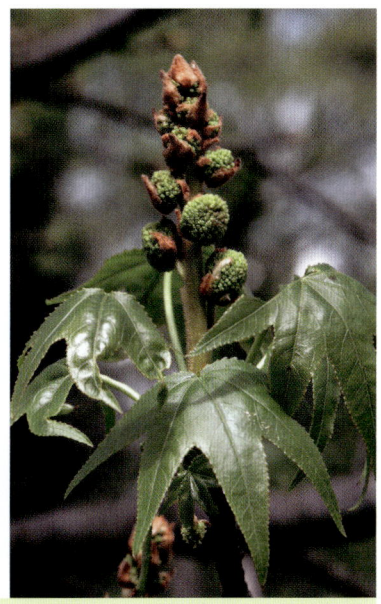

Amberbaum

## Echte Weinrebe
*Vitis vinifera* · Familie Weinrebengewächse

**Sommergrüner, mit Hilfe langer, verzweigter Ranken (= umgebildeter Blütenstände) kletternder Strauch; Ranken oder Blütenstände fehlen an jedem 3. Sprossknoten.** ✿ Jun

Wuchshöhe 10–20 m. **Blätter** lang gestielt, im Umriss rundlich bis herzförmig, 3- bis 5-lappig, scharf gezähnt, oberseits kahl, unterseits dicklich behaart,  im Herbst je nach Sorte goldgelb oder intensiv rot. **Blüten** unscheinbar, grünlich gelb, schwach duftend, zahlreich in aufrechten oder bogig abstehenden Rispen (von Winzern Geschiene genannt) an der Basis jüngerer Triebe, Kelch- und Kronblätter sehr frühzeitig abfallend; Blüten der Wildform eingeschlechtig (zweihäusig verteilt), bei Kulturreben überwiegend zwittrig. **Früchte** kugelige bis längliche Beeren, bei der Wildform nur ungefähr erbsengroß und schwärzlich blau, von saurem Geschmack, bei den Kulturreben sortenabhängig gelbgrün, rotbraun oder blauviolett; Fruchtreife ab Sep.
**Vorkommen** Wildform eine auch im Halbschatten gedeihende Liane in strukturreichen Auenwäldern, auf tiefgründigen, basenreichen Lehm- und Tonböden. SO- und südliches M.-EU, vor allem Mittelmeergebiet, in D als Wildpflanze sehr selten, nur im Oberrheingebiet und an der Donau; ansonsten in zahlreichen Kultursorten angebaut. Für die heimische Wildform gilt: **RL**
**Wissenswert!** Die häufig auch als eigene Art aufgefasste und dann als *V. sylvestris* bezeichnete Wildform ist heute nördlich der Alpen extrem selten geworden, weil ihre natürlichen Standorte verschwunden sind und die im 19. Jh. von N-Amerika eingeschleppten Schädlinge (Mehltau-Pilze, Reblaus) auch die wild vorkommenden Restpopulationen beeinträchtigten. Schon die Menschen der Jungsteinzeit sammelten und verwerteten die Beeren, wie Traubenkernfunde in entsprechenden Siedlungshorizonten selbst im nördlichen

M.-EU beweisen. Die heimische Rebe ist eine der wichtigsten Stammarten im heutigen komplexen Sortenbild der Kulturreben, die in veredelter Form schon seit der frühen Vorantike angebaut werden, beispielsweise in Kleinasien. Im Vergleich zur Wildrebe entwickeln die Kulturreben, die meist als Unterarten aufgefasst werden, dickere Zweige, stärker behaarte Blätter und vor allem größere, saftreichere Beeren in vielen Farbnuancen. In den heutigen Weinbaulandschaften hat fast jedes Anbaugebiet seine bewährten Leitreben, in D etwa Riesling, Sylvaner, Müller-Thurgau, Gutedel, Trollinger, Portugieser oder Spätburgunder.

**Verwandt** **Fuchs-Weinrebe** *Vitis labrusca*, Triebe auffallend flockig behaart, Blattranken bzw. Blütenstände ohne Unterbrechung an aufeinander folgenden Sprossknoten, Blätter im Umriss rundlich, bis zu 16 cm breit, undeutlich 3- bis 5-lappig bis 3-zipfelig, fein gezähnt, an der Basis mit enger Stielbucht, oberseits matt dunkelgrün, unterseits zunächst grau-, zuletzt braunfilzig; Früchte dunkelviolett, bei Kulturformen auch grünlich. Als Kreuzungspartner wichtige Wildrebe aus dem östlichen N-Amerika, in Sorten weltweit verbreitet, auch in EU gelegentlich angepflanzt.

Echte Weinrebe

## Dreispitzige Jungfernrebe
*Parthenocissus tricuspidata · Familie Weinrebengewächse*

**Sommergrüner Kletterstrauch, der an senkrechten Mauern oder Wänden sehr hochreicht; Ranken nur 2–3 cm lang, mit Haftscheiben.** ✿ Jul–Aug

Über 20 m hoch. **Blätter** lang gestielt, 10–20 cm lang, entweder ungeteilt und breit eiförmig, vorn 3-lappig mit spitz zulaufenden, grob gezähnten Lappen oder 3-zählig mit kurz gestielten Fiedern, wovon die beiden seitlichen schief oval sind, die mittlere einen verkehrt-eiförmigen Umriss aufweist; Spreiten oberseits glänzend, kahl, unterseits mattgrün und lediglich auf den Blattnerven ein wenig behaart, im Austrieb zunächst bronzefarben bis rötlich grün, im Herbst dann prächtig orangegelb bis intensiv scharlachrot gefärbt. **Blüten** klein, unscheinbar, in Schirmrispen end- oder achselständig an wenigblättrigen Kurztrieben, grünlich getönt. **Früchte** blauschwarze Beerenfrüchte, bis zu 8 mm dick, bläulich bereift, ungenießbar; Fruchtreife ab Okt.

**Vorkommen** Auengebüsche, flussbegleitende Gehölze, feuchte Bergmischwälder. Heimisch in O-Asien (Japan, China, Korea); häufig in Sorten zur Fassadenbegrünung gepflanzt, gedeiht auch in Großstädten.
**Wissenswert!** Bei den aus ausgesäten Beeren heranwachsenden Pflanzen sind nur die auf die Keimblätter folgenden Primärblätter 3-zählig gefingert, während alle Folgeblätter gelappt oder (sortenabhängig) ungelappt sind. Obwohl die Pflanzen im Siedlungsraum reichlich fruchten und die Früchte v. a. von Singvögeln verzehrt werden, kommt es nur relativ selten zur Verwilderung oder gar Einbürgerung dieser Art.

Einzelblüte
Früchte

## Gewöhnliche Jungfernrebe
*Parthenocissus inserta · Familie Weinrebengewächse*

**Sommergrüner Kletterstrauch; Ranken mit je 2–5 dünnen, windenden Seitenzweigen, ohne oder mit sehr schwach entwickelten Haftscheiben.** ✿ Jun–Jul

Nur 6–10 m hoch; Verzweigungsenden verkrallen sich in feine Unebenheiten der Wuchsunterlage oder schwellen darin geringfügig an, wodurch eine belastbare Verbindung hergestellt wird. 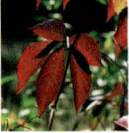 **Blätter** wechselständig, 5-zählig fingerförmig gefiedert, Fiedern sehr kurz oder undeutlich gestielt, bis zu 10 cm lang, elliptisch, lang zugespitzt, an der Basis keilförmig, grob kerbig gesägt, kahl, beidseits glänzend, oberseits stumpfgrün, unterseits bläulich, im Herbst leuchtend karminrot. **Blüten** unscheinbar grünlich. Beerenfrüchte erbsengroß, blauschwarz, bereift, wegen Oxalsäure ungenießbar und leicht giftig; Fruchtreife Okt. Wichtige Vogelnahrung.

**Vorkommen** In Schleiergesellschaften an Waldsäumen, Flussufern und Bahndämmen, ferner an Mauern und in Ruinengelände, gern auf wenig verfestigten, lehmig-tonigen und relativ nährstoffreichen Böden. Stammt aus dem westlichen N-Amerika; als Zierpflanze verwendet und in Auen verwildert, stellenweise eingebürgert.

**Ähnlich** **Selbstkletternde Jungfernrebe** *P. quinquefolia*, im östl. N-Amerika beheimatete Kleinart, häufig in verschiedenen Varietäten als deckender Fassadenkletterer angepflanzt; Verzweigungen der Blattranken 5–12, regelmäßig 2-zeilig angeordnet, mit gut entwickelten Haftscheiben; Blätter oberseits etwas rau, unterseits mattgrün. Gelegentlich wird die oft nur schwer unterscheidbaren obigen Art zur Sammelart **Fünfblättrige J.** (*P. quinquefolia* i. w. S.) zusammengefasst.

6–10 Haftscheiben pro Ranke

**Dreispitzige Jungfernrebe**  unten rechts: Ranke

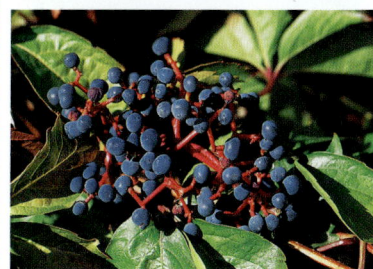

**Gewöhnliche Jungfernrebe**  oben rechts: Ranken, unten rechts: Früchte

## Elsbeere
*Sorbus torminalis* · Familie Rosengewächse

**Die ahornartig in 6–10 breite Lappen geteilten, festen Blätter verfärben sich im Herbst leuchtend gelb oder tiefrot.**
✿ Mai–Jun

Sommergrün, bis zu 20 m hoher Baum oder Strauch; Krone breit und locker; Rinde dunkelgrau, zunächst glatt, später borkig, klein geschuppt und gefeldert. **Blätter** wechselständig, lang gestielt, breit oval, gelappt, unregelmäßig gezähnt; oberseits glänzend dunkelgrün, unterseits fein behaart, später gänzlich kahl. **Blüten** bis zu 1,5 cm breit, cremeweiß, zahlreich in flachen Schirmrispen. Apfel**früchte** bis zu 1,5 cm dick, länglich kugelig, hell bräunlich rot, mit helleren oder dunkleren Korkwarzen gepunktet.
**Vorkommen** Auf sommerwarmen, trockenen, flachgründigen Böden in Felsgebüschen und lichten Eichenbeständen. Von NW-Afrika und W-EU bis zum Kaukasus, fehlt im nördlichen EU; in D nur in Weinbaugebieten; gelegentlich als Ziergehölz oder Straßenbaum angepflanzt.
**Wissenswert!** Die E. ist innerhalb der arten- und formenreichen Gattung *Sorbus* eine der wenigen Arten, die im Gegensatz zur Mehlbeere nicht zur Bastardisierung neigt.
Die wenig auffälligen Früchte der E. sind essbar. Früher verwendete man sie ähnlich wie die der Mehlbeere in gemahlener Form als Brotzusatz. Außerdem dienten sie in der Volksmedizin wegen ihres Gerbstoffgehalts als Heilmittel bei Darmerkrankungen. Aus dem festen, dichten Holz des Baums fertigte man früher unter anderem Flöten und wissenschaftliche Instrumente.
Nicht zuletzt wegen seines prächtigen, leuchtend gelben bis tiefroten Herbstlaubs verdient dieses dekorative, bislang aber wenig verwendete Gehölz im Garten- und Landschaftsbau mehr Beachtung.

## Schwedische Mehlbeere
*Sorbus intermedia* · Familie Rosengewächse

**Sommergrüner, mittelgroßer Baum mit geradem, kurzem Stamm und rundlicher, gleichmäßiger Krone.** ✿ Mai–Jun

Bis etwa 15 m hoch; Knospen grünlich bis bräunlich, klebrig, Triebe matt graurosa, filzig behaart. **Blätter** 5–9 cm lang, oberseits glänzend grün, unterseits graufilzig, breit oval, auffällig gelappt mit 3–7 Lappen an jeder Seite, Randlappen unregelmäßig, aber fein gezähnt, Spreite unterhalb der Mitte fast fiederspaltig, Nervenpaar 7–9. **Blüten** weiß, etwa 1,3 cm breit, zahlreich in 8–10 cm breiten Schirmrispen, Kronblätter kreisrund, Staubblätter hellrosa, Griffel meist 2. Apfel**früchte** klein, um 1 cm dick, länglich kugelig, scharlachrot, gelbfleischig, Fruchtreife ab Aug.
**Vorkommen** Wälder, Gebüsche, Flurgehölze. Ursprünglich nur in S-Schweden, Dänemark, S-Finnland und den Baltischen Staaten. Sehr häufig als Park- und Straßenbaum gepflanzt, da sie sich gerade an Verkehrswegen als besonders robust erwies. An vielen Stellen verwildert und eingebürgert.
**Wissenswert!** Die Vertreter der Gattung *Sorbus* gelten als sehr bastardierungsfreudig. Auch für die vorliegende Form nimmt man eine Kreuzung an, an der zumindest die Eberesche (*S. aucuparia*) und die Gewöhnliche Mehlbeere (*S. aria*) beteiligt sind. Manche Autoren nehmen die Einkreuzung auch der Elsbeere (*S. torminalis*) an. Da die Schwedische Mehlbeere alle Chromosomen ihrer beiden erstgenannten Elternarten (34 + 34) übernommen hat und somit 68 Chromosomen (statt normal 34) aufweist, ist sie allotetraploid. Wegen der mutmaßlich beteiligten dritten Elternart stellt sie daher das seltene Beispiel eines tetraploiden Tripelbastards dar. Obwohl sie keinen fertilen Pollen ausbildet, entwickelt sie auch ohne Bestäubung und Befruchtung keimfähige Früchte. Dieses Verfahren nennt man apomiktische Vermehrung.

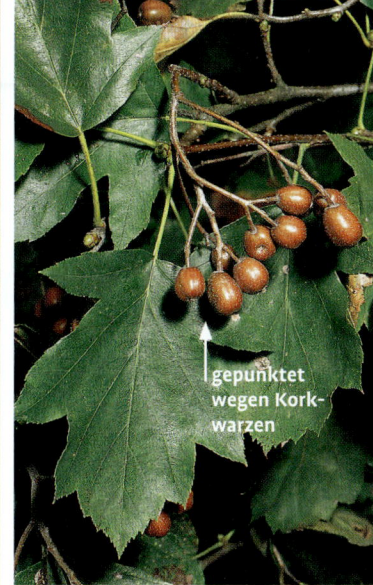

gepunktet wegen Korkwarzen

**Elsbeere**  rechts: Früchte

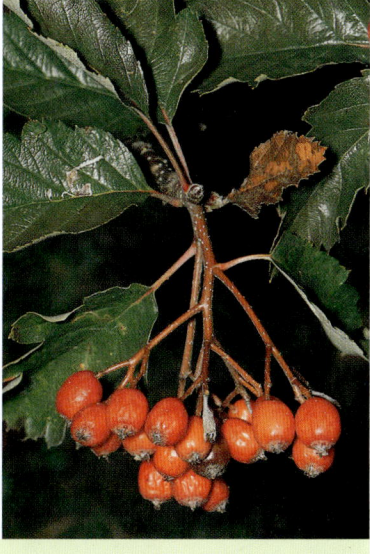

Schwedische Mehlbeere

## Stechpalme, Hülse
*Ilex aquifolium* · Familie Stechpalmengewächse

**Immergrüner, stachellaubiger, stark verzweigter, dichtlaubiger Strauch, seltener auch Baum; Triebe grün, kahl, längs gerieft.** ✿ Mai–Jun

1–5 m hoch, als Baum bis zu 10 m; Rinde an Ästen und Stämmen glatt, grau. **Blätter** wechselständig, gestielt, 5–9 cm lang, ledrig derb, länglich oval, beidseits mit 5 oder mehr langen, dornigen Stachelspitzen, dazwischen seicht oder tief gebuchtet (bei alten Pflanzen Wellung und Wehrhaftigkeit oft abnehmend), spitz, am Grund abgerundet, oberseits glänzend dunkelgrün, Unterseite matt hellgrün. **Blüten** zweihäusig, 4-zählig, unauffällig, mit weißer, mitunter auch rötlich überlaufener Krone. Stein**früchte** erbsengroß, kugelig, scharlachrot, mehrsamig, giftig; Fruchtreife ab Okt.

Blüte

**Vorkommen** Lichte Laubwälder und Gebüsche. Atlantisches W-EU, westl. und zentrales Mittelmeergebiet, N-Afrika, Vorderasien; in D im Mittelgebirgsgürtel v. a. westl. des Rheins, im nördl. Tiefland und Alpenvorland auch weiter östlich. Häufig in Sorten mit abweichender Blattform als Ziergehölz in Parks und Gärten angepflanzt. **RL Wissenswert!** Die Stechpalme ist das einzige heimische immergrüne Laubgehölz. Die Baumform entwickelt sich meist nur im Freistand. Die Blüten liefern Nektar für Hautflügler, die Früchte werden von Drosseln verzehrt. Trotz seiner Wehrhaftigkeit wird das feste Laub v. a. im Winter von vom Wild verbissen. Das dichte, schwere, gut polierfähige Holz wurde früher zu Messerfurnieren, Intarsien oder Druckstöcken für Holzschnitte verarbeitet, auch zu Musikinstrumenten oder Spazierstöcken. In der Feintischlerei dient es als Ebenholzersatz, da es dunkle Lacke sehr gut annimmt.

## Efeu
*Hedera helix* · Familie Araliengewächse

**Immergrüner, kriechender oder mit Haftwurzeln kletternder Strauch; Blüten sehr zahlreich; die mattschwarzen Früchte sind giftig.** ✿ Sep–Okt

Wuchshöhe bis etwa 20 m; Triebe mit 4- bis 12-strahligen Sternhaaren; oft mit deutlichem Hauptstamm, sonst buschig mit überhängenden Zweigen. **Blätter** von zweierlei Gestalt; an nicht blühenden Trieben 3- bis 5-lappig, am Grund herzförmig, oberseits glänzend dunkelgrün mit weißlichem Adernetz, an blühenden Trieben rautenförmig bis elliptisch, am Grund keilförmig, glänzend dunkelgrün, im Winter oberseits schwarzgrün, unterseits rötlich. **Blüten** 5-zählig, unscheinbar, zahlreich in gestielten Dolden, Kronen gelblich grün, Nektardrüse ringförmig. **Früchte** kugelige Beeren, vorn abgeplattet, giftig; Fruchtreife im folgenden Frühjahr. **Vorkommen** Wälder und Gebüsche, Auengehölze, Steinbrüche und Ruinen, Friedhöfe und Gärten. In W-, M.- und S-EU bis in mittlere Gebirgslagen (etwa 1800 m) weit verbreitet, im Norden nur bis S-Schweden. **Wissenswert!** Der Efeu verfügt über zweierlei Wurzeln: Das übliche Wurzelwerk besorgt die mineralische Ernährung und Wasseraufnahme aus dem Boden, während die Kletterwurzeln sprossbürtige Sonderentwicklungen darstellen. Der ungewöhnlich späte Blühtermin sichert den Insekten auch im Herbst eine ergiebige Tracht. Die für Menschen giftigen Früchte werden gern von Singvögeln verzehrt. Der Efeu kann ein Alter von über 400 Jahren erreichen.

Blüte
Blatt von blühendem Trieb

Stechpalme, Hülse

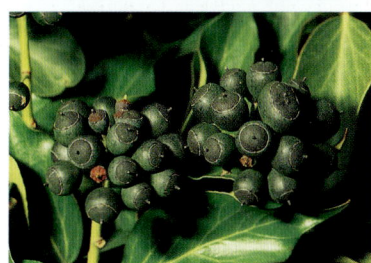

Efeu   oben rechts: Blüten, unten rechts: reife Früchte

## Gewöhnliche Waldrebe
*Clematis vitalba* · Familie Hahnenfußgewächse

**Sommergrüner, dicht verzweigter Kletterstrauch (Liane) mit biegsamen, linkswindenden Zweigen, bildet dichte, lang herabhängende Schleier.** ✿ **Jun–Sep**

Klettert über 10 m hoch; Stämme bis zu 2 cm dick; Rinde hell graubraun, löst sich in langen, schmalen Streifen ab; junge Zweige regelmäßig sechskantig und längsstreifig. **Blätter** bis zu 25 cm lang, gegenständig, lang gestielt, unpaarig gefiedert, die 5–7 Fiederblättchen weit voneinander entfernt, jeweils bis zu 5 cm lang, glattrandig oder gesägt, kahl, auf der Oberseite matt dunkelgrün, unterseits heller getönt. **Blüten** zu mehreren in blattachselständigen, lockeren Rispen, lang gestielt, mit 4 schmalen, cremeweißen, kronblattartigen Hüllblättern. Bei der Reife der **Früchte** (ab Okt) entwickelt sich der Griffel zu einem silbrig weißen, fedrig behaarten Flugorgan, das der Windverbreitung der leichten Nussfrüchte dient.

**Vorkommen** Häufig an Waldsäumen, Bach- und Flussufern, Feldgebüschen und Bahndämmen. In W- und M.-EU weit verbreitet, vom Tiefland bis in Höhen über 1500 m.
**Wissenswert!** Die G. W. ist eine der wenigen heimischen Lianen und eine der seltenen Holzpflanzen innerhalb der Hahnenfußgewächse. Ihre gegenständigen Fiederblätter sind eher untypisch für diese Familie. Die silbrigen Fruchtstände sehen besonders im Gegenlicht recht dekorativ aus. Dichte Gebüsche dieser Art bieten Kleinvögeln gute Nist- und Versteckmöglichkeiten.

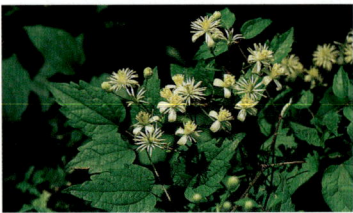

## Alpen-Waldrebe
*Clematis alpina* · Familie Hahnenfußgewächse

**Sommergrüner, linkswindender Kletterstrauch mit nach Lianenart seilförmigen, biegsamen Ästen. Bildet dichte, schleierartige Gebüsche.** ✿ **Mai–Jun**

Klettert nur 2–3 m hoch. **Blätter** lang gestielt, unpaarig gefiedert, einfach bis doppelt 3-zählig; Fiedern kurz gestielt oder sitzend, bis zu 5 cm lang und 2 cm breit, lanzettlich, zugespitzt, am Grund keilförmig, grob gesägt, unterseits wenig behaart; Blattstiele starr und oft rankenförmig um die Wuchsunterlage gekrümmt. **Blüten** auffallend groß, 2–4 cm breit, lang gestielt, hängend, einzeln an Kurztrieben in den Blattachseln der Zweigenden, Blütenhülle mit 4 (selten 5) glockigen oder ausgebreiteten Hüllblättern, hellblau oder violett, selten aus weiß; Griffel reif (ab Sep) fedrig behaart (kleines Foto).
**Vorkommen** Saure Böden halbschattiger, krautreicher Bergwälder, in Alpenrosen- und Latschengebüschen sowie auf bewachsenen Steinschutthalden mit Hochstauden. In den Alpen und Karpaten bis in ungefähr 2400 m Höhe, selten als so genannter Abschwemmling auch im Alpenvorland; ferner in N-EU (hier nur mit gelblichen bis blassblauen Blütenblättern).RL
**Wissenswert!** Innerhalb der blauen Blütenhülle befinden sich etwa 10 weiße, tütenförmige Nektarblätter, die umgewandelte Staubblätter sind. Die Blüten sind nicht nur eine ergiebige Pollen-, sondern auch eine attraktive Nektarquelle, die von Hautflüglern und Schmetterlingen besucht wird.

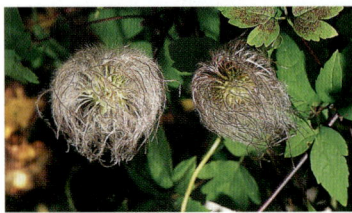

**Gewöhnliche Waldrebe** reife Früchte — Früchte fedrig behaart

**Alpen-Waldrebe**

## Berg-Waldrebe
*Clematis montana* · Familie Hahnenfußgewächse

**Sommergrüner Kletterstrauch, der dichte, schleierartige Gebüsche bildet und die Unterlage mit seinen zu Ranken umgebildeten Blattstielen umschlingt.** ✶ Mai–Jun

Klettert mit dünnen, kahlen Trieben bis etwa 7 m (selten 12 m) hoch. **Blätter** lang gestielt, immer 3-zählig gefiedert, an Kurztrieben auch rosettenartig angeordnet; Fiedern 3–10 cm lang, vorn zugespitzt, an der Basis abgerundet, gesägt, selten ganzrandig, mitunter tief lappig eingeschnitten, beidseitig kahl. **Blüten** bei der Wildform etwa 3–6 cm breit, bei Gartenformen bis zu 8 cm breit, zu 1–5 an vorjährigen Trieben, mit 4 weißen oder rosa überlaufenen, weit auseinander gespreizten, außen spärlich behaarten Hüllblättern. **Früchte** (Nüsschen) kahl, mit kurzem, fedrig behaartem Griffel; Fruchtzeit ab Okt.
**Vorkommen** Wälder und Gebüsche in den unteren Höhenstufen des Himalaja; in EU ausschließlich in Gartenkultur. In verschiedenen, z. T. sehr reich blühenden und großblumigen Sorten der so genannten Montana-Gruppe als dekorativer Zierstrauch weit verbreitet und häufig angepflanzt.
**Wissenswert!** Wie bei allen *Clematis*-Arten besteht die auffällige Blütenhülle aus kronblattartigen Kelchblättern – ein Merkmal, das ähnlich auch bei krautigen Vertretern der Hahnenfußgewächse vorkommt. Honigblätter wie bei der Alpen-Waldrebe (⇨ S. 314) fehlen dagegen. Die Büschel hellgelber Staubblätter sind eine ergiebige Pollenquelle für Hautflügler wie Bienen und Hummeln.

Blattranken

## Jackman-Waldrebe
*Clematis × jackmanii* · Fam. Hahnenfußgew.

**Sommergrüner Kletterstrauch mit rotbraunen Trieben und sehr großen, auffälligen Blüten.** ✶ Jul–Aug

Bis zu 4 m hoch. **Blätter** 3-zählig gefiedert, Fiedern ganzrandig, nur unterseits wenig behaart. **Blüten** etwa 10–12 cm breit, dunkel purpurn bis violett mit 4 (selten auch 6) großen, verkehrt eiförmigen Hüllblättern.
**Vorkommen** Als dekoratives Ziergehölz häufig angepflanzt. In EU weit verbreitet.
**Wissenswert!** Die gärtnerisch verwendete Form ist eine Kreuzung aus der ostasiatischen **Wolligen Waldrebe** *C. lanuginosa* und der von S-EU nach Vorderasien beheimateten **Italienischen Waldrebe** *C. viticella*. Die europäische Elternart mit 3–5 cm breiten, purpurrosa bis violetten Blüten wird ebenfalls in Sorten angepflanzt.

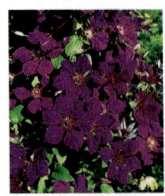

## Brennende Waldrebe
*Clematis flammula* · Fam. Hahnenfußgew.

**Sommergrüner Kletterstrauch mit biegsamen Trieben und weißen, unauffälligen Blüten in Rispen.** ✶ Jul–Sep

Klettert bis etwa 5 m hoch. **Blätter** meist doppelt gefiedert mit meist 5 Fiedern, bis zu 4 cm lang, die unteren Fiedern schmal lanzettlich, oft 3-zählig oder mehrlappig, an der Basis gerundet, sonst gezähnt, oberseits glänzend, die oberen Fiedern meist einfach. **Blüten** weiß, 2–3 cm breit, zahlreich in großen, bis 25 cm breiten Rispen in den oberen Blattachseln.
**Vorkommen** Wälder, Gebüsche im trockenwarmen Tiefland. Vom Mittelmeerraum bis zentrales Vorderasien; gelegentlich als Ziergehölz, in M.-EU nicht winterfest.
**Wissenswert!** Die dekorativen Blüten duften intensiv nach Bittermandel, daher wird sie auch Mandel-Waldrebe genannt.

Blütenstand

Berg-Waldrebe links: Wildform, rechts: Gartenform

Jackman-Waldrebe

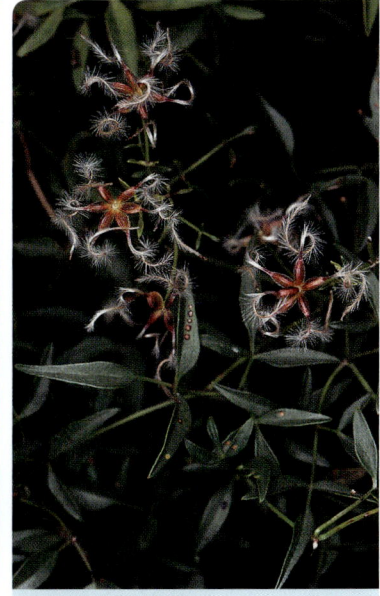

Brennende Waldrebe

## Gewöhnlicher Walnussbaum
*Juglans regia* · Familie Walnussgewächse

**Der stattliche Baum trägt bis zu 40 cm lange Fiederblätter und ab Oktober bis zu 5 cm große, grüne Steinfrüchte, die die Walnüsse enthalten.** ✿ Apr–Mai

Sommergrün, bis zu 25 m hoch, mit breiter, gewölbter Krone; Rinde anfangs glatt und grau, später tiefrissig und braungrau. **Blätter** mit 5–9 ledrigen, bis zu 12 cm langen Fiederblättern, die beim Zerreiben nach Terpentin duften. **Blüten** einhäusig verteilt; ♂ Blüten in 3–10 cm langen, gelbgrünen Kätzchen; ♀ Blüten unauffällig, hellgrün, an den Enden jüngerer Zweige. **Vorkommen** Bevorzugt auf tiefgründigen, nährstoffreichen, kalkhaltigen Böden. Ursprünglich nur vom Balkan bis SW-Asien; seit der Römerzeit auch nördlich der Alpen weit verbreitet und oft als Zier- oder Fruchtbaum gepflanzt; heute auch in den USA.

**Wissenswert!** Botanisch gesehen ist eine Walnuss keine Nuss, sondern der verholzende Kern einer Steinfrucht mit fleischiger, grüner Schale. Der essbare Teil ist der ölreiche Samen. Das braunrote, dunkel gemaserte Holz wird zu Furnieren verarbeitet. Der Gewöhnliche Walnussbaum wurde einst von den Römern über die Alpen nach M.-EU gebracht.

Blatt unpaarig gefiedert, insg. 20–40 cm lang

**Ähnlich** **Schwarznuss** *Juglans nigra*, Blätter lang, mit 9–17 Fiedern, unterseits flaumig behaart. Heimat östliches N-Amerika; bei uns gelegentlich in Parks angepflanzt.

## Kaukasische Flügelnuss
*Pterocarya fraxinifolia* · Familie Walnussgewächse

**Auffallend an diesem malerisch wirkenden Baum sind die bis zu 3 cm breiten Früchte, die an Elefantenohren erinnern.** ✿ Apr–Mai

Sommergrün, bis zu 20 m hoch, mit dichter, gewölbter Krone; Stamm kurz, dick, mit kräftigen Hauptästen; oft auch mehrstämmig; Rinde grau, netzartig längsrissig; Winterknospen groß, rost- oder zimtbraun. **Blätter** wechselständig, unpaarig gefiedert (Endfieder fehlt mitunter), 20–45 cm lang, 7–27 Fiedern, jeweils 5–12 cm lang, ungestielt, gezähnt, zugespitzt, oberseits dunkelgrün und kahl, unterseits entlang der Mittelrippe mit Sternhaaren besetzt; im Herbst goldgelb. **Blüten** einhäusig verteilt; Blütenstände mit dem Laub erscheinend; ♂ Kätzchen gelblich, 8–12 cm lang; ♀ Kätzchen bis zu 15 cm lang, grünlich, zur Fruchtzeit auf ca. 50 cm verlängert.

**Vorkommen** Auf nährstoffreichen Lockerböden in Bergwäldern. Vom Kaukasus bis zum nördl. Iran; in M.-EU in wintermilden Gegenden als Park- oder Straßenbaum gepflanzt, empfindlich gegen Spätfröste.

**Wissenswert!** Die K. F. ist anhand ihrer Flügelnüsse (Name!), die in großer Zahl an den beträchtlich verlängerten Kätzchenachsen sitzen, unverkennbar. Im Unterschied zu den Steinfrüchten des Walnussbaums stellen ihre Früchte tatsächlich Nüsse dar, da der einzelne Samen von einer gänzlich verholzten Schale umgeben ist.

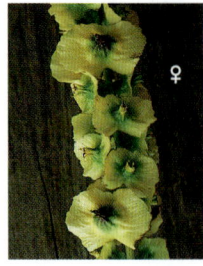

**Gewöhnlicher Walnussbaum** Die grüne Schale platzt noch am Baum.

**Kaukasische Flügelnuss**

# Eberesche, Vogelbeere
*Sorbus aucuparia · Familie Rosengewächse*

**Die kugeligen, bis zu 8 mm dicken Apfelfrüchte locken viele Vögel an und sind trotz ihres leicht bitteren Geschmacks gekocht essbar.** ✤ Mai–Jun

15–20 m hoch, sommergrün; mit unregelmäßiger, überwiegend offener, rundlicher oder ovaler Krone; Rinde zunächst graubraun, später mit prägnantem Leistenmuster aus Korkwarzen (Lentizellen), an alten Bäumen schuppig gefeldert.  **Blätter** wechselständig, lang gestielt, unpaarig gefiedert, gesamte Spreite bis zu 20 cm lang und 11 cm breit; 9–17 Fiederblättchen, diese bis zu 6 cm lang und 2 cm breit, nur im unteren Viertel ganzrandig, zur Spitze hin scharf gezähnt, oberseits fast kahl, unterseits dicht behaart oder kahl; Blattspindel zwischen den Fiedern rinnig eingetieft; Laubfärbung im Herbst tief orangefarben bis blutrot. **Blüten** rund 1 cm breit, zahlreich in flachen Schirmrispen beieinander stehend; Kronblätter cremeweiß, zahlreiche Staubblätter; schwach nach Fisch riechend; Nachblüte gelegentlich im Spätsommer. **Früchte** korallenrot.

**Vorkommen** Auf nährstoffreichen, frischen, sauren bis mäßig basischen Lehm- und Steinböden; lichtliebendes Gehölz. Von N-Spanien bis zum Kaukasus weit verbreitet, fehlt in S-EU; in D vom Tiefland bis in die Alpen, dort bis in etwa 2000 m Höhe; häufig als Ziergehölz in Parks und Gärten oder als Straßenbaum gepflanzt, zur Blütezeit und im Fruchtschmuck gleichermaßen dekorativ.

**Wissenswert!** Die kleinen, meist mehrsamigen Früchte sind keine echten Beeren, sondern ähnlich wie Äpfel aus Achsengewebe entstanden. Sie erfreuen sich bei Singvögeln großer Beliebtheit, insbesondere bei Drosseln, Staren, Finken und sogar Rotkehlchen. Daher rührt der alte Name Vogelbeere. Doch auch verschiedene Kleinsäuger, wie z. B. Bilche und Eichhörnchen, verzehren die leuchtend roten Früchte gern. Als Wildobst sind sie jedoch nur bedingt geeignet, da sie in der Regel unangenehm schmeckende Gerbstoffe enthalten. Innerhalb der formenreichen Art gibt es jedoch die so genannte **Mährische Eberesche**, eine Sorte, deren Früchte weitgehend gerbstofffrei sind und sich zudem durch einen hohen Vitamingehalt auszeichnen. Diese Form wurde zu Beginn des 19. Jahrhunderts bei Spornau/Mähren von einem Hirten entdeckt. Er beobachtete, dass die Vögel von den Früchten eines bestimmten Baums besonders frühzeitig naschten, und fand beim Kosten, dass diese Beeren im Unterschied zu den meisten anderen Vogelbeeren überhaupt nicht herb schmeckten. Nachzuchten jener Lokalform sind heute überall im Anbau, vor allem in Gebirgslagen, die sich klimatisch für anderen Obstbau nicht eignen.

Vogelbeerbäume werden zumindest im Gebirge bis zu 150 Jahre alt. Das dauerhafte, schwer spaltbare Holz verwendet man heute gern für Schäl- und Messerfurniere in der Möbeltischlerei. Früher diente die Holzkohle daraus zur Herstellung von Sprengpulver.

Von dem wissenschaftlichen Gattungsnamen *Sorbus* leitet sich die Substanzbezeichnung Sorbit bzw. Sorbitol ab, ein zuckerähnlicher Stoff, der in allen Teilen der Pflanze enthalten ist. Man verwendet ihn u. a. zur Kariesvorsorge in Süßwaren.

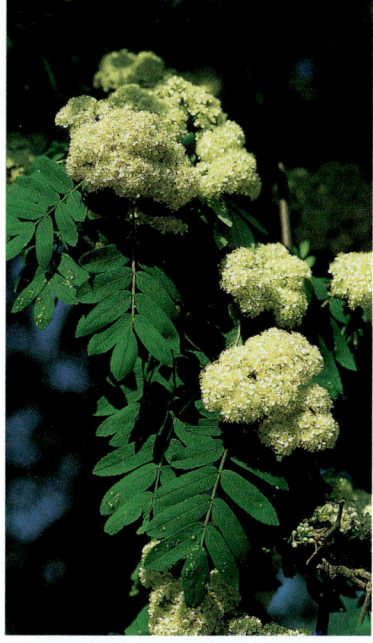

**Eberesche, Vogelbeere**   oben rechts: Blüten, unten: Herbstfärbung

## Schnurbaum

*Sophora japonica* · Familie Schmetterlingsblütengewächse

**Wie Perlenschnüre hängen die zwischen den Samen deutlich eingeschnürten, sehr giftigen Hülsenfrüchte an den dornenlosen Zweigen.** ✿ Aug–Sep

Sommergrün, bis zu 25 m hoch, mit breiter, runder, mitunter mehrteiliger Krone; Rinde dunkel graubraun, später gerunzelt, breit gefurcht. **Blätter** wechselständig, lang gestielt, unpaarig gefiedert, die 7–17 Fiedern oval, ganzrandig; oberseits matt dunkelgrün, unterseits bläulich und fein behaart; treiben erst spät aus, werfen Nebenblätter frühzeitig ab. **Blüten** in bis zu 25 cm langen aufrechten Rispen (Mehrfachtrauben); Einzelblüten mit grünlich weißem Kelch und gelblich weißer Krone. **Früchte** (Hülsen) 5–8 cm lang, springen nicht auf. Giftig.

**Vorkommen** In Bergwäldern auf lockerem, mäßig nährstoffreichem, wasserdurchlässigem Boden. Ursprünglich SW-Asien; vielfach als dekorativer Straßen- und Parkbaum angepflanzt.

**Wissenswert!** Wegen seiner Unempfindlichkeit gegen längere sommerliche Trockenheit pflanzt man den S. in Frankreich und England gern in städtischen Alleen an. In D sieht man die auch Pagodenbaum genannte Art meist nur in Parks. In der Traditionellen Chinesischen Medizin werden die Blüten, Rinde und Samen verwendet.

Blattlänge bis 25 cm

Früchte und Blüten

## Amerikanisches Gelbholz

*Cladrastis lutea* · Familie Schmetterlingsblütengewächse

**Dieser Baum fällt durch die bis zu 30 cm langen, unpaarig gefiederten Blätter auf, zwischen denen die bis zu 10 cm langen, eingeschnürten Hülsenfrüchte hängen.** ✿ Mai–Jun

Sommergrün, bis zu 15 m hoch, mit rundlicher Krone; Rinde glatt, grau. **Blätter** wechselständig, bis zu 30 cm lang, die 7–11 Fiederblättchen kurz gestielt, bis zu 6 cm lang, ganzrandig, versetzt an der Hauptrippe stehend; Herbstfärbung leuchtend gelb. **Blüten** zahlreich in 25–30 cm langen, hängenden Trauben, weiß, seltener rötlich, angenehm duftend.

**Vorkommen** Auf kalkhaltigem, frischem, tiefgründigem Boden; verträgt Schatten. Ursprünglich nur im östlichen Teil von N-Amerika; in EU zunehmend als Straßen- und Parkbaum angepflanzt.

**Wissenswert!** Der ausgesprochen dekorative Baum blüht auch in seinem Ursprungsgebiet nur unregelmäßig alle 3–5 Jahre. Aus seinem gelblichen Holz gewinnt man einen Textilfarbstoff.

**Ähnlich** Mimose oder Silber-Akazie *Acacia dealbata* Mimosengewächse, immergrüner, bis zu 12 m hoher Baum mit breiter Krone; Blätter mehrfach gefiedert: 10–12 Paar Fiedern aus 30–40 Paar 3–4 mm lange Fiederchen, bläulich grün; Einzelblüten klein, hellgelb, zahlreich in großen Rispen; ursprünglich SW-Australien und Tasmanien, im Mittelmeergebiet häufiges Ziergehölz.

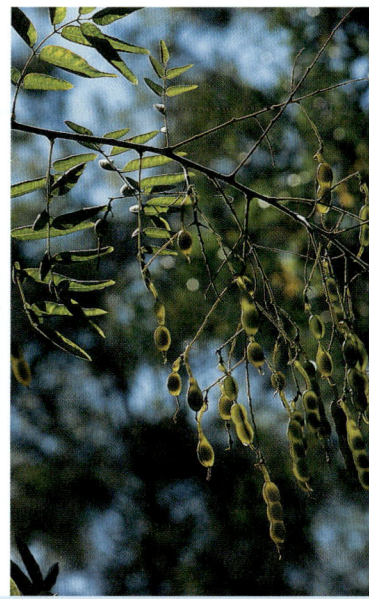

**Schnurbaum**   links: blühend, rechts: Früchte

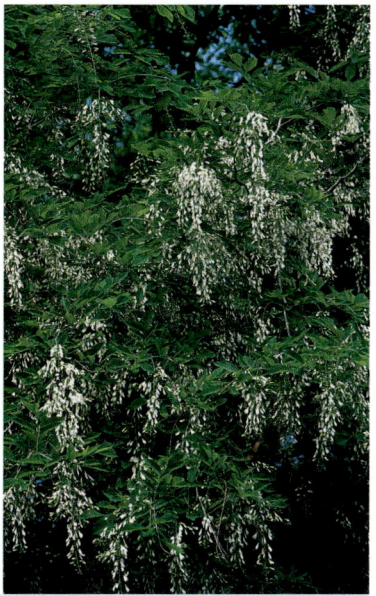

Amerikanisches Gelbholz

# Robinie

*Robinia pseudoacacia* · Familie Schmetterlingsblütengewächse

**Die reinweißen Schmetterlingsblüten mit dem gelblichen Kelch bilden auffallend weiße, bis zu 15 cm lange Trauben, aus denen sich lange Hülsenfrüchte entwickeln.** ✿ Mai

Sommergrün, bis zu 25 m hoch, mit offener, lichter, unregelmäßiger oder einseitig schiefer Krone; Stamm oft schon bald in große Hauptäste geteilt; Rinde anfangs glatt und bräunlich, später tiefrissig, wulstig und mit gewundenen Längsfurchen. **Blätter** wechselständig, rund 3 cm lang gestielt, Spreite bis zu 25 cm lang und 10 cm breit, unpaarig gefiedert; die 11–17 Fiederblätter etwa 3 cm lang, kurz gestielt, oval, ganzrandig, oberseits matt- bis frischgrün, unterseits hell graugrün, kahl; Nebenblätter gewöhnlich zu langen, spitzen Dornen umgebildet. Der Austrieb erfolgt erst im späten Frühjahr, dafür tritt auch das Umfärben (nach Gelb) und der herbstlichen Laubfall entsprechend spät ein. **Blüten** zahlreich in hängenden Trauben; Einzelblüte bis zu 2 cm groß; duften angenehm. **Früchte** 5–10 cm lange Hülsen, ledrig, hell- oder dunkelbraun, flach, zwischen den Samen leicht eingeschnürt; bleiben lange an den Zweigen. Giftig.
**Vorkommen** Vorzugsweise auf nährstoffreichen, lockeren, tiefgründigen Böden. Ursprünglich im östlichen N-Amerika (Neuengland-Staaten bis Georgia); in vielen Teilen EU und der übrigen Welt eingebürgert und oft als Parkgehölz oder Straßenbaum gepflanzt.
**Wissenswert!** Englische Kolonisten entdeckten die Art 1607 im Gebiet des heutigen Jamestown/Virginia. Der Hofgärtner Ludwigs XIII., Jean Robin, brachte ihn um 1640 nach Frankreich. Ihm zu Ehren nannte Linné 1753 die Gattung *Robinia*.
Die dekorativen, nektarreichen Blüten sind eine äußerst reiche Bienentracht und ergeben einen sehr hellen Honig. Die hübschen, den echten Akazien ähnlichen Blätter senken sich in der Dunkelheit herunter und legen außerdem ihre Fiedern zusammen. Dieses Merkmal teilen sie mit vielen krautigen Vertretern ihrer Familie. Alle Teile des Baums, insbesondere aber die Samen, sind durch Alkaloide giftig, vor allem für Pferde. Das feste, widerstandsfähige Holz verwendeten die ersten Siedler in N-Amerika gern zum Hausbau. Später fertigte man daraus vor allem Werkzeuggriffe und Sportgeräte (Speerschäfte, Barrenholme, Ruder, Kletterwände), aber auch Treppenstufen und Bodenbeläge.
Heute sind von der R. mehrere Gartenformen bekannt, darunter auch gelblaubige und solche mit ungefiederten Blättern. Als Straßenbaum besonders beliebt ist eine sterile Form mit dichter, rundlicher Krone, die man gärtnerisch als „Kugelakazie" bezeichnet. Die Wildform wird häufig auf Schutt- und Rohböden angepflanzt, da sie nicht nur einen wirksamen Erosionsschutz bietet, sondern mit ihren Wurzelknöllchen erheblich zur Bodenverbesserung beiträgt. Die Wurzelknöllchen sind Sonderbildungen der Wurzeln, die unter dem Einfluss bestimmter Bodenbakterien entstehen. Die Bakterien dringen in die Wurzelwucherungen ein und leben hier von ihrer Wirtspflanze, versorgen sie im Gegenzug jedoch mit wertvollen düngenden Stickstoffverbindungen.

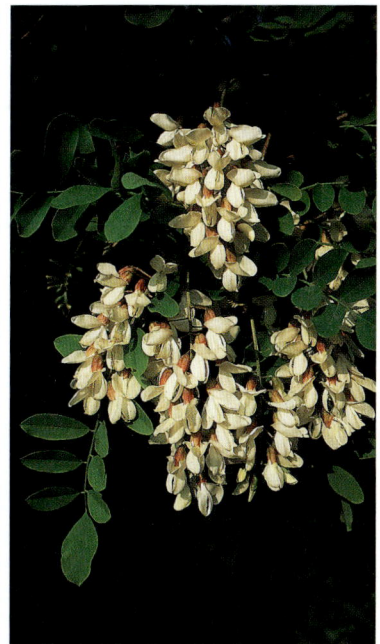

Samen leicht eingeschnürt

**Robinie**  unten: Früchte

## Gleditschie
*Gleditsia triacanthos* · Familie Johannisbrotgewächse

**Die Rinde an Stamm und Zweigen ist mitunter mit auffallenden Büscheln langer, starrer, verzweigter Dornen besetzt, die Blüten hängen in Trauben.**
✿ Jun–Jul

Sommergrün, bis zu 40 m hoch, mit schlanker, lichter Krone; Äste relativ dünn; Rinde dunkel graubraun, anfangs glatt, später borkig in größere Platten gefeldert. **Blätter** wechselständig, einfach oder doppelt gefiedert mit 20–30 bzw. 8–14 Fiedern, diese je 2 cm lang, oval, vorne leicht kerbig gesägt, kahl, glänzend frischgrün. **Blüten** in grünlich gelben, hängenden Trauben; ♂ Blüten gelblich; ♀ Blüten unscheinbar. **Früchte** (Hülsen) bis zu 40 cm lang und 3 cm breit, ledrig, dunkelbraun, leicht schraubig gedreht.
**Vorkommen** Auf feuchten, lockeren, nährstoffreichen Schwemmlandböden an Flussufern. Stammt aus dem zentralen N-Amerika (Ontario bis Texas); in EU häufig in einer dornenlosen Gartenform in großen Parks oder als Straßenbaum angepflanzt.
**Wissenswert!** Die stattlichen Früchte, nach denen diese Art auch Lederhülsenbaum heißt, enthalten ein süßlich schmeckendes Mark, das im Ursprungsgebiet des Baums gern vom Vieh und von Kleintieren verzehrt wird. Aus den großen Samen fertigte man zeitweilig Perlenketten.

Blätter mit paarigen Fiedern

Blütenstand

## Johannisbrotbaum
*Ceratonia siliqua* · Familie Johannisbrotgewächse

**Die direkt am Stamm entspringenden, in kätzchenartigen Trauben stehenden Blüten fallen an diesem meist zweihäusigen, immergrünen Baum ins Auge.**
✿ Aug–Okt

Immergrün, bis zu 10 m hoch, mit dichter, rundlicher Krone auf kurzem, dickem Stamm; Rinde anfangs glatt, später borkig längsrissig. **Blätter** wechselständig, paarig gefiedert mit 6–8 ovalen Fiederblättern, derb, oberseits glänzend dunkelgrün, unterseits graugrün. **Blüten** klein und unscheinbar, ohne Kronblätter. **Früchte** (Hülsen) bis zu 20 cm lang, sichelförmig.
**Vorkommen** Auf kalkreichen, trockenen, flachgründigen, lockeren Steinböden. Ursprünglich im östlichen Mittelmeergebiet; heute im gesamten Mittelmeerraum häufig angepflanzt und zusammen mit Mandel- und Ölbäumen oder Pistazien in Sorten kultiviert, in Hausgärten als Schattenspender beliebt.
**Wissenswert!** Die schokoladenbraunen Hülsen enthalten ein essbares, angenehm süß schmeckendes, fettarmes und an Kohlenhydraten reiches Fruchtfleisch, aus dem man für diätetische Zwecke einen Schokoladenersatz herstellt. Der Saft wird auch ausgepresst und zu einem alkoholischen Getränk vergoren, die unreif geernteten Früchte werden als Viehfutter verwendet.

Die glänzend braunen, einheitlich großen und fast alle genau 0,18 g schweren Samen wurden früher als Juwelen- und Goldgewicht genutzt. In Notzeiten hat man aus den Samen Kaffee-Ersatz hergestellt. Gemahlen dienen sie heute als Bindemittel für Süßwaren (Johannisbrotkernmehl).

Früchte schraubig gedreht

Gleditschie

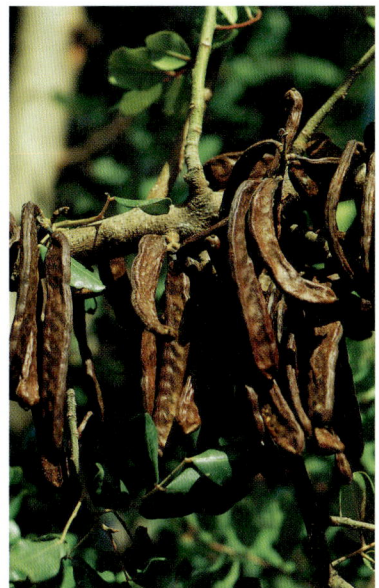

Johannisbrotbaum   rechts: Hülsenfrüchte

## Gewöhnlicher Stechginster
*Ulex europaeus* · Familie Schmetterlingsblütengewächse

**Immergrüner, sparriger Strauch mit dunkelgrünen, gerillten, abstehenden Zweigen; alle Zweige enden in spitzen, starren Sprossdornen.** ✿ Feb/Mär–Jul

Meist 0,5–2 m hoch. Laub**blätter** nur an Keimpflanzen, 3-zählig gefiedert, spätere Blätter zu stechenden, festen, aber biegsamen, etwa 1 cm langen Blattdornen umgewandelt. **Blüten** goldgelb, kurz gestielt, angenehm süßlich duftend, bis zu 2 cm lang, zu 1–3 in den Achseln langer Dornen oder winziger Schuppenblätter. **Früchte** ovale, schwarzbraune, holzige Hülsen, bis zu 2 cm lang, dicht behaart, deutlich länger als der Kelch; Fruchtreife Jul–Aug.

**Vorkommen** Bestandsbildend in küstennahen Heidegebieten, auch lichte Laubwälder, Säume, Abhänge, auf wärmeren Sand- und Steinböden. Atlantisches W-EU, von N-Spanien bis zu den Britischen Inseln, in D auf den Nordseeinseln, in S-Skandinavien vermutlich nur eingebürgert; mancherorts als Windschutz, als lebende Weidezäune oder zur Dünenbefestigung angepflanzt.

**Wissenswert!** Die glänzend braunen Samen weisen ein gelbes, fetthaltiges Anhängsel auf (kl. Foto). Ameisen verschleppen die Samen wegen dieser Leckerbissen und verbreiten so die Art. Alle Teile der auch Gaspeldorn genannten Pflanze sind für den Menschen giftig. Früher gewann man aus den Blüten einen gelben Farbstoff zum Färben von Textilien. Die zu Dornen umgewandelten Blätter werden als Fraßschutz gegen größere Tiere gedeutet. Sie halten zwar Schafe und Rinder ab, nicht jedoch Kaninchen, Pferde oder Ziegen.

## Kleiner Stechginster
*Ulex minor* · Fam. Schmetterlingsblütengew.

**Sommergrüner, mäßig verzweigter Strauch mit stark bedornten, starren Ästen.** ✿ Jul–Okt

Etwa 30–80 cm hoch; Zweige braunrot behaart, mit Längsrillen; fast alle Seitenzweige als Sprossdornen. **Blätter** als spitze, biegsame, wenig stechende, 1–1,5 cm lange Blattdornen. **Blüten** hell- bis zitronengelb, um 11 mm lang, zu 1–2 in den Achseln der Blattdornen, Blütenstiel und Kelch behaart, Flügel gerade, so lang wie das Schiffchen. **Früchte** 7–8 mm lange Hülsen, behaart, etwas kürzer als der Kelch, meist 4-samig; Fruchtreife erst ab Mär des folgenden Jahres.

**Vorkommen** Küstenfelsen, küstennahe Heiden, Trockengebüsche, Brachen, Wegsäume. Westl. Mittelmeergebiet, Iberische Halbinsel, W-Frankreich, Kanalinseln und westl. Britische Inseln; selten angepflanzt.

## Gallischer Stechginster
*Ulex gallii* · Fam. Schmetterlingsblütengew.

**Sommergrüner, sehr ästiger, aufrechter, dicht dorniger Strauch mit dunkelgrünen, starren Zweigen.** ✿ Aug–Dez

Nur etwa 0,5–1 m hoch; Sprossdornen bis zu 4 cm lang, gebogen, gerillt oder nur leicht gestreift. **Blätter** alle in biegsame, dicht stehende Blattdornen umgewandelt. **Blüten** orangegelb, um 1,2 cm lang, Flügel gebogen, etwas länger als das Schiffchen. Hülsen**früchte** behaart, gewöhnlich 6-samig; Fruchtreife im folgenden Frühjahr.

**Vorkommen** Mäßig trockene Heiden, Abhänge, Küstenfelsen, Wegsäume; nur auf sauren Böden. Nur NW-EU, mittleres Frankreich, Kanalküste östlich bis Belgien.

Gewöhnlicher Stechginster

Kleiner Stechginster

Gallischer Stechginster

## Purpur-Zwergginster
*Chamaecytisus purpureus* · F. Schmetterl.blg.

**Sommergrüner, kleiner Strauch mit unterirdisch kriechenden Sprossen.** ✱ Mai–Jun

Etwa 30–60 cm hoch; Triebe kantig längsstreifig; Zweige graugrün. **Blätter** wechselständig, gestielt, 3-zählig gefiedert, Fiedern elliptisch, dunkelgrün, bis zu 2 cm lang. **Blüten** bis zu 2,5 cm lang, Krone purpurrot, Fahne in der Mitte dunkler; zu 1–3 in Blattachseln an vorjähr. Trieben. Hülsen**früchte** schmal; ab Aug.
**Vorkommen** Zwergstrauchbestände, Heiden, magere Offenfluren, Felshänge, Kiefernwälder. S- und SO-Alpen, Balkan, häufig in Gärten als Zierstrauch angepflanzt.
**Wissenswert!** Gärtnerisch wird diese dekorative Art auch Purpur-Geißklee, Purpur- oder Rosenginster genannt, manchmal der Gattung *Cytisus* zugeordnet.

## Kopf-Zwergginster
*Chamaecytisus supinus* · F. Schmetterl.blg.

**Sommergrüner, dornenloser, breiter Strauch mit aufsteigenden Ästen und aufrechten Zweigen.** ✱ Mai–Jul/Aug

Höchstens 15–50 cm hoch; Triebe rund, zottig weißlich behaart. **Blätter** wechselständig, gestielt, 3-zählig gefiedert, Fiedern bis zu 4 cm lang, meist beidseits dicht abstehend behaart. **Blüten** hell- bis sattgelb, groß, bis zu 1,5 cm lang, Fahne mit braunrotem Fleck, zu 2–8 in kopfigen Trauben an Zweigenden oder zu 1–2 in den Blattachseln. **Früchte** dicht behaarte Hülsen; ab Aug.
**Vorkommen** Offene, felsige Hänge, Brachen, Ufergebüsche, lichte Wälder, Magerweiden, meist auf trockenem, kalkhaltigem, lehmigem Boden. S-EU und südliches M.-EU, in D nur im Donauraum; oft als Ziergehölz gepflanzt, verwildert aber kaum.

Frucht (= Hülse) bis 3,5 cm lang

## Regensburger Zwergginster
*Chamaecytisus ratisbonensis* · Fam. Schm.

**Sommergrüner, unbedornter kleiner Strauch mit liegenden oder aufgerichteten, rundlichen Ästen.** ✱ Apr–Jun

Bis zu 50 cm hoch; junge Triebe anliegend grauhaarig. **Blätter** wechselständig, lang gestielt, 3-zählig gefiedert, Fiedern 1–2 cm lang, unterseits dicht behaart. **Blüten** hellgelb, Fahne mit bräunlichem Fleck, länger als Schiffchen und Flügel, einzeln oder in Büscheln; mitunter eine zweite Blühphase Sep–Okt. Hülsen**früchte** dunkelbraun, dicht behaart; ab Aug.
**Vorkommen** Trockenwarme Gebüsche und Wälder, Trockenrasen, Bahndämme und Steinbrüche; Zeigerpflanze für nährstoffarme, magere Böden. Südliches M.- und SO-EU bis Ural; in D nur in Bayern außerhalb der Alpen; selten auch als Ziergehölz (Name: Seidenhaar-Geißklee) gepflanzt.

Blüte ▽
Hülse △

## Blattstielloser Zwergginster
*Chamaecytisus sessilifolius* · Fam. Schm.

**Sommergrüner, dicht buschig verzweigter Strauch mit stark kantigen, grünen, kahlen Zweigen.** ✱ Apr–Jun

Nur etwa 0,3–1,2 m hoch. **Blätter** wechselständig, sehr kurz gestielt oder sitzend, Fiedern bis zu 2 cm lang, rundlich oval, mit kurzer Stachelspitze, beim Vertrocknen grün bleibend. **Blüten** gelb, um 1 cm lang, Schiffchen etwas kürzer als die Fahne, aufwärts gekrümmt; zu 2–8 am Ende der Jahrestriebe. **Früchte** schmal sichelförmige Hülsen, braungrau; ab Aug.
**Vorkommen** Trockene, sonnige Gebüsche, lichte Laubwälder, felsige Abhänge und Säume. Westl. Mittelmeergebiet von Spanien bis Italien, dort oft als Ziergehölz verwendet, in D nicht genügend winterfest.
**Wissenswert!** Diese Art wird auch Italienischer Geißklee genannt.

Blätter 3-zählig gefiedert

Purpur-Zwergginster

Kopf-Zwergginster

Regensburger Zwergginster

Blattstielloser Zwergginster

## Strahlen-Ginster, Kugel-Ginster

*Genista radiata* · Familie Schmetterlingsblütengewächse

**Sommergrüner, breitbuschiger, dornenloser Strauch mit oft allseits abstehenden, dunkelgrünen Ästen.** ✿ Mai–Jul

Wuchshöhe bis etwa 80 cm; Zweige gegenständig bis quirlig angeordnet. **Blätter** gegenständig (Ausnahme innerhalb der Gattung!), kurz gestielt, 3-zählig gefiedert, Fiedern 0,5–2 cm lang, schmal lanzettlich, spitz, oberseits kahl, unterseits seidig behaart, bisweilen frühzeitig abfallend. **Blüten** kräftig gelb, bis zu 1,5 cm lang, zu 2–15 in kopfig verdichteten, endständigen Trauben, Kelch becherförmig, behaart, Kronblätter außenseits nur spärlich behaart. **Früchte** 1–1,5 cm lange, behaarte Hülsen, ab Aug.
**Vorkommen** Lichte Laub- und Nadelwälder, Waldsäume, Gebüsche, trockenwarme, steinige Hänge und Trockenwiesen, meist auf Kalk. Südwest- und südosteuropäische Gebirge, vom südlichen Frankreich bis zum Peloponnes; außerhalb seines natürlichen Areals häufig als Zierstrauch angepflanzt.
**Wissenswert!** Die Art wird wegen der grünen, oft frühzeitig kahlen Äste auch Ruten-Ginster genannt und aufgrund der abweichenden gegenständigen Beblätterung gelegentlich in eine eigene Gattung gestellt.

> **Ähnlich** Salzmanns Ginster *Genista salzmannii*: 30–70 cm hoch, allseits dicht verzweigt, Hauptäste enden in kräftigen, 1–2 cm langen Sprossdornen; Blätter einfach, bis zu 7 mm lang und 3 mm breit; Blüten meist zu 2 in den Blattachseln. Nur im Mittelmeergebiet vorkommend, in Kugelbuschheiden (Garigues) von der Küste bis ins Gebirge.

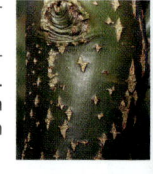

## Stacheliger Dornginster

*Calicotome spinosa* · F. Schmetterlingsblg.

**Sommergrüner, aufrechter, sparrig verzweigter Strauch mit kräftigen, steifen, langen Sprossdornen.** ✿ Mär–Apr.

Dorn

Etwa 1–2 m hoch; Triebe schwach behaart, später kahl; **Blätter** wechselständig, gestielt, 3-zählig gefiedert, Fiedern bis 1,5 cm lang, oval, fallen schon im Frühsommer ab, beim Trocknen schwarz; **Blüten** gelb, 1,5 cm lang, zu 1–4 in den Blattachseln, Kelch zur Blütezeit ohne Zähne; **Hülsenfrüchte** bis zu 4 cm lang, kahl, reif glänzend schwarz; ab Aug.
**Vorkommen** Strauchdickichte, Macchien, Garigues, Felsgebüsche, Schlagfluren oder Brandflächen. Nur im westlichen Mittelmeergebiet, auch gärtnerisch verwendet.
**Wissenswert** Sehr ähnlich ist der im östl. Mittelmeergebiet vorkommende **Behaarte Dornginster** *C. villosa*: Zweige, Blattunterseiten und Kelche dicht seidig behaart.

## Chin. Blauregen, Glyzinie

*Wisteria sinensis* · Fam. Schmetterlingsblg.

**Sommergrüner, blühend sehr attraktiver Schlingstrauch (Liane) mit bis zu armdicken Stämmen.** ✿ Jul–Aug

Über 10 m hoch. **Blätter** bis zu 30 cm lang, gefiedert. **Blüten** hellblau bis blauviolett, 1–2 cm lang, duften angenehm. **Hülsenfrüchte** derb; Fruchtreife Jul–Aug. Giftig.
**Vorkommen** Auenwälder, Ufergebüsche. Stammt aus O-Asien (China); häufig in Sorten gepflanzt (Pergola).

> **Ähnlich** Der **Japanische Blauregen** *W. floribunda*, ebenfalls als Fassadenschmuck gepflanzt, ist im Gegensatz zur Glyzinie rechtswindend; Blattstiele behaart, Trauben bis zu 50 cm lange, blühen allmählich zur Spitze hin auf; Blattfiedern sind undeutlich zugespitzt.

Strahlen-Ginster, Kugel-Ginster

Äste grün

Stacheliger Dornginster

Chinesischer Blauregen, Glyzinie

## Besenginster
*Cytisus scoparius* · Familie Schmetterlingsblütengewächse

**Sommergrüner, reichästiger Strauch mit kantigen, dunkelgrünen, rutenförmigen Zweigen.** ✶ Mai–Jul

Etwa 1–2 m hoch; Triebe leicht seidig behaart, später kahl. **Blätter** wechselständig oder in Kurztriebbüscheln, 3-zählig gefiedert, Fiedern etwa 1 cm lang, oval-lanzettlich, anliegend behaart, fallen frühzeitig ab, nur an den oberen Langtrieben auch länger bleibend. **Blüten** lang gestielt, goldgelb, bis zu 2,5 cm lang, einzeln oder zu 2 in den Blattachseln in traubigem Blütenstand. Hülsen**früchte** bis zu 5 cm lang, abgeflacht, reif schwarz; Fruchtreife ab Jul.
**Vorkommen** Wegränder, Böschungen, Waldsäume, Steinbrüche; fehlt auf Kalkuntergrund; zuverlässiger Anzeiger für mäßig sauren Boden. In W- und M.-EU weit verbreitet, von der Iberischen Halbinsel bis zum Balkan, in D v. a. in den atlantisch beeinflussten westlichen Landesteilen; in vielen als „Edelginster" bezeichneten Gartensorten mit lachsfarbenen, karminroten oder elfenbeinweißen Blüten angepflanzt.
**Wissenswert!** Der B. friert in strengen Wintern stark zurück und regeneriert sich dann aus Sämlingen. Die rutenförmigen Zweige verwendete man früher zum Besenbinden. Die Staubblätter sind uhrfederartig zusammengerollt. Drückt ein landendes Insekt das Schiffchen herab, springen sie aus der Blüte hervor und verteilen ihren Pollen über das Insekt.

 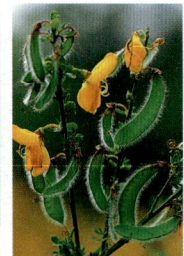

## Schwarzwerdender Geißklee
*Cytisus nigricans* · Fam. Schmetterlingsblg.

**Sommergrüner, unbedornter Strauch; Äste kurz und verdickt mit aufrechten rutenförmigen Zweigen.** ✶ Jun–Aug

Etwa 0,3 –1 m hoch.
**Blätter** wechselständig, 3-zählig gefiedert, Fiedern bis zu 3 cm lang, behaart.
**Blüten** goldgelb, etwa 1 cm lang, Fahne, Flügel und Schiffchen gleich lang, angenehmer Duft, zahlreich in bis zu 30 cm langen, endständigen, aufrechten Trauben. **Früchte** (Hülsen) gerade, 2–3 cm lang, dicht anliegend behaart; Fruchtreife ab Sep.
**Vorkommen** Lichte Wälder, Wegsäume, Felshänge. Südliches M.- und S-EU, Alpen, in D in den Mittelgebirgen, wird gärtnerisch in verschiedenen Sorten verwendet.
**Wissenswert!** Alle Teile der Pflanze verfärben sich im Herbst (oder beim Trocknen in der Pflanzenpresse) schwärzlich.

## Dornige Hauhechel
*Ononis spinosa* · Fam. Schmetterlingsblg.

**Sommergrüner, kleiner Strauch mit ziemlich lang und spitz bedornten Ästen.** ✶ Jun–Aug

Formenreich, nur etwa 20–60 cm hoch; Zweige im mittleren Teil meist 2-reihig, weiter oben allseitig behaart, rötlich braun. **Blätter** wechselständig, kurz gestielt oder sitzend, 3-zählig gefiedert, im oberen Stängelbereich auch einfach, Fiedern bis zu 3 cm lang, vorn rundlich oder spitz, gezähnt. **Blüten** kurz gestielt, bis zu 1,5 cm breit, zu 1–3 an verdornten Kurztrieben, Kronen rosarot, Fahne dunkler geadert, Schiffchen sichelförmig aufgebogen. **Früchte** (Hülsen) 1 cm lang, ab Aug.
**Vorkommen** Magerwiesen, Halbtrockenrasen, extensiv genutzte Weiden, Wegränder. In EU v. a. in den Mittelgebirgen weit verbreitet, aber regional nur vereinzelt auftretend; ferner N-Afrika und W-Asien.

Besenginster

Schwarzwerdender Geißklee

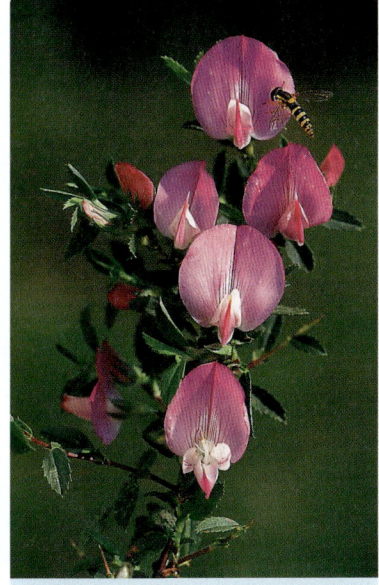
Dornige Hauhechel

## Strauch-Kronwicke
*Coronilla emerus* · F. Schmetterlingsblg.

**Sommergrüner, dornenloser, reichästiger, aufrechter Strauch; Blüten blassgelb in gestielten Trauben.** ✿ Apr–Jun

Um 0,5–2 m hoch; Triebe leicht behaart, grün, längsstreifig. **Blätter** wechselständig, gestielt, 7- bis 9-zählig unpaarig gefiedert, Fiedern kurz gestielt oder sitzend, bis zu 2 cm lang, stumpf, aber stachelspitzig, graugrün, anfangs anliegend behaart. **Blüten** duften angenehm, etwa 2 cm lang, zu 1–2 in lang gestielten Trauben, in der Knospe nickend, nach dem Aufblühen schräg aufgerichtet. **Frucht** eine bis 10 cm lange, aber nur 3 mm breite Hülse, in einzelne Glieder zerfallend; Fruchtreife ab Aug. In allen Teilen leicht giftig.
**Vorkommen** Lichte Wälder und Gebüsche. S-EU, ferner N-Afrika; in D fast ausschließlich im Oberrheingebiet.

Fruchtstand

## Blasenstrauch
*Colutea arborescens* · F. Schmetterlingsblg.

**Sommergrüner, unbedornter Strauch mit gelben Blüten und aufgetriebenen Hülsen.** ✿ Mai–Aug

Um 1–4 m hoch; Triebe anfangs behaart, später kahl und hohl; Rinde fasert in Längsstreifen von Ästen und Stämmen ab. **Blätter** wechselständig, lang gestielt, 5- bis 11-zählig unpaarig gefiedert, Fiedern bis zu 3,5 cm lang, mit kurzer Stachelspitze. **Blüten** goldgelb, bis zu 2 cm lang, mit dunkelrot gestreifter Fahne, zu wenigen in lang gestielten Trauben. Hülsen**frucht** 5–8 cm lang, reif blasig aufgetrieben mit durchscheinenden Wänden; Fruchtreife ab Jul.
**Vorkommen** Trockene Hänge, Felsfluren, lichte Laubwälder, meist auf trockenen Kalkböden. S-EU und südliches M.-EU, N-Afrika, W-Asien, in D nur im Oberrheingebiet; häufig an Straßenrändern gepflanzt.

## Gewöhnlicher Goldregen
*Laburnum anagyroides* · Fam. Schmetterlg.

**Sommergrüner Strauch oder (mehrstämmiger) Baum mit glatter, grüner, längsstreifiger Rinde.** Mai–Jun

Etwa 3–7 m hoch; junge Triebe auffallend seidig behaart. **Blätter** an Langtrieben wechselständig, an Kurztrieben büschelig, lang gestielt, 3-zählig gefiedert, Fiedern bis zu 8 cm lang, länglich oval, oberseits matt dunkelgrün, unterseits graugrün und anfangs anliegend behaart. **Blüten** hellgelb, bis zu 2 cm groß, zahlreich in hängenden, 10–25 cm langen Trauben. **Früchte** abgeflachte Hülsen, hellbraun, zwischen den Samen eingeschnürt; ab Aug. Alle Teile der Pflanze sind stark giftig!
**Vorkommen** Sonnige Felsen, Eichengebüsche. Von SO-Frankreich über die Südalpen bis zum Balkan; in D nur eingebürgert; häufig in Gärten angepflanzt.

## Alpen-Goldregen
*Laburnum alpinum* · F. Schmetterlingsblg.

**Sommergrüner Strauch mit überhängenden Zweigen; Triebe kahl, Blütentrauben kurz, goldgelb.** ✿ Mai–Jul

1–5 m (in Kultur bis zu 8 m) hoch. **Blätter** 3-zählig gefiedert, Fiedern bis zu 7 cm lang. **Blüten** gestielt, goldgelb, angenehm süßlich duftend, 1,5 cm groß; zahlreich (zu 20–40) in hängenden, schmalen, etwa 30 cm langen Trauben. Hülsen**früchte** bis zu 6 cm lang, hellbraun; ab Aug.
**Vorkommen** Sonnige Hänge, lichte Wälder, Wegränder, auf etwas feuchten Böden.

**Ähnlich** Bastard-Goldregen *Laburnum × watereri*, fruchtbarer Kreuzungsbastard zwischen Gewöhnlichem und dem Alpen-Goldregen. Bildet die Grundlage für die starkwüchsigen, neben den Elternarten häufig verwendeten Gartensorten.

Strauch-Kronwicke

Frucht blasig aufgetrieben
Blasenstrauch

Gewöhnlicher Goldregen

Alpen-Goldregen

## Erbsenstrauch

*Caragana arborescens* · F. Schmetterlingsblg.

**Sommergrüner, ästiger, größerer Strauch mit hellgelben Blütenbüscheln und großen Hülsen.** ✿ Mai–Jun

Fiedern paarig

Etwa 4–6 m hoch; Rinde olivgrün bis braungrau; junge Triebe fein behaart, später kahl. **Blätter** wechselständig, an Kurztrieben büschelig, 8- bis 12-zählig paarig gefiedert, Fiedern 1–2,5 cm lang, elliptisch, mit kurzer Stachelspitze, anfangs beidseitig behaart, später oberseits kahl, gelbgrün; Nebenblätter klein, mitunter verdornt. **Blüten** lang gestielt, hellgelb, zu 1–4 büschelig an den Kurztrieben, bis zu 2,2 cm lang. Hülsen**früchte** bis zu 5 cm lang, wenig behaart; ab Aug. Leicht giftig! **Vorkommen** Waldsäume, lichte Gebüsche. Stammt aus dem nordöstlichen Asien (Sibirien, Mandschurei); häufig in Sorten in Parks oder im Straßenbegleitgrün.

## Bleibusch, Bastardindigo

*Amorpha fruticosa* · F. Schmetterlingsblg.

**Sommergrüner Strauch; robinienähnliche Blätter ohne Nebenblattdornen. Blütenstände groß.** ✿ Jun–Aug

Frucht (Nuss)

Um 1–3 m hoch. **Blätter** wechselständig, lang gestielt, bis zu 30 cm lang, 9- bis 25-zählig unpaarig gefiedert. **Blüten** klein, zahlreich in 7–15 cm langen, endständigen Trauben oder Doppeltrauben, Krone nur aus Fahne bestehend, purpurblau bis blauviolett, gelbe, freistehende Staubbeutel. **Früchte** 7–9 mm lang, gebogen, kahl, ab Aug. **Vorkommen** Lichte Laubwälder, Säume, Prärien, Trockengebüsche. Ursprünglich nur im kontinentalen N-Amerika (Kanada bis Florida und Mexiko), in M.-EU in trockenwarmen Gebieten als Straßenbegleitgehölz angepflanzt, in S-EU stellenweise eingebürgert; in D bisher nur unbeständig verwildert, da recht frostempfindlich.

## Essigbaum, Hirschkolben-Sumach

*Rhus typhina* · Familie Sumachgewächse

**Sommergrüner Strauch oder kleiner Baum, junge Zweige dicht samtig behaart. Blütenstände auffällig.** ✿ Jun–Jul

Um 3–5 m hoch. **Blätter** wechselständig, lang gestielt, 30–60 cm lang, 11- bis 31-zählig unpaarig gefiedert, Fiedern 5–12 cm lang, länglich-lanzettlich, zugespitzt, grob gesägt, anfangs behaart, sattgrün, unterseits hellgrau, im Herbst karmin- bis scharlachrot. **Blüten** klein, unscheinbar, grünlich, zahlreich in aufrechten, endständigen, bis zu 20 cm langen, kolbenartig verdickten Rispen. Stein**früchte** rot behaart, daher intensiv rötlich- oder rostbraun; Fruchtreife ab Sep.

**Vorkommen** Waldsäume, Wegränder, Offenland. Stammt aus dem östl. N-Amerika; in EU häufig gepflanzt; an Bahndämmen, oder auf Schuttplätzen verwildert.
**Wissenswert!** In Europa seit dem 17. Jh. als Ziergehölz gepflanzt, Gartenformen mit unterschiedlichen Fiederblättchen. Beim sehr ähnlichen **Kahlen Sumach** *R. glabra* sind die Triebe unbehaart.

Blätter unpaarig gefiedert

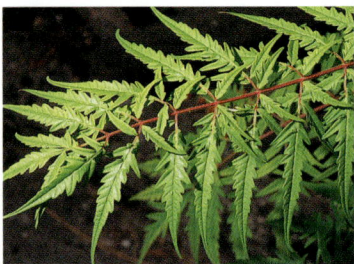

*Manche Gartenformen des Essigbaums weisen farnartig zerschlitzte Blätter auf.*

Erbsenstrauch

Bleibusch, Bastardindigo

Essigbaum, Hirschkolben-Sumach

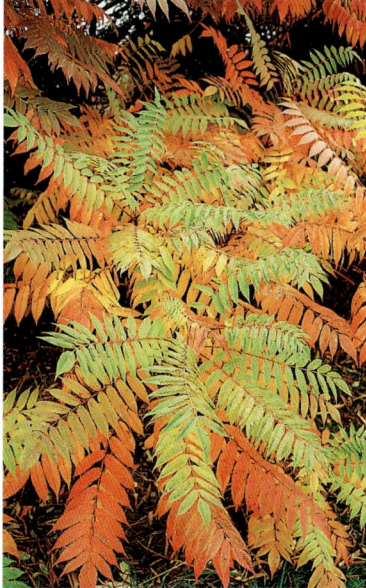
rechts: Herbstfärbung

# Speierling
*Sorbus domestica* · Familie Rosengewächse

**Die bis zu 3 cm langen Früchte, die Äpfeln oder Birnen ähneln, sind essbar und stehen zu mehreren beisammen in flachen bis kegelförmigen Gruppen.**
✯ Mai–Jun

Sommergrün, bis zu 20 m hoch, mit breiter, rundlicher, oft etwas unregelmäßiger und dicht beasteter Krone; Rinde anfangs glatt graubraun, später ähnlich wie an alten Birnbäumen borkig, vielfach zerrissen und in kleine, rechteckige Schuppen gegliedert. **Blätter** wechselständig, lang gestielt, unpaarig gefiedert, gesamte Blattspreite bis zu 25 cm lang und 10 cm breit, mit 13–21 Fiedern, diese bis zu 5 cm lang und 2 cm breit, länglich elliptisch, scharf gezähnt, jedoch im unteren Drittel immer ganzrandig (wichtiger Unterschied zu der sehr ähnlichen Eberesche, ⇨ S. 320!); oberseits frischgrün, kahl, unterseits meist nur auf den Hauptnerven behaart. **Blüten** um 1,5 cm breit, cremeweiß; angenehm duftend. **Früchte** im botanischen Sinn Apfelfrüchte, lang gestielt, gelbgrün oder rotbräunlich, gepunktet, auf der Sonnenseite jeweils stärker gerötet; essbar.
**Vorkommen** Auf mäßig trockenen, meist kalkhaltigen, sommerwarmen, steinigen Lehm- oder Tonböden; Lichtholz, nur in Mischbeständen mit anderen Wärme liebenden Laubholzarten. Von NW-Afrika über die Iberische Halbinsel und den Balkan bis nach Kleinasien weit verbreitet; in D vor allem in Weinbauregionen angepflanzt, dort gelegentlich verwildert.
**Wissenswert!** Die angenehm duftenden, appetitlich gefärbten Früchte des S. ähneln in der Form mal mehr einem kleinen Apfel, mal mehr einer Birne und werden im Volksmund Männlein (Apfelform) und Weiblein (Birnenform) genannt. Erst nach längerer Lagerung werden sie etwas teigig und dann als Obst genießbar. Frisch geerntet schmecken sie dagegen fade und säuerlich.

Die schon im Altertum vor allem im Mittelmeerraum in Kultur genommene Art war über Jahrhunderte hinweg ein wichtiger Obstbaum. Nördlich der Alpen verwendet man den Saft der Früchte noch heute speziell bei der Apfelweinherstellung, entweder direkt oder zur reifenden Nachgärung. Speierlingmost verbessert nicht nur den Geschmack, sondern auch die Haltbarkeit des Apfelweins. Regional, z. B. im Elsass, brennt man aus vergorenem Speierlingmost auch einen Obstschnaps (Sorbette).
1993 und 2008 (Österreich) zum „Baum des Jahres" gewählt, hat der S. nicht nur unter Naturfreunden, sondern auch bei Gartenliebhabern eine neue Wertschätzung erfahren. Als dekoratives Schmuckgehölz wird er heute zunehmend wieder angepflanzt. Die Anzucht der Bäume aus Samen erweist sich jedoch aus bisher unbekannten Gründen als recht schwierig, es kommt immer wieder zu hohen Ausfällen.
Das feste, zähe Holz des S. verwendete man früher gern für Drechslerarbeiten, beispielsweise für die Holzgewinde von Keltern und anderen Pressen. In den Früchten ist wie bei allen übrigen Vertretern der Gattung *Sorbus* die Substanz Parasorbinsäure enthalten. Durch eine geringfügige chemische Umwandlung entsteht daraus Sorbinsäure, ein vielfach verwendeter Konservierungsstoff für Lebensmittel.

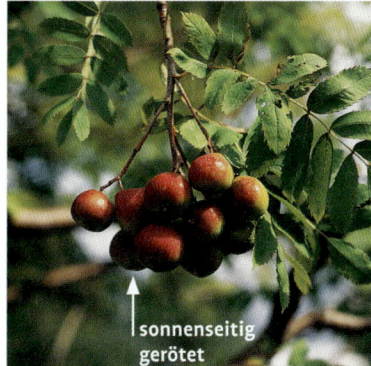

↑ sonnenseitig gerötet

**Speierling** unten rechts: Früchte

## Hecken-Rose, Hunds-Rose
*Rosa canina* · Familie Rosengewächse

**Sommergrüner, im Freistand rundlicher, sonst mit wenig verzweigten Ästen kletternder Wildstrauch mit Ausläufern; Blüten blassrosa oder rötlich, selten weiß.** ✿ Jun–Jul

Etwa 1–3 m hoch; Stacheln der Zweige gleich groß, kräftig, meist nach rückwärts gekrümmt und länger als die Breite ihrer Grundfläche.  **Blätter** gestielt, 8–12 cm lang, 5- bis 7-zählig unpaarig gefiedert, dünn, kurz gestielt, elliptisch, 2–4 cm lang und 2 cm breit, gleichmäßig gesägt, oberseits kräftig grün, matt, unterseits leicht bläulich, kahl oder fein seidig behaart, Nebenblätter schmal. **Blüten** zu 1–3 auf kurzen Stielen in den oberen Blattachseln, 4–6 cm breit, duften schwach. **Früchte** (Hagebutten) bis zu 2,5 cm lang, korallenrot, kahl, essbar (nur ohne die mit Widerhaken besetzten Kerne); Fruchtreife ab Sep.
**Vorkommen** Häufigste heimische Wildrose; Wegränder, Gebüsche, Feldgehölze, Heckenzeilen, Waldränder und Magerweiden; bevorzugt auf tiefgründigen, nährstoffreichen und eventuell auch kalkhaltigen Böden. In M.-EU die mit Abstand häufigste Wildrose, in EU mit Ausnahme des nördlichen Skandinaviens überall anzutreffen, ferner in N-Afrika und W-Asien; häufig angepflanzt.
**Wissenswert!** Bei den Hagebutten handelt es sich botanisch um Sammelscheinfrüchte. Das vitaminreiche Fruchtfleisch entsteht nicht wie üblich aus der Fruchtknotenwand, sondern aus dem verdickten Achsenbecher des Blütenbodens. Die darin eingebetteten behaarten „Kerne" sind in Wirklichkeit kleine Nussfrüchtchen.
Die Art ist außerordentlich formenreich und wird heute in viele Kleinarten gegliedert, die nur schwer unterscheidbar sind. Von der Blüte bis zur Fruchtreife bietet die Art der heimischen Kleintierwelt viel Nahrung und Lebensraum. Auffällig sind auch die filzig verzweigten, bleichgrünen Gallen der Rosengallwespe (Foto unten), die auch an anderen heimischen Wildrosen auftreten.

## Runzel-Rose, Kartoffel-Rose
*Rosa rugosa* · Familie Rosengewächse

**Sommergrüner, sehr reichästiger, dichtlaubiger, dichtstacheliger Zier- und Wildstrauch mit großen Blüten.** ✿ Mai–Aug

Wuchshöhe etwa 1–1,5 m; Zweige dick, dicht bestachelt. **Blätter** gestielt, 5- bis 9-zählig unpaarig gefiedert, Fiedern elliptisch, grob gesägt, derb, runzelig; Nebenblätter breit, gesägt, mit abgespreizten Öhrchen. 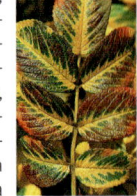 **Blüten** tiefrosa oder purpurrosa, auch reinweiß, bis zu 8 cm breit. **Früchte** (Hagebutten) 2–3 cm groß, kugelig, breiter als hoch, weich, scharlachrot, essbar (ohne Kerne); reif ab Aug.
**Vorkommen** Gebüsche, Wegränder, Dünen. Stammt aus O-Asien; in M.-EU vielfach verwildert o. eingebürgert, v. a. an der Küste.
**Wissenswert!** Wurde um 1850 nach M.-EU eingeführt und ist seither in mehreren Sorten in Gärten und Parks anzutreffen; windfest, daher oft in Schutzpflanzungen verwendet. Für die heimischen Kleintiere besonders wertvolles Gehölz.

Stacheln rückwärts gekrümmt

Hecken-Rose, Hunds-Rose

Runzel-Rose, Kartoffel-Rose

## Acker-Rose
*Rosa agrestis* · Familie Rosengewächse

**Sommergrüne Wildrose mit rutenförmig verlängerten Zweigen, Stacheln zerstreut, aber sehr kräftig.** ✿ Jun

Nur 1–2 m hoch. **Blätter** mit behaartem Blattstiel, 5- bis 7-zählig unpaarig gefiedert, Fiedern 1,5–5 cm lang , elliptisch bis oval, an beiden Enden verschmälert, fein gezähnt, glänzend grün, Mittelrippe unterseits mit hellbraunen bis schwärzlichen Drüsen, die nach dem Zerreiben ein feines Apfelaroma verströmen. **Blüten** einzeln oder zu 2–5, blassrosa bis weiß, 3–4 cm breit. **Früchte** (Hagebutten) bis zu 1,5 cm lang, kugelig oder länglich, ledrig, orangerot; ab Aug.
**Vorkommen** Gebüsche, Ackerränder, Wegsäume; erträgt Halbschatten, benötigt aber Wärme. Von N-Afrika und der Iberischen Halbinsel bis Irland, in D vor allem in den Kalkgebieten, aber nicht häufig.

## Feld-Rose
*Rosa arvensis* · Familie Rosengewächse

**Sommergrüne, kletternde Wildrose mit bogig überhängenden Trieben und glänzenden, kahlen Blättern.** ✿ Jun–Jul

Etwa 0,5–2 m hoch. **Blätter** unpaarig gefiedert, mit 5–7 elliptischen Fiedern, oberseits frisch grün, unterseits matt und heller, einfach bis doppelt gesägt. **Blüten** lang gestielt mit kahlen Blütenstielen, 3–5 cm breit, ohne besonderen Duft, immer reinweiß, Kronblätter flach ausgebreitet, Kelchblätter zurückgeschlagen, fallen bald nach der Blüte ab. **Früchte** (Hagebutten) kugelig oval, bis zu 2 cm lang, hellrot; Fruchtreife ab Sep.
**Vorkommen** Unterwuchs naturnaher Laubwälder, Waldsäume, Gebüsche, Wegränder, auf tiefgründigen Lehm- und Kalkböden. S-, W- und M.-EU, von Spanien bis zum Balkan, im Gebirge bis in etwa 1500 m Höhe; selten als Ziergehölz.

## Essig-Rose
*Rosa gallica* · Familie Rosengewächse

**Sommergrüne (auch wintergrüne), kleinere, aufrechte Wildrose mit bogig überhängenden Ästen.** ✿ Jun–Jul

Nur 0,5–1 m hoch; Zweig grün; bildet weit reichende Ausläufer; Stacheln ungleich groß, oft gerade. **Blätter** 3- bis 5-zählig unpaarig gefiedert, Fiedern derb, rundlich elliptisch, oberseits glänzend. **Blüten** einzeln auf drüsigen Stielen, bis zu 6 cm breit, hellrot bis dunkelpurpurn, duften angenehm, Kelchblätter stark gefiedert. **Früchte** (Hagebutten) kugelig-birnförmig, ziegel- bis braunrot, vor der Reife borstig; Fruchtreife ab Sep.
**Vorkommen** Gebüsche, lichte Wälder, Säume von Mager- und Trockenrasen. M.- und S-EU, Kleinasien, in den Alpen bis 1500 m, in D vor allem südlich des Mains. **RL**
**Wissenswert!** Wichtige Stammform vieler kultivierter Gartenrosenzüchtungen.

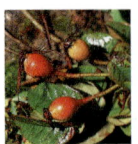

## Hecht-Rose
*Rosa glauca* · Familie Rosengewächse

**Aufrechte, sommergrüne Wildrose mit rötlich-grünen bis hechtblau bereiften Trieben, wenig bestachelt.** ✿ Jun–Jul

Etwa 1–3 m hoch; meist nur an der Basis der Langtriebe bestachelt. **Blätter** 7–12 cm lang, (5-) 7- bis 9-zählig unpaarig gefiedert, Fiedern elliptisch, gezähnt, bis zu 4,5 cm lang, kahl, bläulich grün, nicht selten purpurrot überlaufen. **Blüten** bis zu 3,5 cm breit, karminrosa, zum Zentrum weißlich, schwacher Duft, Kronblätter 1,5 cm lang, kürzer als die vorwiegend ungefiederten Kelchblätter. **Früchte** (Hagebutten) länglich kugelig, tief orange- bis scharlachrot; reif ab Sep.
**Vorkommen** Gebüsche, Schutt- und Geröllfluren. Gebirge in M.- und S-EU, von den Pyrenäen, Alpen und Karpaten bis zum Balkan (Albanien), auch Jura und Vogesen; häufig als Zierstrauch verwendet. **RL**

Acker-Rose

Feld-Rose

Essig-Rose

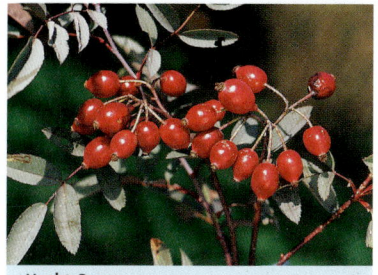
Hecht-Rose

## Bibernell-Rose, Dünen-Rose
*Rosa pimpinellifolia* · Familie Rosengewächse

**Sommergrüne, kleinstrauchige, aber großblütige Wildrose mit Ausläufern; Zweige dicht mit geraden Stacheln und Stachelborsten.** ✿ Mai–Jun

Wuchshöhe nur um 50 cm. **Blätter** gestielt, 4–6 cm lang, unpaarig gefiedert, mit 5–11, meist aber 7 oder 9 Fiedern, diese nur etwa 1 cm lang, rundlich-elliptisch, einfach gesägt, stumpf, beidseits kahl, oberseits mattgrün oder bronzefarben überlaufen, mit kaum sichtbaren Blattnerven; Nebenblätter klein und spitz. **Blüten** einzeln, auffallend groß, überwiegend an gedrängten, kurzen Seitentrieben, lang gestielt, 4–6 cm breit, cremeweiß, nicht ganz ausgebreitet, in der Mitte mehr gelblich, sehr selten auch blassrosa, Kelchblätter ungeteilt. **Früchte** (Hagebutten) mit fleischig verdicktem Stiel, kugelig, aber gewöhnlich leicht abgeflacht, um 1 cm groß, tiefschwarz oder schwarzbraun gefärbt; Fruchtreife ab Aug.

**Vorkommen** Bevorzugt auf trockenen, lockeren oder steinigen, evtl. kalkhaltigen Böden; Trockengebüsche, Unterwuchs lichter Wälder, Braundünen, Zwergstrauchbestände. EU, Mittelmeergebiet, W-Asien; in D verbreitet in den Dünengebieten der Nordseeinseln sowie in den sommerwarmen Felsgebüschen der Mittelgebirge in der Weinbauregion, in den Alpen bis in etwa 2000 m Höhe; in großwüchsigen Sorten mit bis zu 10 cm breiten Blüten auch angepflanzt.

**Wissenswert!** Die B. ist eine der kleinsten heimischen Wildrosen und die einzige mit schwarzen Hagebutten. In den Küstendünen ist sie Kennart der weitgehend festgelegten, verheideten Braundüne.

## Apfel-Rose
*Rosa villosa* · Familie Rosengewächse

**Sommergrüne, verzweigte Wildrose, meist mit wenigen Ausläufern; Stacheln schlank und gerade.** ✿ Mai–Jul

0,8–2 m hoch; Triebe meist sehr samtig. **Blätter** 8–9 cm lang, 5- bis 7-(9-)zählig gefiedert, Fiedern elliptisch, oberseits graugrün, unterseits dicht wollig-filzig und mit leicht harzig duftenden Drüsen. **Blüten** zu 1–3 auf stacheligen, drüsenborstigen Stielen, 3–6 cm breit, kräftig rosa bis karminrot. **Früchte** (Hagebutten) bis zu 2,5 cm lang, weichstachelig; Fruchtreife ab Aug.
**Vorkommen** Felsige Hänge, Hecken, Gebüsche, kalkliebend. In EU fast überall verbreitet; vor allem in Großbritannien.

## Mai-Rose, Zimt-Rose
*Rosa majalis* · Familie Rosengewächse

**Sommergrüne, großblütige Wildrose mit Ausläufern und braunroten, oft unbestachelten Trieben.** ✿ Mai–Jun

1–1,5 m hoch. **Blätter** 4–9 cm lang, mit flaumigem Blattstiel, 5- bis 7-zählig unpaarig gefiedert, Fiedern 2–3 cm lang, elliptisch, dünn, einander genähert und teils überdeckend, oberseits stumpf- bis leicht bläulich grün und anliegend behaart, unterseits graugrün und dichthaarig. **Blüten** rosaweiß bis karminrot, auffällig, bis zu 6 cm breit. **Früchte** (Hagebutten) kugelig, dunkelrot; ab Aug.

**Vorkommen** Auengehölze, Gebüsche an Ruinen, Steinbrüche. Von S-Skandinavien bis zum nördl. Balkan; in D v. a. an den Alpenflüssen, ferner Relikte im Harz.
**Wissenswert!** Diese Rosenart wurde von den weißen Siedlern im östlichen N-Amerika eingebürgert.

Bibernell-Rose, Dünen-Rose   unten rechts: Früchte

Apfel-Rose

Mai-Rose, Zimt-Rose

## Wein-Rose
*Rosa rubiginosa* · Familie Rosengewächse

**Sommergrüne, dichtästige Wildrose mit aufrechten, später bogigen Zweigen, dicht mit hakenförmig gekrümmten Stacheln besetzt.** ☆ Mai–Jun

Wuchshöhe etwa 1–3 m. **Blätter** 6–8 cm lang, 5- bis 7-zählig unpaarig gefiedert, Fiedern 2–3 cm lang und etwa 1,5 cm breit, oval bis rundlich, kurz zugespitzt, oberseits blassgrün, unterseits vor allem auf der Mitelrippe dicht mit dunklen Drüsen (= Subfoliardrüsen) besetzt, die beim Zerreiben charakteristisch apfel- bis weinartig duften, auf den Hauptnerven behaart. **Blüten** meist einzeln oder zu wenigen in den Blattachseln, 3–5 cm breit, hell- oder lebhaft rosa, selten auch weiß, von angenehmem Duft; Blütenstiele und Achsenbecher mit Stieldrüsen, Kelchblätter geteilt. **Früchte** (Hagebutten) kugelig-flaschenförmig, scharlachrot, etwas ledrig; ab Aug. **Vorkommen** Gebüsche, Hecken, Trockensäume, gern auf kalkhaltigem, sandig-steinigem Boden. In EU von der Iberischen Halbinsel bis zu den Britischen Inseln und S-Skandinavien weit verbreitet, ferner in den Alpen, auf dem Balkan, im Schwarzmeergebiet und in W-Asien; in N-Amerika eingebürgert; in verschiedenen Gartensorten angepflanzt.
**Wissenswert!** Wurde bereits im 16. Jh. in Kultur genommen, war Kreuzungspartner zahlreicher Züchtungen von Edelrosen. Ist auch unter den Namen Schottische Zaun-Rose oder Marien-Rose bekannt.

## Alpine Rose
*Rosa pendulina* · Familie Rosengewächse

**Sommergrüne Wildrose mit Ausläufern; spärlich oder nicht bestachelt, mit kräftig rosarot Blüten.** ☆ Mai–Aug

0,5–2 m hoch; Triebe grünlich rot. **Blätter** gestielt, 10–12 cm lang, 7- bis 11-zählig unpaarig gefiedert, oberseits matt bläulich grün, unterseits heller. **Blüten** bis zu 5 cm breit. **Früchte** (Hagebutten) flaschenförmig, bis zu 2,5 cm lang, rot; ab Aug.
**Vorkommen** Offene, sonnige Gebüsche, alpine Grasmatten. Gebirge in M.- und S-EU, fehlt in D, in den Alpen bis 2000 m.
**Wissenswert!** Trotz ähnlichem Namen mit Alpenrose (*Rhododendron*, ⇨ S. 210) nicht verwechselbar. Blüte bietet nur Pollen an.

## Fingerstrauch
*Potentilla fruticosa* · Familie Rosengewächse

**Sommergrüner, reich verzweigter Strauch mit braunroter Rinde, die sich in schmalen Fetzen ablöst.** ☆ Jun–Sep

Bis zu 1 m hoch. **Blätter** kurz gestielt, handförmig 3- bis 5-zählig gefiedert, oberseits dunkelgrün, unterseits etwas heller, nur wenig oder gar nicht behaart. **Blüten** 5-zählig, bis zu 3 cm breit, goldgelb.
**Vorkommen** Lichte Wälder, felsige Hänge, Auengehölze an Bach- und Flussufern, bis auf 2000 m Höhe. SW- bis SO-EU. Zahlreiche Kultursorten. Stellenweise verwildert.
**Wissenswert!** Die Blüten führen Nektardrüsen und sind ergiebige Pollenspender für Hautflügler und Schmetterlinge.

Wein-Rose

Alpine Rose

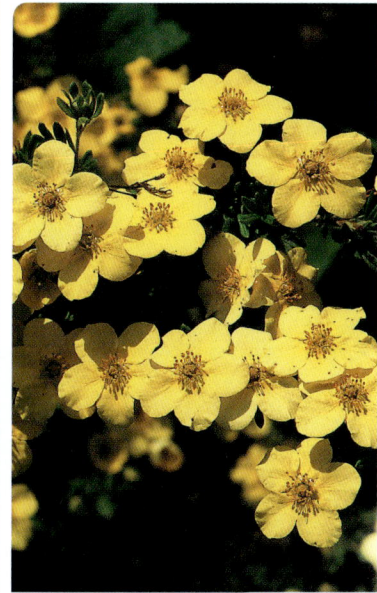

Fingerstrauch    Sorte 'Ochroleuca'

## Gewöhnliche Brombeere
*Rubus fruticosus* · Familie Rosengewächse

**Sommer- bis wintergrüner, kräftiger Strauch mit kantigen, bestachelten Ästen; Sprossenden bilden bei Bodenkontakt erneut Wurzeln.** ☆ Jun–Jul

**Blätter** lang gestielt, meist 5-zählig gefiedert, Fiedern 5–10 cm lang, gestielt, breit elliptisch, zugespitzt, am Grund abgerundet, grob und ungleichmäßig gezähnt, oberseits matt oder leicht glänzend dunkelgrün, unterseits hellgrün, Blattstiele und Mittelrippe bestachelt. **Blüten** 5-zählig, weiß oder hellrosa, zahlreich in endständigen Rispen an den vorjährigen Zweigen. **Früchte** (Brombeeren) sind Sammelsteinfrüchte, saftig, schwarzrot, lösen sich leicht mitsamt der Blütenachse ab, essbar; Fruchtreife ab Jul.
**Vorkommen** Wegränder, Brachland, Waldsäume, Hecken, Gebüsche, Kahlschläge und Feldgehölze, vorwiegend in relativ wintermilden Gebieten. Überall in EU häufig; in mehreren großfrüchtigen Sorten auch gärtnerisch und im Erwerbsobstbau verwendet.
**Wissenswert!** Die G. B. bildet eine Sammelart, die sich nach Feinmerkmalen allein in M.-EU in mehrere hundert Sippen untergliedern lässt: Hier läuft vor unseren Augen die Evolution neuer Arten ab. Zu den Unterscheidungsmerkmalen gehört z. B. auch, ob die Pflanzen im Herbst eine lebhafte Laubumfärbung zeigen oder wintergrün bleiben. Die genauere Bestimmung der Kleinarten, die sich offenbar in weiterer Aufspaltung befinden, ist meist schwierig.

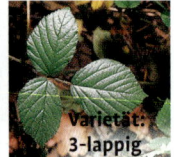
Varietät: 3-lappig

## Mittelmeer-Brombeere
*Rubus ulmifolius* · Familie Rosengewächse

**Wintergrüner Strauch mit bogig überhängenden, rötlich violetten, bereiften Trieben; Stacheln gerade oder leicht gekrümmt, über 1 cm lang.** ☆ Mai–Jul

Etwa 1–2 m hoch, Triebe bis zu 4 m bis lang. **Blätter** 3- bis 5-zählig gefiedert, Fiedern recht variabel, oberseits dunkelgrün und meist kahl, unterseits leicht graufilzig, Endfieder stets mit kurzer Spitze. **Blüten** bis zu 2 cm breit, rosarot oder leicht violettrot, zahlreich in verlängertem, meist unbeblättertem Blütenstand. **Früchte** (Brombeeren) Sammelfrüchte, groß, schwarz; reif ab Aug.
**Vorkommen** Waldsäume, Feldhecken, Brachland, Gebüsche, Geröllhalden, Felsfluren, Ufer. V. a. im Mittelmeergebiet, auch im gemäßigten W-EU, in D im Rheinland.
**Wissenswert!** Gehört zum großen Formenkreis der Gewöhnlichen Brombeere; bildet oft undurchdringliche, über mannshohe Hecken. Vermutlich stellte sie auch die schon in der Bibel mehrfach erwähnten Dornsträucher dar.

**Ähnlich** Geschlitztblättrige Brombeere
*Rubus laciniatus*: Triebe bis zu 4 m lang, nur aus der Kultur bekannte Form unbekannter Herkunft; Blüten rosaweiß in endständigen Rispen, Kelchblätter bis zu 2 cm lang, wollig behaart, Kronblätter gezähnt, Früchte rundlich, bis zu 1,5 cm dick. In EU und N-Amerika wurde die G. B. vielerorts eingebürgert.

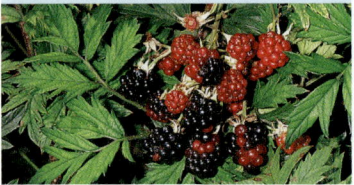

**Gewöhnliche Brombeere** unten links: Herbstfärbung, unten rechts: Früchte

**Mittelmeer-Brombeere**

## Kratzbeere, Acker-Brombeere

*Rubus caesius* · Familie Rosengewächse

**Sommergrüner Strauch mit langen, bestachelten, bläulich bereiften Trieben, Stacheln ziemlich gerade und kurz, dünn, zerstreut.** ✱ Mai–Jun

Um 1 m hoch. **Blätter** zumeist 3-zählig gefiedert, Fiedern bis zu 9 cm lang, Endfieder gestielt, rautenförmig, grob gezähnt, angedeutet 3-lappig, Seitenfiedern fast sitzend, hellgrün; Nebenblätter schmal lanzettlich. 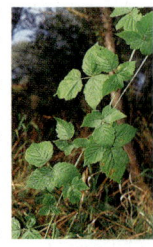 **Blüten** 2,5 cm breit, weiß, in wenigblütigen Doldentrauben, Kelchblätter grauweiß. **Früchte** (Brombeeren) Sammelsteinfrüchte, saftig, aus nur wenigen (manchmal sogar nur 2) relativ großen Einzelfrüchten, diese auffallend bläulich bereift, essbar, schmecken jedoch säuerlich und wenig aromatisch; Fruchtreife ab Aug.

**Vorkommen** Waldränder, Flurhecken, Gebüsche, Weinbergsbrachen, Ufer, Staudenfluren. Die K. erträgt längere Staunässe im Boden, bildet in gelegentlich überfluteten Bach- und Flussauen undurchdringliche Dickichte. In EU weit verbreitet, ferner in N-Asien, fehlt allerdings in Kleinasien.

**Wissenswert!** Triebspitzen, die den Boden berühren, bewurzeln sich und bilden den Ausgangspunkt einer neuen Pflanze. Auf diese Weise entwickeln sich mit der Zeit auf Brachland oder an Gehölzsäumen weitflächige Gebüsche. Häufig kommt es zur Bastardierung mit Kleinarten aus dem Formenkreis der Gewöhnlichen Brombeere (⇨ S. 350). Die für uns nur wenig schmackhaften Früchte sind bei Vögeln sehr beliebt. Die kräftige Reifschicht auf den Fruchtschalen reflektiert den UV-Anteil des Tageslichts sehr stark und lässt die Früchte für Vogelaugen besonders grell und auffällig erscheinen.

## Himbeere

*Rubus idaeus* · Familie Rosengewächse

**Sommergrüner Strauch mit Ausläufern und rutenförmige, aufrechte sowie bogig überhängende Triebe.** ✱ Mai–Jul

Wuchshöhe 0,5–1,5 m; Triebe schwach bereift und nur im unteren Teil mit kurzen, geraden, oft schwarzroten Stacheln besetzt.  **Blätter** meist 3-, seltener 5- oder 7-zählig gefiedert, Fiedern 5–10 cm lang, Endfieder am größten, seitliche Fiedern sitzend, alle oberseits kahl, unterseits auffällig weißfilzig behaart, scharf gesägt, am Grund abgerundet, vorn schlank zugespitzt. **Blüten** weiß, meist etwas nickend, zu mehreren in lockeren Trauben, Kelchblätter filzig, nach dem Abblühen zurückgeschlagen. **Früchte** (Himbeeren) Sammelsteinfrüchte aus zahlreichen, rundlichen Einzelfrüchten, fleischrot (selten auch gelblich), samtig behaart, lösen sich leicht von der kegelförmigen Blütenachse, essbar, meist recht aromatisch; Fruchtreife ab Jul.

**Vorkommen** Lichte Wälder und Gebüsche, Waldschläge, Hochstaudenfluren, Böschungen, Ufer, Felsschuttflächen, aufgelassene Kiesgruben und Steinbrüche. Fast überall in EU häufig, fehlt nur im äußersten N und SW; im östl. N-Amerika eingebürgert, zahlreiche ertragreiche Fruchtsorten.

**Wissenswert!** Am Sortenbild der Kultur-Himbeeren, darunter auch gelbfrüchtige Kultursorten, sind verschiedene nordamerikanische Wild-Himbeeren beteiligt, beispielsweise die von Alaska bis Kalifornien vorkommende Lachs-Himbeere *R. spectabilis*.

*Die verbreitete Gartensorte 'Meeker' hat mittelgroße, kegelförmige Früchte.*

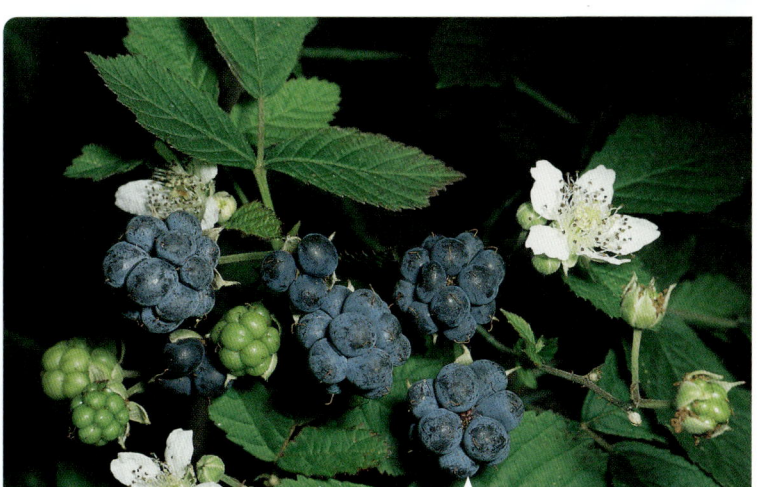

Frucht bläulich bereift

Kratzbeere, Acker-Brombeere

3-zählig gefiedert

Himbeere   oben rechts: Blüten, unten rechts: Früchte

## Eschen-Ahorn
*Acer negundo* · Familie Seifenbaumgewächse

**Durch die unpaarig gefiederten Blätter unterscheidet sich dieser Baum von den typischen Ahornen.** ✿ Mai

Sommergrün, bis zu 15 m hoch. **Blätter** gegenständig, 7–15 cm lang, unpaarig gefiedert. **Blüten** vor dem Laub erscheinend; schmucklos, ♂ Blüten in dichten, rötlichen Büscheln, ♀ in hängenden, grünlichen Rispen, vom Wind bestäubt.
**Vorkommen** Wechselfeuchte Böden in Flussniederungen, Talauen. Stammt aus N-Amerika, in EU häufig als Parkgehölz.
**Wissenswert!** E. sind überaus raschwüchsig, gedeihen auch im städtischen Umfeld zufriedenstellend. Gelegentlich verwildern sie an Straßen und Bahnanlagen.

## Mahonie
*Mahonia aquifolium* · Fam. Berberitzengew.

**Immergrüner, unbedornter Zierstrauch mit dunkelgrünen, ledrigen, glänzenden Blättern.** ✿ Mär–Mai

0,5–1,5 m hoch. **Blätter** unpaarig gefiedert, mit 5–9 elliptischen Fiedern, 4–8 cm lang, mit scharfen, dornigen Blattrandzähnen. **Blüten** bis zu 1 cm breit, goldgelb, in hängenden Trauben. Beeren**früchte** reif blauschwarz, bereift, ab Sep.
**Vorkommen** Schattige, luftfeuchte Gebüsche und Bergwälder. Häufig als Ziergehölz verwendet, zunehmend in Gebüschen verwildert und eingebürgert. Außer für Insekten auch für Singvögel eine wertvolle Nahrungsquelle.

## Pimpernuss
*Staphylea pinnata* · Fam. Klappernussgew.

**Sommergrüner Strauch oder kleiner Baum mit dicken Ästen und aufgeblähten Kapselfrüchten.** ✿ Mai–Jun

Etwa 2–5 m hoch; Zweige grünlich, später rötlich braun mit hellen Rindenporen. **Blätter** gegenständig, lang gestielt, bis zu 25 cm lang, 5- bis 7-zählig unpaarig gefiedert. **Blüten** 5-zählig, Kelchblätter gelblich weiß, leicht rötlich überlaufen, kaum von den Kronblättern zu unterscheiden, in hängenden, endständigen Rispen. Kapsel**früchte** häutig, blassgrün, bis zu 4 cm lang; Fruchtreife ab Sep.
**Vorkommen** Krautreiche Mischwälder, Säume, Schläge, auf kalkreichen Böden. Südliches M.-EU, Schweizer Jura Alpennordrand, Karpaten, Balkan; in D selten in der Oberrheinebene, sonst nur angepflanzt.
**Wissenswert!** Auch Klappernuss genannt, da reife Samen in den Früchten klappern.

## Winter-Jasmin
*Jasminum nudiflorum* · F. Ölbaumgewächse

**Sommergrüner, sehr früh blühender Kletterstrauch mit kantigen, dunkelgrünen Zweigen.** ✿ Dez–Apr

Etwa 1–3 m hoch. **Blätter** 3-zählig gefiedert, Fiedern 1–3 cm lang, tiefgrün. **Blüten** einzeln in den Blattachseln vorjähriger Triebe, vor dem Blattaustrieb, hellgelb, bis zu 3 cm breit, wenig duftend.
Blätter gegenständig
**Vorkommen** Auengehölze, lichte Gebüsche. Heimisch in N-China; seit langem als auffälliger Winterblüher in Kultur.

**Ähnlich** Der aufrecht wachsende **Strauch-Jasmin** *J. fruticans* blüht ebenfalls gelb. Seine Blätter sind jedoch wechselständig und immergrün. Im Mittelmeerraum verbreitet, in den Südalpen (Tessin, Südtirol) stellenweise verwildert.

Eschen-Ahorn   oben: Blütenstand

Mahonie

Pimpernuss

Winter-Jasmin

## Gewöhnliche Rosskastanie
*Aesculus hippocastanum* · Familie Seifenbaumgewächse

**Im Frühjahr fallen die großen, aufrecht stehenden Blütenstände auf, im Herbst die dunkelbraunen Kastanien in der kugeligen, stark stacheligen Hülle.**
✿ Mai

*Die Blüten an der Basis des Blütenstands sind zwittrig, die weiter oben rein männlich. Die beiden oberen der 5 weißen Kronblätter zeigen ein dunkleres Farbmal.*

Sommergrün, bis zu 25 m hoch, mit hoher, dichter, regelmäßiger Krone auf meist kurzem, gedrungenem, nicht selten etwas gedrehtem Stamm; Rinde anfangs hellbraun und glatt, später zunehmend dunkel- bis schwarzbraun und in gröbere Platten gefeldert; Triebe fast fingerdick, bräunlich, mit helleren Korkwarzen besetzt; Endknospen auffallend groß, vor dem Austrieb stark klebrig. **Blätter** gegenständig; Blattstiel bis zu 20 cm lang, grünlich, hinterlässt nach dem Laubfall eine große, dreieckige bis hufeisenförmige Blattnarbe; Spreite bis zu 25 cm lang, handförmig gefiedert, die 5–7 Fiederblätter verkehrt eiförmig, breiteste Stelle im vorderen Drittel (Unterschied zur Rotblühenden Rosskastanie), sitzend; oberseits dunkelgrün, im Herbst leuchtend goldgelb, zersetzen sich als Streu sehr rasch. **Blüten** zahlreich in dichten Blütenständen (Scheinrispen). Kapsel**früchte** 5–6 cm dick, grünlich, dicht und kräftig bestachelt, mit 1–3 glänzend rotbraunen Samen (= Kastanien).
**Vorkommen** Auf nährstoffreichen, frischen bis feuchten, lockeren Lehmböden in Bergwäldern. Ursprünglich nur im nördlichen Balkan, heute überall in EU sowie in N-Amerika angepflanzt, stellenweise eingebürgert.

**Wissenswert!** Die weiß blühende G. R. gelangte um 1570 von Konstantinopel nach Wien. Daher vermutete man lange Zeit die Türkei als Heimat dieser Baumart. Erst 1879 hat man die natürlichen Vorkommen in N-Griechenland entdeckt. Wegen ihrer stattlichen Blütenstände wurde die leicht zu kultivierende und rasch wachsende G. R. schon bald überall in EU als Parkbaum angepflanzt. Sie ist heute das typische Gehölz von Dorfplätzen, Stadtparks, Schulhöfen und Biergärten und so populär, dass ihre fremdländische Herkunft gar nicht mehr wahrgenommen wird.
Seinen Namen erhielt der Baum nach seiner traditionellen Verwendung als Heilpflanze: In der Türkei sollen damit Hustenerkrankungen von Pferden kuriert worden sein. Reife Kastanien sind leicht giftig. Sie enthalten Saponine und Flavonglykoside, die zur Behandlung von Gefäßerkrankungen eingesetzt werden.
Die auffälligen Blüten zeigen gleich nach dem Aufblühen, solange sie Nektar bilden, ein hellgelbes Farbmal. Mit versiegender Nektarproduktion in den folgenden Tagen verfärbt sich das Farbmal verfärbt über Ziegelrot nach Tiefpurpurn. Dann fliegen keine Bienen oder Hummeln die Blüten mehr an.

> **Ähnlich** Die **Rotblühende Rosskastanie** *Aesculus × carnea* ist eine Kreuzung aus der meist strauchförmig wachsenden, leuchtend rot blühenden nordamerikanischen Pavie *(Aesculus pavia)* und der Gewöhnlichen Rosskastanie, die meist als Unterlage zur Veredelung dient. Knospen grünlich grau, Blätter derb, dunkelgrün, mit kurz gestielten, gekerbten Fiedern; Blüten in langen, aufrecht stehenden Rispen, uneinheitlich fleischrot, Blütezeit Apr; Fruchtkapsel gar nicht oder nur wenig bestachelt; in EU häufig in Parks und an Straßenrändern angepflanzt.
>
>

Gewöhnliche Rosskastanie

## Gewöhnliche Esche
*Fraxinus excelsior* · Familie Ölbaumgewächse

**An den blattlosen Zweigen fallen die spitzen, schwarzen Winterknospen auf, vor dem Laubaustrieb erscheinen die unscheinbaren Blüten in dichten Rispen.** ✿ Apr–Mai

Sommergrün, bis zu 40 m hoch; Rinde anfangs hellgrau, glatt, später borkig. **Blätter** gegenständig, bis zu 25 cm lang, unpaarig gefiedert, die 9–13 Fiedern oval länglich, fein gesägt, oberseits mattgrün, unterseits heller und entlang der Mittelrippe rotbraun behaart. **Blüten** ein- oder zweihäusig verteilt, vor den Blättern erscheinend, grünlich. Nuss**früchte** schmal geflügelt, hellbraun, bleiben lange am Baum, werden vom Wind verdriftet.
**Vorkommen** Auf sickerfrischen, nährstoffreichen Böden in Auen von Bächen und Flüssen sowie in Schluchtwäldern; Lichtholz. Fast in ganz EU außer in großen Teilen der Iberischen Halbinsel und Skandinaviens, im S nur im Gebirge, im O bis zum Schwarzen Meer; häufig als Park- oder Straßenbaum gepflanzt.
**Wissenswert!** Die G. E. gehört zu den hochwüchsigsten heimischen Laubgehölzen. Ihr helles, festes Holz verarbeitet man zu Furnieren, Sportgeräten, Werkzeugstielen und Biegeformteilen.

Fruchtstand ▽

Blattknospe ▽

Blattlänge 20–25 cm

## Manna-Esche, Blumen-Esche
*Fraxinus ornus* · Familie Ölbaumgewächse

**An der Rinde, die kein ausgeprägtes Muster aufweist, und den helleren Winterknospen unterscheidet sie sich von der Gewöhnlichen Esche.** ✿ Mai–Jun

Sommergrün, bis zu 25 m hoher Baum oder Strauch, mit lockerer, rundlicher Krone. **Blätter** gegenständig, unpaarig gefiedert, die 7–9 Fiederblättchen länglich oval, zugespitzt, gezähnt; oberseits mattgrün, unterseits entlang des Hauptnervs bräunlich wollig behaart. **Blüten** nach dem Laub erscheinend, zahlreich in dichten, hängenden Rispen; weiß; angenehm duftend. Nuss**früchte** sehr schmal geflügelt.
**Vorkommen** Sonnig-trockene Hänge mit mäßig nährstoffreichen, flach- bis mittelgründigen, kalkhaltigen Böden; wichtige Leitart Wärme liebender Waldgesellschaften im südöstl. EU. Mehrere Verbreitungsinseln in O-Spanien, S-Frankreich, den südlichen Alpen und Italien, auf dem Balkan und in Kleinasien; in S-EU und der südl. M.-EU häufig als Ziergehölz angepflanzt, in D im Oberrheingebiet eingebürgert.
**Wissenswert!** Früher sammelte man den eingetrockneten Blutungssaft angeschnittener Stämme, das süß schmeckende Manna, und baute den Baum sogar in Plantagen an. Dieses für viele Ölbaumgewächse typische Kohlenhydrat ist übrigens nicht identisch mit dem biblischen Manna. Blumen-Esche nennt man den Baum wegen seiner schmucken, von Insekten bestäubten Blüten.

Blütenstand

Blattlänge 15–20 cm

**Gewöhnliche Esche**  oben rechts: Blüten, unten rechts: Früchte

**Manna-Esche, Blumen-Esche**

## Götterbaum
*Ailanthus altissima* · Familie Bittereschengewächse

**Die großen, zur Reifezeit ab dem Spätsommer hochroten, geflügelten Fruchtstände sehen von Weitem aus wie üppige Blumensträuße.** ✿ Jun–Jul

Sommergrün, bis zu 25 m hoch, mit lockerer Krone. **Blätter** wechselständig, 40–70 cm lang, mit rötlicher Hauptrippe (Blattspindel), unpaarig gefiedert, die 11–19 Fiedern je etwa 5–15 cm lang, länglich oval, glattrandig; oberseits glänzend dunkelgrün, unterseits blasser, meist kahl, beim Zerreiben unangenehm riechend. **Blüten** ♂ oder zwittrig, unscheinbar klein, grünlich gelb, zahlreich in 15–20 cm langen, locker verzweigten, endständigen Rispen. Nuss**früchte** 2-seitig geflügelt, Flügel zungenförmig, etwa 4 cm lang.

**Vorkommen** Auf lockeren, wasserdurchlässigen, mäßig nährstoffreichen, aber häufig kalkhaltigen Böden in Wärmegebieten; Lichtholz. Ursprünglich in Auenwäldern und auf Schwemmlandböden in O-Asien (China); vielfach als Park- und Straßenbaum angepflanzt und heute vielerorts in EU und in N-Amerika eingebürgert; in D bisher fast nur in größeren Städte.

**Wissenswert!.** Der Götterbaum erweist sich als bemerkenswert widerstandsfähig gegen Abgasbelastung und sommerliche Trockenheit. Das prädestiniert ihn als städtisches Ziergehölz. Die reiche Produktion von Samen, die als Schraubenflieger vom Wind verdriftet werden, trug dazu bei, dass sich die Art auch auf Schuttgelände, Industriebrachen sowie im Saum großer Verkehrswege immer mehr ausbreitete. Im unbelaubten Zustand kann man den Götterbaum am orangegelben Mark seiner Zweige erkennen.

## Blasenesche
*Koelreuteria paniculata* · Familie Seifenbaumgewächse

**Aus dem Laub ragen die zunächst die chromgelben Blütenstände, später die auffallenden Fruchtstände der aufgeblasenen Kapselfrüchte heraus.** ✿ Jul–Aug

Sommergrün, bis zu 15 m hoch, mit kugeliger oder kuppelförmiger Krone und schlankem Stamm, oft auch mehrstämmig. **Blätter** wechselständig, 20–35 cm lang; unpaarig, z. T. auch doppelt gefiedert, die 7–17 Fiederblättchen oval, 3–8 cm lang, an der Basis gelappt, klein gezähnt; oberseits matt dunkelgrün, unterseits etwas heller getönt, Herbstfärbung kräftig gelb. **Blüten** zwittrig, etwa 1 cm breit, mit 4 schmalen, chromgelben Kronblättern; in großer Zahl in bis zu 50 cm hohen, lockeren, aufrechten oder abstehenden Rispen. Kapsel**frucht** 3-klappig, vorn spitz, mit Stielbucht, zur Reifezeit lampionartig aufgebläht und rotbraun gefärbt.

**Vorkommen** Auf warmen, trockenen, lockeren Böden. Beheimatet in SO-Asien (Japan, China, Korea); in M.-EU oft als Parkgehölz gepflanzt.

**Wissenswert!** Die B. wurde schon um 1750 aus ihrem asiatischen Ursprungsgebiet nach M.-EU eingeführt. Trotz ihrer Herkunft ist sie hier ausreichend winterhart. Neben der Wildform gibt es auch einige Gartenvarietäten mit stärker eingeschnittenen oder gar gelappten Fiedern. Wissenschaftlich benannt wurde die Art nach dem erfolgreichen württembergischen Pflanzenzüchter Josef Gottlieb Kölreuter.
Die aufgeblähten Kapseln enthalten jeweils 3 schwarze, etwa erbsengroße Samen, die in katholischen Gegenden früher zu Rosenkränzen aufgefädelt wurden.

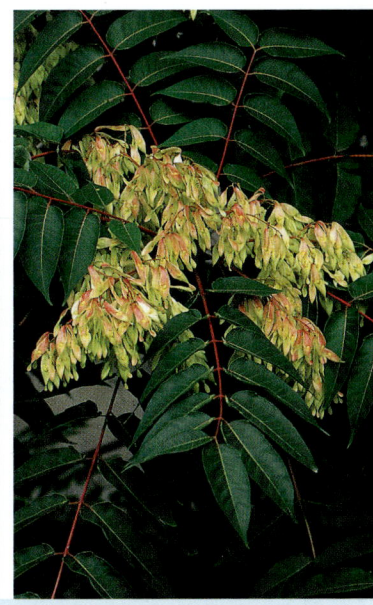

**Götterbaum**  rechts: Früchte

**Blasenesche**  Früchte

## Schwarzer Holunder
*Sambucus nigra* · Familie Moschuskrautgewächse

**Sommergrüner, breitbuschiger Großstrauch oder kleiner Baum mit rauborkigem Stamm; Blütenstände auffallend, Früchte schwarz. ✽ Mai–Jun**

Bis zu 9 m hoch; Äste und Zweige aufrecht oder bogig nach außen überhängend; Triebe graubraun, kahl, Zweige mit zahlreichen, großen, länglichen Korkwarzen (Rindenporen, Lentizellen) und weißem Mark. **Blätter** gegenständig, lang gestielt, 10–25 cm lang, an der Basis mit länglichen, höckerigen, von Nebenblättern abzuleitenden, grünen Nektardrüsen, 5- bis 7-zählig unpaarig gefiedert, Fiedern fast sitzend, bis zu 8 cm lang und 3,5 cm breit, elliptisch, lang zugespitzt, gesägt, oberseits mattgrün, unterseits zuletzt kahl und heller grün, beim Zerreiben aromatisch duftend. **Blüten** klein, scheibenförmig flach, cremeweiß, sehr zahlreich in großen, flachen, bis zu 8 cm breiten Schirmrispen, mit starkem, sehr angenehmem Duft. **Früchte** kugelige Steinfrüchte (in Norddeutschland unzutreffend Fliederbeeren genannt), 3–4 mm dick, auf hellroten Fruchtstielen, schwarzrot mit purpurrotem Saft, essbar; Fruchtreife ab Aug.
**Vorkommen** Waldränder, Feldgehölze, Ufer und Zäune, Feldscheunen, Ruinen- und Abraumgelände, Bahndämme, Böschungen; häufiger Siedlungsfolger, insofern auch zuverlässiger Stickstoffzeiger. In EU weit verbreitet, ferner Kleinasien und Kaukasus; in den Alpentälern bis in etwa 1200 m Höhe; vielfach auch in Fruchtsorten gepflanzt, außerdem als Ziergehölz mit abweichender gelbgrüner Blattfärbung sowie in einer extrem schmalblättrigen Form oder mit geschlitzten bzw. doppelt gefiederten Blättern; in der Normalform häufig in Parks und Gärten.

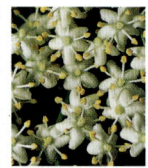

**Wissenswert!** Dieses Gehölz hat große Bedeutung als Heilpflanze und als Fruchtstrauch. Seine getrockneten Blüten und Früchte werden nach wie vor gegen Katarrhe und sonstige Beschwerden der Atemwege sowie gegen Fieber verwendet. Bereits die Menschen der Jungsteinzeit sammelten die schmackhaften Früchte, wie man an den Samenfunden in ausgegrabenen Siedlungen feststellen konnte. Auch mancherlei Geschichten ranken sich um den S. H. Judas soll sich nach biblischer Überlieferung daran erhängt haben, wovon angeblich der strenge Geruch der Blätter herrührt. Eine fast nur auf Holunder wachsende Pilzart heißt danach auch Judasohr. Den Germanen war der Strauch besonders heilig, als Hausstrauch sollte er die bösen Geister bannen. Sein Name ehrt Frau Holle (die der nordischen Göttin Freya entspricht), was auch in der mundartlichen Bezeichnung Hollerbusch deutlich wird.
Die duftenden Blüten werden vor allem von Fliegen und kleinen Käfern bestäubt, die auf den flachen Schirmrispen umherlaufen. Holunderpollen werden jedoch großenteils auch vom Wind verfrachtet und sind bekanntermaßen Mitauslöser von Pollenallergien. Die Winterknospen weisen keine schützenden Knospenhüllen auf. Daher stehen die bereits im Frühherbst fertigen Blattanlagen während der kalten Jahreszeit halb geöffnet im Freien. Die reifen Früchte werden von Vögeln geerntet. Vögel besorgen auch die Ausbreitung der Art.

 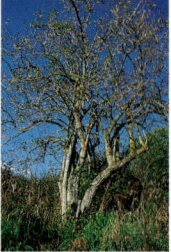

**Ähnlich** Der **Kanadische Holunder** *S. canadensis* unterscheidet sich vom Schwarzen Holunder durch seine bis zu 25 cm breiten Doldenrispen und nur wenige, aber große Lentizellen an den Zweigen. Er wird gelegentlich als Fruchtgehölz in Plantagen gezogen.

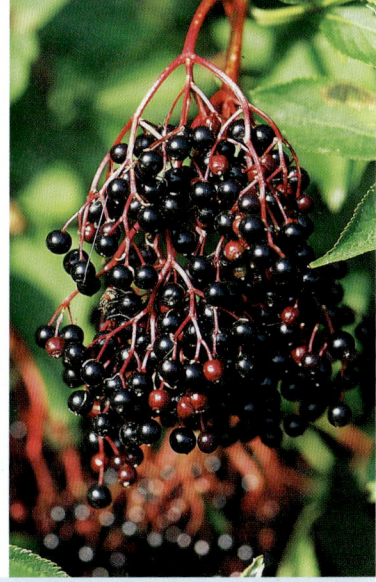

Schwarzer Holunder

## Trauben-Holunder, Roter Holunder
*Sambucus racemosa* · Familie Moschuskrautgewächse

**Sommergrüner Strauch mit aufrechten oder etwas überhängenden Ästen und Zweigen.** ✱ Apr–Mai

Meist nur 1–4 m hoch; mäßig verzweigt, locker belaubt; Triebe kahl; Rinde hell braungrau, mit zahlreichen großen Korkwarzen; Mark rostbraun. **Blätter** gegenständig, lang gestielt, 10–25 cm lang, meist 5-zählig unpaarig gefiedert, Fiedern schmal lanzettlich, schlanker als beim Schwarzen Holunder (⇨ S. 362), oberseits matt dunkelgrün, unterseits bläulich und nur wenig flaumig behaart, im Austrieb oft rötlich purpurn, im Herbst bleichgelb; beim Zerreiben einen starken, etwas unangenehmen Geruch verströmend. **Blüten** klein, hellgelb, mit den Blättern erscheinend, angenehm duftend, sehr zahlreich in gedrungenen, aufrechten, ca. 5–8 cm langen Rispen. Stein**früchte** kugelig, etwa erbsengroß, scharlachrot, saftig; ab Jul.
**Vorkommen** Liebt sonnige bis halbschattige Standorte auf nährstoffreichen Lockerböden; lichte Gebüsche und Nadelforste, Nadelwälder, Schlagfluren, Säume, Flurgehölze und Wegränder. M.- und S-EU, in Skandinavien nur aus Kulturen verwildert; ferner in Vorderasien bis N-China; in den Alpen bis in 1400 m Höhe.
**Wissenswert!** Regional wird die Art auch Berg-Holunder oder Hirsch-Holunder genannt. Das Fruchtfleisch ist nur nach Erhitzen essbar. Man verwendet es meist lediglich zur Farbverschönerung von Säften und Kompott. Die Steinkerne sind wie die übrigen Pflanzenteile leicht giftig und können starken Brechreiz hervorrufen. Vögel verzehren die Früchte sehr gern. Insofern ist die Art ein wichtiges Vogelschutzgehölz. Die 3. heimische Art, der Zwerg-Holunder oder Attich *S. ebulus*, ist eine Staude.

## Keuschbaum
*Vitex agnus-castus* · Familie Eisenkrautgewächse

**Sommergrüner Strauch mit aufrechten, 4-kantigen, filzig behaarten Ästen und Zweigen und violetten Blüten in üppigen Blütenständen.** ✱ Jul–Aug

Höhe bis zu 3 m. **Blätter** gegenständig, handförmig 5- bis 7-zählig gefiedert, Fiedern 5–10 cm lang, glattrandig, oberseits kahl, unterseits graufilzig. **Blüten** zahlreich in endständiger, bis zu 30 cm langem Blütenstand (Ähre) am Zweigende oder in den Blattachseln, Krone bis zu 8 mm lang, 2-lippig, röhrig-trichterig, selten rosa oder weißlich. Stein**früchte** pfefferkorngroß, 3–4 cm dick, schmecken beißend scharf; ab Sep. Alle Teile duften beim Zerreiben stark aromatisch.
**Vorkommen** Bachauen, Kiesbänke, Flussufer, Waldsäume, Küstenfelsen; bevorzugt kalkreiche Böden. Mittelmeerraum von Spanien bis zum Balkan, ferner Krim und Zentralasien; in M.-EU nicht ausreichend winterhart.
**Wissenswert!** Der scharfe, pfefferähnliche Geschmack der Früchte, die gebietsweise dementsprechend auch als Pfefferersatz dienten, sollte angeblich jede sexuelle Lust unterdrücken, was den Namen Mönchspfeffer erklärt. Mönche brachten die Pflanze von ihrer Heimat im Mittelmeerraum nach M.-EU. Regional wird der Keuschbaum auch Keuschlamm genannt. Die Früchte werden auch medizinisch genutzt, beispielsweise als pflanzliche Auszüge bei Menstruationsstörungen.
In der griechischen Antike war der Keuschbaum der Fruchtbarkeitsgöttin Hera geweiht, die, so berichtet eine Legende, unter dieser Pflanze geboren worden sein soll. Heute findet man den Keuschbaum in M.-EU als Kübelpflanze in Wintergärten sowie auf Balkon und Terrasse.

**Trauben-Holunder, Roter Holunder**   oben rechts: Blüten, unten rechts: Früchte

**Keuschbaum**

## Chinesische Hanfpalme
*Trachycarpus fortunei* · Fam. Palmengew.

**Die Rispen mit den kleinen, gelblichen Blüten hängen in weitem Bogen aus dem Blattschopf heraus.** ✯ Mai–Jun

Immergrün, bis zu 15 m hoch, mit schlankem Stamm. **Blätter** bis zu 1 m lang gestielt, Spreite fächerförmig, 60–100 cm lang mit etwa 25 Strahlen, die fast bis zu Basis getrennt sind. **Früchte** klein, kugelig, in der Reife blauschwarz.
**Vorkommen** Lockere, flachgründige Sandböden. Stammt aus O-Asien (S-China, Japan, Myanmar), seit dem 19. Jh. auch im Mittelmeerraum als Park- und Straßenbaum verbreitet.
**Wissenswert!** In M.-EU wird diese attraktive Palme oft als eine bis zu 5 m hohe Kübelpflanze kultiviert.

## Kanarenpalme
*Phoenix canariensis* · Fam. Palmengewächse

**Der große, dichte Blattschopf umfasst 160–200, bis zu 50 cm lange, gefiederte Blätter.** ✯ Mär–Jun

Immergrün, bis zu 25 m hoch, mit unverzweigtem, relativ gedrungenem, geradem Stamm. **Blätter** 2–5 m lang, frischgrün, gefiedert, meist etwas schief gedreht. **Blüten** zweihäusig verteilt, klein, gelblich, in bis zu 2 m langen, bogig überhängenden Rispen. **Früchte** (Beeren) gelbbräunlich, fast ohne Fruchtfleisch, ungenießbar.
**Vorkommen** Steinige, humusarme Lockerböden. Stammt von den Kanarischen Inseln, heute im gesamten Mittelmeergebiet als Park- und Straßenbaum verbreitet.

## Dattelpalme
*Phoenix dactylifera* · Fam. Palmengewächse

**Die süßen bis mehlig schmeckenden, bis zu 8 cm langen Datteln besitzen einen sehr harten Kern.** ✯ Feb–Jun

Immergrün, bis zu 25 m hoch, mit schlankem Stamm. **Blätter** zu 30–50 im Schopf, 2–4 m lang, gefiedert, graugrün, die 140–180 Fiederblätter bis zu 40 cm lang. **Blüten** zweihäusig verteilt, klein, zahlreich in großen Rispen. Beerenfrüchte bis zu 8 cm lange Datteln.
**Vorkommen** Lehmig-sandige, lockere Böden. Stammt vermutlich aus W-Asien; heute in den Tropen weltweit und auch im Mittelmeergebiet häufig gepflanzt.
**Wissenswert!** Zur Gewinnung eines reichen Fruchtansatzes hängt man in Dattelpflanzungen männliche Rispenteile in die weiblichen Bäume (Windbestäubung!).

## Zwergpalme
*Chamaerops humilis* · Fam. Palmengewächse

**Die fächerförmigen Blätter am langen, stachelig gezähnten Blattstiel bilden einen Schopf.** ✯ Apr–Jun

Immergrün, 2–5 m hoch, ein- oder mehrstämmig. **Blätter** 50–90 cm lang, mit 12–20 graugrünen Strahlen. **Blüten** klein, gelblich, in Rispen. Beerenfrüchte rotbraun, ungenießbar.
**Vorkommen** Auf trockenen, steinigen Sandböden, bildet z. T. dichte Gebüsche. Entlang der westlichen Mittelmeerküste, fehlt jedoch in Frankreich.

**Chinesische Hanfpalme** Blütenstände

**Kanarenpalme** Fruchtstände

**Dattelpalme** Fruchtstände

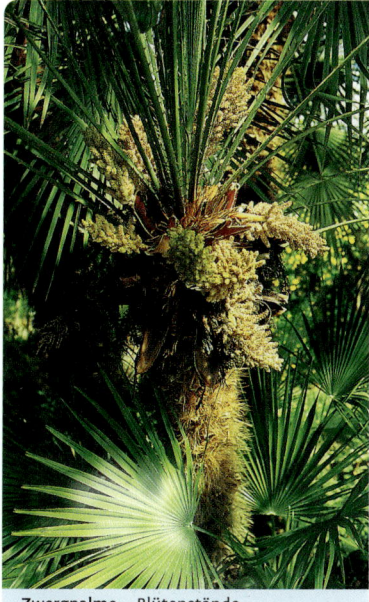
**Zwergpalme** Blütenstände

# Artenverzeichnis

## A

*Abies alba* 46
*Abies cephalonica* 50
*Abies grandis* 48
*Abies nordmanniana* 48
*Abies pinsapo* 50
*Abies procera* 50
*Acacia dealbata* 322
*Acer campestre* 144
*Acer heldreichii* 142
*Acer monspessulanum* 144
*Acer negundo* 354
*Acer opalus* 148
*Acer palmatum* 148
*Acer platanoides* 146
*Acer pseudoplatanus* 142
*Acer rubrum* 142
*Acer saccharinum* 146
*Acer saccharum* 146
*Acer tataricum* 150
Acker-Brombeere 352
Acker-Rose 344
*Aesculus hippocastanum* 356
*Aesculus* 356
Ahorn, Griechischer 142
*Ailanthus altissima* 360
Aleppo-Kiefer 74
*Alnus cordata* 238
*Alnus glutinosa* 236
*Alnus incana* 238
*Alnus rubra* 238
*Alnus viridis* 240
Alpenazalee 112
Alpen-Bärentraube 112
Alpen-Goldregen 336
Alpen-Heckenkirsche 122
Alpen-Johannisbeere 272
Alpen-Krähenbeere 216
Alpen-Kreuzdorn 286
Alpenrose, Behaarte 210
Alpenrose, Myrtenblättrige 210
Alpenrose, Rostblättrige 210
Alpen-Seidelbast 194
Alpen-Waldrebe 314
Alpen-Weide 166
Alpen-Zwergbuchs 190
Amberbaum 304
*Amelanchier lamarckii* 268
*Amelanchier ovalis* 268
*Amorpha fruticosa* 338
*Andromeda polifolia* 216
Antarktische Scheinbuche 168
Apfel-Rose 346
Apfelsinenbaum 198
*Araucaria araucana* 96
Araukarie, Chilenische 96
*Arbutus andrachne* 290
*Arbutus unedo* 290
*Arctostaphylos alpina* 112
*Arctostaphylos uva-ursi* 212
Arizona-Zypresse 86
Arve 66
Asch-Weide 160
Atlas-Zeder 78
*Atriplex portulacoides* 166
Azalee, Gelbe 212

## B

Balsam-Pappel, Gewöhnliche 154
Balsam-Pappel, Westliche 154
Bärentraube, Immergrüne 212
Bastard-Goldregen 336
Bastardindigo 338
Baum-Hasel 226
*Berberis julianae* 140
*Berberis thunbergii* 104
*Berberis vulgaris* 140
Berberitze, Gewöhnliche 140
Berberitze, Julianes 140
Berberitze, Thunbergs 104
Berg-Ahorn 142
Berg-Kiefer 62, 64
Berg-Mehlbeere 262
Berg-Seidelbast 194
Berg-Ulme 246
Berg-Waldrebe 316
Besenginster 334
Besenheide 114
*Betula humilis* 232
*Betula nana* 232
*Betula pendula* 230
*Betula pubescens* 230
Bibernell-Rose 346
Binsenginster 186
Blasenesche 360
Blasenstrauch 336
Blauglockenbaum 106
Blauregen, Japanische 332
Bleibusch 338
Blumen-Esche 358
Blut-Johannisbeere 276
Bocksdorn, Chinesischer 194
Bocksdorn, Gewöhnlicher 194
Brombeere, Geschlitztblättrige 350
Brombeere, Gewöhnliche 350
Bruch-Weide 158
Buche, Orientalische 168
Buchsbaum 104
*Buddleja davidii* 128
Burgen-Ahorn 144
*Buxus sempervirens* 104

## C

*Calicotome spinosa* 332
*Calluna vulgaris* 114
*Capparis spinosa* 172

*Caragana arborescens* 338
*Carpinus betulus* 234
*Castanea sativa* 242
*Catalpa bignonioides* 106
*Cedrus atlantica* 78
*Cedrus deodara* 78
*Cedrus libani* 78
*Celtis australis* 248
*Cephalotaxus harringtonia* 100
*Ceratonia siliqua* 326
*Cercidiphyllum japonicum* 188
*Cercis siliquastrum* 188
*Chaenomeles speciosa* 180
*Chamaecyparis lawsoniana* 84
*Chamaecyparis nootkatensis* 84
*Chamaecyparis obtusa* 84
*Chamaecyparis pisifera* 84
*Chamaecytisus purpureus* 330
*Chamaecytisus ratisbonensis* 330
*Chamaecytisus sessilifolius* 330
*Chamaecytisus supinus* 330
*Chamaedaphne calyculata* 118
*Chamaerops humilis* 366
*Chamaespartium sagittale* 186
Chinesischer Blauregen 332
*Cistus laurifolius* 288
*Cistus populifolius* 288
*Cistus salvifolius* 288
*Citrus limon* 198
*Citrus sinensis* 198
*Cladrastis lutea* 322
*Clematis alpina* 314
*Clematis flammula* 316
*Clematis montana* 316
*Clematis vitalba* 314
*Clematis × jackmanii* 316

*Colutea arborescens* 336
*Cornus alba* 120
*Cornus mas* 118
*Cornus sanguinea* 120
Cornwall-Heide 116
*Coronilla emerus* 336
*Corylus avellana* 228
*Corylus colurna* 226
*Corylus maxima* 228
*Cotinus coggygria* 190
*Cotinus obovatus* 190
*Cotoneaster integerrimus* 180
*Cotoneaster tomentosa* 180
*Crataegus laevigata* 266
*Crataegus monogyna* 266
*Cupressus arizonica* 86
*Cupressus macrocarpa* 88
*Cupressus sempervirens* 86
*Cydonia oblonga* 174
*Cytisus nigricans* 334
*Cytisus scoparius* 334

**D**

*Daphne alpina* 194
*Daphne cneorum* 192
*Daphne laureola* 192
*Daphne mezereum* 192
*Daphne oleoides* 194
*Daphne striata* 192
Dattelpalme 366
*Deutzia gracilis* 138
Deutzie, Zierliche 138
*Diospyros kaki* 202
Dornginster, Stacheliger 332
Dreh-Kiefer 70
*Dryas octopetala* 264
Dünen-Rose 346

**E**

Eberesche 320
Edel-Kastanie 242
Edel-Tanne 50
Efeu 312
Eibe, Gewöhnliche 98
Eichenmistel 110
Eiche, Ungarische 296

*Elaeagnus angustifolia* 206
*Elaeagnus commutata* 206
Elsbeere 310
*Empetrum hermaphroditum* 216
*Empetrum nigrum* 216
Engelmann-Fichte 54
Erbsenstrauch 338
Erdbeerbaum, Westlicher 290
Erdbeerbaum, Östlicher 290
*Erica carnea* 114
*Erica ciliaris* 116
*Erica cinerea* 116
*Erica tetralix* 116
*Erica vagans* 116
Erle, Herzblättrige 238
Eschen-Ahorn 354
Esche, Gewöhnliche 358
Espe 218
Essigbaum 338
Essig-Rose 344
Ess-Kastanie 242
*Euonymus alata* 134
*Euonymus europaea* 120
*Euonymus latifolia* 134
*Euonymus verrucosa* 134

**F**

Fächer-Ahorn 148
*Fagus orientalis* 168
*Fagus sylvatica* 168
Färber-Ginster 184
Faulbaum 202
Feigenbaum 304
Feld-Ahorn 144
Feld-Rose 344
Feld-Thymian 132
Feld-Ulme 244
Felsenbirne, Gewöhnliche 268
Felsen-Johannisbeere 272
Felsen-Kreuzdorn 286
Felsen-Zwergmispel 180
Feuerdorn 264
Fichte, Gewöhnliche 52
Fichte, Serbische 54
*Ficus carica* 304

Filz-Zwergmispel 180
Fingerstrauch 348
Flatter-Ulme 246
Flaum-Eiche 296
Flieder 126
Flügelginster 186
Flügelnuss, Kaukasische 318
Flügel-Spindelbaum 134
Föhre 66
*Forsythia × intermedia* 138
Forsythie 138
*Frangula alnus* 202
Französischer Ahorn 144
*Fraxinus excelsior* 358
*Fraxinus ornus* 358
Fuchs-Weinrebe 306

# G
Gagelstrauch 240
Gamander-Spierstrauch 270
Gamsheide 112
Garten-Geißblatt 124
Geißklee, Schwarzwerdender 334
Gelber Hartriegel 118
Gelbholz, Amerikanisches 322
Gelb-Kiefer 70
*Genista anglica* 182
*Genista germanica* 182
*Genista hispanica* 184
*Genista pilosa* 182
*Genista radiata* 332
*Genista salzmannii* 332
*Genista scorpius* 182
*Genista sylvestris* 184
*Genista tinctoria* 184
Gewöhnliche Buche 168
Gewöhnliche Hasel 228
Gewöhnlicher Spindelbaum 120
Gewöhnlicher Schneeball 150
Ginkgobaum 102
*Ginkgo biloba* 102
Ginster, Behaarter 182
Ginster, Deutscher 182
Ginster, Englischer 182
Ginster, Salzmanns 332

Ginster, Spanischer 184
Gleditschie 326
*Gleditsia triacanthos* 326
*Globularia cordifolia* 130
Glocken-Heide 116
Glyzinie, Chinesische 332
Goldglöckchen 138
Gold-Johannisbeere 276
Goldregen, Gewöhnlicher 336
Götterbaum 360
Granatapfelbaum 108
Grannen-Kirsche 254
Grau-Erle 238
Grau-Pappel 152
Grau-Weide 160
Grau-Weide, Arktische 166
Grün-Erle 240
Gurken-Magnolie 200

# H
Hainbuche 234
*Hamamelis japonica* 250
*Hamamelis mollis* 250
Hanfpalme, Chinesische 366
Hänge-Birke 230
Hartriegel, Roter 120
Hartriegel, Tatarischer 120
Hauhechel, Dornige 334
Hecht-Rose 344
Heckenkirsche, Blaue 122
Heckenkirsche, Rote 122
Heckenkirsche, Schwarze 122
Hecken-Rose 342
*Hedera helix* 312
Heidekraut 114
Heidelbeere 214
Heide, Graue 116
Hemlock, Kanadische 58
Hemlock, Westliche 58
*Hibiscus syriacus* 288
Himalaja-Zeder 78
Himbeere 352
Hinoki-Scheinzypresse 84

*Hippophae rhamnoides* 204
Hirschkolben-Sumach 338
Holunder, Kanadischer 362
Holunder, Schwarzer 362
Holz-Apfel 176
Holz-Birne 178
Hopfenbuche 234
Hortensie, Echte 134
Hülse 312
Hunds-Rose 342
Hybrid-Platane 302
*Hydrangea macrophylla* 134
*Hydrangea paniculata* 134
*Hydrangea petiolaris* 134
*Hypericum androsaemum* 194
*Hypericum calycinum* 106

# I
*Ilex aquifolium* 312
Immergrün, Großes 130
Immergrün, Kleines 130

# J
Jackman-Waldrebe 316
*Jasminum fruticans* 354
*Jasminum nudiflorum* 354
Johannisbeere, Rote 274
Johannisbeere, Schwarze 274
Johannisbrotbaum 326
Johanniskraut, Immergrünes 106
Judasbaum 188
*Juglans nigra* 318
*Juglans regia* 318
Jungfernrebe, Dreispitzige 308
Jungfernrebe, Gewöhnliche 308
Jungfernrebe, Selbstkletternde 308
*Juniperus chinensis* 94

*Juniperus communis* 92
*Juniperus sabina* 94
*Juniperus sibirica* 94
*Juniperus virginiana* 86, 94

# K

Kakipflaume 202
Kanarenpalme 366
Kapernstrauch 172
Kartoffel-Rose 342
Katsurabaum 188
*Kerria japonica* 270
Keuschbaum 364
Kiefer, Jeffreys 70
Kiefer, Rumelische 72
Kirsch-Pflaume 258
Klebsame, Chinesischer 170
Klebsame, Gewelltblättrige 170
Kletter-Hortensie 134
*Koelreuteria paniculata* 360
Kopfeibe, Harringtons 100
Kopf-Zwergginster 330
Korb-Weide 158
Kork-Eiche 300
Kornelkirsche, Gelbe 118
Korsische Schwarz-Kiefer 68
Krähenbeere, Gewöhnliche 216
Kratzbeere 352
Kraut-Weide 164
Kriech-Weide 162
Kugelblume, Herzblättrige 130
Kugel-Ginster 332
Kultur-Apfel 176
Kultur-Aprikose 260
Kultur-Birne 178
Kultur-Mandel 260
Kultur-Pfirsich 260
Kultur-Pflaume 260
Kupfer-Felsenbirne 268
Küsten-Douglasie 58
Küsten-Mammutbaum 80

# L

*Laburnum alpinum* 336
*Laburnum anagyroides* 336
*Laburnum* 336
Lamberts-Hasel 228
Lärche, Europäische 60
Lärche, Japanische 60
*Larix decidua* 60
*Larix kaempferi* 60
Latschen-Kiefer 64
Laubholz-Mistel 110
*Laurus nobilis* 170
*Lavandula officinalis* 130
Lavendel-Weide 162
Lavendel, Echter 130
Lebensbaum, Abendländischer 90
Lebensbaum, Morgenländischer 90
*Ledum palustre* 216
Libanon-Zeder 78
Liguster, Gewöhnlicher 126
Liguster, Wintergrüner 126
*Ligustrum ovalifolium* 126
*Ligustrum vulgare* 126
Linde, Holländische 280
*Linnaea borealis* 140
*Liquidambar styraciflua* 304
*Liriodendron tulipifera* 300
*Loiseleuria procumbens* 112
*Lonicera alpigena* 122
*Lonicera caerulea* 122
*Lonicera caprifolium* 124
*Lonicera nigra* 122
*Lonicera periclymenum* 124
*Lonicera tataricum* 124
*Lonicera xylosteum* 122
*Loranthus europaeus* 110
Lorbeerbaum 170
Lorbeer-Kirsche 172
Lorbeer-Seidelbast 192
*Lycium barbarum* 194
*Lycium chinense* 194

# M

Mädchen-Kiefer 72
*Magnolia acuminata* 200
*Magnolia grandiflora* 200
*Magnolia* × *soulangiana* 200
Magnolie, Immergrüne 200
*Mahonia aquifolium* 354
Mahonie 354
Mai-Rose 346
*Malus domestica* 176
*Malus sylvestris* 176
Mandel-Weide 162
Manna-Esche 358
Mannsblut 194
Maulbeerbaum, Schwarzer 284
Maulbeerbaum, Weißer 284
Mäusedorn 170
Mehlbeere, Breitblättrige 262
Mehlbeere, Gewöhnliche 262
Mehlbeere, Schwedische 310
*Mespilus germanica* 174
*Metasequoia glyptostroboides* 82
Mimose 322
Mispel 174
Mittelmeer-Brombeere 350
Mittelmeer-Zypresse 86
Monterey-Zypresse 88
Moor-Birke 230
Moosbeere, Gewöhnliche 214
Moosglöckchen 140
*Morus alba* 284
*Morus nigra* 284
*Myrica gale* 240
*Myricaria germanica* 208
Myrte 104
*Myrtus communis* 104

# N

Nachtschatten, Bittersüßer 194

Nadelholz-Mistel 110
*Nerium oleander* 130
Netz-Weide 164
Nootka-Schein-
  zypresse 84
Nordmann-Tanne 48
*Nothofagus ant-
  arctica* 168
Nusseibe, Japa-
  nische 100
Nusseibe, Kalifor-
  nische 100

## O
Öhrchen-Weide 224
Ölbaum-Seidelbast 194
Ölbaum 196
*Olea europaea* 196
Oleander 130
Ölweide, Breit-
  blättrige 206
Ölweide, Reich-
  blütige 206
Ölweide, Schmal-
  blättrige 206
*Ononis spinosa* 334
Orangenbaum 198
Oregon-Erle 238
*Ostrya carpinifolia* 234

## P
Pappel, Kanadische 154
*Parthenocissus
  inserta* 308
*Parthenocissus
  quinquefolia* 308
*Parthenocissus
  tricuspidata* 308
*Paulownia
  tomentosa* 106
Perückenstrauch 190
Perückenstrauch,
  Amerikanischer 190
Pfaffenhütchen 120
Pfeifenstrauch,
  Gewöhnlicher 136
*Philadelphus
  coronarius* 136
*Phillyrea angusti-
  folia* 128
*Phoenix canariensis* 366
*Phoenix dactylifera* 366

*Physocarpus opuli-
  folia* 264
*Picea abies* 52
*Picea engelmannii* 54
*Picea glauca* 56
*Picea omorika* 54
*Picea pungens* 56
*Picea sitchensis* 56
Pimpernuss 354
Pinie 76
*Pinus cembra* 66
*Pinus contorta* 70
*Pinus halepensis* 74
*Pinus jeffreyi* 70
*Pinus leucodermis* 72
*Pinus mugo* 62
*Pinus mugo* ssp.
  *mugo* 64
*Pinus nigra* 68
*Pinus parviflora* 72
*Pinus peuce* 72
*Pinus pinaster* 74
*Pinus pinea* 76
*Pinus ponderosa* 70
*Pinus strobus* 70
*Pinus sylvestris* 66
*Pinus wallichiana* 72
*Pittosporum tobira* 170
*Pittosporum undula-
  tum* 170
Platane, Abend-
  ländische 302
Platane, Morgen-
  ländische 302
*Platanus occident-
  alis* 302
*Platanus orientalis* 302
*Platanus × hispanica* 302
*Podocarpus nivalis* 100
*Polygala chamae-
  buxus* 190
*Populus alba* 152
*Populus balsamifera* 154
*Populus deltoides* 154
*Populus nigra* 220
*Populus tremula* 218
*Populus trichocarpa* 154
*Populus × canescens* 152
*Populus ×
  canadensis* 154
*Potentilla fruticosa* 348
Preiselbeere 214

*Prunus armeniaca* 260
*Prunus avium* 254
*Prunus cerasifera* 258
*Prunus cerasus* 254
*Prunus domestica* 260
*Prunus dulcis* 260
*Prunus fruticosa* 258
*Prunus laurocerasus* 172
*Prunus mahaleb* 258
*Prunus padus* 256
*Prunus persica* 260
*Prunus serotina* 256
*Prunus serrulata* 254
*Prunus spinosa* 252
*Prunus tenella* 258
*Pseudotsuga
  menziesii* 58
*Pterocarya fraxini-
  folia* 318
Pulverholz 202
*Punica granatum* 108
Purgier-Kreuzdorn 108
Purpur-Weide 158, 160
Purpur-Zwerg-
  ginster 330
*Pyracantha coccinea* 264
Pyramiden-Pappel 220
Pyrenäen-Eiche 296
*Pyrus communis* 178
*Pyrus pyraster* 178

## Q
Quendel 132
*Quercus cerris* 296
*Quercus coccinea* 298
*Quercus frainetto* 296
*Quercus ilex* 298
*Quercus palustris* 298
*Quercus petraea* 294
*Quercus pubescens* 296
*Quercus pyrenaica* 296
*Quercus robur* 292
*Quercus rubra* 298
*Quercus suber* 300
Quitte 174

## R
Ranunkelstrauch 270
Rauschbeere 214
Reif-Weide 162
*Rhamnus alpina* 286
*Rhamnus cathartica* 108

*Rhamnus pumila* 286
*Rhamnus saxatilis* 286
*Rhododendron ferrugineum* 210
*Rhododendron hirsutum* 210
*Rhododendron luteum* 212
*Rhododendron myrtifolium* 210
*Rhododendron ponticum* 212
Rhododendron, Pontischer 212
*Rhodothamnus chamaecistus* 112
*Rhus typhina* 338
*Ribes alpinum* 272
*Ribes aureum* 276
*Ribes nigrum* 274
*Ribes petraeum* 272
*Ribes rubrum* 274
*Ribes sanguineum* 276
*Ribes uva-crispa* 276
Riemenblume 110
Riesen-Lebensbaum 88
Riesenmammutbaum 80
Riesen-Tanne 48
Rispelstrauch 208
Rispen-Hortensie 134
*Robinia pseudoacacia* 324
Robinie 324
*Rosa agrestis* 344
*Rosa arvensis* 344
*Rosa canina* 342
*Rosa gallica* 344
*Rosa glauca* 344
*Rosa majalis* 346
*Rosa pendulina* 348
*Rosa pimpinellifolia* 346
*Rosa rubiginosa* 348
*Rosa rugosa* 342
*Rosa villosa* 346
Rose, Alpine 348
Rosmarinheide 216
Rosmarin-Seidelbast 192
*Rosmarinus officinalis* 132

Rosmarin 132
Rosskastanie, Gewöhnliche 356
Rosskastanie, Rotblühende 356
Rot-Ahorn 142
Rot-Buche 168
Rot-Eiche 298
Roter Holunder 364
Rot-Erle 238
*Rubus caesius* 352
*Rubus fruticosus* 350
*Rubus idaeus* 352
*Rubus laciniatus* 350
*Rubus ulmifolius* 350
Runzel-Rose 342
*Ruscus aculeatus* 170

**S**
Sadebaum 94
Salbei, Echter 132
*Salix alba* 156
*Salix alpina* 166
*Salix appendiculata* 224
*Salix aurita* 224
*Salix babylonica* 156
*Salix caprea* 222
*Salix cinerea* 160
*Salix daphnoides* 162
*Salix elaeagnos* 162
*Salix fragilis* 158
*Salix glauca* 166
*Salix helvetica* 166
*Salix herbacea* 164
*Salix purpurea* 158, 160
*Salix repens* 162
*Salix reticulata* 164
*Salix retusa* 164
*Salix serpyllifolia* 164
*Salix triandra* 162
*Salix viminalis* 158
*Salvia officinalis* 132
Sal-Weide 222
*Sambucus canadensis* 362
*Sambucus nigra* 362
*Sambucus racemosa* 364
Sanddorn 204
Sauer-Kirsche 254
Sawara-Scheinzypresse 84
Scharlach-Eiche 298

Scheinquitte, Chinesische 180
Scheinzypresse, Lawsons 84
Schimmel-Fichte 56
Schlangenhaut-Kiefer 72
Schlehe 252
Schmetterlingsstrauch 128
Schneeball-Ahorn 148
Schneeball, Runzelblättriger 136
Schneeball, Wolliger 136
Schneebeere, Gewöhnliche 128
Schnee-Heide 114
Schnurbaum 322
Schwarzdorn 252
Schwarz-Erle 236
Schwarz-Kiefer 68
Schwarz-Kiefer, Dalmatinische 68
Schwarznuss 318
Schwarz-Pappel, Amerikanische 154
Schwarz-Pappel, Gewöhnliche 220
Seidelbast, Gestreifter 192
Seidelbast, Gewöhnlicher 192
*Sequoiadendron giganteum* 80
*Sequoia sempervirens* 80
Silber-Ahorn 146
Silber-Linde, Gewöhnliche 282
Silber-Linde, Hängende 282
Silber-Pappel 152
Silber-Weide 156
Silberwurz 264
Sitka-Fichte 56
Skorpion-Ginster 182
*Solanum dulcamara* 194
Sommer-Eiche 292
Sommerflieder 128
Sommer-Linde 278
*Sophora japonica* 322
*Sorbus aria* 262
*Sorbus aucuparia* 320

*Sorbus chamae-
  mespilus* 262
*Sorbus domestica* 340
*Sorbus intermedia* 310
*Sorbus latifolia* 262
*Sorbus mougeotii* 262
*Sorbus torminalis* 310
Spanische Schwarz-
  Kiefer 68
*Spartium junceum* 186
Speierling 340
Spierstrauch,
  Japanischer 270
Spierstrauch, Weiden-
  blättriger 270
Spindelbaum, Breit-
  blättriger 134
*Spiraea chamae-
  dryfolia* 270
*Spiraea japonica* 270
*Spiraea salicifolia* 270
Spitz-Ahorn 146
Stachelbeere,
  Gewöhnliche 276
*Staphylea pinnata* 354
Stech-Fichte 56
Stechginster,
  Gallischer 328
Stechginster,
  Gewöhnlicher 328
Stechginster,
  Kleiner 328
Stechpalme 312
Steineibe 100
Stein-Eiche 298
Steinlinde, Schmal-
  blättrige 128
Steinröschen 192
Stein-Weichsel 258
Steppen-Ahorn 150
Stiel-Eiche 292
Strahlen-Ginster 332
Strand-Keilmelde 166
Strand-Kiefer 74
Strauch-Birke 232
Strauch-Eibisch 288
Strauch-Jasmin 354
Strauch-Kronwicke 336
Strobe 70
Südbuche 168
Sumpf-Eiche 298
Sumpf-Porst 216

Sumpfzypresse 82
Süß-Kirsche 254
*Symphoricarpos
  albus* 128
*Syringa vulgaris* 126

**T**
Tamariske,
  Französische 208
Tamariske, Fünf-
  männige 208
Tamariske, Vier-
  männige 208
*Tamarix gallica* 208
*Tamarix pentandra* 208
*Tamarix tetrandra* 208
Tanne, Griechische 50
Tanne, Spanische 50
Tataren-Ahorn 150
Tataren-Hecken-
  kirsche 124
*Taxodium distichum* 82
*Taxus baccata* 98
*Thuja occidentalis* 90
*Thuja orientalis* 90
*Thuja plicata* 88
Thymian, Echter 132
*Thymus pulegioides* 132
*Thymus vulgaris* 132
*Tilia cordata* 280
*Tilia petiolaris* 282
*Tilia platyphyllos* 278
*Tilia tomentosa* 282
*Tilia × hollandica* 280
Torf-Gagel 240
Torfgränke 118
Torfmyrte 216
*Torreya californica* 100
*Torreya nucifera* 100
*Trachycarpus
  fortunei* 366
Tränen-Kiefer 72
Trauben-Eiche 294
Trauben-
  Holunder 364
Traubenkirsche,
  Gewöhnliche 256
Traubenkirsche,
  Spätblühende 256
Trauer-Weide 156
Trauer-Weide,
  Chinesische 156

Trompetenbaum 106
*Tsuga canadensis* 58
*Tsuga heterophylla* 58
Tulpenbaum 300
Tulpen-Magnolie 200

**U**
*Ulex europaeus* 328
*Ulex gallii* 328
*Ulex minor* 328
Ulme, Englische 244
*Ulmus glabra* 246
*Ulmus laevis* 246
*Ulmus minor* 244
*Ulmus procera* 244
Urweltmammut-
  baum 82

**V**
*Vaccinium myrtillus* 214
*Vaccinium oxycoccos* 214
*Vaccinium uligino-
  sum* 214
*Vaccinium vitis-
  idaea* 214
*Viburnum lantana* 136
*Viburnum opulus* 150
*Viburnum rhytido-
  phyllum* 136
*Vinca major* 130
*Vinca minor* 130
Virginia-Blasen-
  spiere 264
*Viscum album* 110
*Viscum laxum* 110
*Vitex agnus-castus* 364
*Vitis labrusca* 306
*Vitis vinifera* 306
Vogelbeere 320
Vogel-Kirsche 254

**W**
Wacholder,
  Chinesischer 94
Wacholder, Gewöhn-
  licher 92
Wacholder,
  Virginischer 86, 94
Wald-Geißblatt 124
Wald-Ginster 184
Wald-Hasel 228
Wald-Kiefer 66

Waldrebe, Brennende 316
Waldrebe, Gewöhnliche 314
Walnussbaum, Gewöhnlicher 318
Warzen-Spindelbaum 134
Wasser-Schneeball 150
Weichsel-Kirsche 258
Weide, Großblättrige 224
Weide, Quendelblättrige 164
Weide, Schweizer 166
Weide, Stumpfblättrige 164
*Weigela floribunda* 136
Weigelie, Reichblütige 136
Weinrebe, Echte 306
Wein-Rose 348
Weiß-Birke 230
Weißbuche 234
Weißdorn, Eingriffeliger 266
Weißdorn, Zweigriffeliger 266
Weiß-Erle 238
Weiß-Pappel 152
Weiß-Tanne 46
Weymouth-Kiefer 70
Wild-Apfel 176
Wild-Birne 178
Wimper-Heide 116
Winter-Eiche 294
Winter-Jasmin 354
Winter-Linde 280
*Wisteria floribunda* 332
*Wisteria sinensis* 332

## Z
Zaubernuss, Chinesische 250
Zaubernuss, Japanische 250
*Zelkova carpinifolia* 248
Zelkove, Kaukasische 248
Zerr-Eiche 296
Zimt-Rose 346
Zirbel-Kiefer 66
Zistrose, Pappelblättrige 288
Zistrose, Salbeiblättrige 288
Zitronenbaum 198
Zitter-Pappel 218
Zucker-Ahorn 146
Zürgelbaum, Südlicher 248
Zwergalpenrose 112
Zwerg-Birke 232
Zwergginster, Blattstielloser 330
Zwergginster, Regensburger 330
Zwerg-Kirsche 258
Zwerg-Kreuzdorn 286
Zwerg-Mandel 258
Zwerg-Mehlbeere 262
Zwergpalme 366
Zwerg-Wacholder 94
Zwerg-Weide 164

## Bildquellen

Die Ziffer vor dem Punkt bedeutet die Seite im Buch, die Ziffer nach dem Punkt die Bildposition auf der Seite. Die Zählung auf einer Seite läuft mit den Arten von links nach rechts und von oben nach unten.

Umschlagfoto vorn: **blickwinkel/A. Held**.
Die Fotos auf der Umschlagrückseite und im Innenteil stammen von **E. und M. Pforr** mit Ausnahme der folgenden:
**O. Angerer:** 111.5, 113.2, 125.5, 225.4, 263.5, 311.3, 311.4; **A. Bärtels:** 6, 49.4, 49.5, 55.3, 57.2, 71.1, 73.2, 75.1, 79, 81.3, 91.1, 91.2, 99.3, 101.1, 101.2, 101.3, 103.1, 103.3, 127.4, 139.2, 139.3, 144.3, 147.3, 149.3, 149.5, 155.1, 155.2, 155.3, 155.4, 173.2, 173.3, 189.6, 200.1, 200.2, 203.1, 207.3, 221.1, 225.1, 235.3, 235.4, 247.1, 247.6, 249.2, 249.3, 251.2, 251.4, 257.3, 284.1, 285.1, 297.1, 301.2, 303, 323.1, 323.4, 325.1, 325.3, 327.2, 341.3, 359.5, 361.3, 367.3; **Siegfried Demuth:** 187.2; **Dr. G. Ewald:** 75.2, 77.2, 157.3, 159.2, 179.3, 189.5, 196, 243.3, 245.2, 279.3, 295.4; **Frank Hecker:** 37.1, 37.2, 143.1; **Dieter Heß:** 141.4; **K. Jahnke:** 163.6, 163.7, 347.2; **Wolfgang Kawollek:** 39; **Dr. R. König:** 49.3, 54.2, 59.4, 62.2, 62.3, 69, 73.3, 75.3, 77.1, 77.3, 83.4, 87, 89.3, 90, 143.3, 155.3, 169.5, 199.2, 227.3, 231.2, 243.2, 257.2, 283.2, 294, 299.4, 301.1, 305.3, 319.3, 319.5, 321.3, 323.2, 340, 355.1, 361.2, 367.1, 367.4; **R. König, IBIS:** 290.2; **B. P. Kremer:** 10, 16, 17, 54.1, 64.2, 64.3, 68, 81.4, 89.1, 92.2, 98,2, 98.3, 111.1, 114.1, 116.2, 118.1, 121.3, 132.1, 209.4, 252, 269.3, 274.2, 307.1, 307.4, 312.1, 316.1, 328.1, 328,2, 329.2, 342.1, 348.3, 350.1, 351.2; **K. Lauber:** 351.5; **H. E. Laux:** 111.6, 122, 135.2, 165.1, 183.1, 183.2, 183.3, 213.1, 217.1, 259.1, 259.4, 335.2; **A. Limbrunner:** 13, 62, 201.1, 235.1, 237.1, 293.1, 320, 377; **G. Lopez-Gonzales:** 163.3, 163.4, 183.4, 209.3, 212.2, 317.4, 329.2, 329.3, 333.2; **Eberhard Morell:** 365.5; **Th. Muer:** 137.2, 176.5, 213.2, 225.2; **B. Münker:** 197.1; **Helmut Pirc:** 305.4; **H. Reinhard:** 51.1, 51.2, 51.3, 57.1, 57.4, 59.1, 73.4, 78, 83.1, 85.1, 89.2, 91.3, 97, 99.1, 103.2, 107.1, 107.2, 107.3, 107.4, 145.4, 147.4, 149.1, 155.1, 161.2, 174, 175.1, 175.2, 175.3, 177.2, 178, 189.3, 199.3, 203.2, 245.1, 255.4, 261.1, 261.2, 261.3, 261.6, 285.3, 297.2, 305.1, 305.2, 327.3, 327.4, 359.3, 359.4, 361.4, 367.2, 372; **Christine Schneider:** 42; **H. Schrempp:** 4, 47.5, 49.2, 53.3, 63.1, 67, 68.2, 68.4, 73.1, 81.1, 101.4, 149.4, 153.2, 153.3, 153.4, 159.1, 159.2, 159.3, 177.3, 179.4, 180, 181.1, 188.1, 199.1, 219.1, 220, 221.2, 221.4, 227.1, 235, 239.2, 243.1, 244.3, 247.3, 255.1, 259.3, 263.1, 263.2, 295.1, 295.3, 299.2, 300, 301.4, 311.2, 318, 319.1, 324, 341.1, 341.2, 355.2, 359.1, 361.1; **S. Seidl:** 116.1, 117.3, 166.1, 287.5, 291.3, 317.1, 373.4; **G. Steinbach:** 47.1, 53.4, 114.3, 137.3, 142, 158.3, 159.4, 171.2, 177.4, 222.1, 255.3, 257.1, 279.1, 279.2, 295.2, 321.1, 338.1, 342.2, 346.1, 358; **Trofimenko Sergei – Shutterstock.com:** 41; **Zoonar/Himmelhuber:** 45, 143.2;

Die Grafiken erstellten **Paschalis Dougalis** (vordere Umschlaginnenseite), **H. Held** und **R. Hofmann**.

## Der Autor
Dr. Bruno P. Kremer studierte Biologie und Chemie. Nach längerer Tätigkeit in der Forschung und als Journalist bildet er an der Universität zu Köln als Hochschullehrer im Zentrum für Mathematische und Naturwissenschaftliche Bildung Biologielehrer aus. Er veröffentlichte zahlreiche Zeitschriftenbeiträge sowie Sach- und Lehrbücher.

## Der Herausgeber
Gunter Steinbach (†), geboren 1938, studierte bildende Künste in Hamburg und war Jahrzehnte im Verlagswesen tätig. Zuletzt lebte er auf seinem Einödhof im Allgäu, wo er sich praktisch und publizistisch der heimischen Natur widmete.

---

**Haftungsausschluss** Die in diesem Buch enthaltenen Empfehlungen und Angaben sind vom Autor mit größter Sorgfalt zusammengestellt und geprüft worden. Eine Garantie für die Richtigkeit der Angaben kann aber nicht gegeben werden. Autor und Verlag übernehmen keinerlei Haftung für Schäden und Unfälle.

---

**Bibliografische Information der Deutschen Nationalbibliothek**
Die Deutsche Nationalbibliothek verzeichnet diese Publikation in der Deutschen Nationalbibliografie; detaillierte bibliografische Daten sind im Internet über http://dnb.d-nb.de abrufbar.

Das Werk einschließlich aller seiner Teile ist urheberrechtlich geschützt. Jede Verwertung außerhalb der engen Grenzen des Urheberrechtsgesetzes ist ohne Zustimmung des Verlages unzulässig und strafbar. Das gilt insbesondere für Vervielfältigungen, Übersetzungen, Mikroverfilmungen und die Einspeicherung und Verarbeitung in elektronischen Systemen.

2. Auflage
© 2010, 2016 Eugen Ulmer KG
Wollgrasweg 41, 70599 Stuttgart (Hohenheim)
Email: info@ulmer.de
Internet: www.ulmer-verlag.de
Lektorat: Bärbel Oftring, Ina Vetter, Christine Schneider, Ulf Müller
Herstellung: Silke Reuter
Umschlaggestaltung: Verlag Eugen Ulmer
XML-Workflow und Satz: pagina GmbH, Tübingen
Druck und Bindung: Livonia Print, Riga, Lettland
Printed in Latvia

ISBN 978-3-8001-0392-8

# Hier können Sie weiterlesen:

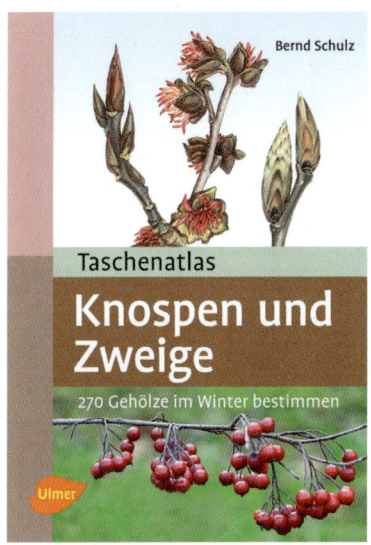

Im Winter unbelaubte Gehölze bestimmen ist eine leicht erlernbare Kunst: Mit diesem Buch und einer Lupe können Sie 270 Bäume und Sträucher problemlos an Ihren Knospen und Zweigen erkennen. Anhand der detaillierten Farbzeichnungen können Sie sicher im Winter Sträucher und Bäume bestimmen. Lernen Sie alle heimischen Gehölze und die häufigsten angepflanzten Strauch- und Baumarten kennen.

**Taschenatlas Knospen und Zweige.** 270 Gehölze im Winter bestimmen. B. Schulz. 2., akt. Auflage 2014. 192 S., 300 farbige Zeichnungen, 180 sw-Zeichnungen, kart. ISBN 978-3-8001-8297-8.

www.ulmer.de

# Mit Steinbachs die Natur entdecken

ISBN 978-3-8001-5931-4

ISBN 978-3-8001-5655-9

ISBN 978-3-8001-5932-1

ISBN 978-3-8001-4653-6

ISBN 978-3-8001-5936-9

ISBN 978-3-8001-5933-8

ISBN 978-3-8001-8244-2

ISBN 978-3-8001-8245-9

**Ohne Abbildung:**

Steinbachs Naturführer Sterne.
ISBN 978-3-8001-4274-3

Steinbachs Naturführer Versteinerungen.
ISBN 978-3-8001-4298-9

Steinbachs Großer Tier- und Pflanzenführer.
ISBN 978-3-8001-7864-3

 www.ulmer.de

# Essbare Wildfrüchte

# Alle heimischen außeralpinen Tagfalter

Die Schmetterlinge werden im Porträtteil mit Farbfotos von Ei, Raupe und Falter vorgestellt. Dank der Verbreitungskarten und Grafiken zum Lebenszyklus erfahren Sie auf einen Blick, wo und wann jede Art zu finden ist. Informationen über Lebensweise, Vorkommen, Gefährdung und Schutz der Arten runden den Porträtteil ab. Besonderheit: Bildtafeln zeigen die Ober- und Unterseite aller Schmetterlinge lebensgroß und im direkten Vergleich.

**Schmetterlinge.** Die Tagfalter Deutschlands. J. Settele, R. Steiner, R. Reinhardt, R. Feldmann, G. Hermann. 3., akt. Auflage 2015. 256 S., 720 Farbfotos, Klappenbroschur. ISBN 978-3-8001-8332-6.

www.ulmer.de